美国立体裁剪与打版实例

★ 上衣篇

THE U.S. DRAPING & PATTERN MAKING TECHNIQUES

TOPS AND JACKETS

陈红霞◎著

化学工业出版社

·北京·

《美国立体裁剪与打版实例·上衣篇》是一本应用型服装技术类图书。本书从不同类型服装款式入手，着重强调了设计与立裁在制版过程中的连接与变化，通过“看图解说”的方式，分析和解读美国式的服装立体裁剪构成方式。书中所有的实例分析都是从立体裁剪开始，到版型制作完成，详细讲述了不同质地的布料（如皮革、牛仔布、毛呢、蕾丝、针织、风衣布、混纺布等），在外衣、大衣、风衣、男夹克、衬衣等款式中进行立体裁剪时的变化和奥妙，尤其是在分析立裁技巧、平面制图以及样衣制作的过程，增强读者对美国服装立裁与制版实际操作步骤和规范化的进一步理解。这种“举一反三”的讲述方式，有利于读者灵活快速地掌握书中知识。

本书既可作为服装设计专业、立体裁剪版型和服装工艺专业师生用教材，也可作为服装从业者，如服装制版师、设计师、营销者等人员学习的参考用书。

图书在版编目（CIP）数据

美国立体裁剪与打版实例·上衣篇/陈红霞著. —北京：化学工业出版社，2016.7（2019.2重印）
ISBN 978-7-122-27197-6

Ⅰ.①美… Ⅱ.①陈… Ⅲ.①服装量裁-美国 Ⅳ.①TS941.631

中国版本图书馆CIP数据核字（2016）第120727号

责任编辑：李彦芳　　装帧设计：史利平

出版发行：化学工业出版社（北京市东城区青年湖南街13号　邮政编码100011）
印　　装：涿州市般润文化传播有限公司
889mm×1194mm　1/16　印张15½　字数446千字　2019年2月北京第1版第3次印刷

购书咨询：010-64518888　　售后服务：010-64518899
网　　址：http://www.cip.com.cn
凡购买本书，如有缺损质量问题，本社销售中心负责调换。

定　　价：68.00元

前言

PREFACE

打版师及立体裁剪常见问题问答

有多少次，我徘徊在国内外服装专业的书架旁，执着地寻找一本能完整教授从立体裁剪到版型制作的技术书，可每每失望而归。

有多少书，它们要么只讲述立体裁剪，要么单谈版型制作，就是没有把两者有机地结合起来细述整个过程，成为示范教材。

有多少年，我在参与中外服装设计、立体裁剪、版型制作、教学、经营和秀场等的行业实践中不断地吸取营养，积累相关素材并修炼自己。

有多少回，我期待着有一天，能把自己从业35年的设计、立裁、打版等经验，写作成书，分享给同行，尤其是新入行的人，为的是前人种树，后人乘凉，回报我的祖国。

问：何为打版师？

答：打版师（Pattern maker）又名制版师、纸样师或版型师，欧洲人至今称之为Pattern cutter，中国行业里称其为打板师。

版师和板师之别在于：版师打版强调了制版和版型，着重了打版和版纸；而板师打板更多地侧重了打样板和制样板的过程。行业里称为板房（Sample room）之处，指的是打造和设计出样衣和版型（Samples and patterns）及展示服装样品的空间。

所以，精确地说，打版师是一名为服装设计师而工作的裁缝干将。他的任务是负责把设计师对服装设计的构想和灵感，运用“立体裁剪”（Draping）和“平面制图”（Pattern making）的手法，打造出能提供给“服装面料裁剪、制作及批量生产所需用的专业用版型（Patterns）”。同时，打版师还要负责定制符合服装制作所需要的工艺及细则（Techniques and details），担负起指导样衣制作及设定生产工艺技术的责任。此外，打版师要参与样衣的试身（Fitting），根据试身效果对纸样进行修正。所以打版师在一定意义上是一座连接于“实现服装设计师的创作”与“驾驭生产成衣品质”之间的桥梁，是服装企业里的技术栋梁。打版师是服装设计师创作意图的诠释和演绎者。经验丰富的打版师还能从服装设计师的草图里把许多并不具体的细节，有板有眼地“具体化、结构化、工艺合理化和细节化”。一个具备了“二度创作”能力的打版师被称为资深打版设计师（Senior pattern maker）。因此，称职的专业打版师具备很强的创作和造型设计能力。

问：设计师喜欢什么样的打版师？

答：服装设计师当然喜欢与经验相当、独具慧眼、手艺精良并具有优美造型品位（Tastes）的打版师合作。他们青睐那些能迅速领会其设计意图，富有创造力，眼光独到，动作干练，作图精细，能成为完美体现其设计构想，能根据实际情况见招拆招，不时地提供优化建议的打版师。

问：要学习和掌握什么技能才能胜任打版师的工作？

答：1. 打版师要喜欢和热爱服装行业和本职工作，并掌握一定的时装美术基础知识，如绘画（Painting）、色彩（Colors）、图案（Patterns）、艺术造型（Creative designs）、服装史（Fashion history）等知识。

2. 掌握人体比例和结构（Human body proportion and structure）、人体活动机能（Human body movement）和人体尺寸（Body measurements）等基本知识。

3. 掌握良好的立体裁剪和平面打版知识（Draping and pattern-making knowledge），并且能灵活变通各种服装款式的打版应变技巧。

4. 具备良好的立体裁剪造型技能（Excellent draping skills），能随心所欲地运用坯布或不同面料塑造出各种服饰款式结构。

5. 学习面辅料（Fabric and Trimmings/Accessories）以及印染工艺（Printing and dyeing techniques），了解刺绣（Embroidery）、手绘（Hand-painting）、珠绣（Beading）等各种制作工艺知识。

6. 掌握服装制作技术及工艺流程（Garment technology and processes），掌握面辅料的运用知识（Knowledge of fabric and accessories）。

7. 懂得各种缝制和手工技巧（Sewing and hand-stitching skills），对传统和时尚的制作（Traditional and fashion production）有全面的了解。

8. 书本知识是远远不够的，实践经验才是根本。参与工厂生产实操（Production operation），了解中高档服装的生产流程和质量控制（Production process and quality control）的方方面面以及外单加工等过程。

9. 关注时尚和流行，了解世界发展的动态和变化，好奇上进；及时对自己的思路、眼光、技术及知识面进行调整和更新，与时俱进。

问：具备什么样的素质才能成为优秀的打版师？

答：1. 具备吃苦耐劳，爱岗敬业的工作精神。打版师的工作要求站立时间很长，注意力要高度集中，稍不留神，出差错概率就会很高。同时，服装业是一个充满压力与挑战的行业，身为技术部门的打版师，工作量、时间要求、责任重等压力非常大。所以，只有喜爱这一职业，才能充分享受它的过程。打版师要经得起长时间的站立以及规范严谨的立裁和制图工作。“在高压下专注地工作，快速而不出错”，是对打版师的基本要求；能胆大心细，疏而不漏，节俭材物，认真负责，是打版师的基本职业道德。

2. 头脑清晰敏捷，具有优良的造型能力和鉴别审美眼光，这意味着照设计图打版并不等于刻板地照搬，打出版型的效果必须比原设计稿表现得尽善尽美。

3. 动手能力要强，喜爱摆弄布艺、图案，飞针走线，裁、剪、别、缝、画等样样得心应手，左右逢源。

4. 注重积累有关缝制、印染、刺绣以及去污和熨烫等工艺经验，才能具备预防差错和解决服装质量问题的能力。

5. 掌握一定的相关电脑技术。我们正处在一个互联网电信时代，资讯爆炸，瞬息万变，资源广阔，加上电脑等运用于设计、打版、裁剪及服装制作生产已经多年，电脑技术知识的熟练掌握再也不是可有可无的技能了，换句话说，不懂电脑技术就无异于一个新时代的文盲，更谈不上提高了。

6. 要具备团队精神，能虚心好学，尊老“带新”，友善好帮，尊重同事和前辈，和谐共处。能心情愉快、有干劲地投入每一天的工作。

7. 学好外语，走向国际。能自如地与国内外的设计师和同行们相互沟通，争取机会学习国外的技术，关注国内国外先进的专业技能，与行业时尚同步。

问：为什么要做打版师？怎样入行较好？

答：现在大部分的年轻人一谈到学服装就只想到当设计师，殊不知，学设计者不一定能成为名设计师，就像学电影就想到能成为名演员一样，学电影者也大部分默默无闻，即很难成为名演员。而设计师的成功很大程度是靠天分加机遇加巨额投资。

我十分赞同这样一句话：“设计师是老板请来的客人，打版师是企业的自己人”。设计师头衔的确好听，但设计师的艰辛和压力是旁人所不知的。想想看，要顶着流行（Popular/Fashion）、老板、投资、市场、客人、货期、质量、库存等的巨大压力，一个季度下来，如服装卖不掉、公司亏本，首当其冲被炒的是设计师，而能留下与老板风雨同舟的也许就是打版师了。客人走了可以再请，只要自己人在就可以东山再起。当然打版师也有很大的压力，但与设计师相比就少得多了。打版师是一份技术性很强的工作，他的工作就好比飞行员，飞行的时数越多资历就越老，富有经验的打版师在公司的地位就越高，薪酬甚至会等于或超过设计师。

此外，一名设计师可配多名打版师，可打版师却无法同时配合及应付多名设计师。近30年来，中国对设计师的培养较为重视，设计师相对打版师而言是供过于求了。行业里好的打版师那是踏破铁鞋无觅处，很难遇上。

了解服装行业的实际需要，如果你有志于服装设计界，那么，学做一名打版师不能不说是一个比较理想的选择。再比如有些人在艺术方面的天分不是很高，创造力也不太够，但又喜欢做与设计师有关的工作，那我就建议他去学做打版师，因为这样既能保持原有的志向，又能扬长避短。

以本人的经验而言，在美国一个新手要入行，有熟人推荐就较为顺利了。如果你能幸运地被某位资深行家或师傅招收为徒，那你的职业前途就更加光明顺畅了，至少是学到真本事且少走弯路。假如你是新手又没有工作经验，那么最好是先当实习生或打版师助手（Pattern maker assistant）比较好。当然，从裁床助理或样板工（Sample maker）做起，通过不断进修和近距离接触及留心学习，直到出头之日，而最终成为能独当一面的也大有人在。

问：为什么要学立体裁剪？它与平面裁剪能结合起来吗？

答：学习立体裁剪就是学习“人体着装状态式”的裁剪。因为服装的对象和最终穿着者都是人，而人体既是一个立体的，也是极富活动行为和生命力的躯体。人类对服装的要求是多方位、多功能、多层次的。仅用“平面”这一“二维（Two-dimensional）”的方法来解决和完成“立体”即“三维（Three-dimensional）”的需要是显然不给力，也不够的。只用“立裁”或仅用“平裁”都是不够理想的，至少是受局限的，技术上不完美的。所以，运用立体裁剪肯定会对平面裁剪起到互补和辅助作用。通过学习立体裁剪将有助于提升老板、股东、设计师、打版师、样板师以及销售人员等对国际服装体系的认识和了解；有助于提升企业自身的服装的造型及技术含量，有助于开阔设计师的思路，提高品牌版型技术的国际化水平，使服装商品更为人性化，更合身，更优雅。

立体裁剪技艺乃是远古人类文化的遗产，是现代人对人类祖先们的智慧与服装技艺经验的发展和传承，非常值得学习、借用、继承和弘扬。运用立体裁剪技术塑造款式造型，能快捷直观地体现设计师的构思效果；能引发设计师对服装造型在分割、比例、线条、节奏、色块、装饰、工艺细节等关系的重审、反思和处理，使上述的一切尽早地调整和确认，而不必等到样衣完成后才作修改。同时，还可帮助设计师在立裁的人台上进行边设计、边修改，增加再创作的灵感及机会。

立体裁剪技术虽源自于西方远古的传统服装文化和技艺，可它能沿用和发展至今，就足以证明后人对它的空间造型技术和实际作用的最大肯定。立裁技术的确是一种使服装更富有生命力，更趋于人性化，更具有舒适感，更符合人体造型，更方便人体活动机能的剪裁方式。而我们沿用多年的平面裁剪，显然也有简单便捷的特点和很强的实用性，然而它毕竟只是平面二维和估算。假如能将平面裁剪与立体裁剪合二为一，就能更充分发挥两者的优点，成为一种优势互补。如果能在平面的制图中植入立体构成的架构和手法，就能取它山之石，洋为中用。

面对“立裁”和“平裁”可以预言，如果把它们结合起来，定然给服装业带来新的技术革命和勃勃生机。就如同运用古老中医的经验，加上西医的科学技术一样，中西合璧，取长补短，从而给宝贵的生命带来一缕灿烂的曙光。

问：立体裁剪能运用到生产上吗？

答：立体裁剪在美国服装行业的运用贯穿于由初板到生产成衣的全过程。打版师从接到设计图便开始进行立体裁剪并打出纸样，还需要指导样板师做出样衣。接下来请试身模特对样衣进行试穿，试身后改版时要将样衣重上人台进行修改，打版师要试图在原立裁效果与真人模持之间找出差距进行版型的校正。在完成版型修改后即做出第二件试身板，再请真人模特试身，之后根据修改意见更正纸样，直到样板通过为止，才进入生产版的制作。不少公司的生产版型用的是比头板型号大一点的版型，所以，做生产样板要在头板或二板的基础上放大后做成新的生产板样衣，然后请生产型号用的专职模特试身，再对纸样进行修正直到纸样完全满意，脱稿成为批量生产用的专用版型为止。投产前还要做出生产确认样板，交货时按确认样板收货。在生产过程中，标准人台会相伴在生产车间制作工人的左右，使他们能运用人台随时检查所生产服装的合体性和效果。一些款式和布料要在最后用人台进行修剪才能完成。所以说，美国服装行业里立体裁剪运用自始至终贯穿于服装制作的全过程。

问：立体裁剪的起源及其发展是怎样的？

答：对古代的服装研究者而言，立体裁剪的起源可以追溯到远古的石器时代。从人类用兽皮和植物等围挂在身上，后来发展到古罗马和古希腊时期的披挂式长袍，均可以看作是立体裁剪技术中披挂和绑缠式立裁方式的始祖。立体裁剪源自于古代的罗马、埃及和希腊，从其大量出土文物和艺术品中，充分地记载和展示了古代的前辈们沿用了这些用披挂（Hanging）、悬垂和披覆（Draping）、绑缠（Tying）的手法制作的服饰。由于古代社会等级极其分明，皇室贵族们或许是不希望常被裁缝师们（Tailors）打扰，所以立裁所需用的人台（Dress form）就由此而生。这种自制的人台在古埃及时代早已被沿用。欧洲人借用了古罗马的着装方式，经历了若干个世纪的发展。直到公元5世纪，欧洲人开始在布上剪出一个洞，穿过头部，套在身上，用绳子等物系腰间，腿上用布带等裹绑。中世纪到14世纪间，由于这个时期的文化交流和交通的日益频繁，中东和远东的文化对欧洲服饰文化的影响渐多，使欧洲服装开始有了更多的裁剪制作（Tailoring）。15世纪的意大利文艺复兴时期，服装开始注重人体的曲线与合身度，注意和谐的整体效果，在服装上表现为三维造型意识萌芽。自文艺复兴后，立体裁剪技术有了很大的发展。16世纪的巴洛克时期，女性十分注重外形和装饰，高胸、束腰、蓬大裙身，立体造型兴起；男性则开始了穿长裤和袜子。16世纪末到17世纪初，立体裁剪传入了美国。17世纪造型和布料均日益考究，蕾丝和织金等工艺广为应用。到了18世纪洛可可服装风格的确立，强调三围差别，注重立体效果的服装造型。从18世纪末到19世纪初，服装逆流而上，返璞归真，重走简洁路线。19世纪末，遇到了工业大革命，制衣业有了很大的变革，服装进入了批量式生产时代。而真正促使立体裁剪为生产设计灵感手段的运用，是20世纪20年代的法国裁缝大师玛德琳•维奥尼（Madeleine Vionnet），她在立裁传统手法的基础上，首创了斜裁法（Bias cut technique），使服装的立体裁剪和表现手法进入了一个崭新的领域，进而打破了裁剪上仅用直纱、横纱的局限，改写了服装史。玛德琳•维奥尼的立裁设计强调女性自然身体曲线，反对用紧身衣等填充手法雕塑女性身体轮廓的方式。克里斯汀•迪奥（Christian Dior）大师曾高度赞扬说："玛德琳•维奥尼发明了斜裁法，所以我称她是时装界的第一高手。"她至今仍影响着一代又一代的时装设计师。20世纪中后期，立体裁剪传入日本。20世纪的80年代初，由日本立裁专家的传导将日式的立体裁剪技术传入了中国。

问：美国立体裁剪历史和现状如何？

答：16世纪末到17世纪初，英国清教徒进入美洲大陆，随着欧洲移民的涌入，把立体裁剪技法也逐渐传入美国。早期的立体裁剪是从私人裁缝开始使用的，这种量身定做的方式沿用了许多年。直到20世纪进入了工业大革命时代，制衣业有了很大的变革，服装开始了批量式生产，立体裁剪也顺理成章地进入了成衣业。最初进入美国制衣业打拼的立体裁剪师以意大利人为主体，他们继承了古代欧洲立裁的传统手法，为美国的服装业撑起了一片天。所以，在美国服装业里只要一提起意大利打版师，个个都是顶呱呱且令人敬佩的。意大利人把欧式立体裁剪的技法和文化带到了美国服装业，不断在美国生根开花并发展和流传开来。这些师傅们大都具有扎实的立体裁剪和传统精做西装（Tailor jacket）及奢华礼服（Luxurious formal wear）的手艺，他们身上还有着极其认真与一丝不苟的工作态度和孜孜不倦的敬业精神，为美国跻身和屹立于世界时装之林立下了汗马功劳。

早期的美国服装行业分工相当明确，规范清楚。上身（Upper body）、下身（Lower body）、晚装（Evening gown）、头版（First patterns）、生产版（Production patterns）等各有明确分工。立裁打版时大都采用立裁和平裁的互动，但立裁的速度要比当下同行稍为缓慢和规范些，其共同之处是强调精雕细琢符合人体。近些年，老一代的意大利师傅们渐渐地退休了，取而代之的是来自世界各地的新一代移民从业者。如今，活跃在纽约服装行业打拼的打版师不乏"亚裔"面孔。

除了面孔不同之外，板房里也发生了不少的变化。第一，最明显的要数分工模糊而不明确了。有经验的板房管理者对每一位版师的打版特长了如指掌，但派发分配工作时却什么都给：一个版师要做头版（First patterns）、改版（Corrected patterns）和生产版（Production patterns），有的还要应付客人的量身定做（Tailored/Custom clothes patterns）。第二，打版的精雕细琢主旋律变调了，速度要求明显加快了，一位打版师一天只出1个纸样已经不符合要求了，一天2 ~ 3个纸样正在成为不少公司的新常态。版师技术要求过硬、全面和熟练，否则就对付不了当下工作量。第三，板房里运用了电脑技术。把过去的先立体，后平面，换成现在的先立体，后平面，再电脑了。电脑技术的加盟，给板房增加了现代科技，也带来了革命性的变化。电脑排版、电脑放码、电脑打版，加上电脑版型的储存管理等都让服装生产行业如虎添翼，今非昔比。唯独一些不太规范的立体裁剪是电脑"暂时"无法取代的，这就要求打版师要学习和掌握电脑技术，不断地提升自我，与时俱进。否则，落伍了，随之而来的很可能是出局。

问：你了解中国的立体裁剪教育和应用状况吗？

答：自20世纪末以来，中国的服装教育界对设计师的培养和提拔重视有加，使得中国的服装设计水平不断提高。设计师的队伍人才辈出，设计水平堪称逼近世界水平。而相对于支持服装本身的服装工程（Apparel engineering）和版型工艺技术（Pattern making technique）部分而言，人才的培养与服装设计比较却相形见绌，状况堪忧。不少大学、职校或企业似乎都放松对打版师的培养和培训的力度。大学生们入学时大都怀揣着当一名设计师或艺术家的梦想，而立志做一名出色的打版“小工匠”愿望是罕见的。尽管在服装行业里，打版师的需求一直处于供不应求的状态，尤其那些有专业背景的，基本工过硬的，有独特的艺术眼光的打版师更是凤毛麟角，可望而不可求。与此同时，在规模相当的服装大企业里，绝大多数的打版师都没有机会接受正规的打版课程（Pattern making education）和立体裁剪培训（3D Draping training），加上媒体界对这个专业的认知度的缺乏，在宣传上难免出现一边倒的现象，也造成了不少年轻人忽视了打版师的专业和工作，因而就更不可能以此为职业梦想了。而另一方面，那些正在为设计师的理想挥洒汗水、努力奋斗的年轻人，多半对工艺和打版的学习提不起兴趣，片面地把眼光放到画好时装效果图的技巧技法上。由此产生的后果是设计水平的止步不前，使他们与打版师之间无法进行有效的沟通、协调上存在距离、互不认可，结果是在款式设计与成衣的转换过程中不但无法提升，还可能无法满意。

中国打版界长期以来奉行的是平面裁剪（Flat patterns making）路线，并逐渐形成了一系列方法各异、较为完整的平面裁剪方式。中国的服装企业早期沿用的是“市寸”的平面计算裁剪法，后来改用与国际标准一致的“厘米（Centimeter/cm）”平面计算裁剪法。曾一度受日本服装文化的影响，尝试推广“日式”的原型和立体裁剪。20世纪的80年代初，日本的“立裁”大师将“日式”的立体裁剪陆续传授给中国业界，随后的三来一补，外来加工及新兴的中外合资企业等也将欧美的立裁技术和应用带入了中国的服装行业。随之而来的是中国部分高校也将“立体裁剪技术学科”引入了服装教学的课程内容，并且作为一门新的必修课程逐渐在全国服装专业课程中推广开来。但是，服装设计这个新专业的教师本来就缺，不少任课的老师自身就缺少立裁的实践经验，自然而然地只能从书本到书本，只能把一些基本理论与概念、基础立裁技法等书本知识教授给学生了，所以学生们也难以激发出对立裁技术学习探索的兴趣。一些在职的中年制版师听说过立体裁剪，有学习的意向，但时间、条件、环境等都不具备，要学习和提高就止步于一个美好愿望。而今，一些海归的从业者和新锐设计师及一些外资品牌企业都在使用立体裁剪，甚至自己成立工作室和教学。可不少企业老板认为搞立体裁剪，既费时间又花钱。平面裁剪沿用了这么多年，不是也能养活企业，还挣了大钱了吗？毋庸置疑，平面裁剪有快捷、方便的优点，但平面终究是平面，它在服装的造型上必然带有很大的局限性和约束性，它的单一应用，的确妨碍了中国服装设计造型的档次提升，阻碍了生产技术的国际化进程，在一定程度上影响了中国著名服装品牌的树立，企业的发展。因而在国际上就屡屡缺少了竞争力。我们不缺好的设计，好的手工，好的材料，就输在没有生机勃发的成衣造型和立体裁剪工艺上。

当下全世界的服装业已进入了移动互联网、电商化、品牌化的新时代，这就对服装的品质提出了更高的要求，再不提升就会被挤垮。了解和学习这项从古至今就被世界各大时装之都和世界服装名师们视为“看家本领”的立体裁剪技艺，令中国设计的服装更加合体舒适和造型优美，不再受平面打版技术的制约，应该成为当下服装品牌竞争的核心技术和必备的条件。我们不应仅仅满足于平面裁剪的技术应用，要给中国的时装设计师和打版界注入新的“立体元素”和“国际化的技术”，为中国时装早日跻身到世界时装业前列作准备，增加中国时装在世界业界的软实力和竞争力。

立体裁剪有着平面裁剪所没有的优越性及互补性，它比平面裁剪技术更多元、更人性化、更立体、更符合人的体态、更符合人体的活动机能、更能彰显个性且极具表现力。它的历史悠久，实用性很强，虽然易学难精，但有很强的应变力和转化力、极富适应性及卓越的立体造型能力。世界进入了全球化的互联网时代，学习国外的立体裁剪技术，从根本上拉近中国的服装行业与世界四大时装之都，即巴黎、米兰、纽约、伦敦之间的距离，融入世界时装的先进行列，从中国“制造”锐变成中国“智造”，让我们一起奋起直追。从对立体裁剪的学习和掌握，到立体裁剪的运用、普及、研究和提升来逐步提高中国服装品牌在世界的地位。

但愿这本完全以笔者的实际操作经验为核心写成的教材，能引起服装同行们和学弟学妹们对美国立体裁剪技术的好奇。使大家能因好奇而想了解，因了解而喜爱，因喜爱而想学习，因学习而应用，因应用而提高，因提高而卓越，因而扬名服装行业！

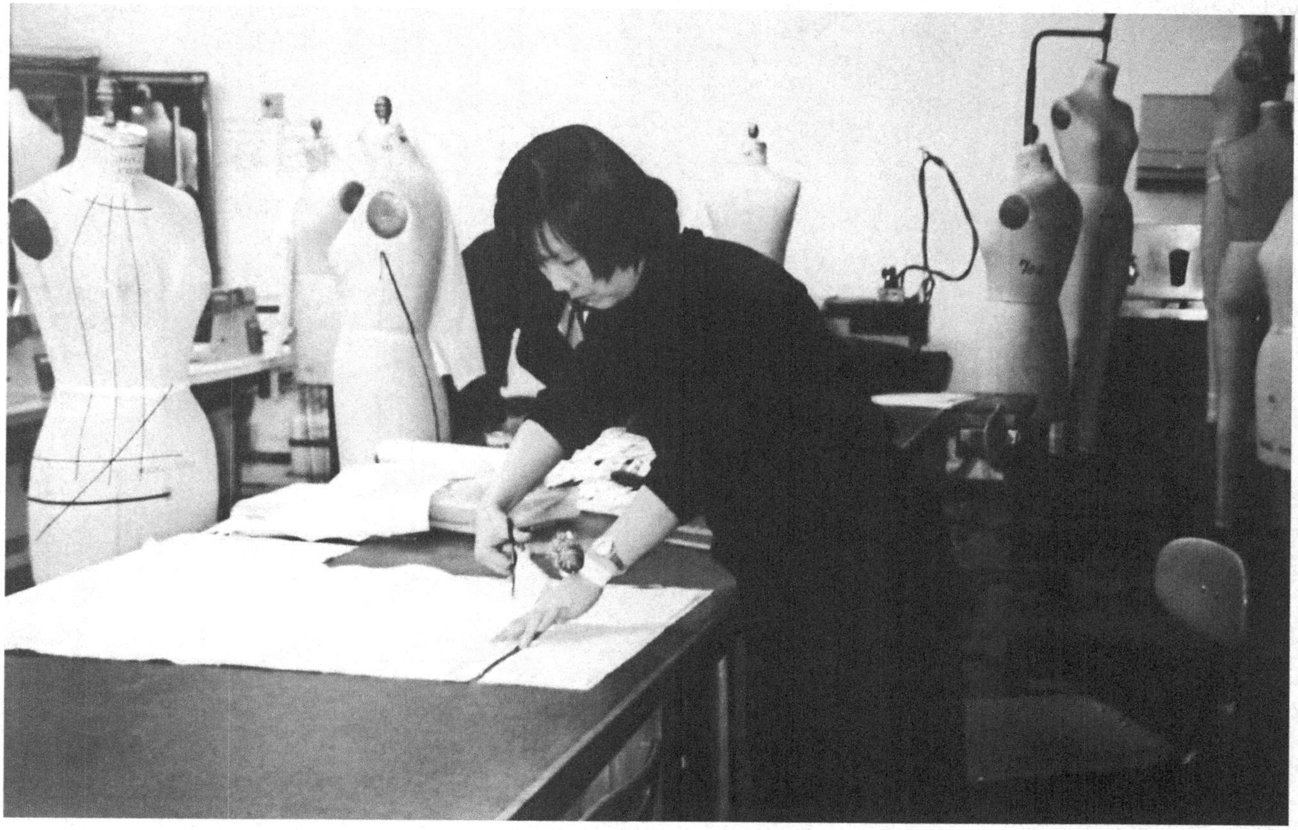

本书著者早年在美国纽约时装技术学院学习立体裁剪打版课程

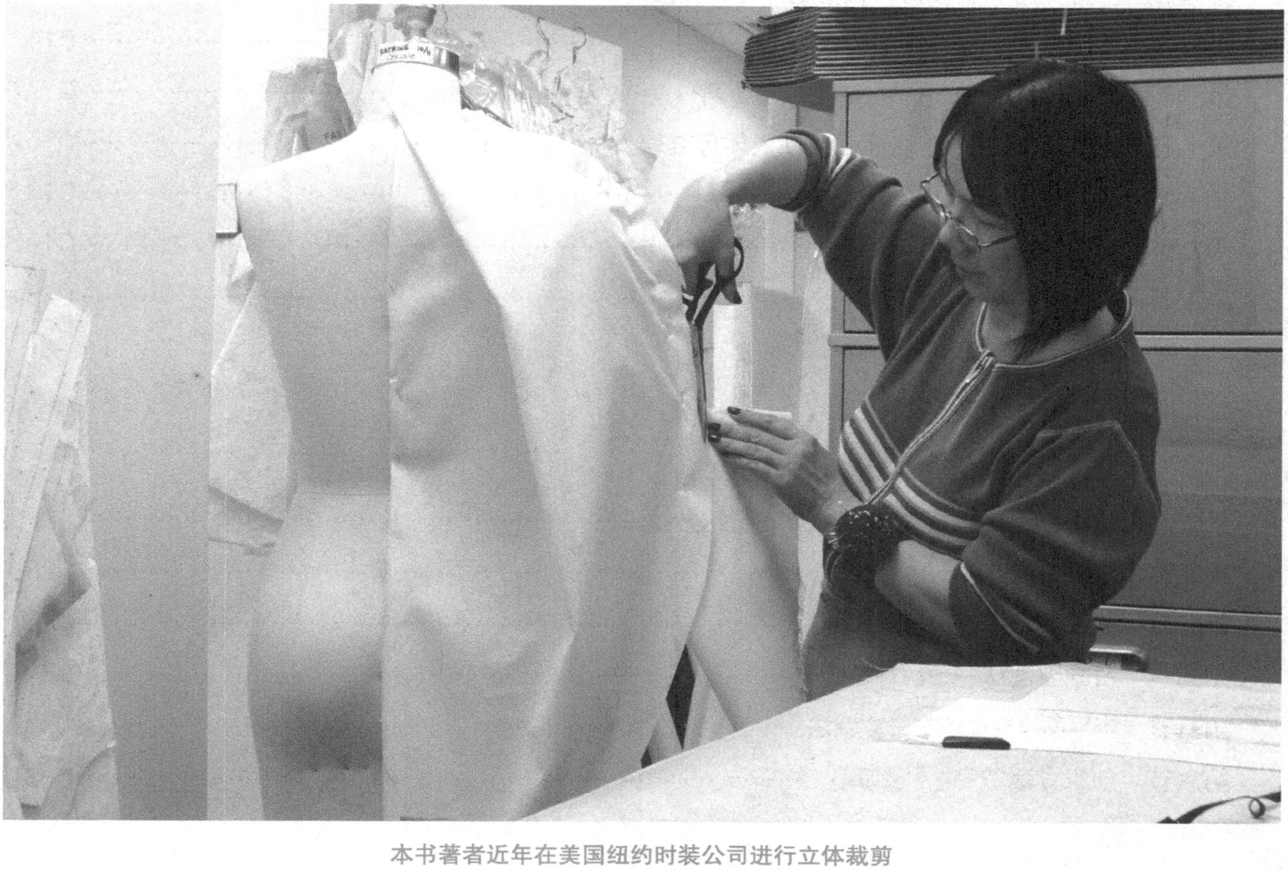

本书著者近年在美国纽约时装公司进行立体裁剪

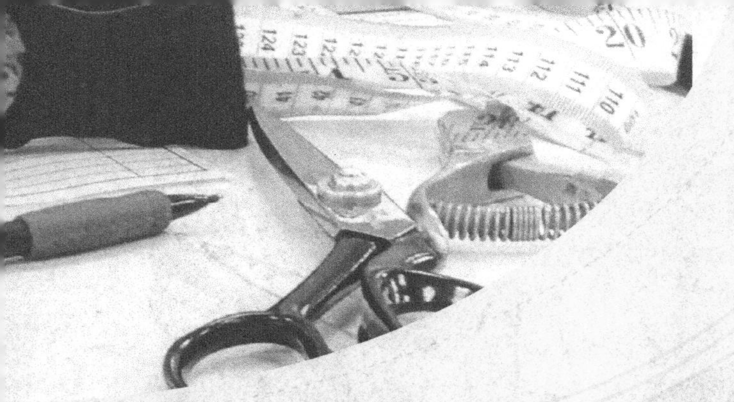

目录

CONTENTS

重要说明

本书的绘图软件不能像专业的电脑版型系统（Computerized pattern making）那样百分之百地反映裁片的形状和缝份，书中所有的图示不能百分百地展示轮廓线（Contour line）、大小和缝份的真实比例，本书着重展示制版的过程和要领。敬请读者在读图时给予谅解，特此郑重说明。

第一章
人台与尺寸

第一节 美国立体裁剪用人台及其中英文解读

人台，是美国服装行业立体裁剪使用的主要人体模型，它的英文名称为Dress form。人台分为半身人台（Half body dress form）和全身人台（Full body dress form）等，有的公司还把人台称为Figure、Dummy和Manikin/Mannequin等。以下是美国立体裁剪人台及其中英文名称对照。

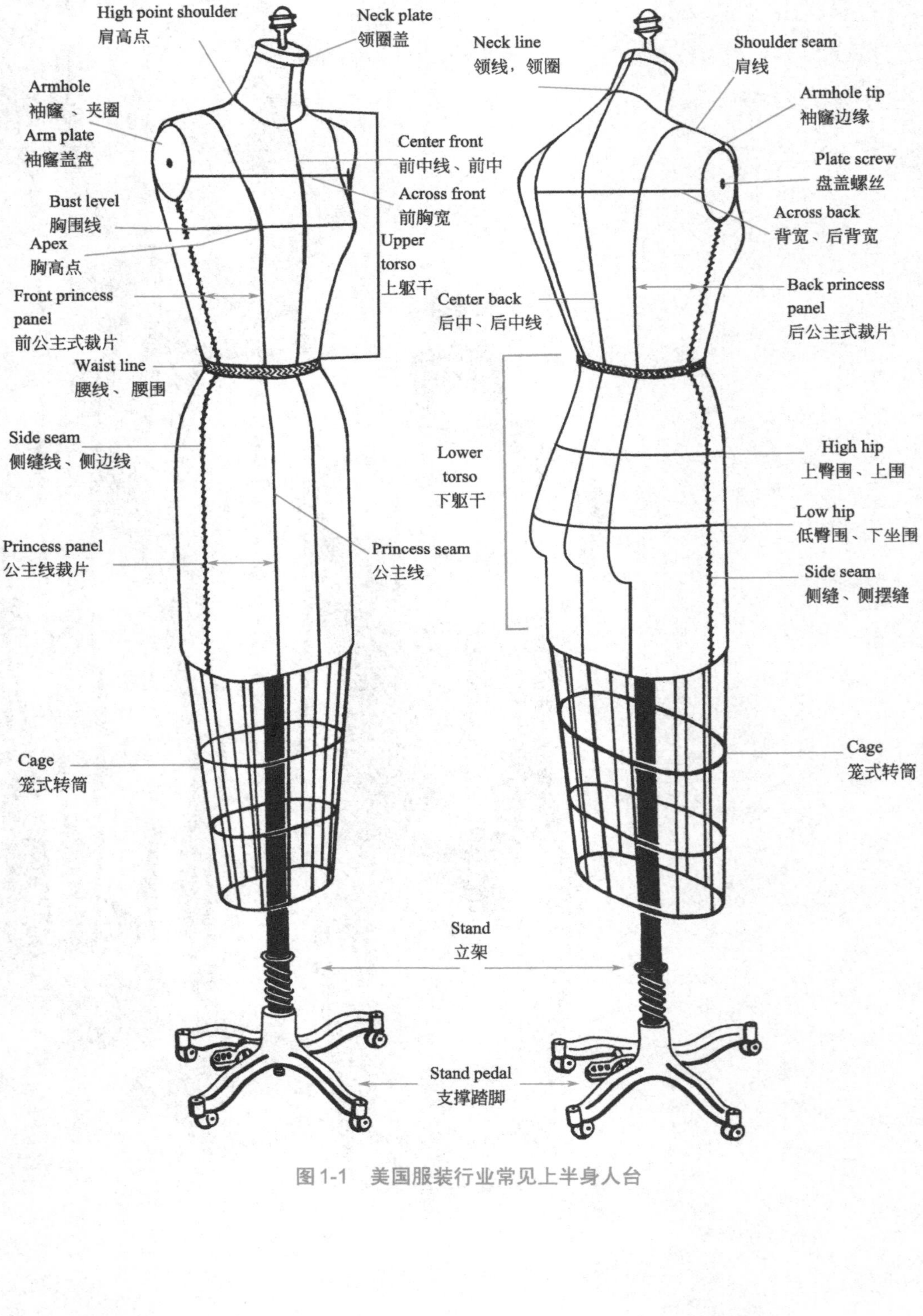

High point shoulder
肩高点
Neck plate
领圈盖
Armhole
袖窿、夹圈
Arm plate
袖窿盖盘
Center front
前中线、前中
Across front
前胸宽
Bust level
胸围线
Apex
胸高点
Upper
torso
上躯干
Front princess
panel
前公主式裁片
Waist line
腰线、腰围
Side seam
侧缝线、侧边线
Princess panel
公主线裁片
Princess seam
公主线
Cage
笼式转筒
Neck line
领线，领圈
Shoulder seam
肩线
Armhole tip
袖窿边缘
Plate screw
盘盖螺丝
Across back
背宽、后背宽
Center back
后中、后中线
Back princess
panel
后公主式裁片
Lower
torso
下躯干
High hip
上臀围、上围
Low hip
低臀围、下坐围
Side seam
侧缝、侧摆缝
Cage
笼式转筒
Stand
立架
Stand pedal
支撑踏脚

图1-1 美国服装行业常见上半身人台

图 1-1 所示是上半身人台（Upper torso dress form），用于所有上身的款式以及裙装等的立体裁剪。必要时可给它附加上一对圆肩膀，如图 1-2 所示。

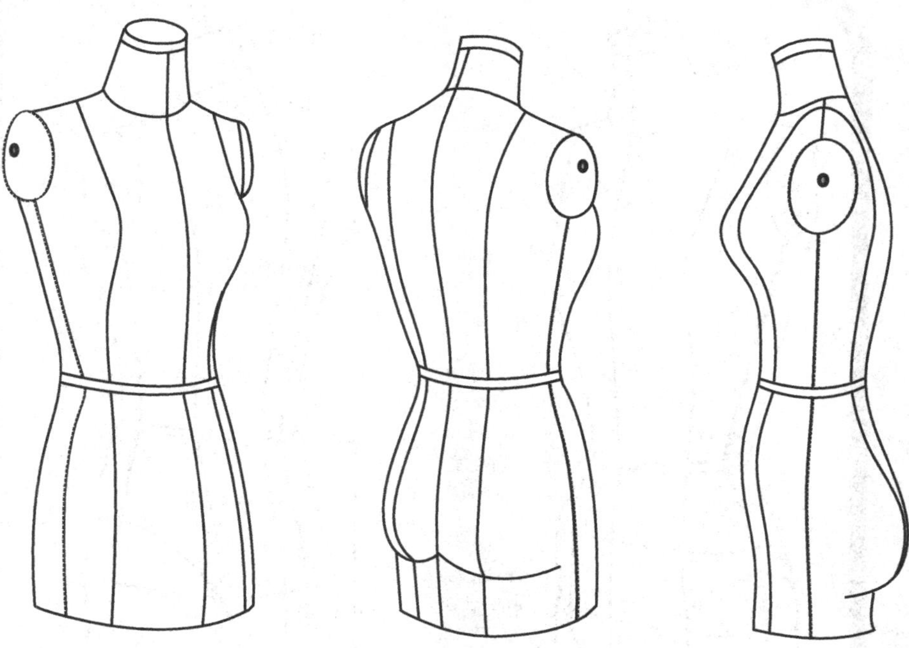

图 1-2　在上半身人台上附加圆肩膀的效果

图 1-3 是在上半身人台的两侧附加手臂（Arms）的效果。其作用是立裁出有袖子的款式，如上衣和束肩连袖连衣裙等。图 1-4 是全身人台（The full body dress form），它包括了人体的上下躯干及腿（Upper，lower torso and legs）和支架，主要作用是方便立裁裤子、半腰裙、晚装（Evening gown）、婚礼服（Wedding gown）、泳装（Swimsuit）以及连衣裤（Jumpsuit）等的需要。

图 1-3　在上半身人台附加手臂的效果

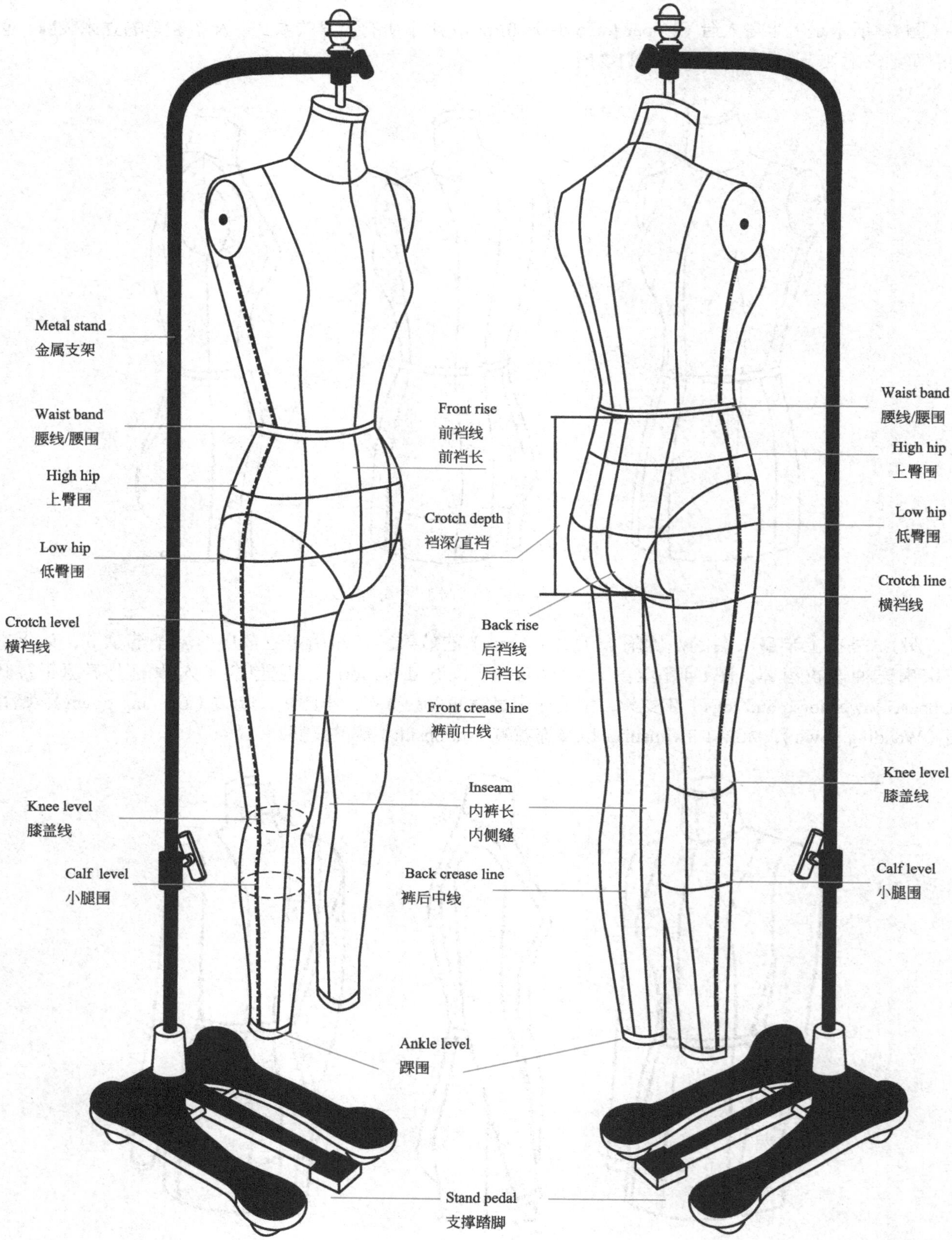

Metal stand
金属支架

Waist band
腰线/腰围

High hip
上臀围

Low hip
低臀围

Crotch level
横裆线

Knee level
膝盖线

Calf level
小腿围

Front rise
前裆线
前裆长

Crotch depth
裆深/直裆

Back rise
后裆线
后裆长

Front crease line
裤前中线

Inseam
内裤长
内侧缝

Back crease line
裤后中线

Ankle level
踝围

Stand pedal
支撑踏脚

Waist band
腰线/腰围

High hip
上臀围

Low hip
低臀围

Crotch line
横裆线

Knee level
膝盖线

Calf level
小腿围

图 1-4 立体裁剪常用全身人台图

第二节　美国立体裁剪的人台分类

根据服装市场对象的不同，美国服装立体裁剪所用人台可大致分为以下多种类型。

（1）标准体型女性人台（Misses dress form），适用于少女或少妇的人群。

（2）娇小体型女性人台（Petites dress form），指比标准女性体形娇小的人群。

（3）体形加大的女性人台（Women dress form-plus sizes），如图1-5所示。

（4）男性人台（Men/Male dress form），如图1-6所示。

（5）青少年人台（Teens dress form），如图1-7所示。

（6）儿童人台（Children dress form），如图1-7所示。

（7）幼儿人台（Toddlers dress form），如图1-7所示。

（8）为指定的顾客而特别量身定做的人台（Custom-tailored dress form）。

（9）婴儿人台（Baby dress form），如图1-7所示。

（10）孕妇人台（Maternity dress form），如图1-8所示。

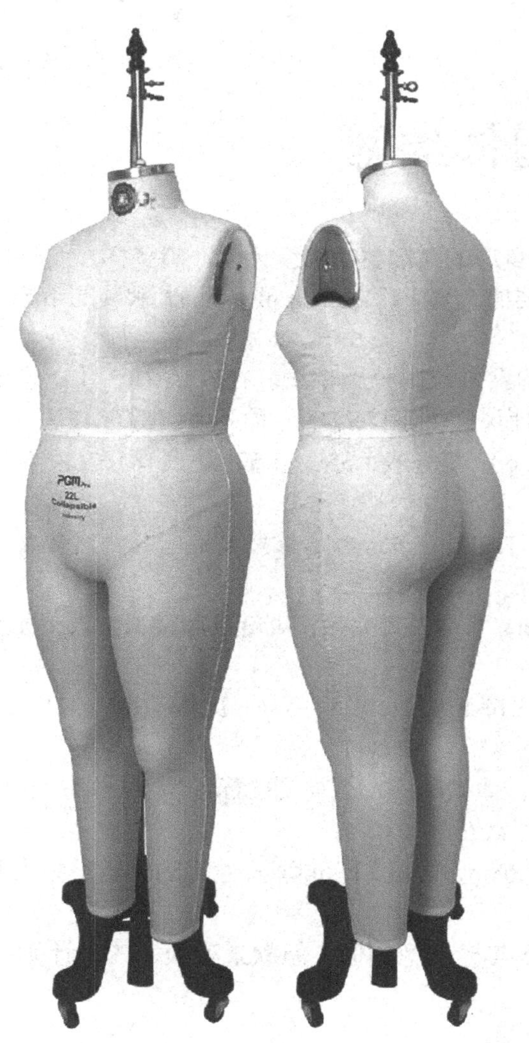

图1-5　立体裁剪用加大体形女性人台图

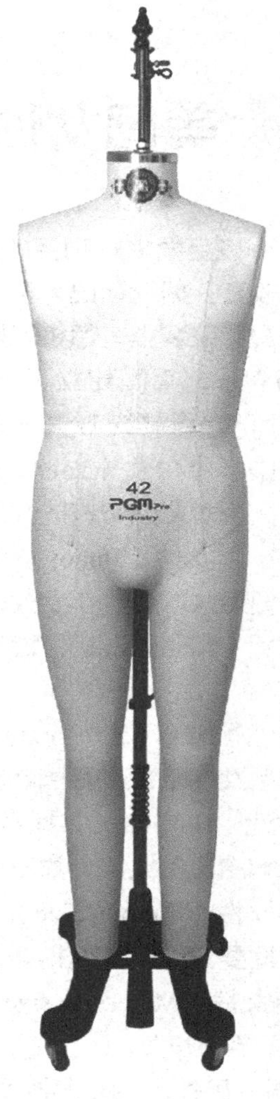

图1-6　立体裁剪用男性全身人台图

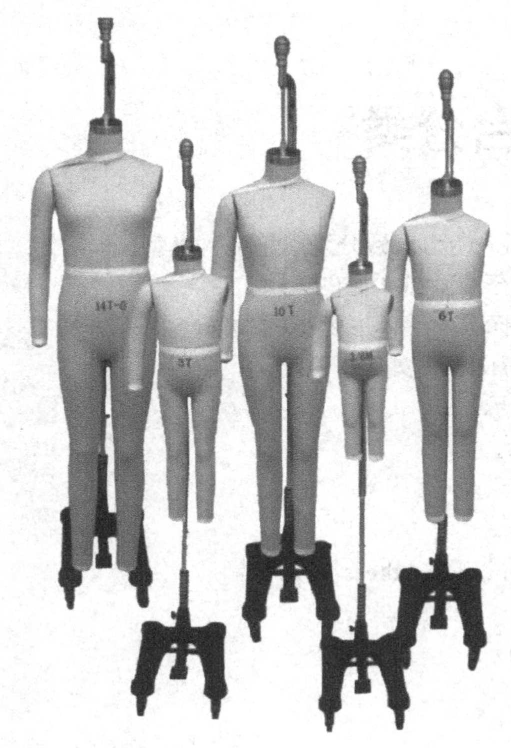

图1-7　立体裁剪用青少年、儿童及幼儿全身人台

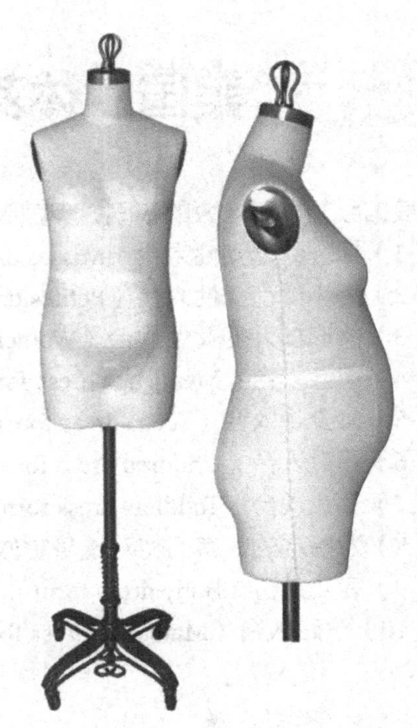

图1-8　立体裁剪用孕妇人台图

第三节　美国女性和男性身体类型

美国是一个移民国家，国民的身材颇为多样，身形的高矮胖瘦跨度大，尺码多样。尤其是女性中肥胖者占的比例较高，据统计已大于30%。所以，女装加大体形（Women plus size）服装的市场占有比例很大，与标准型女性服装占有额相互媲美，共同进退。

基于市场需求，美国建立了一套包容性很广的女装尺码分类系统。在女装中，可分成标准型女性（Miss size），指的是身高约1.65 ~ 1.68m，全身发育良好，比例匀称的一种完美均衡的体型。

另一种是中学生少女（Young junior size/teen size），指身高1.55 ~ 1.60m，身体正在发育中，胸较高而小，腰的比例相对要大一些的女生。

娇小型青少年女性（Junior petite size），指身高1.53 ~ 1.55m，身体发育良好，身材较矮小，后腰长比青少年女性要短些的青少年女性。

青少年女性（Junior size），指身高1.63 ~ 1.65m，身体发育完整，高度及后腰长稍微比标准型女性矮的青少年女性。

娇小型女性（Miss petite size），指身高1.57 ~ 1.63m，身体发育良好，比例均衡，但高度相对矮小，后腰长比标准型女性略短，腰围略粗的娇小型女性。

矮胖型女性（Half-size），指身高1.57 ~ 1.60m，体型丰满，但高度比标准型女性矮，而且肩膀也相对较窄，腰和胸的比例比加大身形女性要宽的矮胖型女性。

加大体形女性（Women size），指身高1.65 ~ 1.68m，高度和标准型女性相同，但身材比例和丰满程度比标准型女性要宽大和圆润得多的女性。

孕妇身形女性（Maternity size），指身高和型号与标准型相似，但款式和版型的设计则考虑适应于5 ~ 9个月的怀孕期妇女。

图1-9、图1-10所示的是美国女性身材类型的剪影。

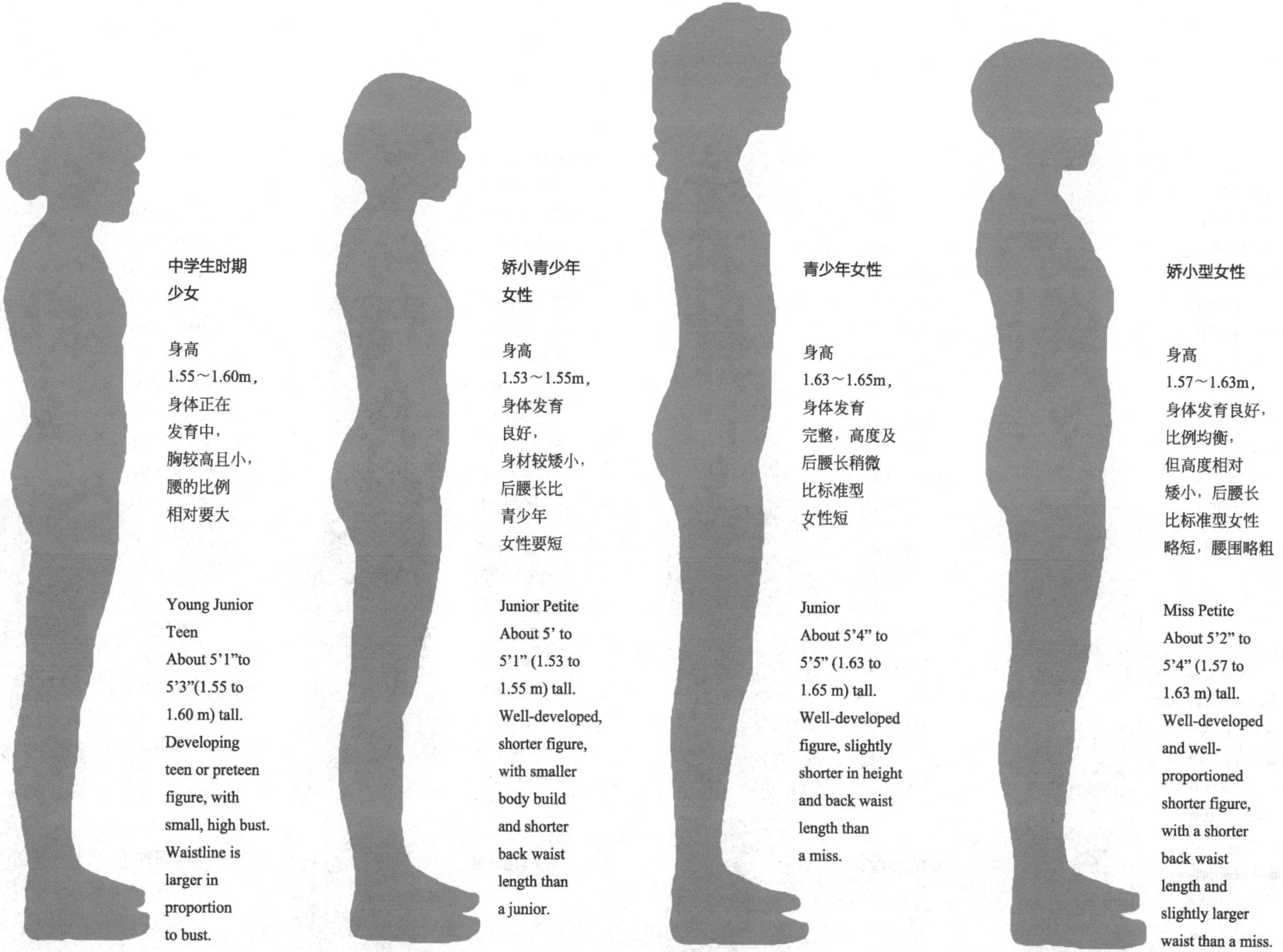

中学生时期少女

身高
1.55～1.60m，
身体正在发育中，
胸较高且小，
腰的比例相对要大

Young Junior Teen
About 5'1"to 5'3"(1.55 to 1.60 m) tall. Developing teen or preteen figure, with small, high bust. Waistline is larger in proportion to bust.

娇小青少年女性

身高
1.53～1.55m，
身体发育良好，
身材较矮小，
后腰长比青少年女性要短

Junior Petite
About 5' to 5'1" (1.53 to 1.55 m) tall. Well-developed, shorter figure, with smaller body build and shorter back waist length than a junior.

青少年女性

身高
1.63～1.65m，
身体发育完整，高度及后腰长稍微比标准型女性短

Junior
About 5'4" to 5'5" (1.63 to 1.65 m) tall. Well-developed figure, slightly shorter in height and back waist length than a miss.

娇小型女性

身高
1.57～1.63m，
身体发育良好，
比例均衡，
但高度相对矮小，后腰长比标准型女性略短，腰围略粗

Miss Petite
About 5'2" to 5'4" (1.57 to 1.63 m) tall. Well-developed and well-proportioned shorter figure, with a shorter back waist length and slightly larger waist than a miss.

图1-9　美国女性身材类型图1

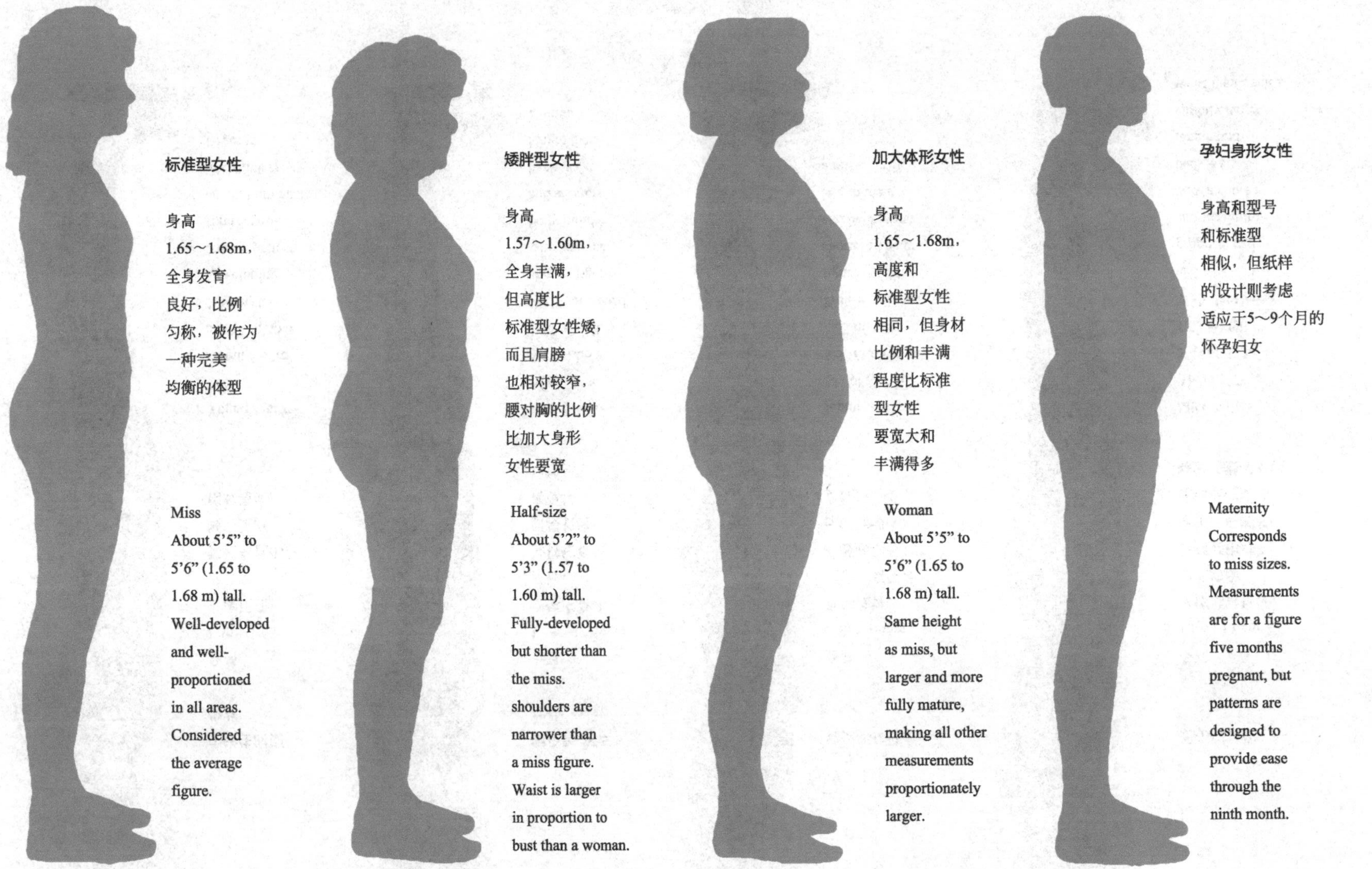

标准型女性

身高1.65～1.68m，全身发育良好，比例匀称，被作为一种完美均衡的体型

Miss
About 5’5” to 5’6” (1.65 to 1.68 m) tall. Well-developed and well-proportioned in all areas. Considered the average figure.

矮胖型女性

身高1.57～1.60m，全身丰满，但高度比标准型女性矮，而且肩膀也相对较窄，腰对胸的比例比加大身形女性要宽

Half-size
About 5’2” to 5’3” (1.57 to 1.60 m) tall. Fully-developed but shorter than the miss. shoulders are narrower than a miss figure. Waist is larger in proportion to bust than a woman.

加大体形女性

身高1.65～1.68m，高度和标准型女性相同，但身材比例和丰满程度比标准型女性要宽大和丰满得多

Woman
About 5’5” to 5’6” (1.65 to 1.68 m) tall. Same height as miss, but larger and more fully mature, making all other measurements proportionately larger.

孕妇身形女性

身高和型号和标准型相似，但纸样的设计则考虑适应于5～9个月的怀孕妇女

Maternity
Corresponds to miss sizes. Measurements are for a figure five months pregnant, but patterns are designed to provide ease through the ninth month.

图1-10　美国女性身材类型图2

美国男装的身材类型则没有女装那样分得仔细，成年男人的身材基本分为普通常规型（Regular size）、中码型（Medium size）、偏高型（Tall size）、肥胖型（Large size）、特肥胖型（Plus large size）几种。男装的批量生产尺寸分为小号（Small size）、中号（Medium size）、大号（Large size）、加大号（Extra large size）、双加大号（Two extra large size）和三加大号（Three extra large size）等。男外衣的尺寸的标示尺码在在32码至52码之间。用码号再加常规型号R则表示为32R，如码号加短S（Short）则表示为32S，又如码号加长L（Long）则表示为32L，可按这种方式来解决男性们的高矮胖瘦的需要。男衬衣的型号则以领围的大小进行区分，从14码至19码则按半码一跳来标定，如14½码及17½码。身材较特殊的成年男性就得考虑用其他改良或定制等办法来解决衣服问题了。图1-11是美国男性身体类型的剪影图。

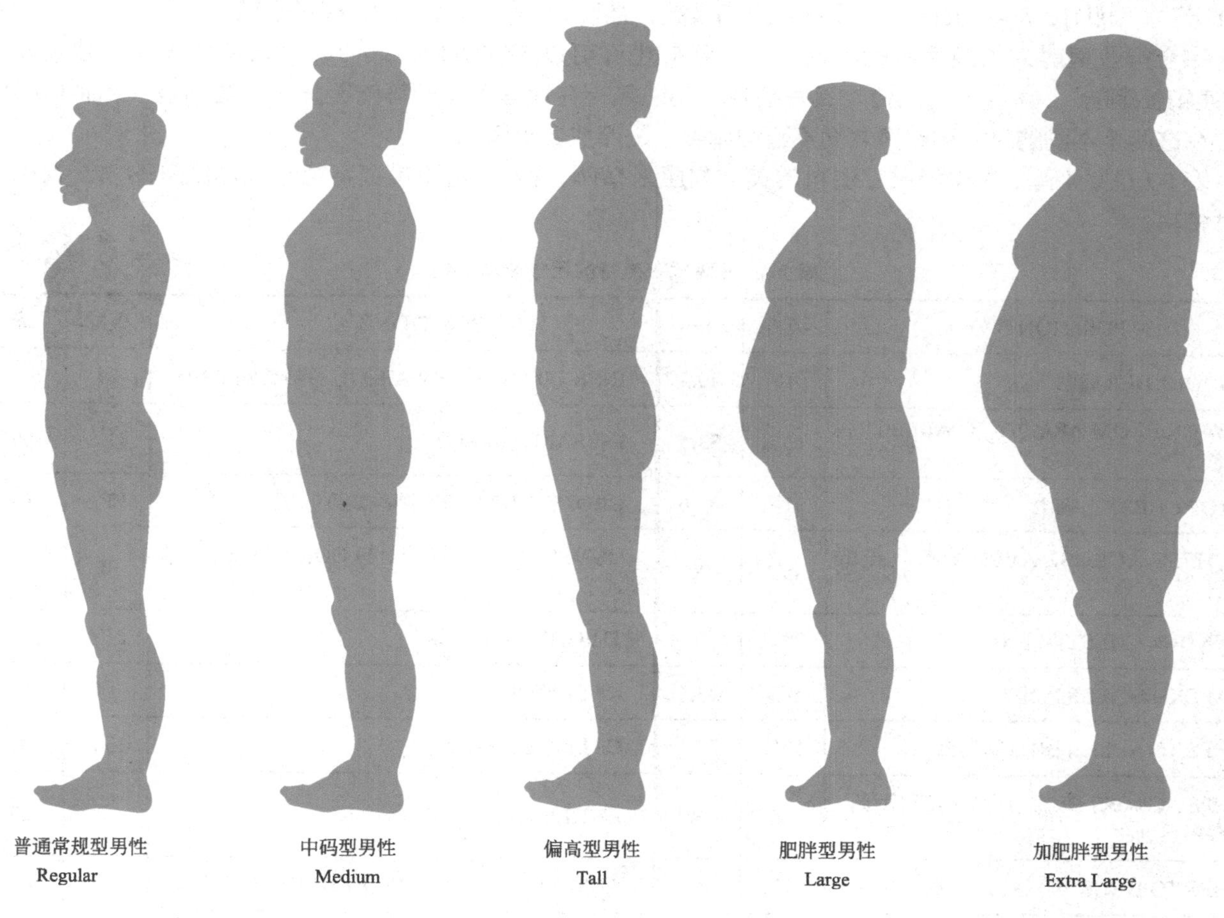

图1-11 美国男性身材类型图

第四节 部分美国男女模特、人台的尺寸及用法

美国服装行业女装头版（First sample）通常采用4码的人台，要是专门为走秀模特而设计制作时装时，则多使用2码甚至是0码。等接到订单后需做生产样版时，通常会改用6码或8码的人台。以下是部分美国男女模特的尺寸和资料表格的举例。

0码或2码是走秀模特（Runway model）。例如走秀模特身高为6英尺1英寸（1.86m，1英寸等于2.54cm），三围分别为（32-23½-34英寸），即81-60-86cm，合适2号尺码服装，鞋号9码半，黑棕色头发，蓝色眼睛。

4码～6码头板试身模特（Fit model for first sample）。例如模特Amber身高为5英尺8英寸（1.77m），三围分别为（34-25-36英寸），即86-63.5-91cm，合适4～6号尺码服装，鞋号9码半，黄头发，棕色眼睛。

8码生产板试身模特（Production fit model）。例如模特Rebecca身高为5英尺9英寸（1.8m），三围分别为（35-27-38英寸），即89-69-97cm，合适8号尺码服装，鞋号10码，棕色头发，绿色眼睛。

18码加大身型（Plus size）试身模特。例如模特Christina身高为5英尺7英寸（1.74m），三围分别为（42½-34½-45英寸），即108-88-114cm，合适18尺码的服装，鞋号10½码，褐红头发，琥珀色眼睛。

38码男性头板模特（Male fit model）。例如模特Franco身高为6英尺2英寸（1.89m），三围分别为40-34-41英寸，即102-86-104cm，合适38号尺码服装，鞋号12号，金黄头发，碧色眼睛。

综合行业里对人台及号码的习惯用法，我们也许可以这样认为，人台与真人模特之间尺寸应该是"互通和互等的"。通常因为人台与真人模特之间总是存在尺寸和比例等的差异，需要制版师和制板师傅学会在这两个不同的尺寸和比例之间不断地调整，进而找到平衡点。

表1-1是某4码试衣模特尺寸资料的英寸与厘米举例，表1-2是由某模特经纪公司派发的一试衣模特尺寸资料。

表1-1　4码试衣模特的尺寸资料举例

POSITION部位	英寸	cm	POSITION部位	英寸	cm
SHOULDER肩膀	16	40.5	RISE TO MIDDLE WAIST前后裆长到中腰	24	61
BACK FROM ARMPIT TO ARMPIT后背宽	$13^1/_4$	33.5	INSEAM内裤线长	$31^1/_2$	80
TOP CHEST上胸围	$31^3/_4$	80.6	CROTCH TO KNEE裆深线到膝盖	$13^1/_2$	34
CHEST ACROSS APEX横跨乳点的胸围	$35^1/_2$	90	OUT SEAM（WAIST TO FLOOR）裤外长（腰到地）	45	114
UNDER CHEST胸下围	$29^1/_4$	74	THIGH大腿围/横裆	$21^1/_4$	54
APEX TO APEX乳距	$9^1/_2$	23.5	KNEE膝盖	14	35.5
HPS TO APEX肩颈点到胸高	$10^3/_4$	27.3	CALF小腿围	$13^1/_2$	34.3
HPS ACROSS BUST TO WAIST肩颈点经胸高点到腰	18	45.7	ANKLE脚踝	9	23
HPS TO BACK WAIST肩颈点到后腰	17	43	ARM HOLE/CIRCUMFERENCE袖窿围/周长	16	40.6
CF NECK TO FLOOR前中颈中到地面	58	147	BICEP/MUSCLE手臂围/袖肥	$9^3/_4$	24.7
NECK TO WAIST颈中到腰	13	33	ELBOW（BENT）袖肘（微弯）	$10^3/_4$	27.3
CB NECK TO FLOOR后领窝到地面	60	152	WRIST手腕围	$6^1/_2$	16.5
WAIST腰围	$24^1/_2$	62	CB OVERARM TO ELBOW后中经手臂到肘	$20^1/_2$	52
MIDDLE HIP中臀围	$33^1/_2$	85	CB TO WRIST/SLEEVE LENGTH后中经手臂及腕/袖长	32	81
LOW HIP下臀围	36	91.5	NECK颈围	$13^1/_4$	33.6
RISE TO WAIST前后裆长到腰线	$28^1/_2$	72.4	HEAD CIRCUMFERENCE头围	$22^1/_2$	57
FRORT & BACK RISE TO LOWER WAIST低腰的前后裆长	20	50.8	OVERHEAD（HPS TO HPS）帽口外围（绕双肩颈点）	25	63.5

表 1-2 某模特经纪公司试衣模特的尺寸资料

某模特尺寸部分	英寸	cm
BUST 胸围	34	86.3
WAIST 腰围	26½	67.3
HIGH HIP 上臀围（从腰下4英寸量）	33½	85
LOW HIP 下臀围（从腰下8英寸量）	36½	92.7
THIGH 横裆	21	53.3
WAIST TO FLOOR 腰到地面	45½	115.5
INSEAM TO ANKLE 裤内长到踝关节	32	81.3
TOTAL RISE 全裆	36½	92.7
NECK TO WAIST FRONT 颈中到前腰	14¾	37.5
NECK TO WAIST BACK 后颈中到后腰	16	40.6
ACROSS SHOULDER 肩宽	15½	39.4
MUSCLE 袖肥	10	25.4
SLEEVE LENGTH（SLIGHTLY BENT）袖长（微弯）	31	78.7
BUST POINT AROUND NECK 绕颈至胸高点	28¼	71.7
BUST POINT FROM HPS 肩高点到胸高点	10¼	26
NECK 颈围	14½	37
TORSO 上躯干围	60½	153
BRA SIZE 胸罩的尺寸	34B	—
SHOE SIZE 鞋码	8	—
HAIR COLOR 发色	BLOND	金发
HEIGHT 身高	6'1"	186

第五节 美国服装公司的尺码表

虽然美国自1941年就颁布了标准的人体尺寸，但随着人体身材演变和各公司的目标顾客的不同，为了取悦和占有顾客，不少公司更是自立、自定出自用的人台，雇用独家专用的试身模特（Fit model），以适合不同身材以及不同喜好的顾客群。表1-3 ~ 表1-5列举的是某些服装公司的英寸和厘米尺码表，仅供参考。

表 1-3 美国服装公司的自定尺码表 单位：英寸和厘米

尺码	单位	Waist 腰围	Bust 胸围	Hip 臀围	CB 后中	CF 前中
2	英寸	25	34	36	16	13¾
	cm	63.5	86.4	91.5	40.6	35
4	英寸	26	35	37	16¼	14
	cm	66	89	94	41.3	35.5
6	英寸	27	36	38	16¼	14¼
	cm	68.5	91.5	96.5	41.3	36.2

续表

尺码	单位	Waist腰围	Bust胸围	Hip臀围	CB后中	CF前中
8	英寸	28	37½	39	16½	14$^{1}/_{2}$
	cm	71	95.2	99	42	36.8
10	英寸	29$^{1}/_{2}$	38½	40½	16¾	14$^{3}/_{4}$
	cm	75	98	103	42.5	37.5
12	英寸	30	39½	42	17	15
	cm	76.2	100.3	106.7	43.2	38
14	英寸	32$^{1}/_{2}$	41	43½	17¼	15$^{1}/_{4}$
	cm	82.5	104	110.5	43.8	38.7
16	英寸	34	42½	45	17½	15$^{1}/_{2}$
	cm	86.4	108	114.3	44.5	39.4

注：CF=Center Front　CB=Center Back。

表1-4　美国服装公司已被确认的服装放码表　　单位：英寸

部位	SIZE 0	SIZE 2	SIZE 4	SIZE 6	SIZE 8	SIZE 10	SIZE 12	SIZE 14
腰围	27$^{1}/_{2}$	28$^{1}/_{2}$	29$^{1}/_{2}$	30$^{1}/_{2}$	31$^{1}/_{2}$	32$^{1}/_{2}$	34	35$^{1}/_{2}$
高腰	33$^{1}/_{2}$	34$^{1}/_{2}$	35$^{1}/_{2}$	36$^{1}/_{2}$	37$^{1}/_{2}$	38$^{1}/_{2}$	40	41$^{1}/_{2}$
臀围	39$^{1}/_{2}$	40$^{1}/_{2}$	41$^{1}/_{2}$	42$^{1}/_{2}$	43$^{1}/_{2}$	44$^{1}/_{2}$	46	47$^{1}/_{2}$
衣脚宽	66$^{1}/_{2}$	66$^{1}/_{2}$	66$^{1}/_{2}$	66$^{1}/_{2}$	66$^{1}/_{2}$	66$^{1}/_{2}$	66$^{1}/_{2}$	66$^{1}/_{2}$
后中长	23	23	23	23	23	23	23	23
前中长	20$^{1}/_{2}$	21$^{1}/_{2}$	22$^{1}/_{2}$	23$^{1}/_{2}$	24$^{1}/_{2}$	25$^{1}/_{2}$	27	28$^{1}/_{2}$

表1-5　A&A公司为肥胖型女性定做套装所使用的规格表

A&A有限公司（A&A Ltd.）

加大码连衣裙尺寸表（PLUS SIZE DRESS SPECIFICATION SHEET）

款式：2205W　　客户：Betty R

陈述：针织类　　日期：2013年9月15日　　单位：英寸

码号	1X	2X	3X
后中长	31$^{1}/_{4}$	31$^{1}/_{2}$	31$^{3}/_{4}$
胸围	49	53	57
总肩宽	17$^{1}/_{2}$	18$^{1}/_{2}$	19$^{1}/_{2}$
后袖长	32$^{1}/_{4}$	33	33$^{3}/_{4}$
袖口	11$^{1}/_{2}$	12	12$^{1}/_{2}$
袖窿围	24	25$^{1}/_{4}$	26$^{1}/_{2}$
衣脚宽	51	55	59

第六节 美国某纸样公司提供的系列尺寸表

表1-6 ~表1-16列举的是美国一家名为Simplicity网上纸样销售公司所发布的各种不同身材尺寸表格，仅供参考。需要指出的是，在美国基本上没有一个强制性的衣服尺寸标准来统一服装标准，就算是美国制服式服装尺寸也一样，都需要在标准尺寸的基础上进行加减。各公司大致的做法会首先关注标准尺寸，然后对照本公司的服装需要，研究制定出适合各自客户群和自己公司的尺寸规格。

表1-6 尚未学行走的婴儿尺寸表（Baby size chart）

码号	XXS	XS	S	M	L
体重	大约3kg	3 ~ 6kg	6 ~ 8kg	8 ~ 9.5kg	9.5 ~ 11kg
大约身高	大约43cm	43 ~ 61cm	61 ~ 67cm	67 ~ 79cm	79 ~ 87cm

表1-7 幼儿尺寸表（Toddlers size chart） 单位：cm

码号	½	1	2	3	4
胸围	48	51	53	56	58
腰围	48	50	51	52	53
大约身高	71	79	87	94	102

注：比婴儿高但比儿童矮，裤裆内保留了尿布的空间，裙子比儿童要短。

表1-8 儿童尺寸表（Children size chart） 单位：cm

码号	2	3	4	5	6	6X	7	8
胸围	53	56	58	61	64	65	66	69
腰围	51	52	53	55	56	57	58	60
臀围	—	—	61	64	66	67	69	71
后腰长	22	23	24	25.5	27	27.5	29.5	31
大约身高	89	97	104	112	119	122	127	132

表1-9 中学时代少女/中学时代少女加码尺寸表（Girls/Girls plus size chart） 单位：cm

中学时代少女							中学时代加码少女				
码号	7	8	10	12	14	16	$8^1/_2$	$10^1/_2$	$12^1/_2$	$14^1/_2$	$16^1/_2$
胸围	66	69	73	76	81	87	76	80	84	88	92
腰围	58	60	62	65	67	70	71	74	76	79	81
臀围	69	71	76	81	87	92	84	88	92	96	96
后腰长	29.5	31	32.5	34.5	36	38	32	34	35.5	37.5	39.5
大约身高	127	132	142	149	155	156	132	142	149	155	161

注：指身体发育还不完全的少女，少女加码是为同龄超重的少女而设立的。

表1-10　少女加码尺寸表（Junior Plus size chart）　单位：cm

码号	13/14+	15/16+	17/18+	19/20+	21/22+	23/24+	25/26+	27/28+	29/30+	31/32+
胸围	100.5	104	108	112	116	121	126	131	136	141
腰围	82.5	85	87.5	90	94	98	102	106	110	112
从腰下18cm量臂围	106	110	113	117	121	126	131	136	141	146
后腰长	40	40.5	41.5	42	42.5	43	44	44.5	45	45.5

表1-11　标准型女性/标准型女性小码尺寸表（Miss/Miss petite size chart）　单位：cm

码号	4	6	8	10	12	14	16	18	20	22	24	26
胸围	75	78	80	83	87	92	97	102	107	112	117	122
腰围	56	58	61	64	67	71	76	81	87	94	99	106
从腰下23cm量臀围	80	83	85	88	92	97	102	107	112	117	122	127
后腰长	38.5	39.5	40	40.5	41.5	42	42.5	43	44	44	44.5	44.5
标准型女型小码腰长	36	37	37.5	38	38.5	39.5	40	40.5	41.5	41.5	42	42

注：指身体比例均称，发育成熟的女性。标准型女性光脚净尺寸身高为5′5″（1.68m）~ 5′6″（1.71m）。标准型女性小码光脚净尺寸身高低于5′4″（1.65m）。

表1-12　少女尺寸表（Junior size chart）　单位：cm

码号	3至4	5至6	7至8	9至10	11至12	13至14	15至16	17至18	19至20	21至22	23至24
胸围	71	73.5	77.5	81.5	85	89	92.5	98	103	108	113
腰围	56	58.5	61	63.5	66	68.5	71	75	78.5	85	90
从腰下18cm量臀围	78.5	81.5	85	89	92.5	76.5	100.5	106	111	116	121
后腰长	34.5	35.5	37	38	39	40	41	42	42.5	43	43.5

表1-13　不分性别服装尺寸表（Unisex size chart）　单位：cm

码号	XXS	XS	S	M	L	XL	XXL
胸围	71 ~ 74	76 ~ 81	87 ~ 92	97 ~ 102	107 ~ 112	117 ~ 122	127 ~ 132
臀围	74 ~ 76	79 ~ 83	89 ~ 94	99 ~ 104	109 ~ 114	119 ~ 124	130 ~ 135

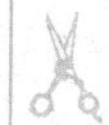

表1-14　矮胖型女性/矮胖型女性小码尺寸表（Women /Women petite size chart）　单位：cm

码号	18W	20W	22W	24W	26W	28W	30W	32W
欧洲号码	44	46	48	50	52	54	56	58
胸围	102	107	115	117	122	127	132	137
腰围	84	89	94	99	105	112	118	124
从腰下23cm量臀围	107	112	117	122	127	132	137	142
后腰长	43	44	44	44.5	45	45	45.5	46
矮胖型女性小码腰长	40.5	41.5	41.5	42	42	42.5	42.5	43

注：指身型略大，更为成熟丰满的女性身形。矮胖型女性光脚净尺寸身高为5′5″（1.68m）-5′6″（1.71m）。矮胖型女性小码光脚净尺寸身高低于5′4″（1.65m）。

表1-15　男孩和少年尺寸表（Boys /Teenage boys size chart）　单位：cm

码号	7	8	10	12	14	16	18	20
胸围	66	69	71	76	81	85	89	93
腰围	58	61	64	66	69	71	74	75
臀围	69	71	75	79	83	87	90	94
领围	30	31	32	33	34.5	35.5	37	38
大约身高	122	127	137	147	155	163	168	173
袖长	57	59	64	68	74	76	79	81

注：指身体正值发育成长阶段的未成年男性。

表1-16　男性尺寸表（Men′s size chart）　单位：cm

码号	32	34	36	38	40	42	44	46	48	50	52
欧洲码号	42	44	46	48	50	52	54	56	58	60	62
胸围	82	87	92	97	102	107	112	117	122	127	132
腰围	66	71	76	81	87	92	99	107	112	117	122
臀围	84	89	94	99	104	109	114	119	124	230	135
领围	34.5	35.5	37	38	39.5	40.5	42	43	44.5	45.5	47
袖长	78.5	81	81	84	84	87	87	89	89	91.5	91.5

注：指标准体型，光脚净尺寸身高为5′10″（1.78m）。

第七节　美国ASTM颁布的标准女性人体尺寸表

美国材料鉴定学会（ASTM）设定的标准型女性身体衡量尺寸表（Standard Table of Body Measurements for Female Misses Type Figures）是美国目前在使用的围度尺寸，码数范围为2 ~ 20号。这个标准尺寸设立于1941年。在1988年、1999年、2001年等曾多次修正和调整，成为当前美国成人女性的标准尺寸参考表，见表1-17、表1-18。

表1-17 美国女性身体尺寸英寸标准表（2 ~ 20码）

Girth Measurements in in. 围度尺寸（英寸）										
Body Parts部位 Size尺码	2	4	6	8	10	12	14	16	18	20
Bust胸围	32	33	34	35	36	37 1/2	39	40 1/2	42 1/2	44 1/2
Waist腰围	24	25	26	27	28	29 1/2	31	32 1/2	34 1/2	36 1/2
High hip高臀围	31 1/2	32 1/2	33 1/2	34 1/2	35 1/2	37	38 1/2	40	42	44
Hip臀围	34 1/2	35 1/2	36 1/2	37 1/2	38 1/2	40	41 1/2	43	45	47
Mid-neck中颈围	13	13 1/4	13 1/2	13 3/4	14	14 3/8	14 3/4	15 1/8	15 5/8	16 1/8
Neck base颈底围	13 1/2	13 3/4	14	14 1/4	14 1/2	14 7/8	15 1/4	15 5/8	16 1/8	16 5/8
Armscye袖窿围	14 1/2	14 5/8	15	15 3/8	15 3/4	16 3/8	17	17 5/8	18 3/8	19 1/8
Upper arm手臂围	10	10 1/4	10 1/2	10 3/4	11	11 3/8	11 3/4	12 1/8	12 3/4	13 3/8
Elbow肘围	9 3/8	9 1/2	9 5/8	9 3/4	9 7/8	10 1/8	10 3/8	10 5/8	11	11 3/8
Wrist腕围	5 5/8	5 3/4	5 7/8	6	6 1/8	6 1/4	6 3/8	6 1/2	6 5/8	6 3/4
Thigh,max最大大腿围	19 1/2	20 1/4	21	21 3/4	22 1/2	23 1/2	24 1/2	25 1/2	26 3/4	28
Thigh,mid大腿中围	18 1/4	18 3/4	19 1/4	19 3/4	20 1/4	21	21 3/4	22 1/2	23 1/2	24 1/2
Knee膝盖围	13	13 3/8	13 3/4	14 1/8	14 1/2	15	15 1/2	16	16 1/2	17
Calf小腿围	12 1/2	12 7/8	13 1/4	13 5/8	14	14 1/2	15	15 1/2	16	16 1/2
Ankle踝围	8 3/8	8 5/8	8 7/8	9 1/8	9 3/8	9 5/8	9 7/8	10 1/8	10 3/8	10 5/8
Vertical trunk垂直躯干围	56	57 1/2	59	60 1/2	62	63 1/2	65	66 1/2	68	69 1/2
Total crotch全裆围	25	25 3/4	26 1/2	27 1/4	28	28 3/4	29 1/2	30 1/4	31	31 3/4
Vertical Measurements in in. 高度与纵深尺寸（英寸）										
Stature身高	63 1/2	64	64 1/2	65	65 1/2	66	66 1/2	67	67 1/2	68
Cervical height脖子高/颈高	54 1/2	55	55 1/2	56	56 1/2	57	57 1/2	58	58 1/2	59
Waist height地面至腰线高	39 1/4	39 1/2	39 3/4	40	40 1/4	40 1/2	40 3/4	41	41 1/4	41 1/2
Hight hip height地面至高臀围高	35 1/4	35 1/2	35 3/4	36	36 1/4	36 1/2	36 3/4	37	37 1/4	37 1/2
Hip height地面至臀围线高	31 1/4	31 1/2	31 3/4	32	32 1/4	32 1/2	32 3/4	33	33 1/4	33 1/2
Crotch height地面至裆深线高	29 1/2	29 1/2	29 1/2	29 1/2	29 1/2	29 1/2	29 1/2	29 1/2	29 1/2	29 1/2
Knee height地面至膝盖线高	17 5/8	17 3/4	17 7/8	18	18 1/8	18 1/4	18 3/8	18 1/2	18 5/8	18 3/4
Ankle height地面至踝线高	2 3/4	2 3/4	2 3/4	2 3/4	2 3/4	2 3/4	2 3/4	2 3/4	2 3/4	2 3/4
Waist length(front)地面至前腰线高	13 1/2	13 3/4	14	14 1/4	14 1/2	14 3/4	15	15 1/4	15 1/2	15 3/4
Bk Waist length(on Curve)后裆弧线高	15 1/2	15 3/4	16	16 1/2	16 1/2	16 3/4	17	17 1/4	17 1/2	17 3/4
Straight crotch length直裆深/立裆高	9 3/4	10	10 1/4	10 1/2	10 3/4	11	11 1/4	11 1/2	11 3/4	12
Width and Length Measurements in in. 横与宽尺寸（英寸）										
Across shoulder横肩宽	14 3/8	14 5/8	14 7/8	15 1/8	15 3/8	15 3/4	16 1/8	16 1/2	17	17 1/2
Cross-back width后背宽	13 7/8	14 1/8	14 3/8	14 5/8	14 7/8	15 1/4	15 5/8	16	16 1/2	17
Cross-chest width前胸宽	12 7/8	13 1/8	13 3/8	13 5/8	13 7/8	14 1/4	14 5/8	15	15 1/2	16
Shoulder length小肩宽	4 15/16	5	5 1/18	5 1/8	5 3/16	5 5/16	5 7/16	5 9/16	5 3/4	5 15/16
Shoulder slope(degrees)肩斜高（角度）	23	23	23	23	23	23	23	23	23	23
Arm length shoulder to wrist肩到手腕长	22 15/16	23 1/8	23 5/16	23 1/2	23 11/16	23 7/8	24 1/16	24 1/4	24 7/16	24 5/8
Arm length shoulder to elbow肩到肘长	13 1/4	13 3/8	13 1/2	13 5/8	13 3/4	13 7/8	14	14 1/8	14 1/4	14 3/8
Arm length center back neck to wrist后颈中至手腕长	30 1/8	30 7/16	30 3/4	31 1/16	31 3/8	31 3/4	32 1/8	32 1/2	32 15/16	33 3/8
Bust point to bust point乳间距	7	7 1/4	7 1/2	7 3/4	8	8 1/4	8 1/2	8 3/4	9	9 1/4
Neck to bust point肩颈点到胸高	9 1/4	9 1/2	9 3/4	10	10 1/4	10 5/8	11	11 3/8	11 7/8	12 3/8
Scye Depth袖窿深	7 1/8	7 1/4	7 3/8	7 1/2	7 5/8	7 3/4	7 7/8	8	8 1/8	8 1/4

表 1-18 美国女性身体尺寸厘米标准表（2 ~ 20码）

Body Parts部位 / Size尺码	2	4	6	8	10	12	14	16	18	20
Girth Measurements in in. 围度尺寸（英寸）										
Bust胸围	81.3	83.8	86.4	89.0	91.4	95.2	99.1	102.9	107.9	113
Waist腰围	61.0	63.5	66.0	68.5	71.1	74.9	78.7	82.6	87.6	92.7
High hip高臀围	80.0	82.5	85.1	87.6	90.2	94.0	97.7	101.6	106.7	111.8
Hip臀围	86.4	90.2	92.7	95.2	97.8	101.6	105.4	109.2	114.3	119.4
Mid-neck中颈围	33.0	33.7	34.3	34.9	35.6	36.5	37.5	38.4	39.7	40.1
Neck base颈底围	34.3	34.9	35.6	36.2	36.8	37.8	38.7	39.7	40.9	42.2
Armscye袖窿围	36.2	37.1	38.1	39.1	40.0	16.2	43.2	44.8	46.7	48.6
Upper arm上臂围	25.4	26.0	26.7	27.3	27.9	28.9	29.8	30.8	32.4	34.0
Elbow肘围	23.8	24.1	24.4	24.8	25.1	25.7	26.4	27.0	27.9	28.9
Wrist腕围	14.3	14.6	14.9	15.2	15.6	15.9	16.2	16.5	16.8	17.1
Thigh,max最大大腿围	49.5	51.4	53.3	55.2	57.2	59.7	62.2	64.5	67.9	71.1
Thigh,mid大腿中围	46.4	47.6	48.9	50.2	51.4	53.3	55.2	57.1	59.7	62.2
Knee膝盖围	33.0	34.0	34.9	35.9	36.8	38.1	39.4	40.6	41.9	43.2
Calf小腿围	31.8	32.7	33.6	34.6	35.6	36.8	38.1	39.4	40.6	41.9
Ankle踝围	21.3	21.9	22.5	23.2	23.8	24.4	25.1	26.7	26.4	27.0
Vertical trunk垂直躯干围	142.2	146.0	149.9	153.7	157.5	161.3	165.1	167.6	172.7	176.5
Total crotch全裆围	63.5	65.4	67.3	69.2	71.1	73.0	75.0	76.8	78.7	80.6
Vertical Measurements in in. 高度与纵深尺寸（英寸）										
Stature身高	161.3	162.6	163.8	165.1	166.4	167.6	169.0	170.2	171.5	172.7
Cervical height脖子高/颈高	138.4	139.7	141.7	142.2	143.5	144.8	146.1	147.3	148.6	149.9
Waist height地面至腰线高	99.7	100.3	101.0	101.6	102.2	102.9	103.5	104.1	104.8	105.4
Hight hip height地面至高臀围高	89.5	90.2	90.8	91.4	92.1	92.7	93.3	94.0	94.6	95.2
Hip height地面至臀围线高	79.4	80.0	80.6	81.3	82.0	82.6	83.2	83.8	84.5	85.1
Crotch height地面至裆深线高	74.9	74.9	74.9	74.9	74.9	74.9	74.9	74.9	74.9	74.9
Knee height地面至膝盖线高	44.8	45.1	45.4	45.7	46.0	46.4	46.7	47.0	47.3	47.6
Ankle height地面至踝线高	7.0	7.0	7.0	7.0	7.0	7.0	7.0	7.0	7.0	7.0
Waist length(front)地面至前腰线高	34.3	34.9	35.6	36.2	36.8	37.5	38.1	38.7	39.4	40.0
Bk Waist length(on Curve)后裆弧线高	38.8	40.0	40.6	41.3	41.9	42.5	43.2	43.8	44.5	45.1
True rist直裆深/立裆高	24.8	25.4	26.0	26.7	27.3	28.0	28.6	29.2	29.8	30.5
Width and Length Measurements in in. 横与宽尺寸（英寸）										
Across shoulder横肩宽	36.5	37.1	37.8	38.4	39.1	40.0	41.0	42.0	43.2	44.5
Cross-back width后背宽	35.2	35.9	36.5	37.1	37.8	38.7	39.7	40.6	42.0	43.2
Cross-chest width前胸宽	32.7	33.3	34.0	34.6	35.2	36.2	37.1	38.1	39.4	40.6
Shoulder length小肩宽	12.5	12.7	12.9	13.0	13.2	13.5	13.8	14.1	14.6	15.1
Shoulder slope(degrees)肩斜度	23	23	23	23	23	23	23	23	23	23
Arm length shoulder to wrist肩到手腕长	58.3	58.7	59.2	59.7	60.2	60.6	61.1	61.6	62.1	62.5
Arm length shoulder to elbow肩到肘长	33.7	34.0	34.3	34.6	34.9	35.2	35.6	35.9	36.2	36.5
Arm length center back neck to wrist后颈中至手腕长	76.5	77.3	78.1	78.9	79.7	80.6	81.6	82.6	83.7	84.8
Bust point to bust point乳间距	17.78	18.4	19.1	19.7	20.3	21.0	21.6	22.2	22.9	23.5
Neck to bust point肩颈点到胸高	23.5	24.1	24.8	25.4	26.0	27.0	28.0	28.9	30.2	31.4
Scye Depth袖窿深	18.1	18.4	18.7	19.0	19.4	19.7	20.0	20.3	20.6	21.0

第八节 立裁前尺寸表的建立

在立裁的实际操作中，打版师接到设计图时，通常是不附带详细尺寸的。有的设计师会给出衣长或袖长的尺寸，而更多的时候会给出公司试身模特的尺寸表，打版师要自己根据模特的尺寸，结合款式的需要来把握服装各个部位的大小宽窄。

如图1-12是一件没有尺寸的带装饰青果领/丝瓜领（Shawl collar）的女式夹克的设计图，你能看到款式图四周有一些设计细节的加注，但唯独没有尺寸。遇到这种情况时版师不必为难。建议打版师首先与设计师或老板商量，把立裁用的人台拉过来，一边量尺寸一边讨论，看看你的尺寸感是否与他们设想的一致，再用专用或者自立的尺寸表将商量好的尺寸记录以备用。有些尺寸讨论时是商定的，可是在立裁的过程中，会根据立体构成的比例大小和外观的线条分割对尺寸作必要的调整。所以立裁中的尺寸不是一成不变的，不是固定的，不需要计算，不必死记硬背。但生产版型的立裁和制作的情况就不一样了，它必须严格遵循规定的尺寸去打版，成衣的尺寸通常允许偏差为0.3 ~ 0.6cm，所以不能马虎大意。

图1-13是在没有任何尺寸提示下立裁出的青果领女式夹克的效果。

但对初学者而言，立裁尺寸的建立和把握会带有一定的不确定性，会有些不自信，不知道多少才是最合适的，这需要一个积累的过程。

不过，有一点是肯定的，那就是学习绘画和临摹对训练版师的尺寸感、仿形及造型能力绝对有帮助，

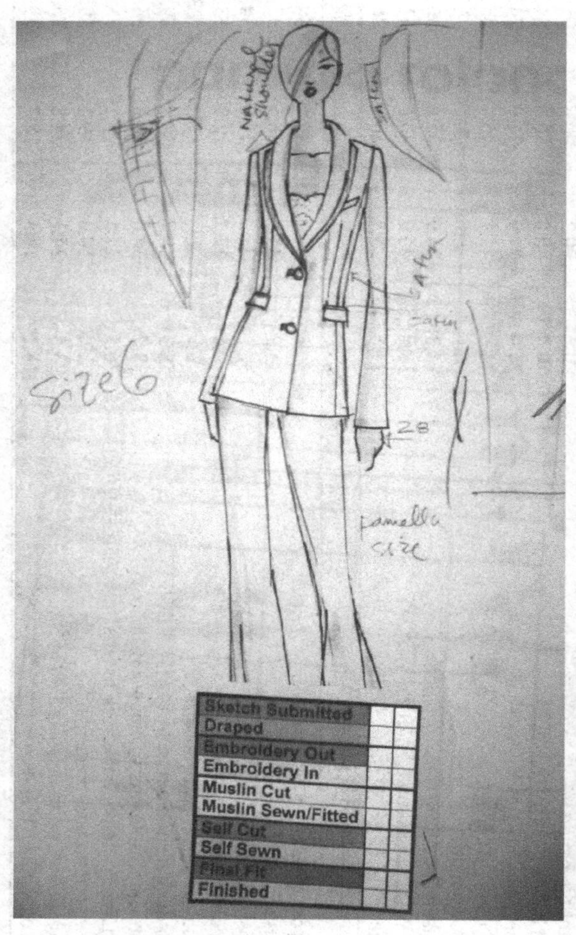

图1-12 没有标明尺寸的女式休闲西装的设计图

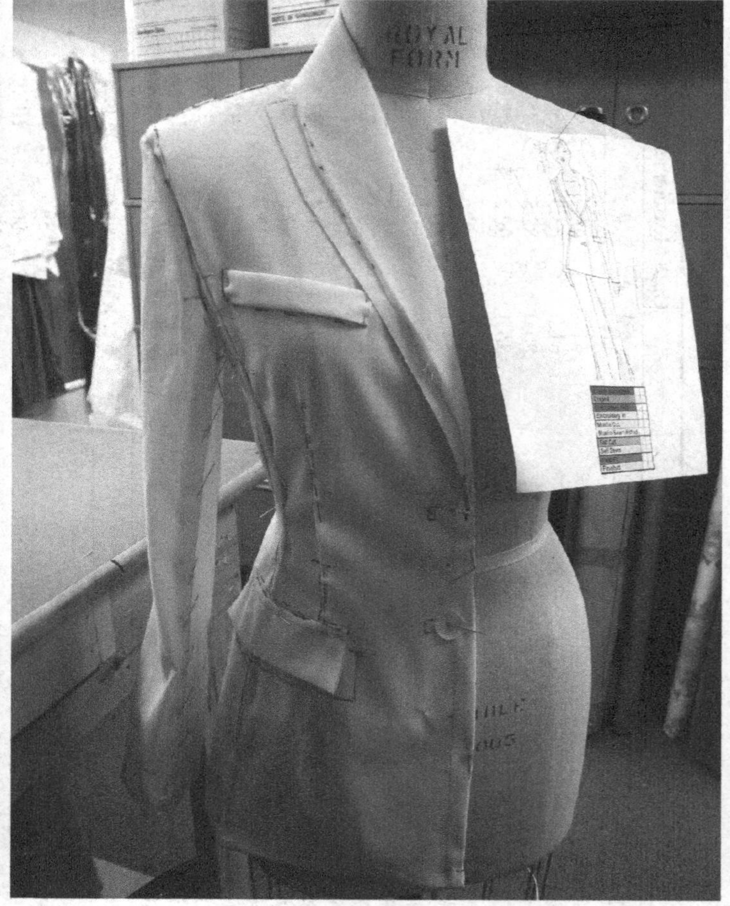

图1-13 在没有任何尺寸提示下立裁出的女式休闲西装的效果

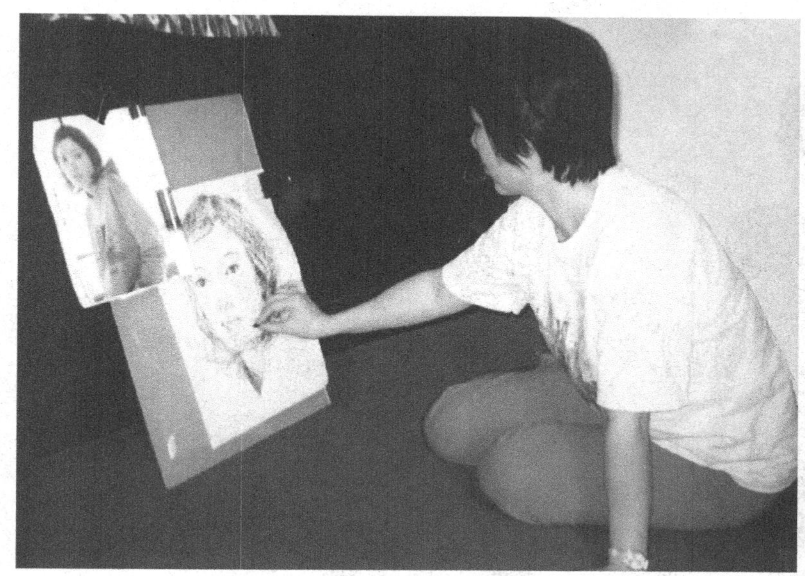

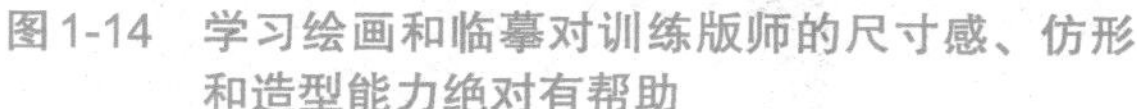
图1-14　学习绘画和临摹对训练版师的尺寸感、仿形和造型能力绝对有帮助

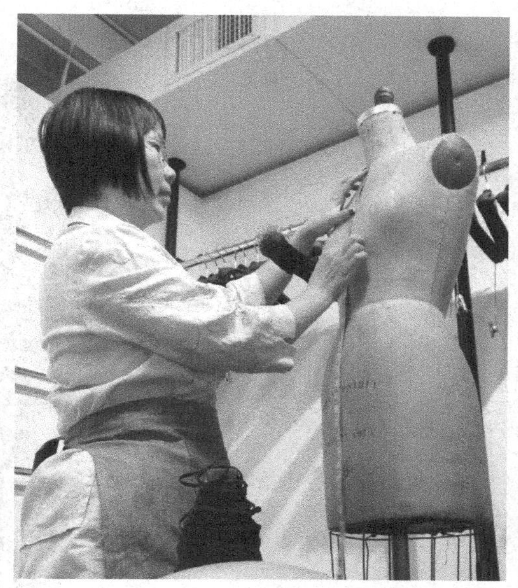
图1-15　版师在人台上用皮尺量取尺寸数据

如图1-14所示。因为绘画和临摹训练的是我们的眼睛与手及大脑对物体大小、形状的感悟和重现的能力。从服装设计图到人台的立体裁片就是这一能力的运用和掌控的体现。

当然，在没有任何尺寸的标注之下做立裁需要的是版师的眼光和经验，体现你对人体结构和对人体活动机能、对服装工艺和结构的了解和掌握。而善于运用人体的部位、与服装结构之间的距离的对比或位差者，对决定尺寸的长短和细节的位置大有裨益。例如，可以利用眼睛审视人体腰线到膝盖之间的距离和服装在它们之间的位置来决定衣服的长短；利用眼睛观察前中线和侧缝线的距离以及口袋在它们之间的距离来取得口袋位置的落实；可以利用眼睛盯着肩膀斜线和前袖宽来确定翻门襟的位置和大小等，换句话说把在设计图上看到的位置等同地搬到人台上就找到了服装部位的位置了。

此外，学习美国服装行业专业规范的对模特尺寸的量度方法，是每一位打版师入行的基本功。图1-15是打版师在人台上用皮尺量取尺寸的数据。这一量度方法不但适合于人台，同时适合于真人模特，而且在量样衣和成衣时所采用的方法和位置都是一致的。当我们掌握了专业规范的模特尺寸的量度方法之后，对立裁前尺寸表的建立，对立裁中服装各个部位及细节的尺寸的决定问题就迎刃而解了，真可谓一通百通。

第九节　如何从人台上量取尺寸

需特别指出的是，美国的人体和服装尺寸的量取与其他国家有所不同。比如美国的衣长尺寸多从后中量取（当然也有从肩高点量取的），而胸围的量法是从腋下2.54cm（1英寸）量取，手臂围则从袖窿线下2.54cm（1英寸）量取，横裆围也规定从裆深线下2.54cm（1英寸）量取，而袖长要在后中点量起等。

图1-16展示的是美国普通服装尺码的量取方式的剪影图解。图1-17 ~图1-22是介绍从人台上量取必要的尺寸的各种方法。量取尺寸是版师日常工作的基本手段，用以进行立体裁剪（Draping）和平面裁剪（Pattern making）以及订制和试身等。所以，有必要认真学习和详细地了解。

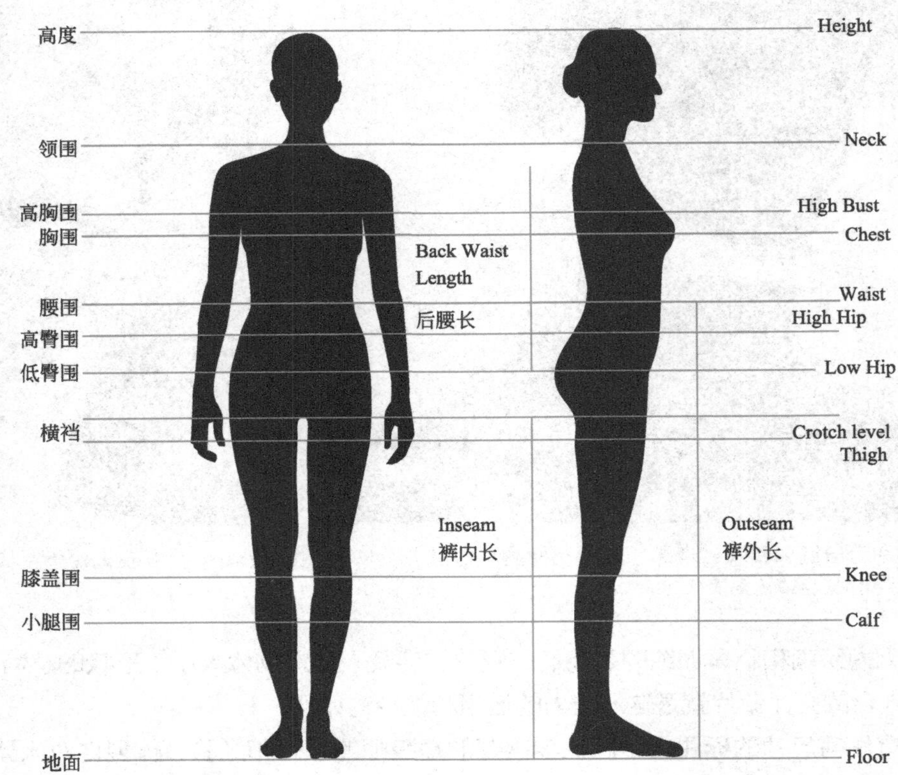

图 1-16 美国普通服装尺码的量取方式的剪影图解

以下图 1-17 ～图 1-22 是如何量取尺寸的方法的细部图解。

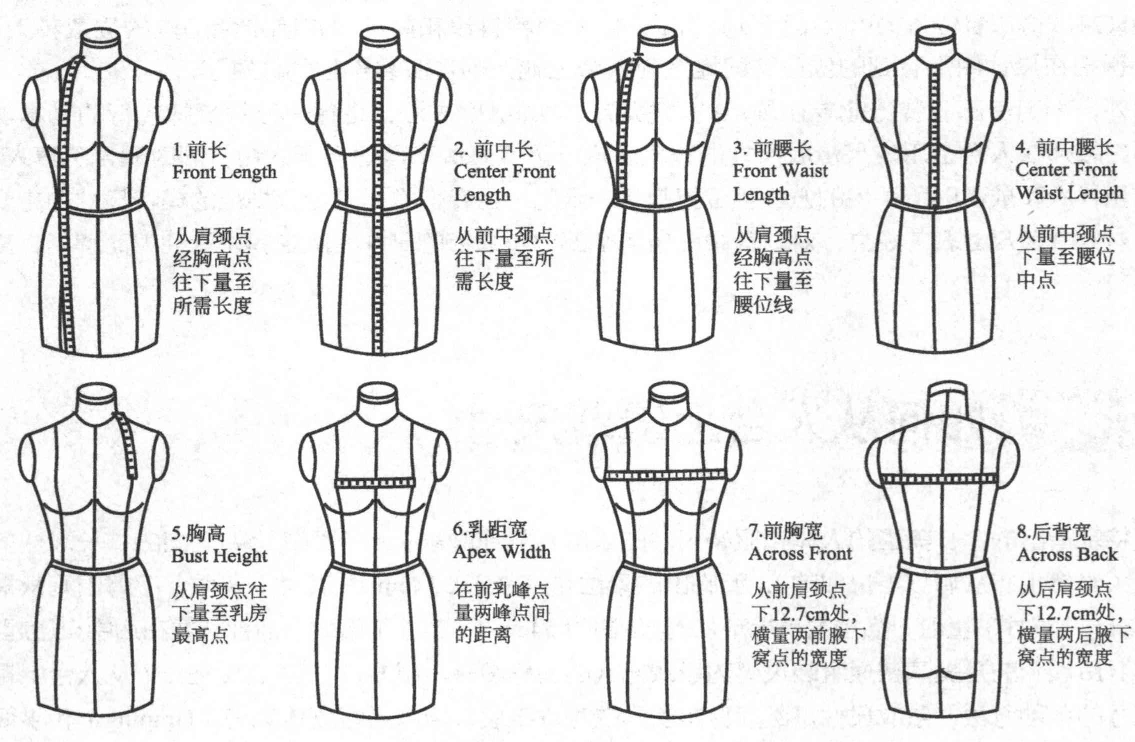

图 1-17 美国服装尺码的上半身量取图解 1

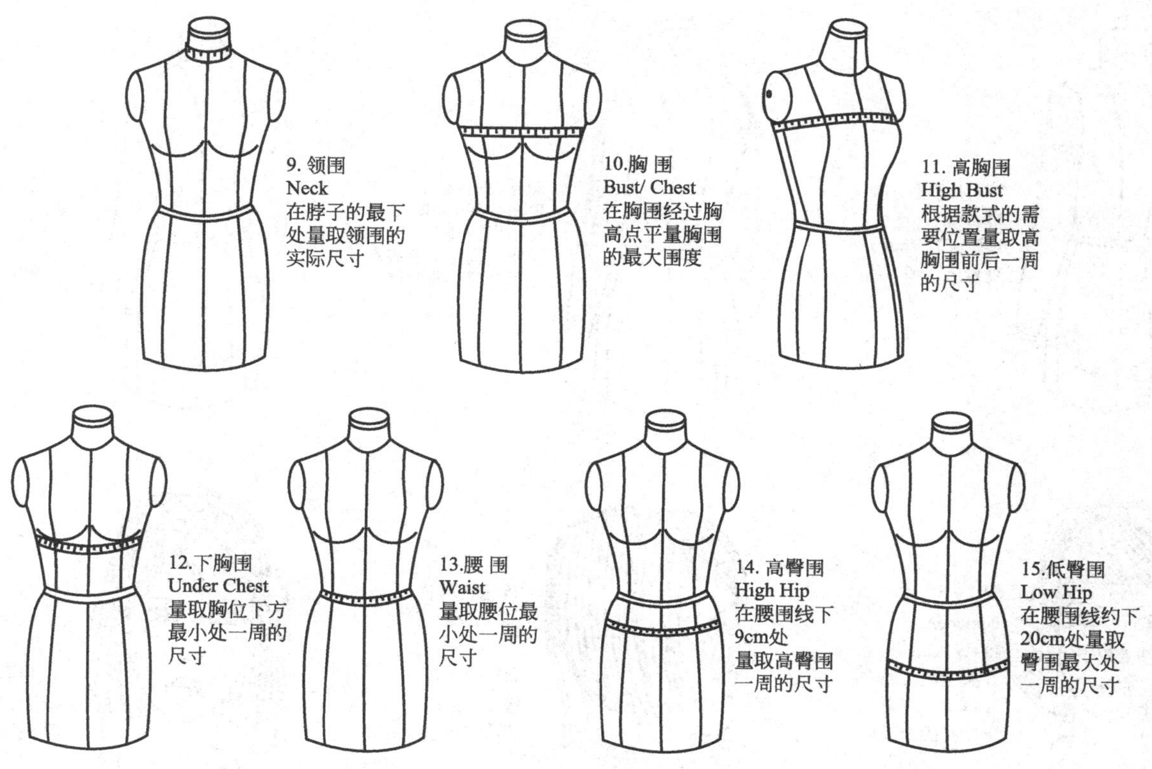

图1-18　美国服装尺码的上半身量取图解2

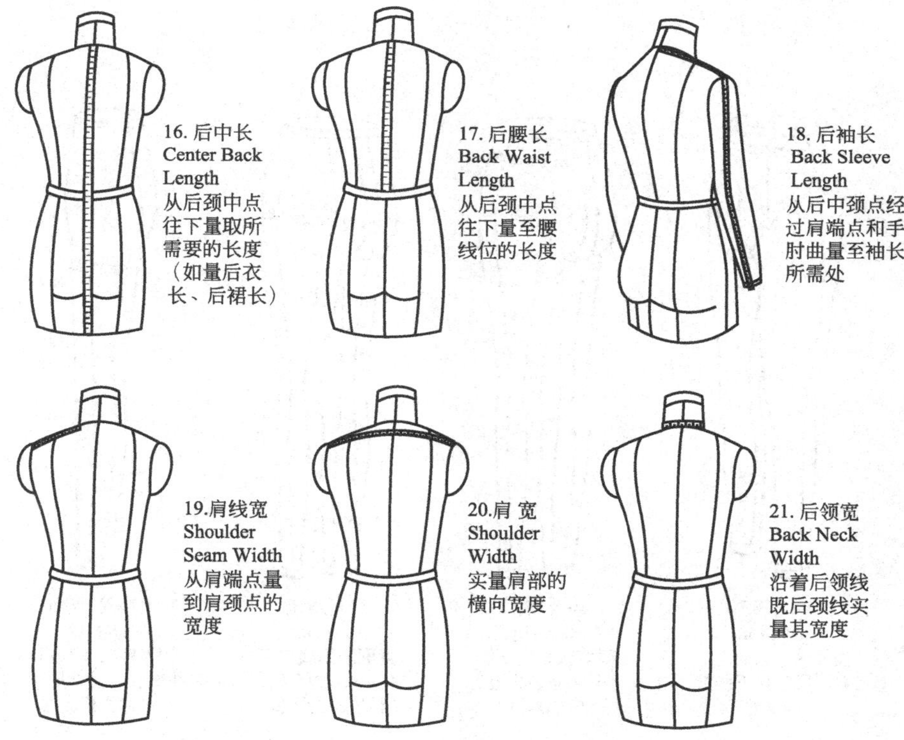

图1-19　美国服装尺码的上半身量取图解3

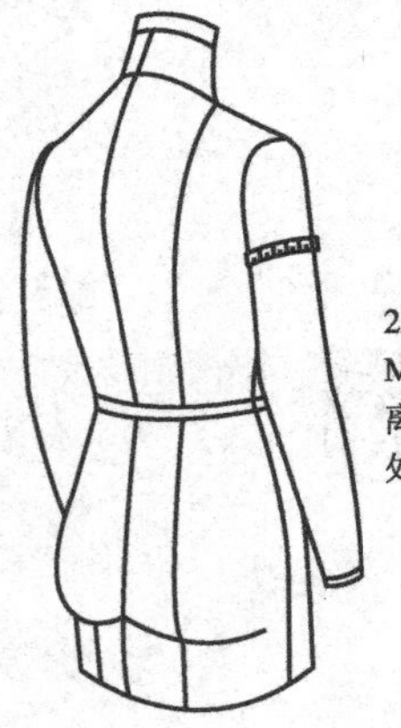

22. 袖肥/手臂围
Muscle
离腋下2.54cm
处量手臂围一周

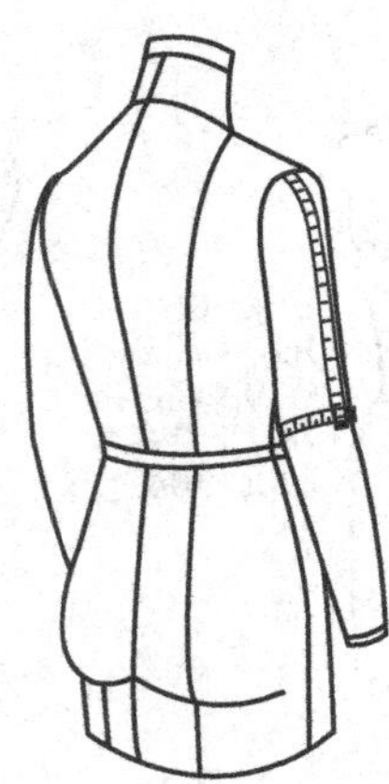

23. 肘围和肘长
Elbow/Elbow length
在手肘围处量
肘围的尺寸。从肩点
往下量至手肘长度

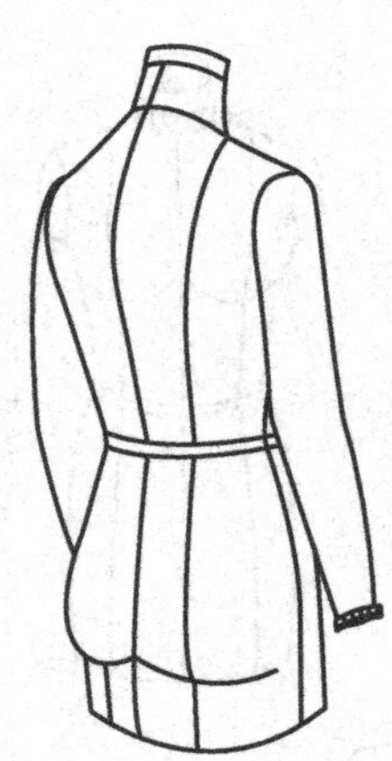

24. 腕围
Wrist
在袖腕围处量
腕围的尺寸

25. 上下头围
Upper and
lower head
在头围最大处
及鼻尖位平量
上下头围的尺寸

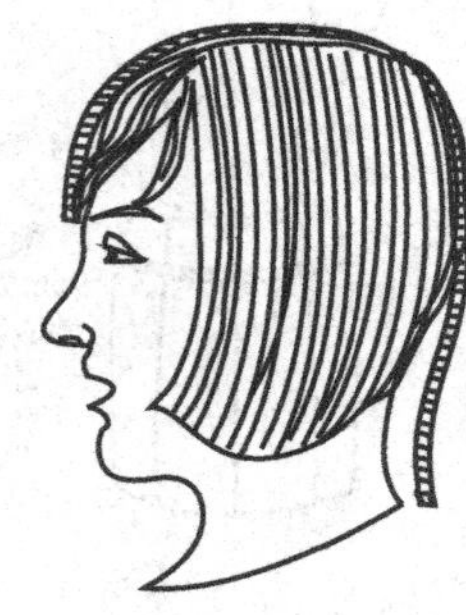

26.帽后围长
Back head
girth
看实际需要
量后头围
的尺寸

27. 帽口外围
Hood opening
从左肩颈点到
头顶再连接右
肩颈点量取帽
口外围的尺寸

图1-20　美国服装尺码的上半身量取图解4

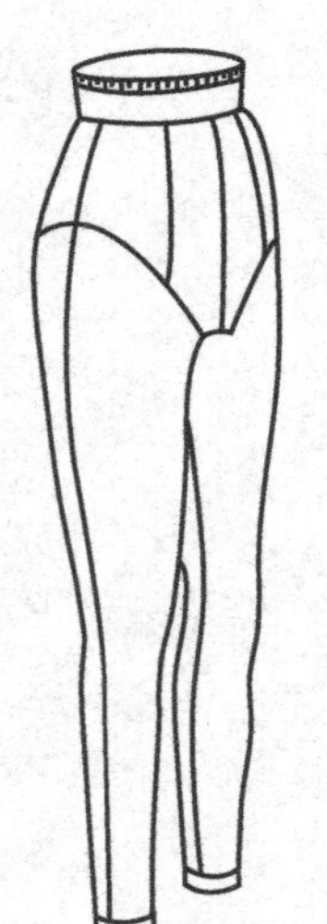

28.高腰围
High Waist
视款式要求而定，量
取腰线以上的高腰围
线的尺寸

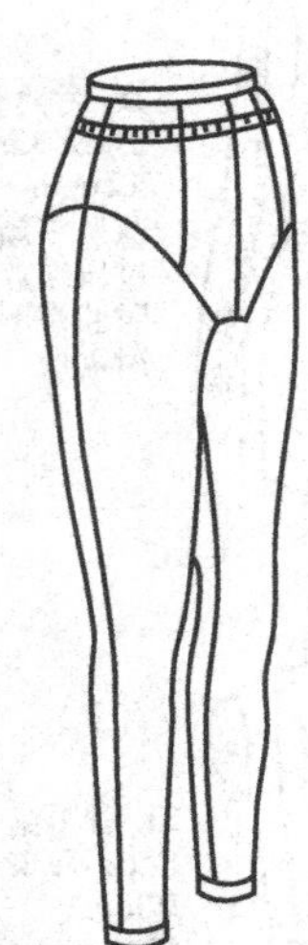

29.下腰围
Low Waist
视款式要求而定，
量取腰线以下的腰
围尺寸

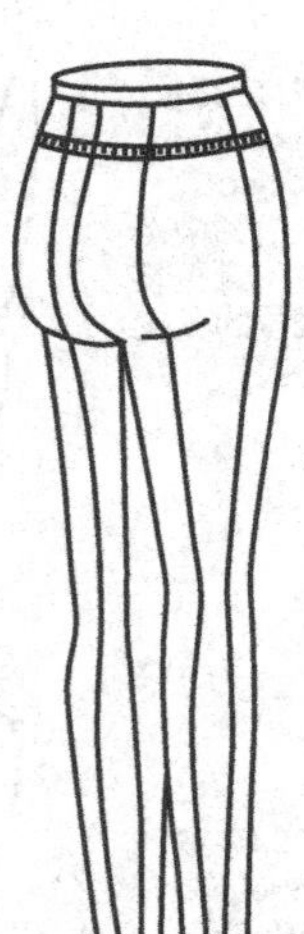

30.上臀围
High Hip
量取腰线以下约
9～10cm的上
臀围尺寸

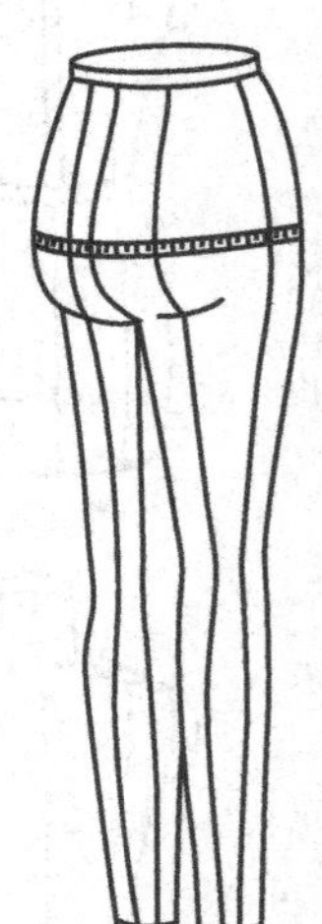

31.低臀围
Low Hip
量取腰围线以下
20cm处的尺寸为
低臀围的围度

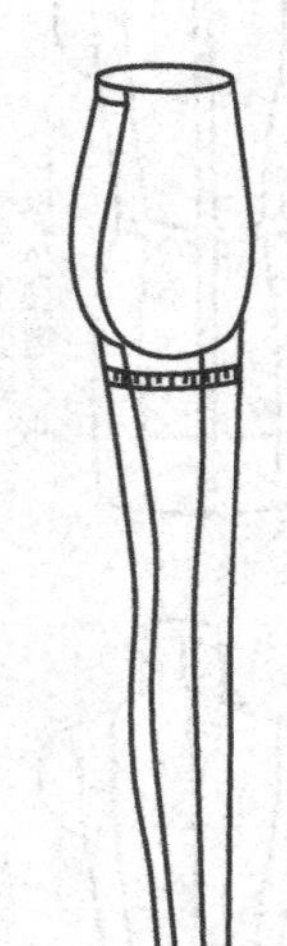

32. 大腿围/横裆围
Thigh Max
在裆深线以下2.54cm
之处量取大腿围尺寸，
也被称为横裆围

33. 膝围及脚踝围
Knee Level &Ankle
在膝关节处量度
膝盖围的尺寸
在脚踝围处
量取其围度

图1-21　美国服装尺码的下半身量取图解1

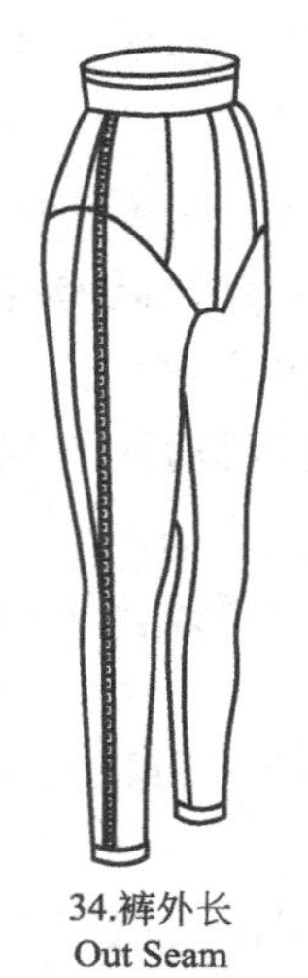

34.裤外长
Out Seam
从腰围线下量至裤长所需位置

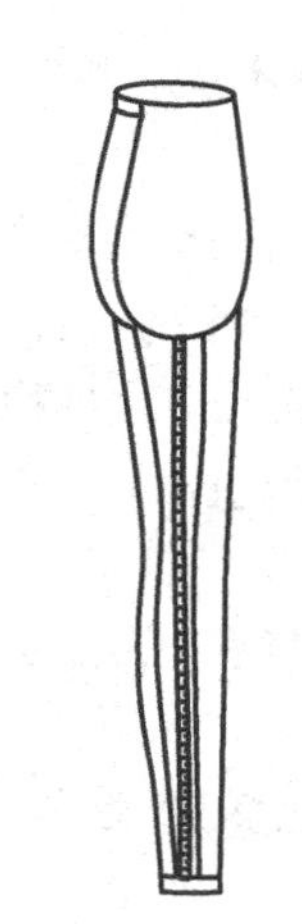

35.裤内长
Inseam
从前裆底线往下量裤内长所需位置

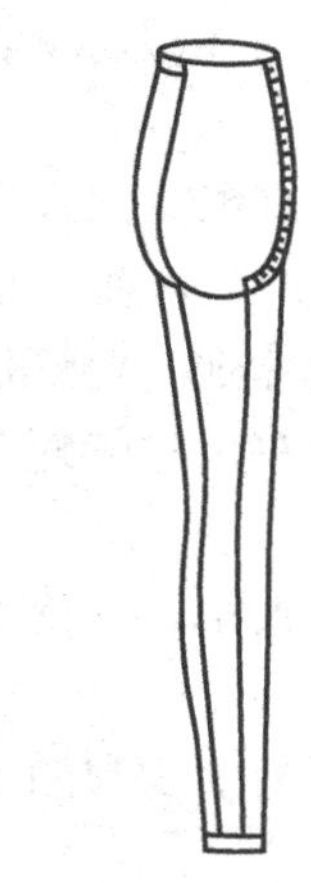

36.前裆长
Front Rise
在前腰线以下量取前裆的弧长

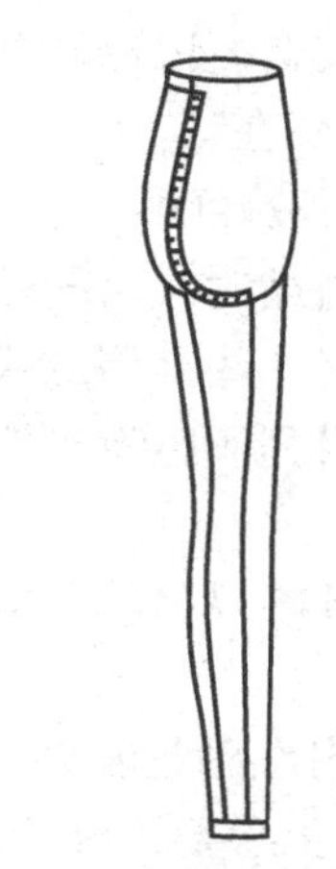

37.后裆长
Back Rise
在后腰线以下量取后裆 的弧长

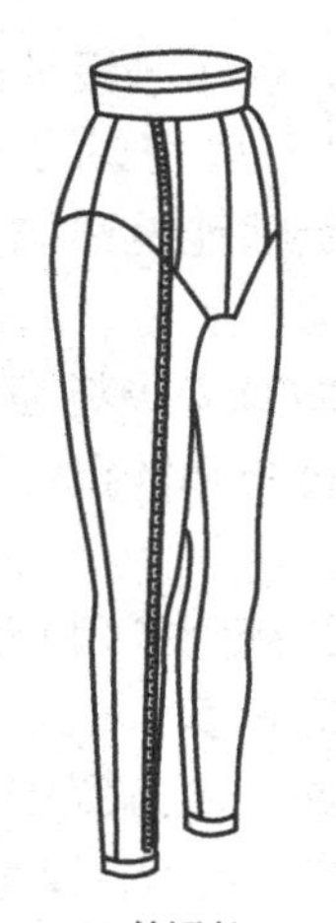

38.前裙长
Front Skirt Length
从前腰线以下量取前裙长至所需位置

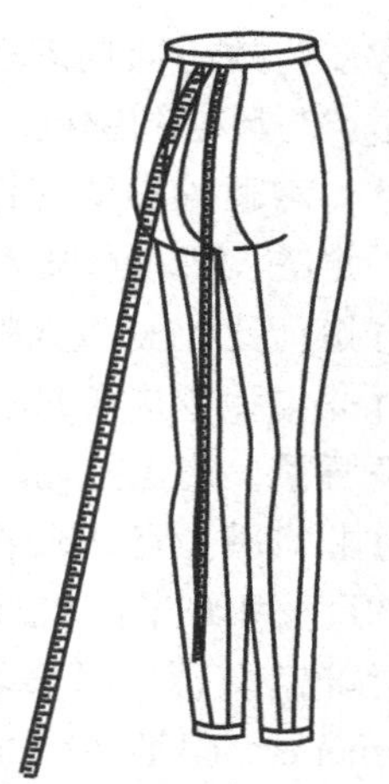

39.后裙长
Back Skirt Length(Day& evening)
从后腰线下量取后裙长至所需位置

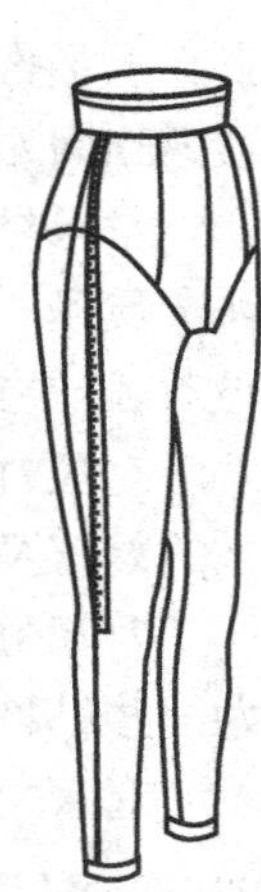

40.膝位长
knee Seam
从腰围线下量至膝盖长所在位置

图1-22　美国服装尺码的下半身量取图解2

第十节　打版师的尺寸感

打版师对尺寸把握的灵敏度和感觉称为尺寸感，这对版师来说是非常重要的一环。“对尺寸的感觉”并不仅仅是把握如何量取尺寸，重要的是练就对尺寸的认知能力和敏感度，并有独到眼光和敏捷的思考能力。

服装设计图的二维（Two dimensional）平面与人台的立裁效果三维（Three dimensional）的立体效果之间的尺寸和比例是有一定差别的，版师的能力就是要力求将它们的距离拉近，塑造设计图的本意。刚刚入行的新人对立体裁剪尺寸的了解和把握是忐忑的，更谈不上认知，很希望设计师或师傅们能在图上标上尺寸。

行业里的确有人对尺寸和形体把握的灵敏度和感觉是十分敏感的。灵敏度高的人合适做头版的立体裁剪或设计师的立裁助理等，而灵敏度较弱者也许比较适合画版型，如已经给出尺寸表明细和公差表的生产版型。但“对尺寸的感觉”训练和提高则应该是持之以恒的。图1-23是某连衣裙从平面设计图到人台的效果两图的比较。当我们面对设计图时，要好好地读图和设想，把小图当作大图在人台上的着装效果来读，把小图当作立体的成衣效果来设想。读图和设想都十分重要，其作用是帮助版师对二维向三维的靠近和转换。读图和设想的方法是把服装的平面效果图“套到”人体模特身上来进行比较，当你学会了这一既简单又实用的方法后，你对立裁尺寸感的把握就有进步

图1-23　连衣裙从平面设计图到人台的效果图的比较

了。于是你便可放心自信地在人台上与设计师或老板讨论尺寸，并显得从容不迫，胸有成竹。你可从中领悟到何为“对尺寸的感觉”和尺度把握的意义所在了。

对尺寸非常敏感表现在打版师能迅速地从小设计图中看出或想象出人体着装时尺寸大小，这种本领需要具备一定的实际操作的积累和历练。开始时是对人台的量取、比画、估计和练习，后来是凭借着经验对各尺寸进行比例式放大的估算和决断等，有一些常用的尺寸则需要记忆，成为经验的数据库。

对尺寸非常敏感应表现在打版师能迅速地目测和感觉到样衣尺寸的对错与出入。提醒自己对这一尺寸的复核及调整，防止差错。

对尺寸非常敏感还表现在打版师能目测出顾客身材的尺寸大小。进而对自己的打版心中有数，不再为一些结构尺寸和细节的处理而忐忑不安。

对尺寸非常敏感，可表现在打版师既能量出准确的服装尺寸，又能在诸多的尺寸中分辨（Judgment on measurements）出某些尺寸的不合理，从而作出必要的修正。

对尺寸非常敏感，有时表现在打版师既能看懂尺寸表，又能敏感地意识到尺寸表值得推敲之处，在打版时加以留意，而不是盲目地照搬。

对尺寸非常敏感，就表现在打版师那准确的比例感（Sense of proportion）和对尺寸的把握。反之，尺寸感不好的打版师就会有不好的比例感，不好的比例感就必然导致不理想的服装效果。

所以，打版师一开始就必须下工夫练就自己的双眼，拿着小的设计图来练习，量取它在人台上的尺寸大小。对尺寸的敏感度要在工作中练就。根据效果（Draping effect）的比例（Proportion）来均衡（Balanced）各个部位的位置，使成衣的效果能更合理、更协调、更具比例感而栩栩如生。

图1-24是版师在对头版纸样尺寸进行复核。

图1-24　版师在对头版纸样尺寸进行复核

思考与练习

一、练习量取4号人台或人体的净尺寸并填空。

（一）围度

1. 量紧胸围加放松量：胸围（Chest）________ 加放松量2.54cm ________
2. 量紧腰围加放松量：腰围（Waist）________ 加放松量2.54cm________
3. 量紧下臀围加放松量：臀围（Hip）________ 加放松量 2.54cm ______
4. 量紧上臀围加放松量：上臀围（High hip）________ 加放松量2.54cm ________
5. 量紧颈围加放松量：颈围（Neck）________ 加放松量1cm ________
6. 量紧上胸围加放松量：上胸围（High bust）________
7. 量紧下胸围加放松量：下胸围（Under chest/Empire）________
8. 量紧手臂尺寸：臂围/袖肥围（Muscle）________ 肘围（Elbow）______ 腕围（Wrist）______
9. 量紧头围：头围（Head）______ 帽后（后脑勺）弧长 ______ 帽开口外围（Hood opening）______

（二）上半身尺寸的测量

10. 侧缝（Side seam）长 ________
11. 肩宽（Shoulder width）______
12. 胸高（Bust high）________
13. 胸距（Apex point to point）________
14. 袖长（Sleeve length）________
15. 袖肘长（Elbow length）________
16. 袖窿深（Armhole depth）__________
17. 后背宽（Across back）________
18. 前胸宽（Across front）________
19. 腰宽（Waist side seam to side seam）前 ______，后________
20. 中长袖袖长（Three quarter sleeve）______
21. 前中到腰长（Center front to waist length）________
22. 后中到后腰长（Center back to waist length）________
23. 总裙长（Total length from CF or CB to floor）前________，后 ________

（三）下半身尺寸的测量（Lower torso measurements）

24. 臀宽（Hip width）前________，后________
25. 臀深（Hip level）________
26. 直裆深（Crotch depth）________
27. 前裆和后裆（Front and back crotch）前 ______ ，后 ______，总 ________
28. 腰围到脚踝（Side waist to ankle）如外裤长 ________
29. 腰围到膝盖（Waist to knee）________
30. 腰围到地面（Waist to floor）如落地长裙 ________
31. 裆位到脚踝（Crotch to ankle）如裤子的内裆长________
32. 大腿上围/横裆（Upper thigh）________

33. 大腿中围（Mid thigh）______

34. 膝盖围（Knee）________

35. 小腿围（Calf）________

36. 脚踝围（Ankle）______

37. 前中腰到地面（Center front waist to the floor）______

38. 晚装用后中腰到地面（Center back waist to the floor）如后拖地裙尾长 ______

二、在时装的杂志上找出以下款式，练习用目测和参照人台的方法，定出照片上模特着装的尺寸。填表时尺寸越详细越好，并画上相应的款式结构图（Style sketch）。

1. 连衣裙（Dress）

2. 裤子（Pants）

3. 衬衣（Shirt）

第二章
常用的几种美国立体裁剪方法

第一节 常用的五种美国立体裁剪方法归纳分类

根据笔者在美国近20年的打版经验和业内调查得知，运用立体裁剪（Draping）打版是美国服装业打版最常用和最主要的制作手法。立体裁剪的手法自始至终贯穿的是“立体”二字。

所谓“立裁”就是使用坯布，又名棉纺细平布或面料（Muslin or fabric），在人台（Dress form/Figure）上直接做披挂式、布塑式的立体式剪裁（3D draping and cutting）。换句话说就是将每一个款式的所有裁片进行立体塑造，用“立体的裁剪手段”制作出来。立裁时常用大头针和针线（Pins and thread）等把单块的坯布裁片连接起来，提供给设计师等相关人员对其设计效果作认知和比较及调整的过程。

如果立裁坯形被设计师认可，打版师就得将这些“立体裁片”（Draping pieces）转换成“平面纸样”（Flat patterns）。一旦平面的纸样/版型完成了，打版师的下一步工作就是将款式所需要的裁剪须知表（Cutter’s must）及工艺注解（Technical comments）设定出来，为裁剪师（Cutters）和制板师（Sample makers）的裁剪和车缝（Cut and sew）提供更具体的工艺制作依据。在样板制作的过程中，制板师需要运用“立体”的人台来验证、检查和找出该版型从“立体向平面”转换中的效果的缺失和不足，从而促进“平面版型从纸样向立体成衣”的再次转换。

第一件样板（The first sample）完成之后，紧接着的工序就是“人体试身”（Fitting）。试身是又一次“立体审定”的重要环节。这个环节是请真人试衣模特（Fit model）与设计总监（Design director）或创意总监（Creative director）、设计师（Designers）、打版师（Pattern makers）、技术生产部（Technical design and production department）与销售部（Sales department）等集中对新款设计进行综合的“立体效果”评判，从而提出修改意见。

试身之后，打版师的任务就是根据试身批注（Fitting comments）将版型进行“立体”修正。如果顺利，头版就可直接变成为生产版（The production pattern）。当然，“不顺利”的时候也是时有发生的，这就有可能要进行第二次甚至第三次样板（Second or third sample）的制作，并再次“立体”试身和版型修改（Correct pattern），进而成为接近完美的“立体”样衣。这就是服装立体裁剪工作的大致过程。

纵观美国服装业所运用的立体裁剪手法，我们可归纳为以下五个类别。

（1）涂擦复制法（The rub-off method）。

（2）款式借鉴改变立裁法（The style referencing method）。

（3）按图立裁法（The draping from sketch method）。

（4）半平面半立体的提升立裁法（The combined method of draping and flat patternmaking）。

（5）创意立裁法（The creative draping method）。

第二节 涂擦复制法

这种在美国服装行业被简称为“涂擦复制”的技术是一种借助坯布（Muslin）、大头针、蜡片（Wax chalk），即一种由蜡制成的色块等作为工具，在服装上进行立体或平面涂擦或涂扫，并根据涂擦后的坯布进行整理和打版制作，以达到不用拆开样衣又能复制出颇为准确的衣服裁片，记录下服装细节等版型位置的好方法。采用“涂擦复制法”来对服装或样衣进行复制、再版、临摹和记录服装细节等，是不少美国设计师和打版师在打版中常用的技法之一，涂擦复制法的妙用还在于它是学习和借用优秀版型的捷径

和好方法。

不少设计师喜欢在旧货市场、时装店、名牌坊或利用朋友间借用等方式，淘来能让他们眼前一亮或能启发设计灵感和新构思的服饰，带回样板间（Sample room）让打版师研究复制。通常他们会对“外来样衣”做一些局部的或细节的修改。有的设计师则会把买回来的样板进行变化，再创作出新的设计，最后把样板一起交给打版师，作为打版时的参照。

而另一种对外来样衣的复制法是将整件衣服拆开烫平，完整复制出版型。这种方法虽然更准确；但想“退板”或缝合还原的机会就很小了。同时新款式的制板费也就增高了。

过去版师在中国复制样衣时，常用的是“平面量度复制法”，即先量出样衣各部分的尺寸细节（Measurements），然后用平面裁剪法（Flat pattern making /Drafting）在纸上量画出相应尺寸的版型。

当今在美国服装板房里，版师采用“平面量度复制法”来复制服饰可以说是踪迹难寻。因为即使版师可以做出近似或一样尺寸的纸样，但却很难画出与样衣一样准确的形状和线条（Accurate shapes and lines）及造型和结构（Modeling and structures）的版型；这时就可发挥立裁复制法技术的优势了。服装的立裁复制法自然离开不开立体人台和平面涂擦等的帮助。图2-1是版师用涂擦法复制衣服的效果。图2-2是版师在人台上用涂擦法复制衣服的情形。

图2-1　版师用涂擦法复制衣服的效果

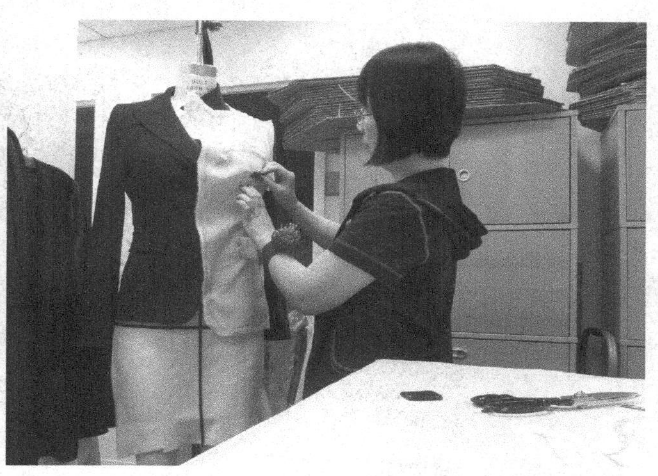

图2-2　版师在人台上用涂擦法复制衣服的情形

当打版师拿到一件样衣，其的首要任务是将这件衣服的款式、结构线、构造（Construct）细节（Detail）、尺寸（Measurement）和制作工艺（Construction techniques/Tailoring technique）等进行细致的考量和进行尺寸的量度。因为到手的样衣也许会很快就要被交还或退板。诚然，你还可以用照相或速写草稿的手法将必要的元素和事项迅速记录下来。如果时间允许的话，最好能让样板制作师傅也参与观察并了解该样衣的特色及制作方法。然后打版师的工作就可马上转入正题，即款式的立体剪裁之“涂擦复制法”了。

第三节　款式借鉴改变立裁法

什么是款式借鉴改变立裁法（The style referencing method）？它分为两个步骤，先是借鉴，后是改变。借鉴指的是设计师或版师以某些参照物作为借鉴品，来帮助版师立裁和打出新的版型，而这新的立裁或版型就是改变后的成果，所以称其为款式借鉴改变立裁法。

值得指出的是，款式借鉴改变立裁法中的借鉴可以是照片、款式局部、版型、样衣、图案或任何可以成为参照物或任何可作为版师工作时能参考借鉴的东西。有的参照物也许根本与服装无关，但本着艺术同源的理念，设计师便可利用它作为设计的构思和灵感来源的依据，有时设计师会自己动手画图和立裁，有时候会让设计助理（Design assistant）或版师帮忙将想要的东西用布料表现出来。

最常见的是设计师买回一件样衣，要求版师按感觉或按比例立裁出衣服，有的款式根本上很难用涂擦法来复制，这就需要我们换成款式借鉴改变立裁法来制作，以达到解决问题的目的。

例如有时遇到一些专门定制，客人喜欢秀场上的款式，但客人的身材与秀场模特的尺寸有别，而头板的图纸又用不上，这时款式借鉴改变立裁法就派上用场了，可将秀场样板穿到人台上作为参照，找到该版型和布料，就可以根据客人的尺寸作“款式借鉴改变立裁”了，如图2-3所示。

图2-3 版师利用款式借鉴改变法立裁衣服的情形

综上所述，款式借鉴改变立裁法就是以参考物作为借鉴依据，从而做出的新的立裁和打出新版型的过程。在后面的章节中，将分别以版型的互借和款式局部借鉴两种常见的案例来细述本方法的操作过程。

第四节 按图立裁法

按图立裁法就是先得到设计图，后按设计图的要求来展开立裁和打版。按设计图打版是版师工作的家常便饭，尤其是做头版打版师就更加常见了。在上面所介绍的几种不同的立裁方法中，看着设计图进行立裁是考验和体现版师能力的“试金石”。尤其在版师招聘的考试中更是常用的考题之一。通常考官会给应试者一张设计图或者一张照片，就让应试者开始立裁，而应试者仅可以问用什么面料、几号人台，其他的就是自己发挥，看应试者的能力了。

版师拿到设计图后需要与设计师进行沟通，要了解的问题包括结构、工艺、比例、材料、配饰等问

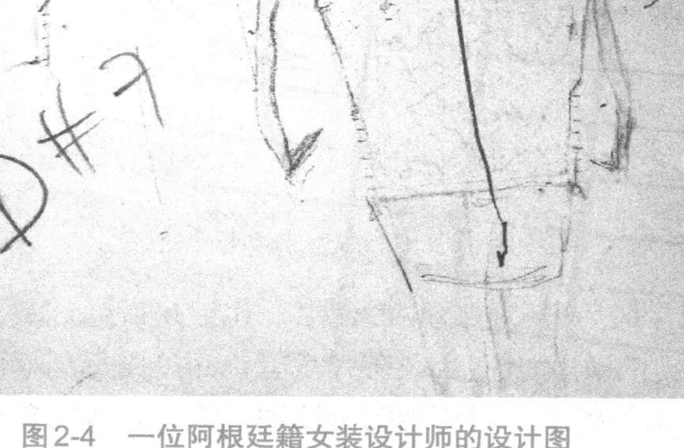

图2-4　一位阿根廷籍女装设计师的设计图

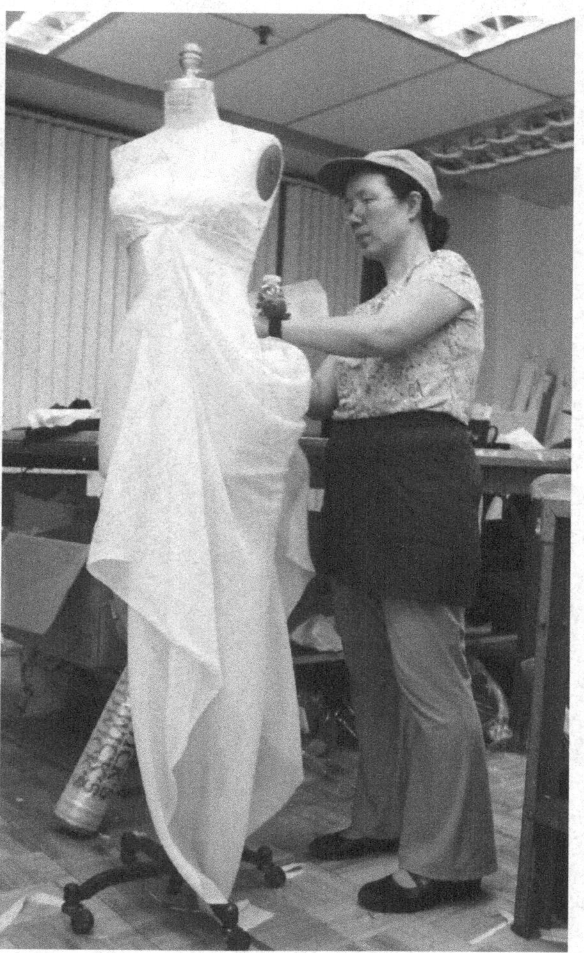

图2-5　版师正在按设计图进行立裁

题。版师借用款式胶条等将款式结构线塑造出来。这时，最好能请设计师过来看效果，这很关键，版师需要确定自己的目光与设计师所需所想相一致。

然后，立裁工作就进入了用坯布进行立裁的环节，当我们把某个关键部位或整个款式立裁出来时就需要请出设计师前来审评了，设计师如有任何的建议和改动，版师都要尊重和听从，在更正和修改后，还须请设计师再确认一次，直到他们满意为止，如图2-4和图2-5所示。

按设计图立裁的方法很重要，版师在职业生涯中要面对的设计师是多面的，他们的设计风格、形式、灵感、偏好、造诣、水平、手法等都不尽相同。版师要学习如何应对他们的个性和需要，要学会如何与他们沟通和合作，并且学会读懂看懂设计师的设计，在千变万化的款式中穿梭自如，做出比设计图更加生动优美的版型和样衣才是最终的目标。

第五节　半平面半立体的提升立裁法

这里首先要解释半平面半立体中的半字，半平面半立体指的是平面裁剪和立体裁剪的“参半式”的互动和穿插。因为通常的立裁多是先立裁后转换成平面图纸，但此方法的裁剪特点是，先平裁然后进行

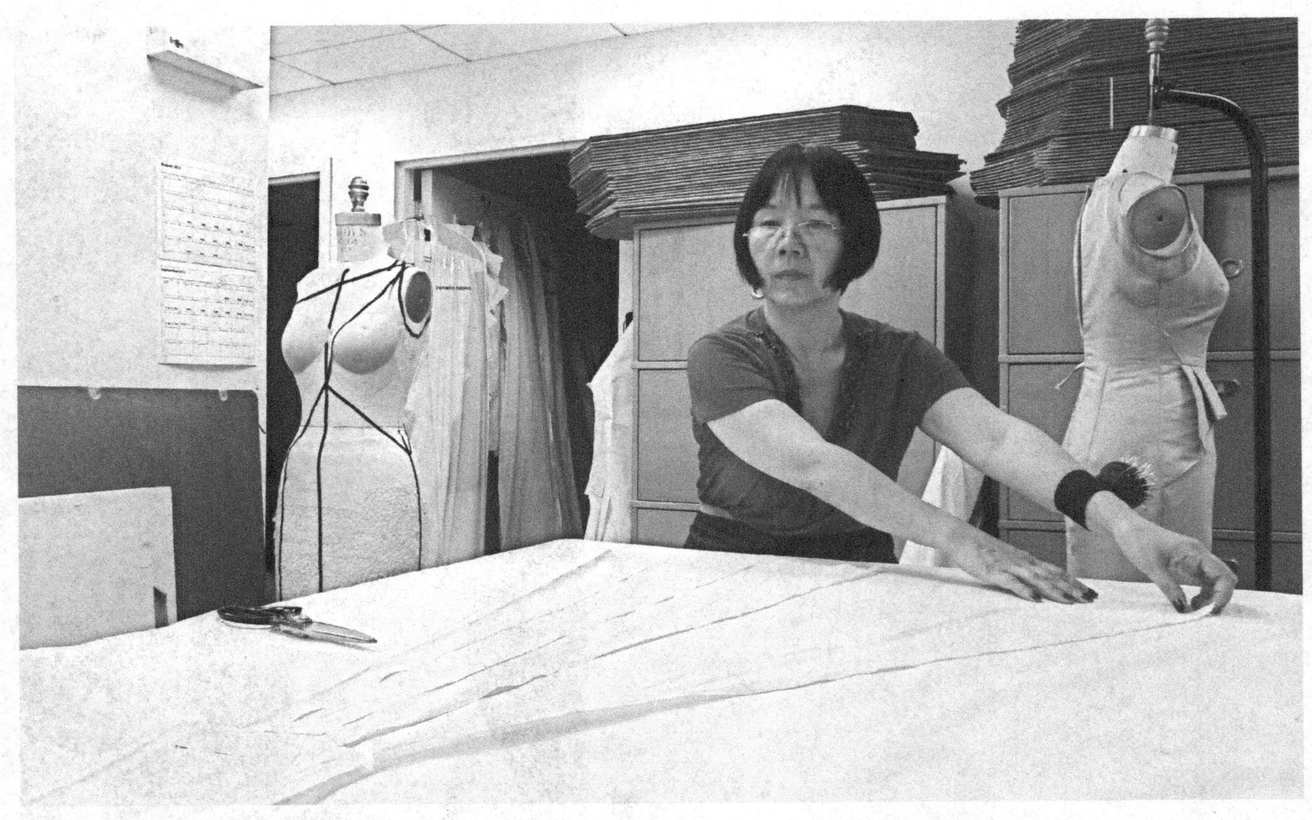

图2-6 版师在运用半平面半立体立裁方法对大摆裙的后裙片进行立裁前的平面处理

图2-7 平面裁剪后的裙摆裁片被别到人台后作了进一步立裁的效果

立裁，最后再转换成平面图纸。也就是说，立裁之前我们不急于在人台上别合坯布并裁剪，而是先运用平面裁剪的方式，裁出接近裁片需要的轮廓，在确认较为接近时就可将裁片放到人台上进行立裁，其目的是更加有的放矢地配合立裁，相对地减少了立裁的时间并有效地避免了单纯运用平面裁剪而造成的不符合人体的弊病，是一种值得研究和运用的立裁方法。

常见的运用例子是在做裤子、袖子、裙子时用的先平面后立体的剪裁方式。版师可以利用现有的裤子版型或袖子版型等作为基础，然后变化加工画出新款式需要的坯布裁片。

而半平面半立体提升法里的提升指的是平面的裁剪在立体裁剪的帮助下得到提升。假如只用平面裁剪的话，裁剪的效果也许不够理想。但假如单用立体裁剪的话立体的裁片也不容易快捷地接近理想的结果。当平面与立体裁剪如同孪生的兄弟一起出击的时候，它们的默契度肯定是显而易见的。半平面半立体的提升立裁法特别适合做一些在服装原型的基础上需要做放大或缩小及组合后变化的多种款式。

图2-6展示的就是版师在运用半平面半立体的提升立裁法对大摆裙的后裙片进行平面处理的情形。图2-7是经过平面裁剪处理的裙摆裁片被别到人台后作了进一步立裁的效果。

第六节　创意立裁法

创意的关键词在于“创”字，即创意、创造、创奇，简言之就是创出人无我有……

对专业的版型师而言，遇到纯粹的创意立裁的机会并不多，在每一季的设计系列中，对一些立裁中的款式做一些结构性的、工艺性的、技术性的研发和设计性的革命并且创新，那是创造和形成新的流行元素、工艺、技术、细节、风格、流行趋势的出发点。

但对于专职的设计师和设计助理或立裁师（Designer，design assistant or draper）而言，创意立裁也许是他们每天工作和思考的要点。

版师通常接到设计图和工作任务时，需要与设计师交流，但有时设计师只是想要那样的外观和风格，但实际上怎样进行制作，用什么样的工艺方法达到设想的效果或许并不太清楚。有的案例是设计师画了个大概，也说不出具体；还有的设计师设计只有款式的正面，没有侧面和后面，设计师不在场，有时还没法联系等。以上案例就需要打版师发挥创意立裁的能力了。

为了应对日常工作，打版师要练就自身的想象力、创造力和设计能力，当遇到问题时，要努力与设计师同步，努力挖掘自己的知识库存和发挥自己多方面的才能，争取多出方案，以补充设计图的不完整，让设计作品能尽快地实现。

设计师进行创造时大都需要找到一个帮助诱发设计能力的一个点。这个点可以是人、是物、是事件、是历史、是时尚、是命题等，而创意立裁这一设计诱发的点也许还有一堆布。

从学校的设计教育到专业设计工作，设计师和立裁师们（Drapers）都习惯用一种缩小了比例的人台（Mini half scale dress form）来进行设计和创作。这种小人台有50%和25%两种，它们是同样能插针的。图2-8是大小人台的1 ：0.5对比图。

在美国设计学院的设计课程设置里，就包含了创意立裁的训练。课前老师也许什么都不说，先让学生拿面料在人台上进行立体裁剪，开始时学生并不清楚自己想做什么，只是盲目地在人台上不停地进行一个又一个的布塑立裁。这样的立裁也许会进行半个月、10天、1周，直到某一刻学生的思路展开，创作的目标逐步清晰，同时把自己认为理想的立裁效果拍摄并排列起来，如图2-9所示。

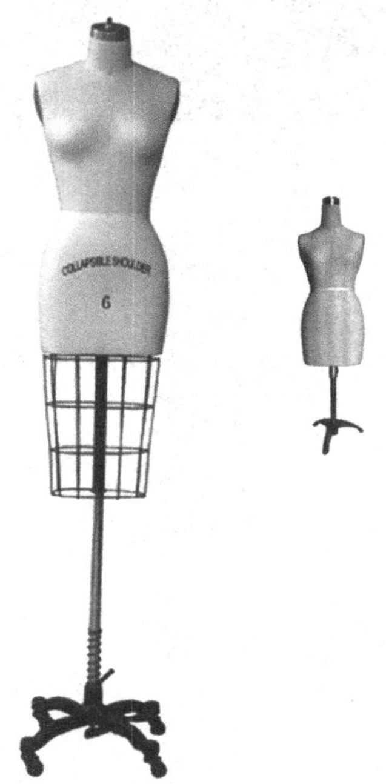

图2-8　大小人台的1 ：0.5对比图

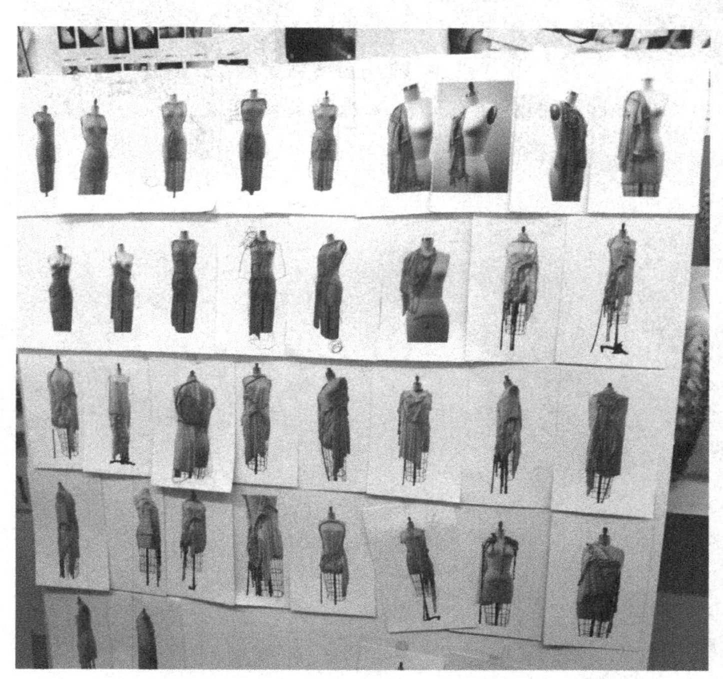

图2-9　做创意立裁训练的立裁效果排列图

这时导师开始指导，导师告诉学生那几个立裁或那几个部位可以往前发展，最后成为有创意立裁的设计款式。图2-10是笔者在小人台上完成的创意立裁。图2-11是某个创意立裁的定向效果。

前面我们简述了美国服装制作中立裁方法的分类。这几种方法就如同乐谱中的几个基本音符一般，我们可以将这几种方法穿插运用，灵活应对日常打版工作中的需要，去立裁和创意出让顾客喜买乐穿的服装款式。

图2-10　在小人台上完成的创意立裁

图2-11　某创意立裁的定向效果

第三章
胸腰绑带式牛仔布女上衣的涂擦复制法

第一节 款式的涂擦复制操作技巧

图3-1 涂擦前用大头针对样衣作布纹线等的标注

一、分析款式特征

俗话说，磨刀不误砍柴工。每件样衣风格迥异，拿到手时不要急于动工涂擦，先花点时间仔细研究样衣，看懂其结构、做法和工艺特点，做好笔记、手绘平面图（Hand sketch）是个不错的方法，必要时还可以拍摄和扫描其重要细节来留作备忘和档案。

二、测量尺寸

要把样衣平铺在桌面上或穿在人台（Dress form）上，仔细量出其尺寸，并做好记录以备复核之用，量尺寸的方法请参考第一章。

三、巧用大头针

复制前利用大头针将布纹线、剪口等的位置进行标注。在结构分割线即缝合线（Seam）上及两线拐弯角加别大头针来强调服装的结构。用横向单和双针来区别前后剪口。图3-1是复制涂擦前用大头针对样衣作布纹线、剪口等的标注示意图。

四、蜡片涂擦

在涂擦复制的工具之中值得一提的是蜡片，蜡片（Wax chalk）是由与蜡烛同类的物质制成的，是有着多种颜色的裁剪专用划片，如图3-2所示。

蜡片在样衣涂擦复制的过程中起着举足轻重的作用，大凡用蜡片涂擦到坯布表面时，便会立擦见痕且清晰可辨。比如衣服上缝份、分割线、轮廓线（Contour line）、口袋、纽门、开衩、绣花、装饰物等任何有起伏结构的地方，十分神奇。

但要特别提醒的是，经涂擦后的坯布裁片不能拿去加热或用蒸汽处理，因为蜡质遇热会溶化或气化。图3-3所示便是用黑色蜡片涂擦出来的绣花片，真实地记录了绣花图案的位置和大小。

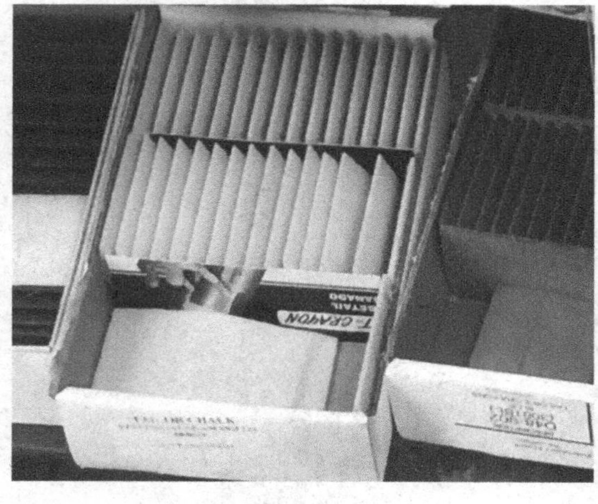

图3-2 涂擦复制用的彩色蜡片

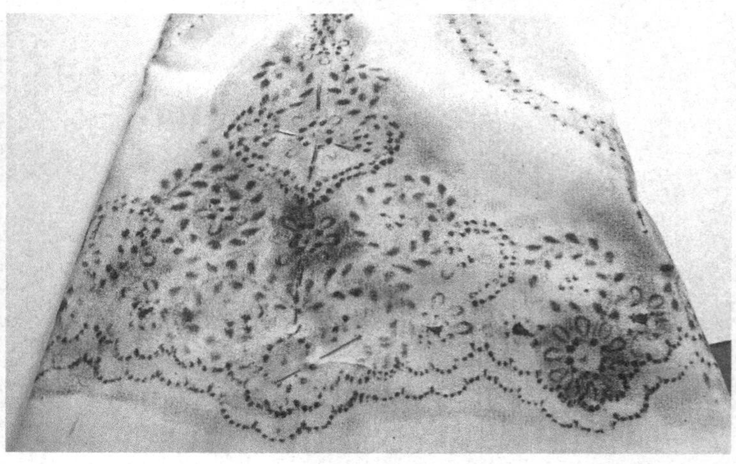

图3-3 用黑色蜡片涂擦的绣花片

五、选用的坯布要求

复制所选用的坯布（Muslin）要柔软适中，厚薄符合样板的特性，容易进行涂擦，并要事先用蒸汽烫平服，以预防皱缩变形。

六、坯布使用细节要求

通常可量取长与宽都大于样板结构裁片约15cm的统一方法去剪出坯布。上人台时前后中心线的坯布折入量均留2.5cm即可。最重要的是复制用坯布的布纹线要与样衣的布纹一致。

七、坯布的布纹

普通布料的布纹线（纱向）共分为三种：经纱线（Warp yarns）、纬纱线（Weft yarns）和斜纹线（Bias grain）。与布边平行的纱线叫经纱线，也叫直纹线（Straight grain）；纬纱线也叫横纹线（Cross grain），它与布边相互垂直；斜纹线是与布边成45° 的线，也称45° 线。

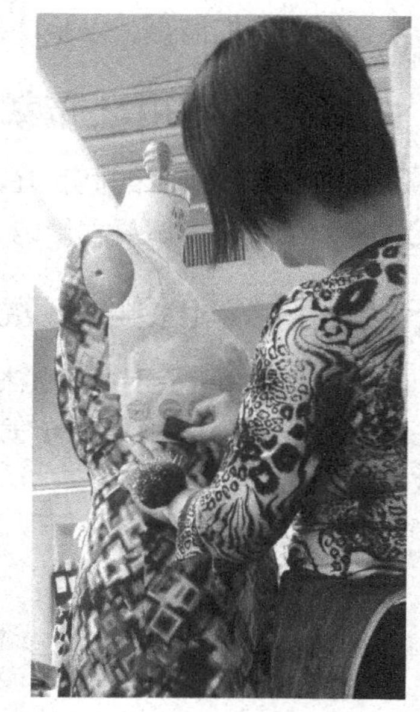

图3-4　版师用涂擦复制法作局部操作

八、防止坯布位移

如图3-4所示，当确认样衣及坯布用了足够的大头针、别针、夹子甚至是图钉（Push pins）等固定在桌面上或套穿在人台上后，就可用蜡块（片）进行涂擦复制了，复制坯布与样衣的各部位时需用另一只手在旁边帮忙固定，以防因两者发生位移而改变样衣的线条精确度和造型效果。

九、检查尺寸重绘轮廓线

样衣涂擦完成后，版师要对涂擦后的坯布裁片进行结构线的检查、尺寸测量、重画轮廓线（Contour line）。这是基于涂擦时某些部位不能完全平铺，或是样衣因熨烫和洗涤等导致了裁片变形，从而引起了样衣本身的结构线条及尺寸等的不符，只有弄清了样衣与涂擦裁片之间的差异后，才可能有的放矢地进行修正或改进。

假如发现袖山和袖窿涂擦后的轮廓及弧形与正常的图形以及先前量取的尺寸有所不同，版师要设法找出造成问题的根源，可采用重新涂擦或根据量出的尺寸重新绘制轮廓线来解决。

诚然，最好能在完成坯布涂擦及裁片修正重画的基础上，将整件衣服的坯布用大头针重作一次大效果的拼合后再上人台审核。这样对这一件样衣复制的最终效果会更加胸有成竹。

十、复制与结构创新

大多数设计师是不愿意百分百地复制他人的牌子和款式的。他们通常会事先告诉你什么地方是他们想改变的，什么是他们想保留的。如他们喜欢样衣的某些分割线或袖型，但想改变它的长短、领形以及口袋等。我建议复制者还是先做百分百的原样涂擦复制，然后在原图坯布的基础上，根据新设计要求画出新的坯布裁片或版型。这样，在画新结构时就有旧的框架和结构线作为参考依据了。

十一、逐一校正

当大小裁片涂擦和分离成细节后，版师要耐心仔细地将裁片的各接线画顺、长短对齐、逐一校正，不应有丝毫的差异，并把线形画得流畅圆顺。等这步完成后才能开始描刻纸样，向完成版型迈进。

十二、验证涂擦裁片

为了验证涂擦复制裁片结构的准确性，如果条件及时间许可，还是要用坯布先剪出所有裁片，把整件服装用缝纫机缝合，以验证是否还需要再进行修改，等修改正确后，才用真实的布料裁出新版。

十三、直接借用坯布裁片裁板

假如版师为了省时间，在裁头版（First pattern）时，可直接借用坯布裁片（Muslin）作为“代用的头版纸样”裁板，等试身后修改了坯布裁片，才考虑花时间做纸样。

十四、过线轮将坯布裁片转换成纸样

如图3-5所示，用过线轮将坯布裁片转换成版型纸样，做成较为正式的版型。采用直接借用坯布裁片先裁头版，试身后再将坯布裁片转换成纸样，这个方法的确不失为一个省料、省钱、省时间的实用与高效相结合的好做法。

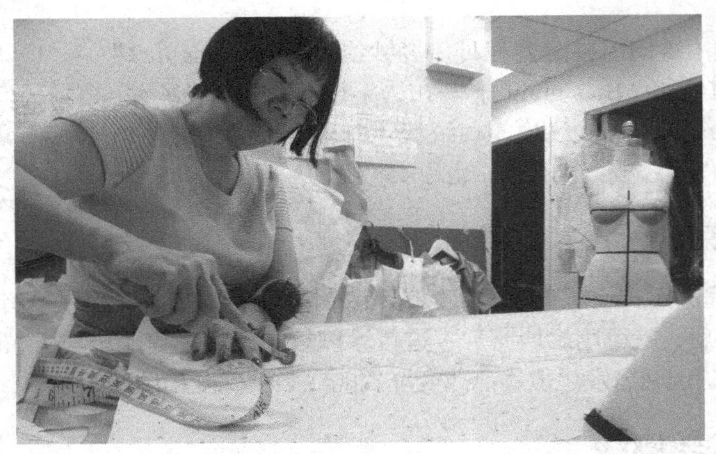

图3-5　用过线轮将坯布裁片转换成头版纸样

第二节　款式综述与工具准备

一、款式综述

如图3-6所示，这是一件用水洗牛仔布（Washed denim）制作的时尚女上衣。它上身略短，袖子是细长的简单一片袖，喇叭形袖口（Flared cuffs）、长翻领（Long lapel）、尖领角（Pointed collar），前身有角状分割线（Cutting line/Separation line）。最有特点的是它的前胸至腰有一条长长的带子（Long strap）环绕，最终在前腰侧系蝴蝶结（Bowknot）作为点缀的装饰，是颇为精彩而别具一格的设计。

图3-6　胸腰绑带式牛仔布女上衣的平面效果图

二、工具准备

需准备的工具有大头针（Pins）、插针包（Pincushion）、有色划粉或蜡片、剪刀（Scissors）、皮尺（Tape measure）、过线轮（Tracing wheel）、铅笔（Pencils）、彩色水笔（Color pens）、绘图尺子（Rulers）、弯尺（French curve）和剪口钳（Notcher）及人台等。

第三节　牛仔布女上衣的涂擦法步骤

一、观察量度和记录样衣

（1）先量取样衣尺寸，填入自制的尺寸表。

（2）找一架4号人台，再将样衣穿在人台上，从正、反和侧面全方位观察原始样板，进一步了解其设计、结构、剪裁、制作上的细节和利弊，力求心中有数。

（3）倘若发现某些部位不合理，如肩线溜后、侧缝线跑偏等，或哪一个部位有更好的处理方法，都可以记录下来，在下一步做纸样时作适当的更改。

二、首先标定布纹线

1.后中片和后侧片

标定布纹线是涂擦前的首要任务。操作时要把样衣穿在人台上，借用后中分割线用尺子量平衡线，用大头针标出布纹线。用同样的方法标后侧片的布纹线。图3-7是这件女上衣的后中片和后侧片的布纹线用大头针标示后的示意图。

2.右前中片及右前侧片

由于前片的边沿不是一条直线，所以前面两片的布纹线的标定方法就无法再借助前中边沿来量出了。简便易行的方法是借用建筑行业中用绳子绑重物来找重心-垂直线（Vertical line）的方法，尝试着用一条细绳子绑上一块橡皮或一个小夹子，沿着绳子的垂直线，我们就找到了右前中片及右前侧片的直纹线（Straight grain）。图3-8是这件女上衣的右前身上用细绳子吊绑着夹子，用大头针做布纹线和剪口等标记的示意图。

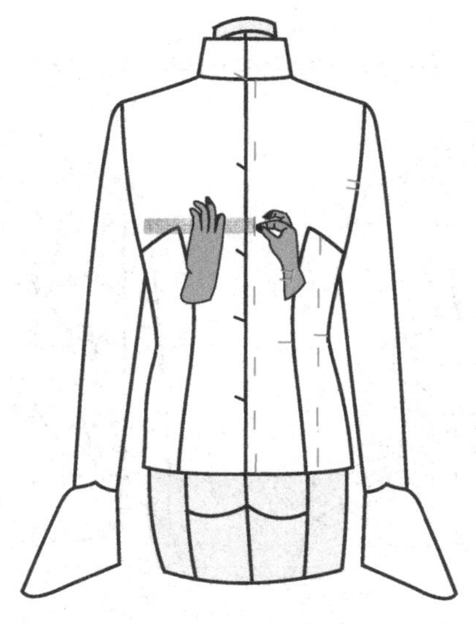

图3-7　布纹线的标定示意图

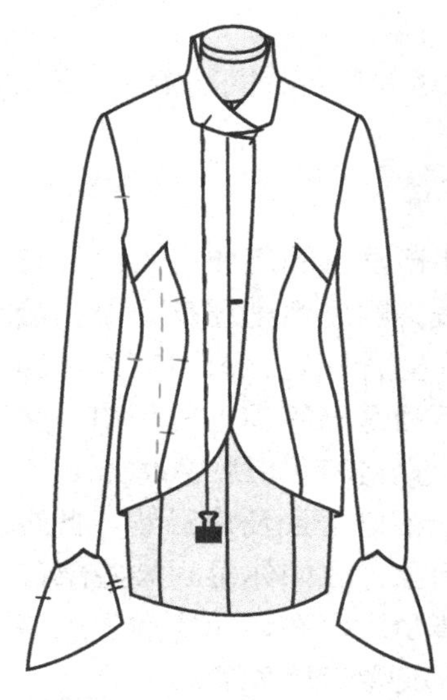

图3-8　右前身布纹线的标定示意图

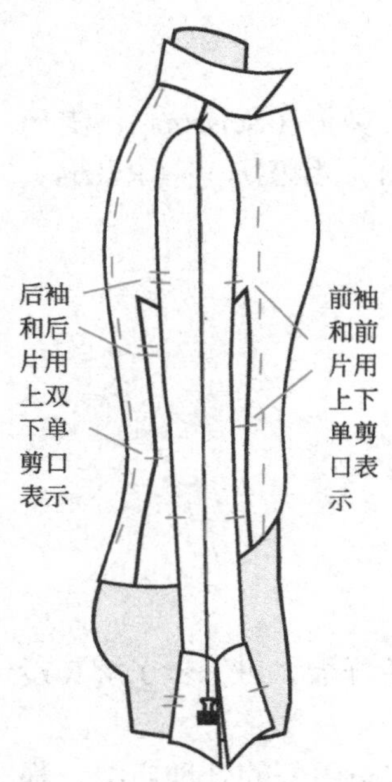

图3-9　袖子布纹线的标定示意图

3. 袖子的布纹线标定

可在人台上进行袖子布纹线的标定。用一条细绳子绑上橡皮或夹子类的物品，将它用大头针固定在袖山顶点，沿着绳子的垂直线，我们就找到了袖子的布纹线。用若干大头针标出布纹方向，并用单针（Single pin）来表示前袖的剪口位，用双针（Double pins）表示后袖剪口位的标记，如图3-9所示。

三、准备立裁坯布

用皮尺量取样衣右半身的长和宽，然后按以下方法估算并剪出各部位的坯布片。

（1）前中（Center front）片坯布：前衣长＋13cm，宽度＋10cm，画上直纱向。

（2）后中（Center back）片坯布：后中衣长＋13cm，宽度＋10cm，画上直纱向。

（3）前侧（Side front）片：前侧衣长＋13cm，宽度＋10cm，画上直纱向。

（4）后侧（Side back）片：后侧衣长＋13cm，宽度＋10cm，画上直纱向。

（5）大袖片（Sleeve）坯布：大袖长＋13cm，宽度＋10cm，画上直纱向。

（6）小袖片（Under sleeve）坯布：小袖长＋13cm，宽度＋10cm，画上直纱向。因为我们将一片袖平铺分成大袖片和小袖片两片来涂擦，然后再合拼成一片袖。

（7）袖口（Cuff）坯布：前后袖口的长与宽各加长10cm，画上直纱向。

（8）领子（Collar）坯布：一半领子宽＋10cm，高＋10cm，剪斜纱布并画上斜纱向。

四、前后身的涂擦方法

把样衣穿到人台上，摆正、绑好，从前身开始涂擦。

1. 前中片

先将前中的坯布垂直插放在前身上，对准布纹线，四周留出坯布余量并用手铺平，用大头针固定四周。视需要用剪刀在肩颈点（High point shoulder）、侧缝、袖窿旁等剪上些剪口，来帮助坯布变得容易服帖人体。之后可以着手用蜡片在各缝合线及边沿线等各内部结构线上开始来回涂擦（Rub-off），你会发现蜡片真的是有神奇的复制功效，前中片的轮廓线（Contour line）立刻显现出来了。

2. 前侧片

用同样的方法做前侧片，同前中片一样，要将中腰的绑带位置涂擦出来。图3-10是前中片和前侧片的涂擦复制演示图。

3. 后中片

将后中片的坯布垂直固定放在人台的右后身，对准布纹线，四周留出坯布余量，接着用手铺平，用大头针固定。再用剪刀在肩颈点、后侧缝、后袖窿围等剪上些剪口，帮助坯布产生弧形，变得容易服帖人体。之后可以着手用蜡片在各缝合线及边沿线、各内部结构线上开始涂擦，假如你感到某些部位的涂擦线条不够清楚，可在该轮廓线上加些大头针后接着涂扫就会清楚多了。

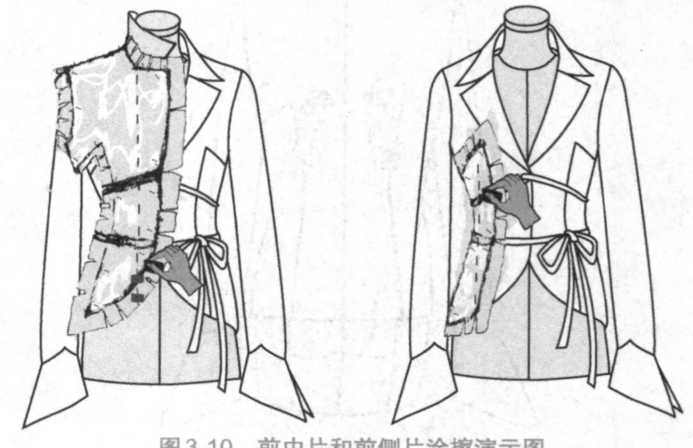
图3-10　前中片和前侧片涂擦演示图

4.后侧片

用上述方法涂擦出后侧片。如图3-11所示的是后中和后侧片的涂擦复制法的示意。至于腰部绑带只需把它的实际位置记录式地涂擦出来就好了。

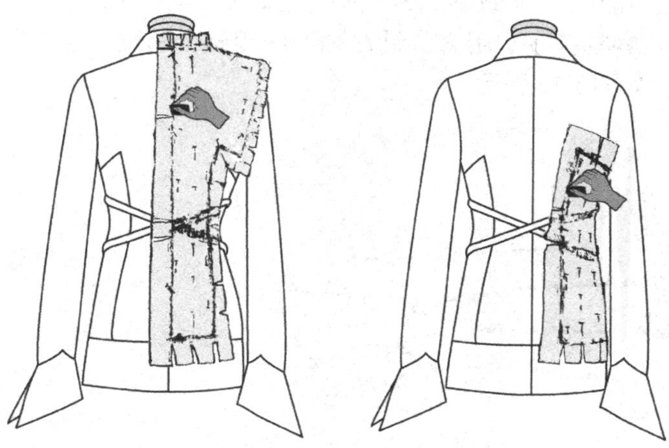

图3-11　后中片和后侧片涂擦演示图

五、袖子涂擦的步骤

1.袖山的涂擦

袖子的涂擦似乎很难单独在人台上完成，即使是人台上装有手臂，也需要结合立体和平面涂擦。要先在人台上装上手臂，如果没有，加上附加的肩膀是一个好办法。

接着把样衣穿在人台上，注意要将样衣的袖山放平摆整齐。涂擦前留意做好前后袖山的单剪口、双剪口标定，将准备好的坯布对着袖子的布纹线四周别好，拿剪刀在袖山头外打上些剪口，用手将坯布按袖山的形状拨往袖山头，当看到袖山弧位有一些容量时，用大头针将坯布隔着容量插往袖头的边沿，插顺后就可用蜡片开始对袖山展开涂擦了，如图3-12所示。

2.袖子正面的涂擦

回到桌面上将样衣平放至自然状态，调整袖子坯布的平整情况，用蜡片涂擦出袖子正面及两侧的边沿线。图3-13是袖子正面涂擦的演示图。

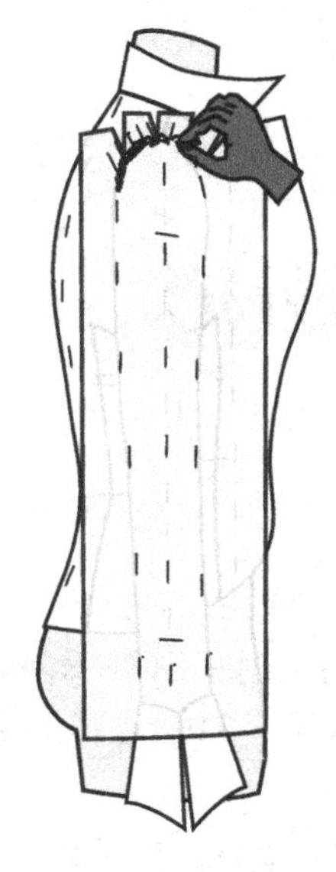

图3-12　袖山涂擦演示图

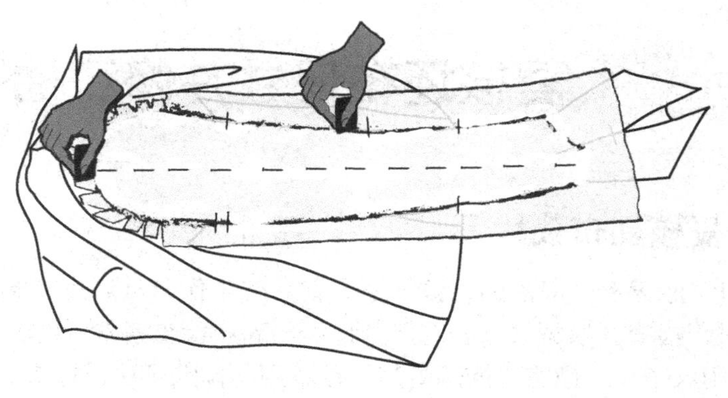

图3-13　袖子正面涂擦演示图

3. 小袖片涂擦

将样衣内袖朝上方平放，用准备好的坯布对准直纹线上下固定，用剪刀在袖窿（Armhole）周围打些剪口，但是剪口不要越过袖窿弧线，并将袖窿腋下弧线上的多余坯布剪掉，再用大头针作必要的固定。准备就绪后，就可以用蜡片进行小袖片（Under sleeves）涂擦，如图3-14所示。

袖口的涂擦复制就相对容易多了。用大头针在袖的两边做上前后记号之后将坯布覆盖在袖口上面，对前后袖口分别进行涂擦，如图3-15所示。

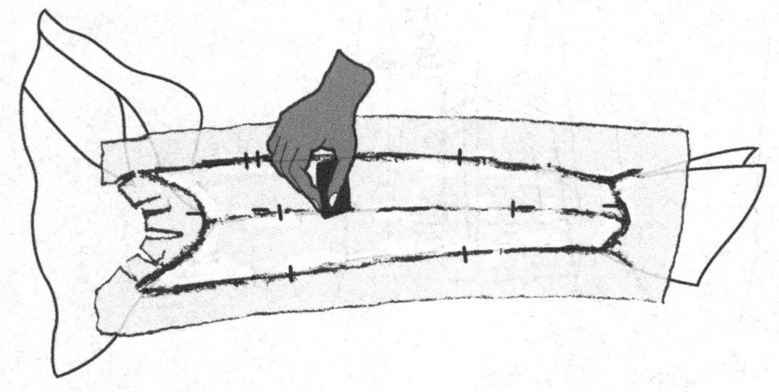

图3-14　小袖片涂擦演示图

图3-15　袖口涂擦演示图

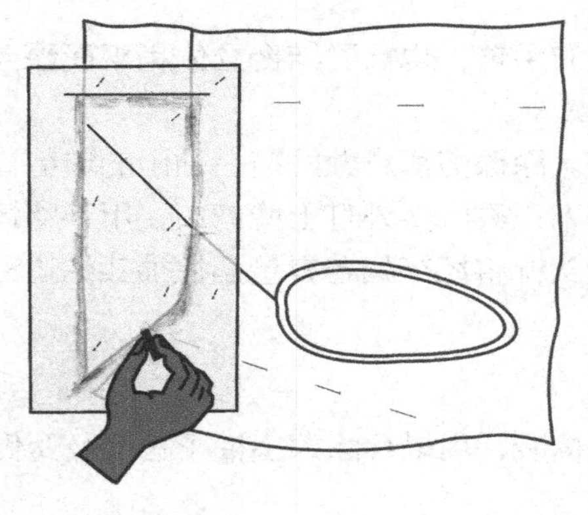

图3-16　领子涂擦演示图

六、领子的涂擦复制法

先用大头针将领中线标出，将领子的正面（Top collar）向上，按领子的弧形走向自然将其平铺在桌面上，用图钉（Push pins）或大头针等固定好。

在斜纹坯布上先用尺子画一条垂直的直纹线（Straight grain），将它对准领底的后中线，待领子四周都用大头针固定后，便可以用蜡片把领子涂擦出来，如图3-16所示。

第四节　复核坯布尺寸并修正袖子裁片外形

一、复核坯布裁片

（1）涂擦告一段落时，复核坯布裁片的工作可从后片开始，并逐一把涂擦后的坯布裁片按样衣缝合结构进行检查。根据尺寸表的尺寸记录，除了检查各裁片的长短宽窄外，还要把正确的轮廓线（Contour line）用尺子和彩色笔等描画清楚。接着用同样的手法，检查后侧片、前侧片、前中片等的拼接情况，以确保裁片的尺寸和轮廓的合格和完美。

（2）袖子的复核：步骤是先核对裁片的大袖和小袖间的前袖弯长，再核查后弯长，然后量袖肥（Muscle）、袖山弧长（Sleeve cap arc length）、袖口（Sleeve opening）等的尺寸。图3-17是前后袖弯长的复核方法。把大小袖片的前后袖缝线合拢上下相拼，调整它的长短和剪口一致，确保左右两边拼接顺滑合拢，剪口对剪口，就可以进行下一步了。

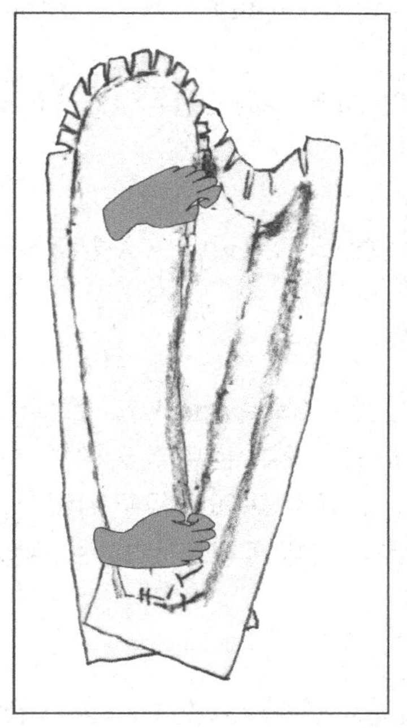
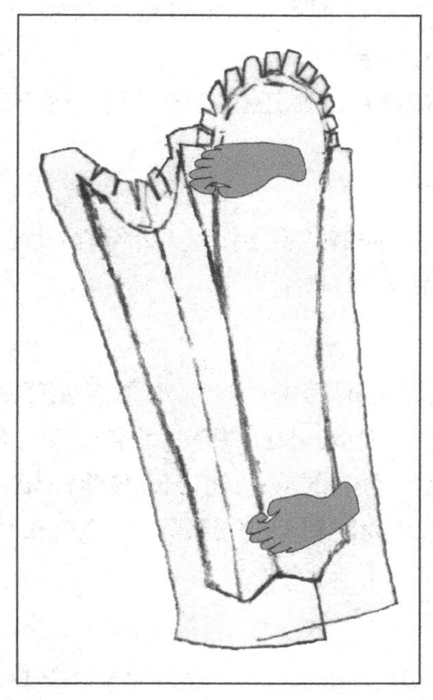

图3-17　袖片的前后长度复核示意图

（3）将两片袖转变成一片袖：先用剪刀把内（小）袖片从中心线剪开，分成“前后”两小片。

（4）将分开后的前后小袖片都另加缝份做成新袖片，用大头针或缝纫机把它们接到大袖的“前后”两旁，组合成新的一片袖，如图3-18所示。

（5）将这“三合一”的袖片用过线轮加复印纸描制到花点纸（Dotted pattern paper）上，当描画清晰、调整圆顺时，加上1.3cm的缝份后，得出新的一片袖纸样，如图3-19所示。

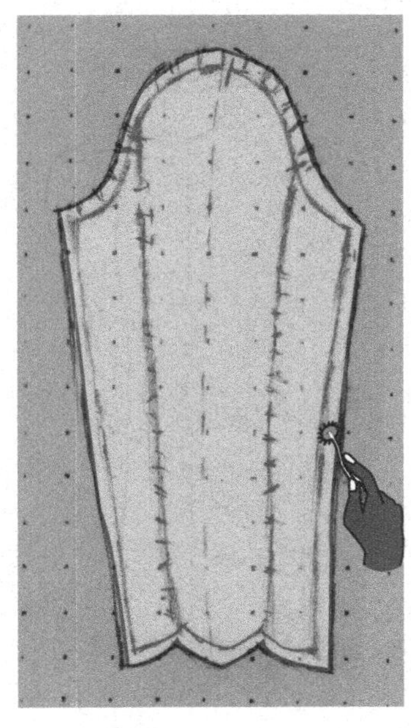

图3-18　小袖剪开与大袖片合成后形状的示意

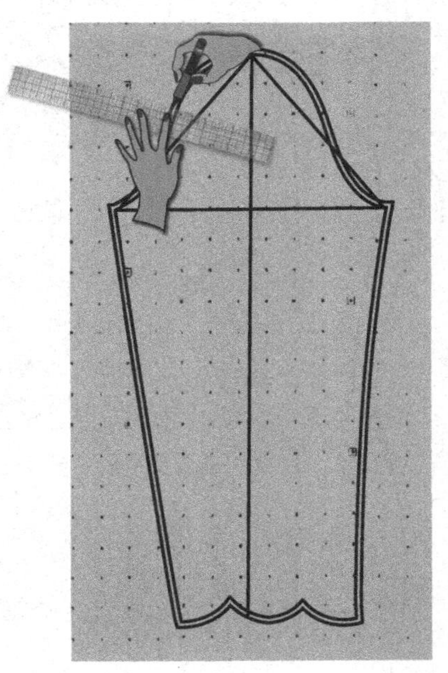

图3-19　描图后新的袖片纸样的示意

（6）将前后衣身裁片用大头针连接起来后，用新的一片袖纸样的袖山弧，检查衣身的袖窿，看是否能对得上前后袖窿的剪口，该款袖山容量是否会太多或太少，3.8cm以下容量视为适中，而超过3.8cm就算太多，少于2.5cm容量则太少。

（7）领子：复查领高、领圈（Neck line）及领长（Collar length）等尺寸。用那半片领子沿领圈形状量前后领圈看是否相互吻合。

当完成了这些坯布裁片的修正和定形之后，接下来的步骤是别合裁片（Pinning muslins）。

二、别合样衣裁片

将各坯布裁片按正确的轮廓线用大头针组合起来，放到人台上进行一次全面检查。在人台上别合时，行业的习惯做法是从后中片开始。

1.后身

在人台上用大头针先把后中片的几个重点如后颈中点（Center back）、后腰点（Back waist）和肩高点（Highest Point of Shoulder）等先固定起来，然后将后侧片也用大头针纵向插入人台的后侧部位并在侧缝处固定。两片别合时应先与中间的剪口相对，在确认两后片都平衡没问题时，就可以别合侧缝了，别针时大头针之间的排列以相隔4 ~ 5.5cm为佳。后侧缝别合完成后，用大头针将整个后身固定在人台上。如图3-20所示。

2.前身

现在着手别合前中片与前侧片。首先将前中片的前边沿线用大头针插入人台的前中线上，接着再用大头针让腰位和前翻领位（Breaking point）及前肩颈点和肩缝线等固定在正确的位置上，才可将前后肩线别合，肩线别合时应将后肩片盖向前肩片。

下一步可将前侧片按垂直方向插到人台的前侧部位（Side front part），然后准备合拼前侧缝。别合时要先对上缝份中间的某个剪口，并用大头针先固定这一点，然后才向上、下两边别合侧缝；缝份的重叠方式应将前侧片盖向前中片。最后把侧缝也拼合起来，拼合时应把后侧片盖向前侧片别合，如图3-21所示。当确认前后片的尺寸（Measurement）、比例（Proportion）、结构（Structure）、外形（Contour）等都与样衣的外形吻合时，就可以处理袖子裁片坯布了。

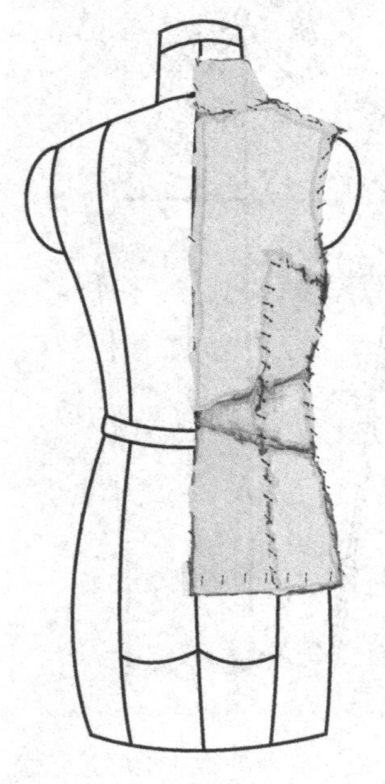

图3-20　将后片坯布重新别合的效果

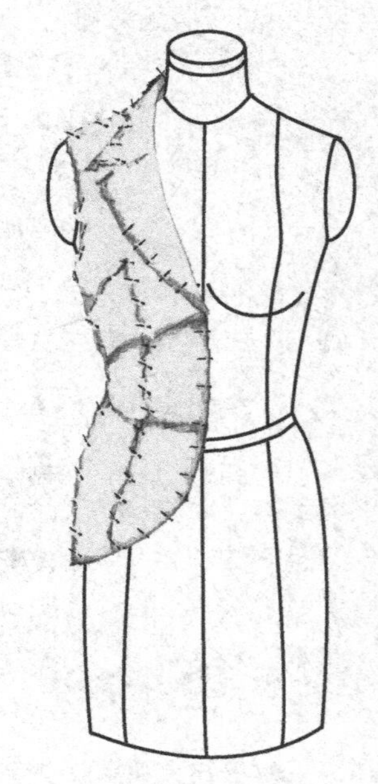

图3-21　将前片坯布重新别合的效果

三、袖子的别合方法

（1）别袖子前要先用手针（Hand needle）以双线在袖头的前后剪口范围内，对袖头进行缩缝（Gathering）处理，使袖山弧尺寸吻合袖窿弧尺寸。假如用缝纫机（Sewing machine）缝合，可先车缝出相距0.3cm的双明线（Double top stitch），然后用手拉着底线抽缩袖山，容缩形成能包容肩膀的圆状袖头，接下来将袖身和喇叭形袖口都用大头针别合起来。如图3-22所示。

（2）把坯布的衣身的袖窿由里翻外，如图3-23所示。

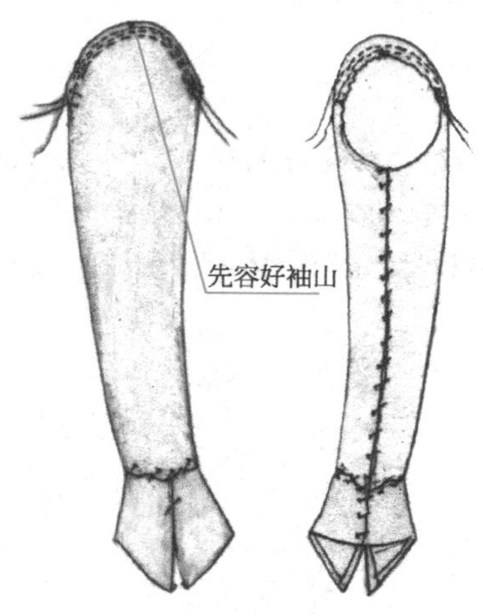

图3-22　用手针或缝纫机缝两行容缩袖山的示意图

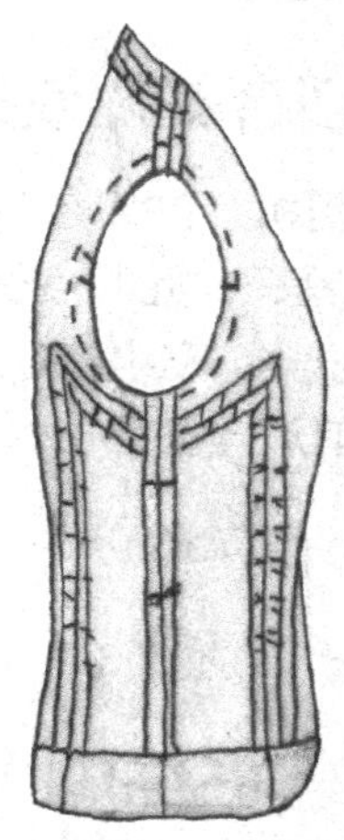

图3-23　把坯布袖窿由里翻外的示意图

（3）如图3-24所示，把袖子的袖山放在袖窿的底下（但袖子不用里翻外，直接用袖子的外面就可以），将袖子的腋下点对准前后身侧缝，用大头针别合起来，然后，用手将袖山弧与袖窿弧作弧长的对比，确认它们的尺寸相似，才开始向两边拼接（Piece together）袖窿和袖山。

（4）操作时可用大头针进行横向拼缝式的小针步别合，针与针的距离可较密集一些，注意拼合袖山与袖窿时，它们之间不需要强调上下均衡一致，因为袖山头需要容褶均匀，但袖窿这边则需要很平服。所以，它俩拼缝时必须袖窿紧、袖山松，版师可不断地用手指触摸袖山，以拨均匀袖山的缩褶，达到绱袖美观的效果，袖头的拼法及手势方法如图3-25所示。

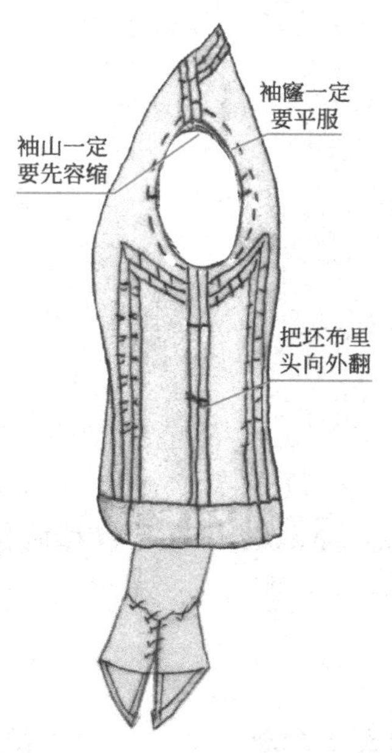

图3-24　袖子别合示意图

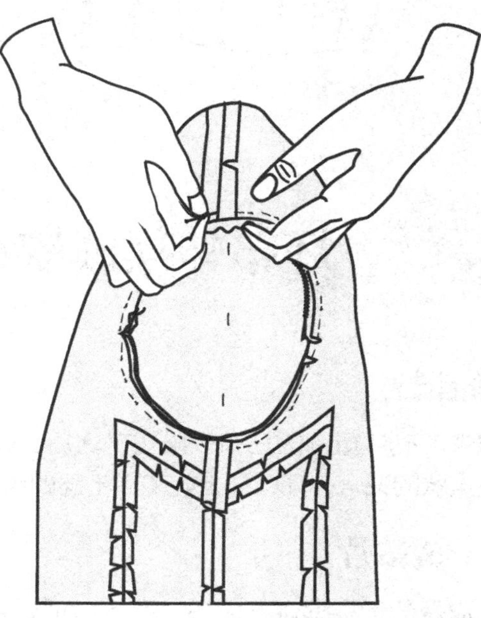

图3-25　袖头的拼法及手势示意图

（5）刚开始时也许袖山与袖窿的拼合手势不太好把握，它需要多次的练习才能慢慢领会。熟能生巧，只要多练习，就没有掌握不了的本领。

（6）绱袖完成后当然需要将衣服翻回到外面检查绱袖的效果，是否太朝前或者后倾。如果发现前后袖山不吻合，就需要在袖山上用大头针做记号，拆下袖子，移正了袖身后重新别合。如果缩褶不匀，也需作必要的拨匀和调整。待袖子调整完后，再放到人台上穿好。目测一下袖山与袖窿之间的外轮廓（Contour）是否圆顺，是否凹凸不匀（Uneven），是否拉拉扯扯（Tugging back and forth），是否需要调整或重来，直到满意为止。

四、审核调整别合裁片效果

当再次审视重新拼合的坯布效果时，重点观察它与样衣的外观、结构等的差异，还要注意它的尺寸大小的对比，如有差异，此时应做记号并在复制纸样之前再做认真的调整，才能保证“涂擦”的质量。否则小的偏差在此时得不到修正，继续往下走，毛病就只会被放大，结果也许要重来。如图3-26和图3-27所示是绱袖后前后样衣坯布的立裁效果示范。

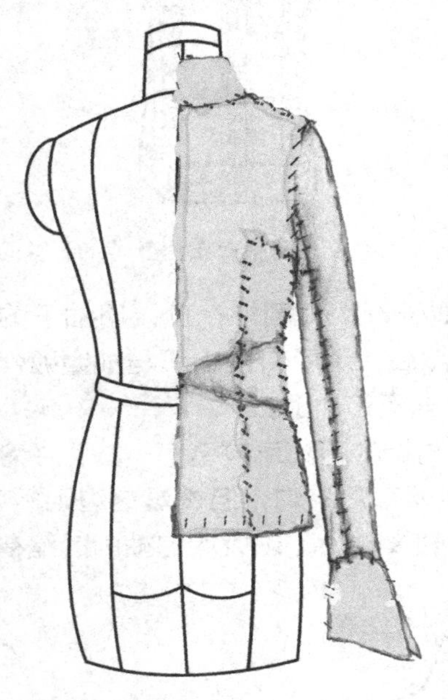

图3-26　后半身裁片组合图

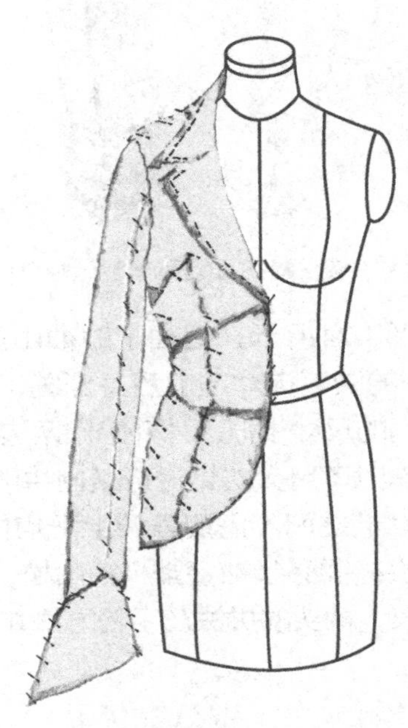

图3-27　前半身裁片组合图

第五节　坯布转换成软纸样

一、做记号

审查和确认重别的坯布效果正确之后，就可用有颜色的马克笔（Marker）在改变和调整过的缝份之间画上点状的记号，同时标上前和后不同的剪口。

二、干烫裁片

在应做的记号都做好之后，就可以把要复制纸样的裁片上的大头针逐一拿下。方法是每拿下一片，接着用干熨斗（Dry ironing）烫平一片，用花点纸转换描刻一片。

三、铺纸用过线轮复制

裁出大小合适的花点纸，画上直纹线，把干烫好的裁片对上直纹线，加上大头针固定后，用过线轮（Tracing wheel）沿着轮廓线刻画。图3-28是把所有的坯布裁片用过线轮复制到花点纸的示范。“过线”的技术要领是用力均匀，速度适中，运行连续平稳，力求线路顺畅、圆滑和干净清晰（Clean and clear）。“过线”时，还要把剪口、褶子、口袋等一齐刻出，必要时也可垫上单面复印纸（Tracing paper）去进行复印。

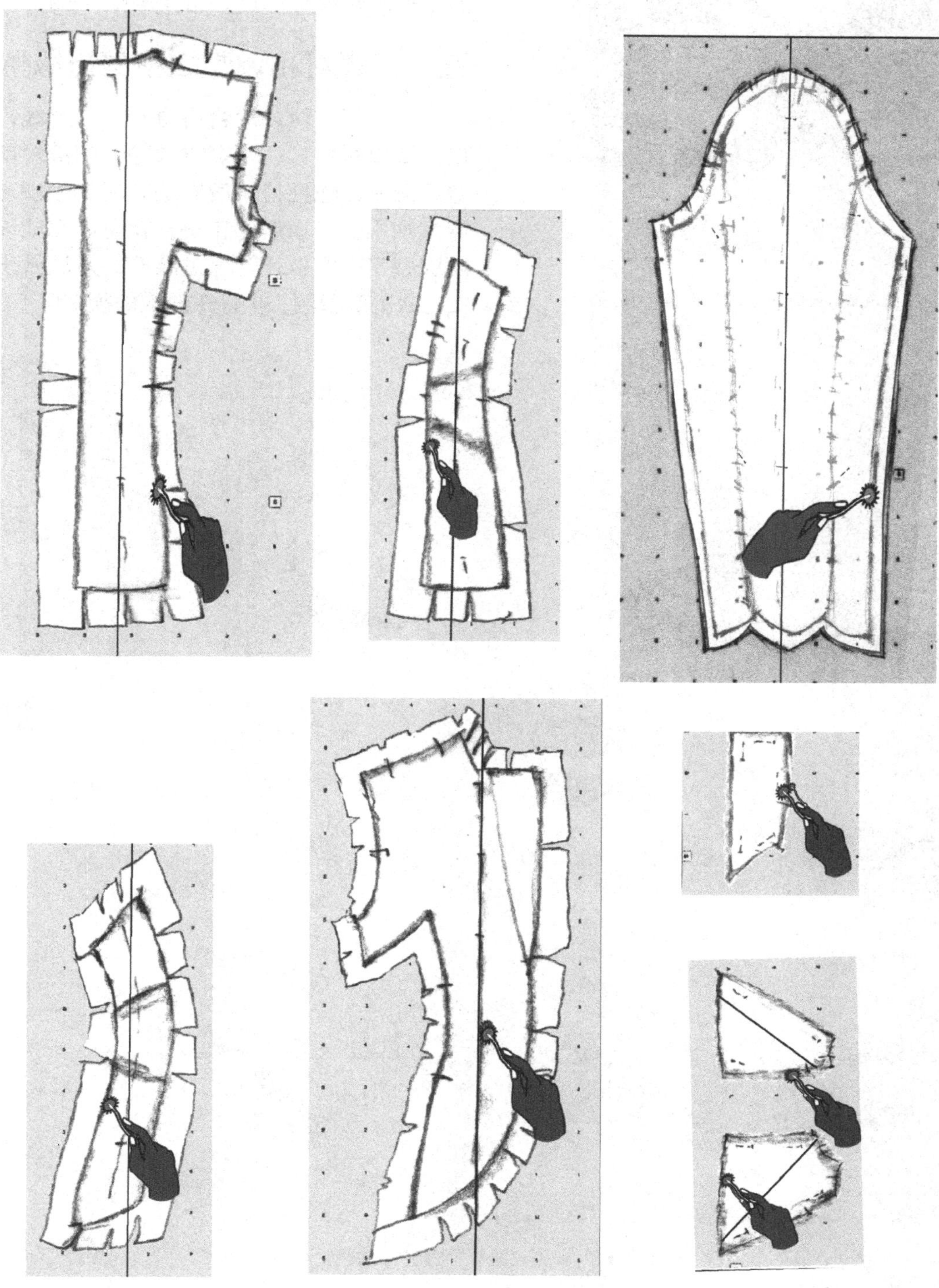

图3-28　把上衣坯布用过线轮复制到花点纸的示意图

图3-29　将每一片图型都描绘和调整清楚

四、画版型

如图3-29所示，复制完成后，就可以根据过线轮的痕迹，用铅笔和尺子，将每一片纸样都描绘和调整清楚，标出布纹线，加上缝份，写上版型的名称、号码和片数，在需要烫黏合衬的裁片上加用红色笔注明（本书图用蓝线表示），如袖口、领面、领底和前贴面，具体可查看版型总图的标注，如图3-30所示。

五、在查对和调整之中剪出版型

将相邻的两裁片合拼查对，线对线，剪口对剪口，接口对接口，长短对长短，门襟对前襟，线形对线形等，包括检查所有的弧线如领圈对领线，袖窿对袖山弧等。调整正确，就可以完成该上衣的复制版型了。图3-31是通过涂擦的方法做出的牛仔布女上衣的版型图。牛仔布的裁剪须知见下表。

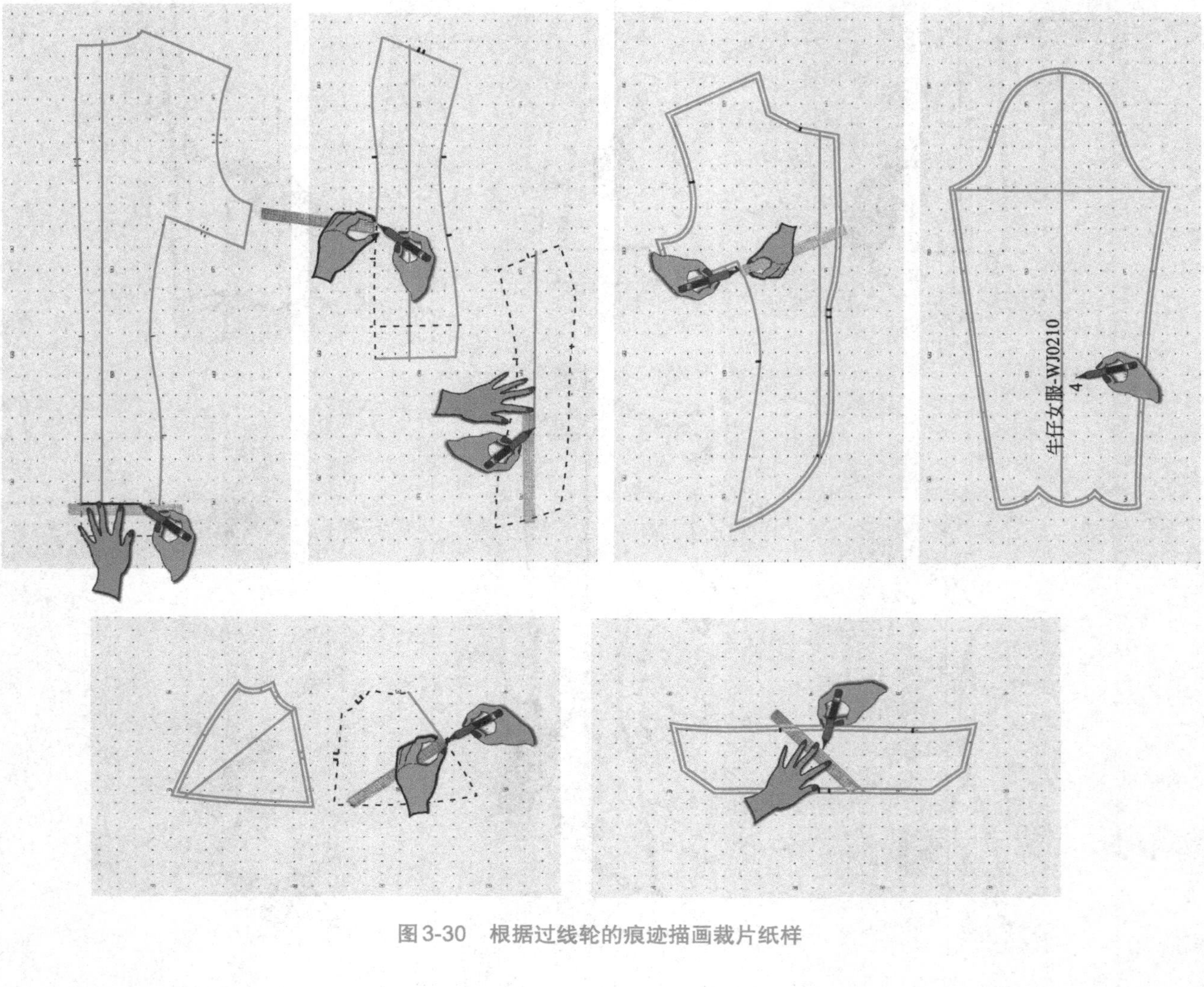

图3-30　根据过线轮的痕迹描画裁片纸样

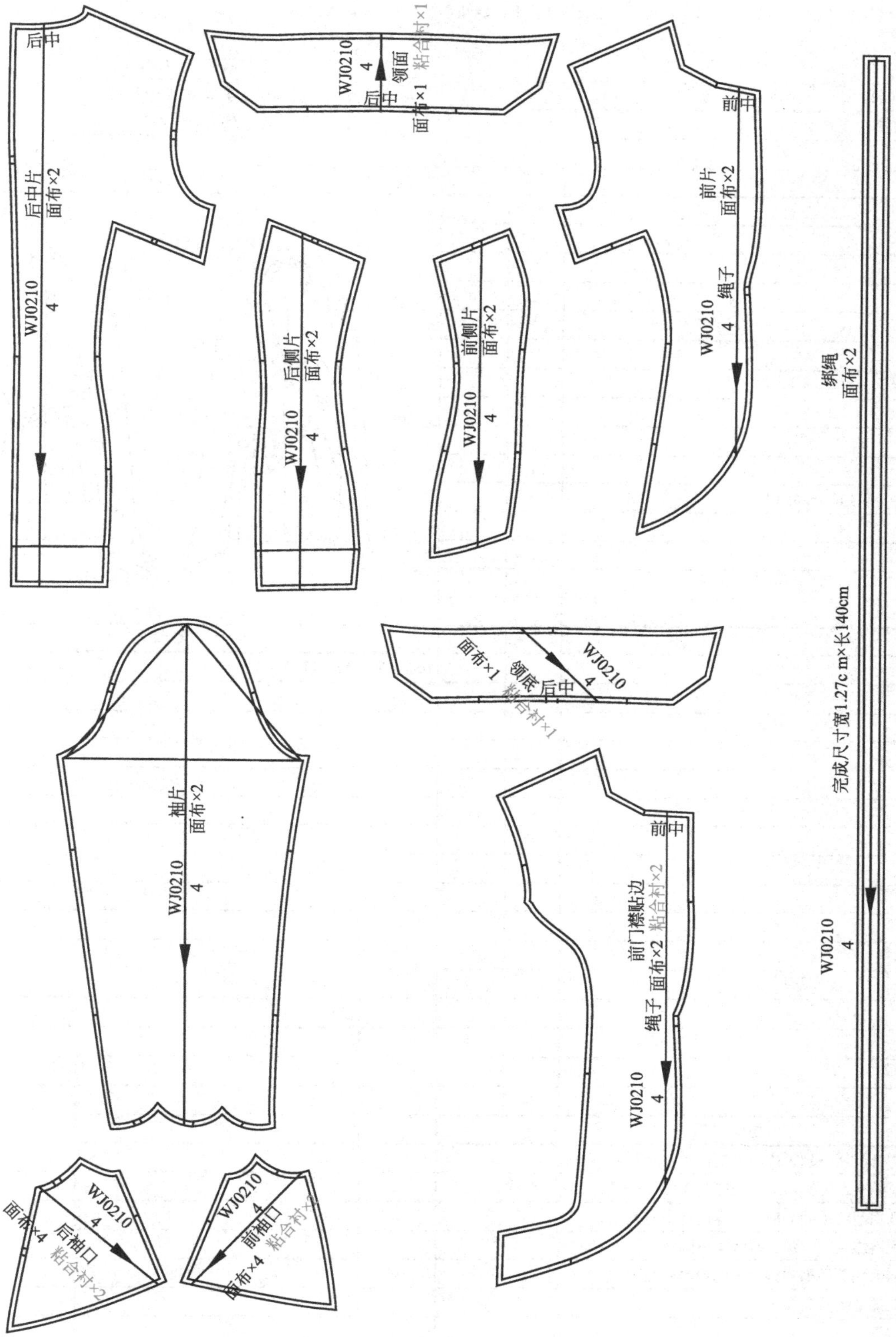

完成尺寸宽1.27c m×长140cm

图3-31　胸腰绑带式牛仔布女上衣版型示意图

胸腰绑带式牛仔布女上衣裁剪须知表

此表需结合下裁通知单的布料资讯才能完整

尺码 ： 4　　　　打版师 ： Celine

款号 ： WJ-0210　　　　季节 ： 2014年春

款名 ： 牛仔布女上衣　　　　线号 ： ＃2

#	面布	数量
1	前贴边	2
2	前中片	2
3	前侧片	2
4	后侧片	2
5	后中片	2
6	袖片	2
7	前袖口	4
8	后袖口	4
9	上领片	1
10	下领片	1
11	绑带完成（长140cm×宽1.3cm）	2
	黏合衬	
1	前贴边	2
7	前袖口	2
8	后袖口	2
9	上领片	1
10	下领片	1

款式平面图

缝份

1cm：所有裁片缝份

数量	辅料	尺码/长度
	没有	

缝纫说明

1.所有的缝份需合缝后一起锁边后将缝份烫向后方。

2.整件衣服没有明线，但袖口边、前襟及下领片边缘需辑压暗明线。

3.衣折脚边可利用前后中缝、前后侧缝进行车缝固定。

4.前门襟可利用肩缝及前侧缝分割线车缝固定。

5.车缝或手缝绑带到前门襟的腰点时切记倒针加固。

6.其他的制作细节请查看头板。

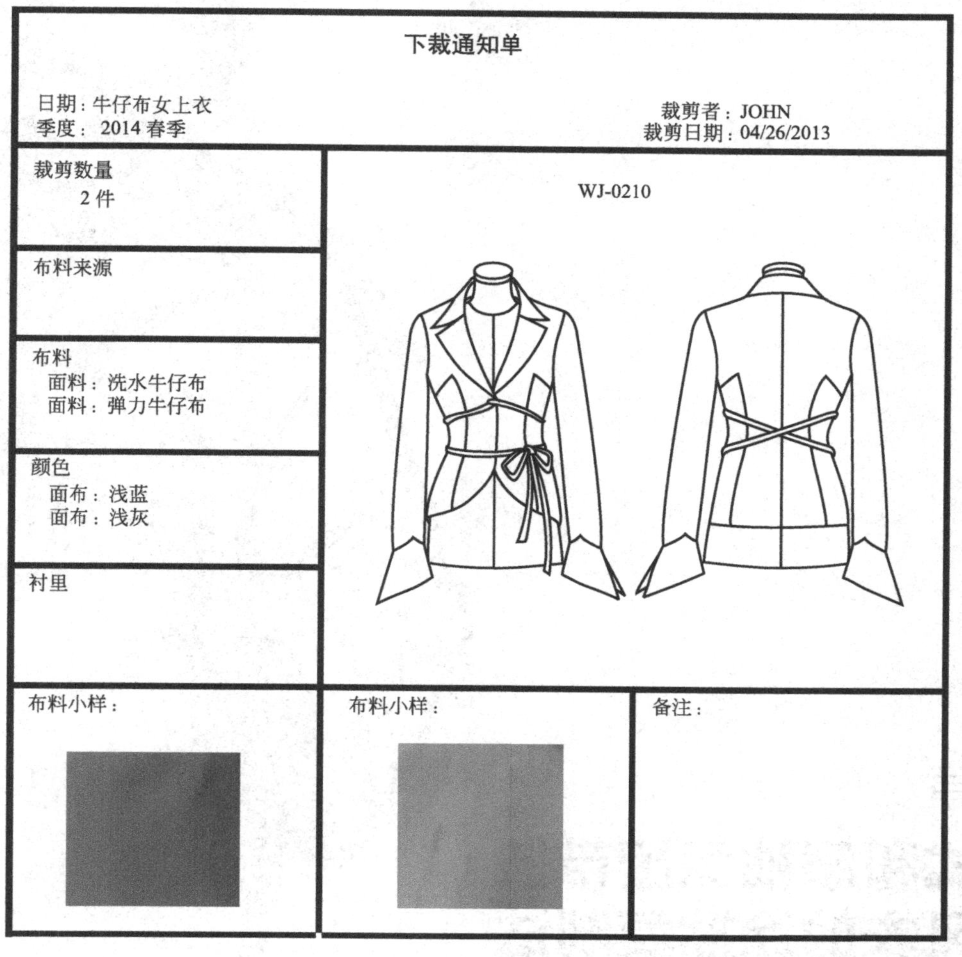

下裁通知单

日期：牛仔布女上衣
季度： 2014 春季

裁剪者：JOHN
裁剪日期：04/26/2013

裁剪数量
2 件

布料来源

布料
面料：洗水牛仔布
面料：弹力牛仔布

颜色
面布：浅蓝
面布：浅灰

衬里

WJ-0210

布料小样：

布料小样：

备注：

图 3-32 胸腰绑带式牛仔布女上衣下裁通知单

思考与练习

思考题

1.为什么要学习立体裁剪的涂擦法？你掌握它的独到之处和特点了吗？请比较立裁涂擦复制法与量尺寸的平面计算复制法的区别。

2.做立体涂擦法的几种确保服装版型准确无误的方法是什么？请举两个例子说明。除了用大头针作布纹方向的标定之外，还有什么方法能标定布纹线呢？

动手题

1.找出一件有结构特色的女外衣带到教室，与同学们一起交流。细看每件服装的特色和细部，把衣服穿到人台上，用手机、相机和笔记本等工具对女外衣做详细的记录。就如同收到设计师的样板一样，记录时要设法用自己的语言写出服装的做法并量出服装的尺寸，画出服装的平面图。每人做五件衣服的记录，建立简洁、直观、易找的资料档案。

2.五人一组，找一件结构简单的女背心或上衣，先作样板记录工作，后按本章牛仔女上衣的涂擦方法进行分步分片复制，将复制裁片放在人台上进行重别或用平缝机缝合。将样衣和新立裁坯布并列，拍出正面、侧面、后面及局部的细节照片进行效果对比。完成后做成可展览的图板，供班里的同学们相互学习和交流。老师作最后的点评打分。

第四章
宽松式和服袖宽腰带披帽女风衣的涂擦复制法

第一节　款式综述及立裁前的准备

一、风衣款式综述

如图4-1，这是一件非常休闲、宽松、线条设计明快的女风衣（Trench coat）。由两边和服袖（Kimono sleeves），前中暗门襟（Hidden button placket）、双唇袋（Double besom pockets）、特宽腰带（Wide belt）以及后背的拉链拆分披肩兜帽（Tippet zipper split hood）等元素组成。此外，这款风衣的腰带上还装有一特大的腰带扣（Buckle），虽无衬里（Unlined），但内缝份缝合后先烫开缝份再两边包边（Opening inseam and seam binding），它既综合了风衣及大衣的时尚性又不失实用的特点。

图4-1　宽松式和服袖宽腰带披帽女风衣款式平面图

二、涂擦法的工具准备

涂擦前，制版师首先要做的是详细观察样衣的里外结构并做好记录。把风衣平铺在桌面上并量出尺寸，再填写好备忘用的尺寸表，并考虑是采用平面还是运用立体涂擦的方法进行操作。该件样衣因为结构很宽松，而且具有左右对称性（Symmetry），故适合用以平面涂擦为主的方法复制。

工具包括蜡块、坯布、大头针、过线轮、铅笔、彩色水笔、尺子、剪刀、剪口钳等。准备坯布（Muslin）并对坯布作预缩处理，用蒸汽烫平坯布备用。用皮尺量右边样板服装的长和宽（Length and width），另各加10 ～ 12cm后裁出坯布备用。如果样衣是对称的款式时，复制只需涂擦衣服的一半即可。

第二节 和服袖女风衣的涂擦复制

一、风衣前后身涂擦

1.前身

将风衣纽扣扣好，打开腰带扣，用熨斗将风衣烫平后摆平铺正，然后在准备好的坯布上画一条直线，将布上的直纹线对准样衣的前门襟的边沿线，作为样衣的布纹线（直纱方向），用大头针将坯布四周固定在衣服上面，手持蜡片可以开始涂擦了。涂擦时，如果遇到一些结构和部位效果不太清楚，可在该部位的样衣的合缝线上添加若干大头针，再重新涂擦就会清楚明了。

2.后身

后身的布纹线可借用后中线来标定，用大头针将坯布固定在后身衣服上面后即可开始涂擦。这一步要将前后身结构初图涂扫出来，如图4-2所示。

二、领子涂擦

由于这是一件带帽子的风衣，它的领子又藏在帽子下面，所以要分开进行涂擦。把帽子从衣领上拆下来后，再将领子正面朝上摊平，用大头针标出领面中心线和固定坯布，就可以涂擦出领子的轮廓（Contour）了，如图4-3所示。

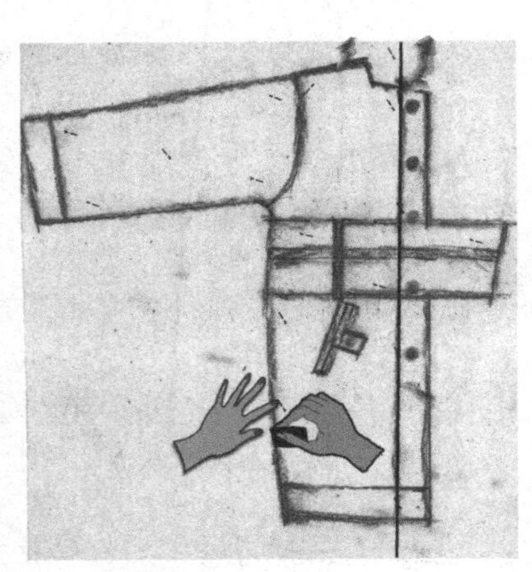

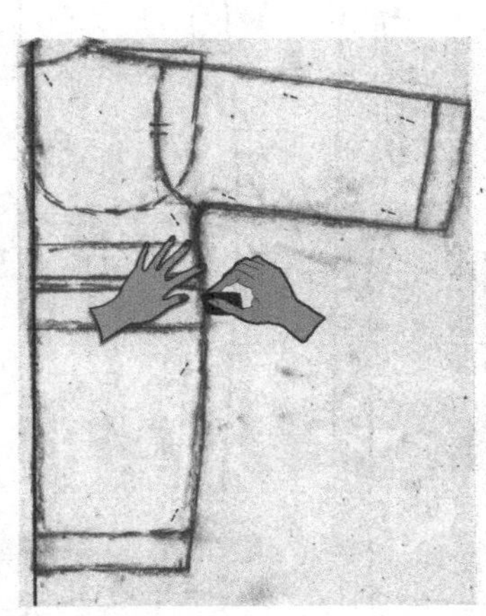

图4-2　和服袖女风衣前后身结构初图涂擦示意图

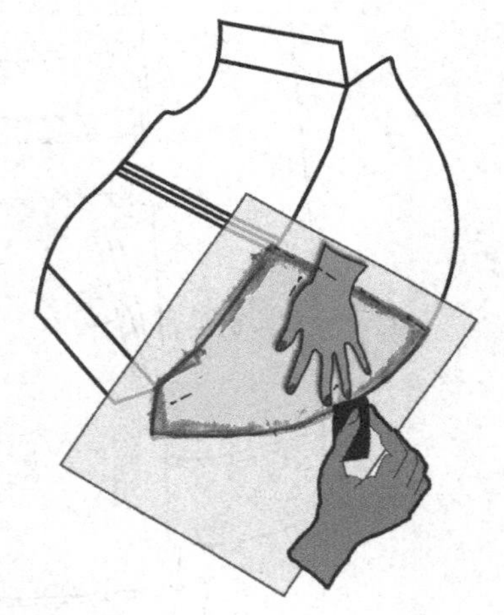

图4-3　和服袖女风衣领子的涂擦示意图

三、帽子的涂擦描画

这是一顶装饰与实用并举的帽子。它可拆卸，是用单向开口拉链（Open-end zipper）连在后领（Back neck）和后领窝线（Back neckline）上。需要时，使用者可很方便地拉上（Zipper up）后中的拉链，就可以变成一顶既御寒挡风又遮雨的帽子了。

帽子的结构可分为帽身、帽顶、前尖三部分。我们可以把帽子卸下来单独完成帽子的涂擦和描画（Tracing）。图4-4（a）是对帽子进行涂擦的示意图。

将花点纸铺在帽子坯布下方，对准布纹线后用大头针固定，用过线轮按着涂擦的痕迹描刻帽子的轮廓。此外，要在帽前下端装一根细橡皮筋（Elastic）做成的纽扣耳（Loop），在衣服上缝上小扣子，以作为拉住帽尖之用。绱拉链后，应修掉拉链两旁多余的缝份并多打些剪口，使帽子翻到正面时显得平服美观，如图4-4（b）所示。

图4-4（c）是进行帽子图形的描画示意图。清晰地描画出帽子的图形后，添加上1.3cm的缝份，再描画外沿及领窝的链牙子（Zipper teeth）的细节，以强调这两处是装拉链的位置。

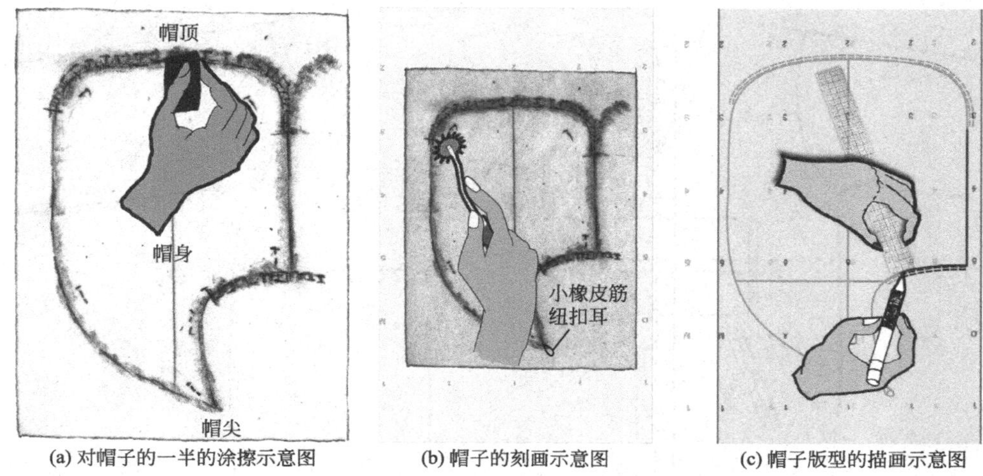

(a) 对帽子的一半的涂擦示意图　(b) 帽子的刻画示意图　(c) 帽子版型的描画示意图

图4-4　帽子涂擦和版型描画的示意图

第三节　坯布图形到纸样的转换

一、描画结构初图

当样衣的总坯布图、领子和帽子等各结构都涂擦出来后，需先画出结构初图（First draft）。将花点纸放置于坯布之下，对准它们的直纹线，用大头针固定后，用过线轮将风衣裁片造型的结构初图刻描到纸上。

图4-5是将风衣轮廓用过线轮从坯布转刻到花点纸上的示范图。接着用尺子和铅笔按过线轮的痕迹把前后结构初图描画出来，如图4-6所示。调整好各图形之间的长短、线形、顺滑度。确认前后片的结构初图及帽子、领子的效果完整完美之后，就可以在总图的基础上继续分离出风衣其他的细部裁片了。

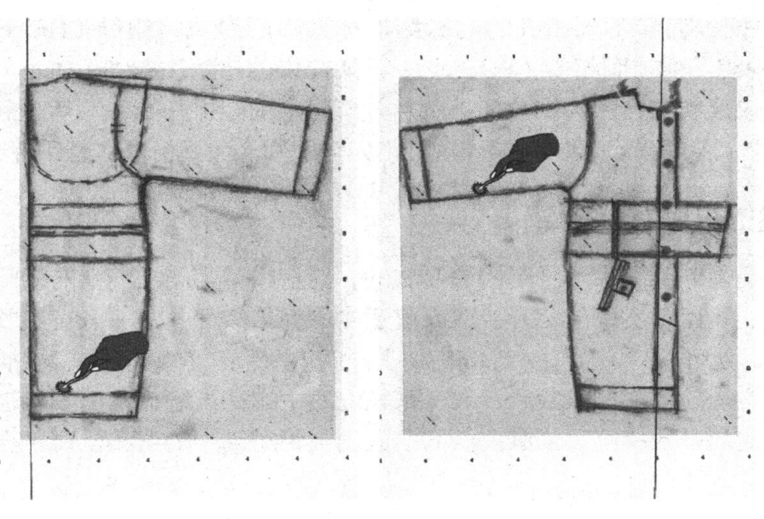

图4-5　将和服袖女风衣轮廓从坯布转刻到花纸上的示意图

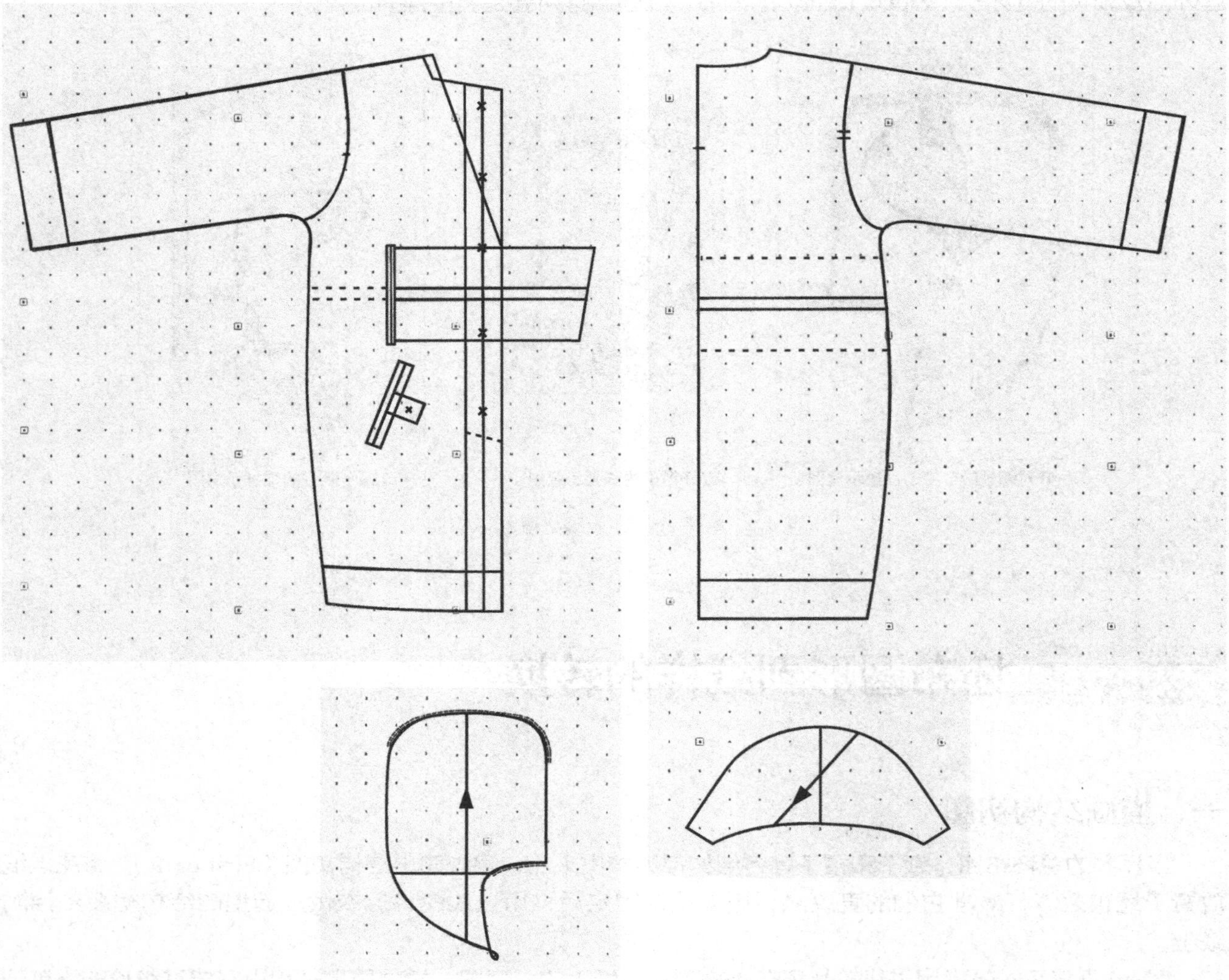

图4-6 用铅笔描画好的和服袖女风衣前后结构初图

在描画分离裁片图分离前，还需了解样衣的内部结构，如前片门襟的左右纽扣位的形成特点。门襟左右有别，行业中把表面看不到纽孔的门襟结构称为暗门襟或暗纽筒（Hidden placket），而缝纽扣（Buttons）的一边称为明门襟或明纽筒（Placket）；再如口袋的造型、衣脚（Hem）的形成等，做到心中有数。然后开始进行该风衣的各裁片的分离。裁片分离可从前门襟开始，然后是后片、袖子、领子、腰带、帽子、口袋、袋唇、袋襻等。通常的操作规范是先画大片，后画小片，最后拼合裁片检查。

二、描画前门襟的明和暗纽筒

该风衣的右门襟是由一明门襟和一暗门襟合成的，而左门襟则与右门襟的明门襟轮廓相同。所以本款的门襟应分离出长、短两个不同的裁片。取长度适中的花点纸，先画一条直线并把它对准前片的前中线，用大头针固定后，就可以开始描画（Tracing）了。图4-7是前门襟和前暗门襟描画示意图。

接着要描画的是右边的前暗门襟裁片。取一张长度适中的花点纸，画出一条直线并把它对准前片的前中线，用大头针固定后开始描画。描画时要同时画出前暗纽筒中的纽扣位置。至此，前门襟的分离描画就完成了。

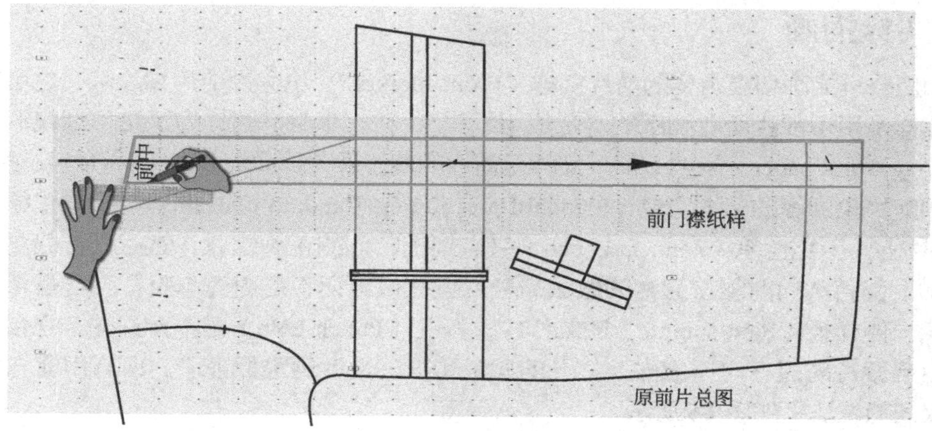

(a) 和服袖女风衣前明门襟裁片的描画示意图

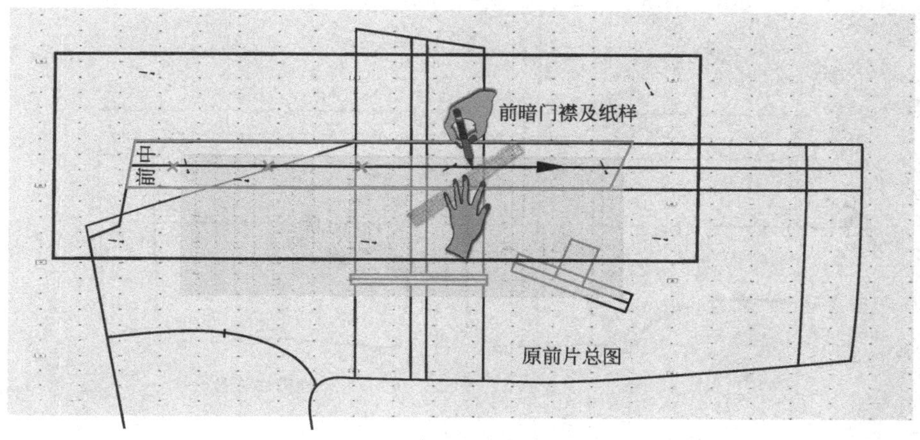

(b) 和服袖女风衣前暗门襟裁片的描画示意图

图 4-7　和服袖女风衣前门襟和前暗门襟描画示意图

三、前片的描画

前片的描画应从前门襟的分界线开始。描画前需要在上下两片用足够的大头针固定好，并且把布纹线上下片对准，才进行前身轮廓的实线的描画，而前片中的口袋及腰带的位置可用虚线（Dotted line）描画。裁片经校正后前片的缝份添加量为1.3cm，折脚是7.6cm，而折脚做好为6.4cm。图4-8是风衣前片分离描画的示意图。

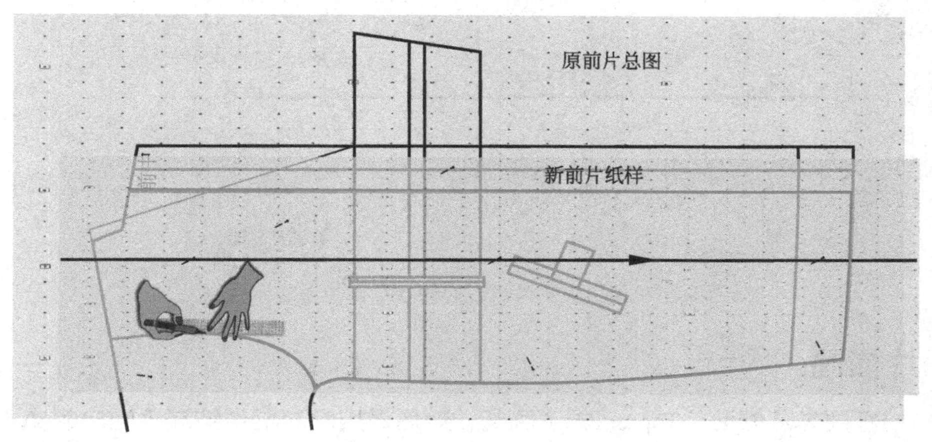

图 4-8　和服袖女风衣前片分离描画的示意图

四、前片的实样描画

下面讨论如何分离描画相当重要的前片实样（Front marker），也称为前片划线版。之所以强调它的重要性，是因为实样是用于前片所有细部的“定位用纸样”。在实际生产时，为了定位划线的方便，实样要用硬卡纸（Oak tag /Hard paper）制成。前片实样是前片的双唇袋（Double besom pocket）、腰带出口（Belt exit opening）和前片轮廓等的标准定位（Standard positioning/Standard placement）纸样；缝纫时缝制者将“实样”铺在裁片上，用褪色笔（Auto fade pen）来点划出它们的正确位置，然后进行缝制。也许有人会提出这样的疑问：倘若裁剪时能按通常的做法给裁片打孔做标记不是更简单吗？回答是否定的。因为在中高级服装和头一件样板（First sample）的制作中，打孔（Punch hole）是不允许的，它会降低成衣的质量和档次。而且当裁片超过一定厚度时，打孔的质量和准确性就更难保证了。所以用实样定位划线是一个较准确和有保证的做法，如图4-9所示。

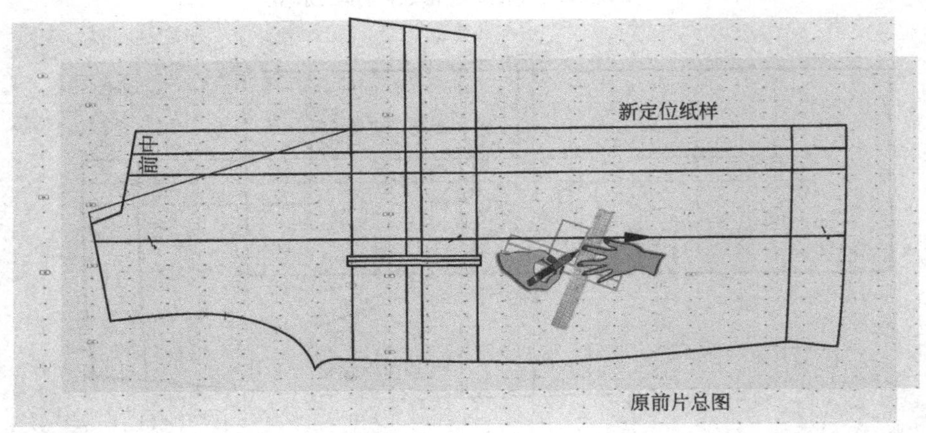

图4-9　和服袖女风衣前片实样裁片的描画示意图

五、后片的描画

如图4-10所示，将花点纸铺在后片结构初图的上面，对准布纹线，上下用大头针别好，手持笔和直尺就可轻而易举地将后片纸样轮廓描画出来了。校正完成后，后片缝份的添加与前片相同，为1.3cm，而衣脚是7.6cm，缝制完成为6.4cm。另外，后片图上画有两条虚线（Dotted lines），它表示的是腰部的腰带位置。

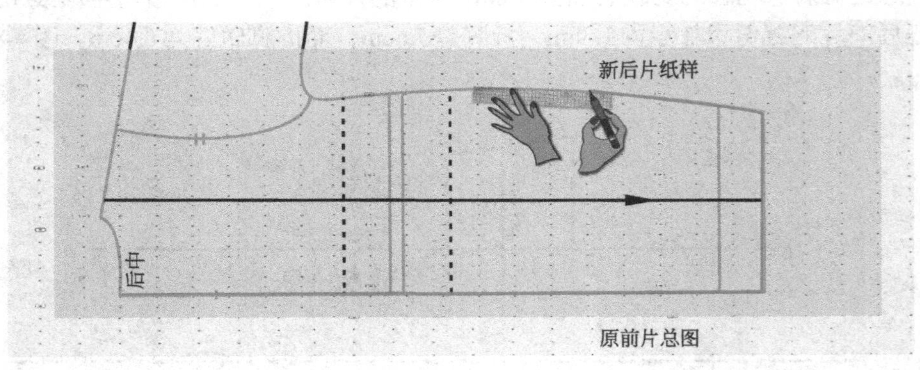

图4-10　和服袖女风衣后片轮廓纸样的描画示意图

六、领子裁片描画

领子的分离描画要先从领面（Top collar）画起，然后借用领面稍作缩减来画出领底（Under collar）。领底通常是采用斜纹布（Bias grain）进行裁剪的，因为斜纹布能帮助领子在翻下来时领底片能软顺、服

贴、不硬不顶且显得自然。领面则通常选用直纹，领面翻下来后的布纹方向应与成衣身体的布纹方向一致，所以版型中领面的布纹箭头向上（Upward arrow）标示就是这个原因，如图4-11所示。

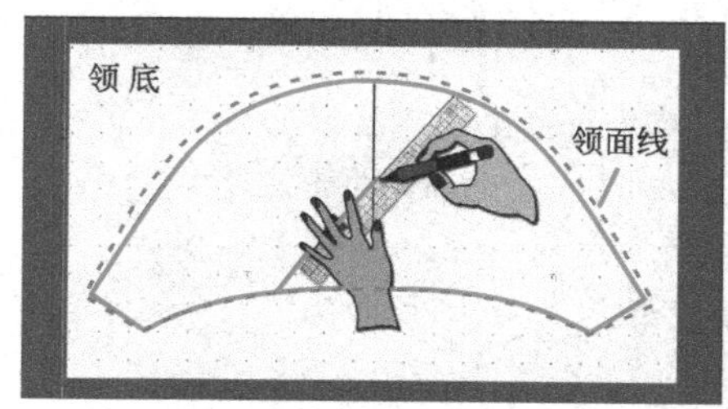

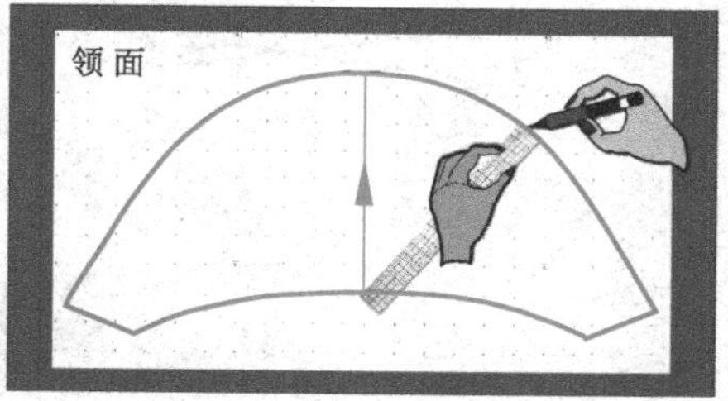

图4-11　和服袖女风衣领子裁片的描画示意图

让领子的外翻达到自然服帖效果的小窍门：一是领底用斜纹；二是把领面外围画得比领底外围大0.3 ~ 0.5cm，这点余量其实是领面外翻时所需的“翻出量”。缺少这一小小的余量，领子向后翻时就显得“紧绷绷”，给人以僵硬和死板的感觉，甚至还会导致领底边沿外翻。

在领片的纸样完成前要将领片与前后领窝拼对，以确认它的长短大小合适。最后领子的缝份可设定为1cm。

七、袖子的描画

在涂擦前后样衣时，我们涂擦到的似乎是有前片和后片之分的“两片和服袖”，而实际上它只是一片袖。分离纸样时，我们要将前后片肩缝拼合起来，将前后和服袖的轮廓线（Contour line）画出来，如图4-12所示。

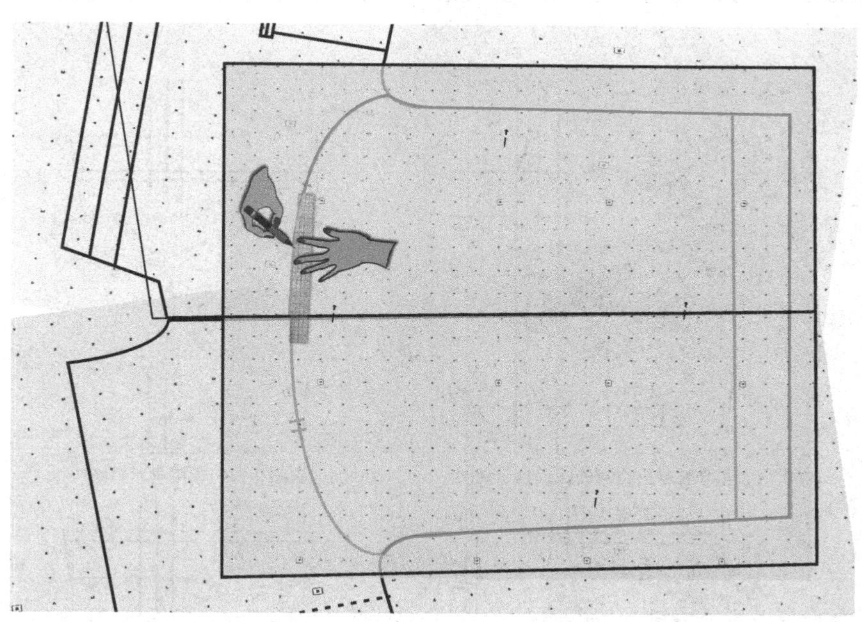

图4-12　和服袖女风衣袖子裁片的描画示意图

八、腰带和贴布的描画

从前后身结构初图中，我们看到的仅是腰带一半的长度。所以只要连接地描画出前后身腰带（Waist band），用虚线表示出贴布的位置，然后在后中线对折地画出图纸，添加上1cm缝份，就成为完整的腰带的纸样了。同理，腰带上有一装饰用的明贴布（Decorative patch），它的画法与腰带是相同的，我们只需用另外一张纸把它的轮廓描画出来，加上1cm缝份，如图4-13所示。

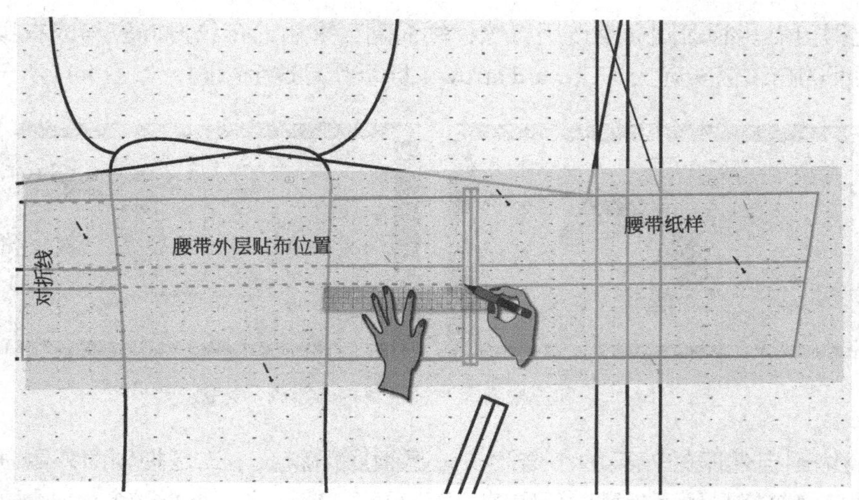

图4-13 和服袖女风衣腰带裁片的示意图

九、前身部件裁片的描画

前身细部（Front body details）的分离任务是从前片大身上细致地分画出四个小裁片。

1. 画腰带出口镶嵌线（Belt exit opening）

前片腰位有腰带出口，开口用两条细长的镶嵌布条缝合制成。分离此图需要实画出口长度即镶嵌线完成的尺寸，纸样对折后外加缝份。描画时镶嵌边的长两边各加2cm，与前片缝合的两边缝份各加1.3cm，就成为镶嵌线纸样了，如图4-14（a）所示。为了车缝效果的平直，腰带出口镶嵌条要烫黏合衬（Fusible）。

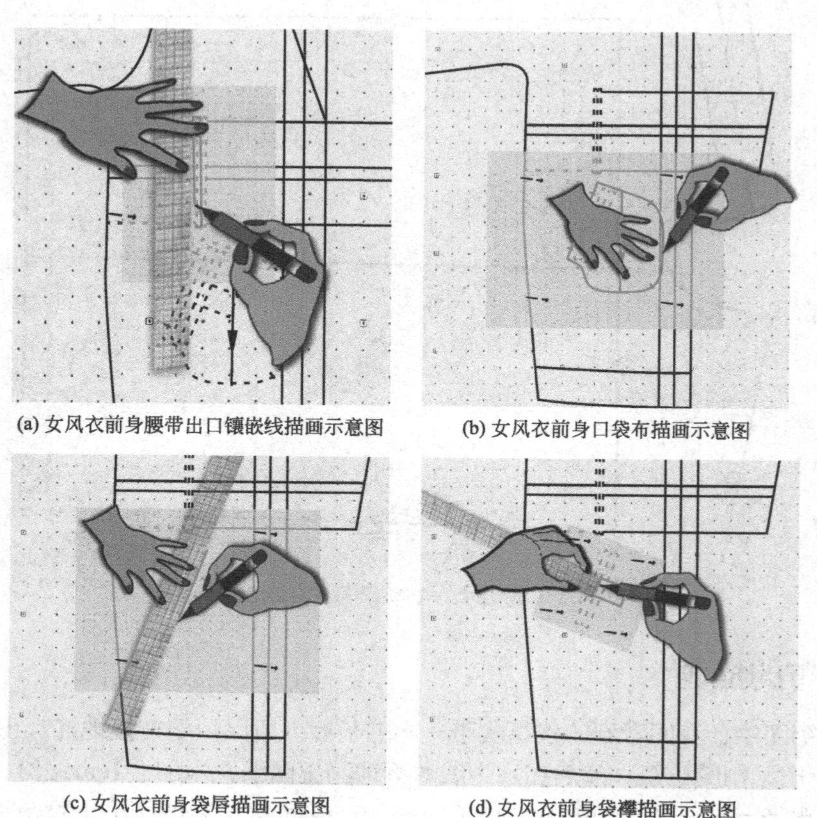

(a) 女风衣前身腰带出口镶嵌线描画示意图

(b) 女风衣前身口袋布描画示意图

(c) 女风衣前身袋唇描画示意图

(d) 女风衣前身袋襻描画示意图

图4-14 和服袖女风衣前身部件裁片的描画示意图

2. 袋布（Pocket bag）的分离

袋布的大小要借鉴手掌来帮助。画线前，可先用手在袋口作插入状，借以确定口袋的大小和外形；后用铅笔沿着手的外围画虚线（Dashed line）。再用尺子画出袋布形状，加上缝份1.3cm，见图4-14（b）。

3. 袋唇（Pocket besom）裁片的分离

袋唇是镶嵌线袋唇的简称，纸样画法与腰带出口一致。先实画出袋唇的长和宽，在纸样对折后上下两边各加宽1.3cm缝份，袋唇的长度两边各加2cm的缝份，袋唇需要烫黏合衬，如图4-14（c）所示。

4. 袋襻（Pocket tab）的分离

袋唇线中间有个装饰用袋襻，描出袋襻后可在四周加上1cm的缝份即可，如图4-14（d）所示。到此，这件风衣的版型分离描画工作就基本完成了。

第四节　涂擦版型的调整

打版是一项要求非常严谨、精细的工作，虽然纸样的分离暂告一段落了，但检查工作又开始了。先要将所有裁片的外形和连接点都用重叠对比、用眼睛和尺子等反复复核尺寸，才能把缝份画准，边剪纸样的同时，接着把相邻纸样对齐一起打出剪口；只要发现与样衣有出入和不满意的地方，就要做一些细节上的调整，比如加长、改窄、画顺等。

检查中，版师对女风衣的肩线及袖窿和胸围等线的连接外形做了一些更为合理的调整修正，如图4-15所示。版师在前后肩线的肩宽点开始，向外将肩端点部分用曲线板向下画成垂肩形。因为这样的处理能使风衣的肩部更加服帖肩形。调整后马上去重量该袖窿和袖山的吻合度；此外，版师还发现前片和后片以及袖口的折脚处缺角，与风衣的下脚形状不吻合，最后一起都进行了纠正。对涂擦后复制的版型调整和修改，是版师将原版型进行提升的重要一环。而调整修正版型的准则，可根据版师的经验和设计师最终的要求等来进行。

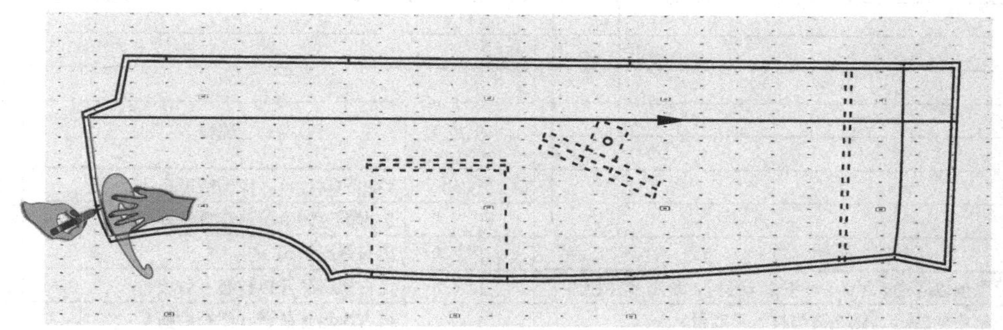

图4-15　和服袖女风衣前肩片用曲线板进行调整的示意图

假如你确定版型已不需要做更多的改动时，就可在各个纸样上写上裁片的名称、裁片片数及序号（Sequence number）、布纹以及制作要点。比如领窝处要缝多长的拉链，注明在哪里要缝上扣子、哪里要缝明线等，如果时间允许，应用复制出的新纸样来剪出新的裁片，并缝制出新的样衣查看效果。

裁剪须知表（Cutter's must）如下表所示。图4-16、图4-17是该女风衣的版型裁片成型示意图，图4-18是该女风衣下裁通知单（Cut ticket）。最后该选用设计师认为合适的布料，做出新的样板。

和服袖女风衣裁剪须知表

此表需结合下裁通知单的布料资讯才能完整

尺码 ： 6　　　　打版师： Celine
款号 ： 无　　　　日期： 26-Aug
款名 ： 和服袖女风衣　　　　线号： 2

#	面布	数量	烫衬
1	前门襟	4	4
2	右前暗门襟	2	2
3	前片	2	
4	后片	2	
5	袖片	2	
6	面领	1	1
7	底领	1	1
8	帽子	4	4
9	袋唇布	4	4
10	腰带出口包边布	4	
11	袋布	2	
12	袋布贴	2	
13	腰带	2	2
14	腰带明贴布	1	1
15	袋口襻	4	4
	定位用纸样		
16	前片定位	1	
17	右前暗门襟纽位	1	

款式平面图

缝份

1cm：袋唇、帽子、领子、腰带、前门襟、右前暗门襟和腰带出口包边
1.3cm：侧缝、肩缝、袖窿、袖子、口袋、袋贴
7.6cm：衣脚折边 （完成尺寸6.4cm）

数量	辅料	尺码/长度
*	外配的斜纹里布作为缝份包边之用	宽3cm×长7.5m
4	仿古铜色的金属眼作腰带打孔用	孔径1.6cm
1	仿古铜皮带扣	长14cm宽约10cm
1	仿古铜粗牙开口拉链（后领）	18cm
1	仿古铜粗牙拉链（兜帽后脑）	28cm
4	暗门襟用纽扣	44L
2	双唇袋襻纽扣	22L
2	帽尖用小纽扣	14L

缝纫说明

1.所有的缝份用里布包边完成至0.6cm并烫开缝份，袋布合并包边。
2.腰带出口完成尺寸是13cm，做法请与打版师商量。
3.在袖口、衣脚离边沿6cm处压双明线，两明线间隔0.6cm。
4.缉缝边沿双明线的位置是帽沿、门襟边沿、后中线、领子边沿腰带边沿和腰带的明贴布以及袖窿边沿等，两明线间隔0.6cm。
5.后领窝与兜帽用18cm长仿古铜色粗牙开口拉链相连，帽子后脑部用28cm长仿古铜色粗牙拉链开合。
6.其他的细节可参考外来样衣进行制作。

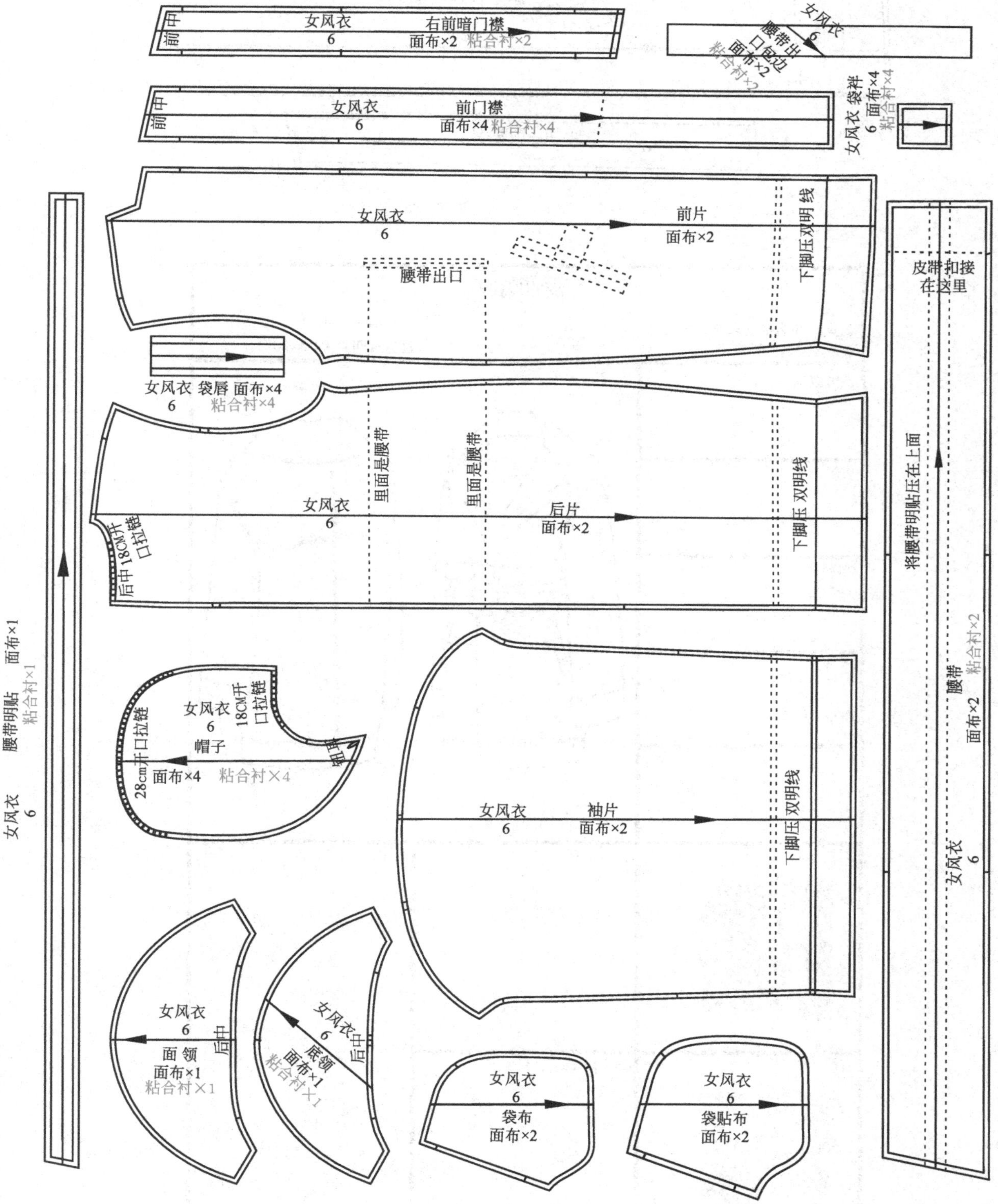

前中
女风衣
6
右前暗门襟
面布×2 粘合衬×2

女风衣
6
腰带出口包边
面布×2
粘合衬×2

前中
女风衣
6
前门襟
面布×4 粘合衬×4

女风衣 袋袢
6 面布×4
粘合衬×4

女风衣
6
前片
面布×2
腰带出口
下脚压 双明线

皮带扣接
在这里

女风衣 袋唇 面布×4
6 粘合衬×4

里面是腰带
里面是腰带
女风衣
6
后片
面布×2
后中18CM开口拉链
下脚压 双明线

将腰带明贴压在上面

女风衣
6
腰带明贴 面布×1
粘合衬×1

女风衣
6
帽子
面布×4 粘合衬×4
28cm开口拉链
18CM开口拉链
钮眼

女风衣
6
袖片
面布×2
下脚压 双明线

女风衣
6
腰带
面布×2 粘合衬×2

女风衣
6
面领
面布×1
粘合衬×1
后中

女风衣
6
底领
面布×1
粘合衬×1
后中

女风衣
6
袋布
面布×2

女风衣
6
袋贴布
面布×2

图 4-16　和服袖女风衣版型图的示意图

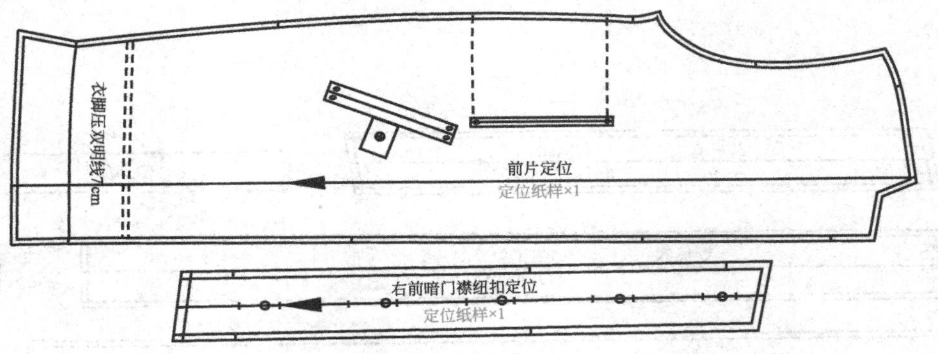

图4-17 部分和服袖女风衣版型图的示意

下裁通知单

日期：和服袖女风衣　　　　　裁剪者： JOHN

季度： 2014 秋季　　　　　裁剪日期： 04/26/2013

裁剪数量 各 1 件	
布料来源 进口风衣布	
布料 面料： PS902 BG401	
颜色 面布：橙红 面布：浅灰	
衬里	

布料小样：	布料小样：	备注：
布料小样：	布料小样：	

图4-18 和服袖女风衣样板的下裁通知单

思考与练习

思考题

1. 为了达到样衣原板和“涂擦版”尺寸的一致性，“涂擦法”前后要做些什么必要的工作？

2. 找一件款式略为简洁的风衣或大衣，将它平铺在桌上，练习查看样衣的特点，思考涂擦法的步骤，分析制作难点以及解决方法。

动手题

1. 找一件风衣或大衣，将它用立裁涂擦法复制出来。做出新的立裁坯布结构初图，然后再分离成小坯布裁片，最后重新用大头针拼合检查裁片效果。比较原板和“涂擦版”的相似度是多少。你对立裁涂擦法掌握了多少，能给自己打多少分呢？

2. 将新的风衣或大衣立裁坯布做成纸样。练习纸样的校对方法，练习相邻两衣片一起打剪口和逐片检查纸样的基本功，练习填写裁剪须知表。

第五章
男插肩袖短夹克的款式借鉴法

第一节　款式综述和版型比较

一、款式综述

图5-1有两件男装短夹克，在描述新的设计效果图的时候，设计师提出了这样的要求：希望以编号为MJ2053的旧版型为基础（Basis）来制作新款MJ2108。因为他喜欢那件男夹克的外形、长度，后背的分割手法以及插肩袖（Raglan sleeves）等的结构特点。这对打版师而言，首要的任务就是找到这个版型，看看如何运用它来“互借款形”（Style referencing），然后做出新的MJ2108立裁坯样。

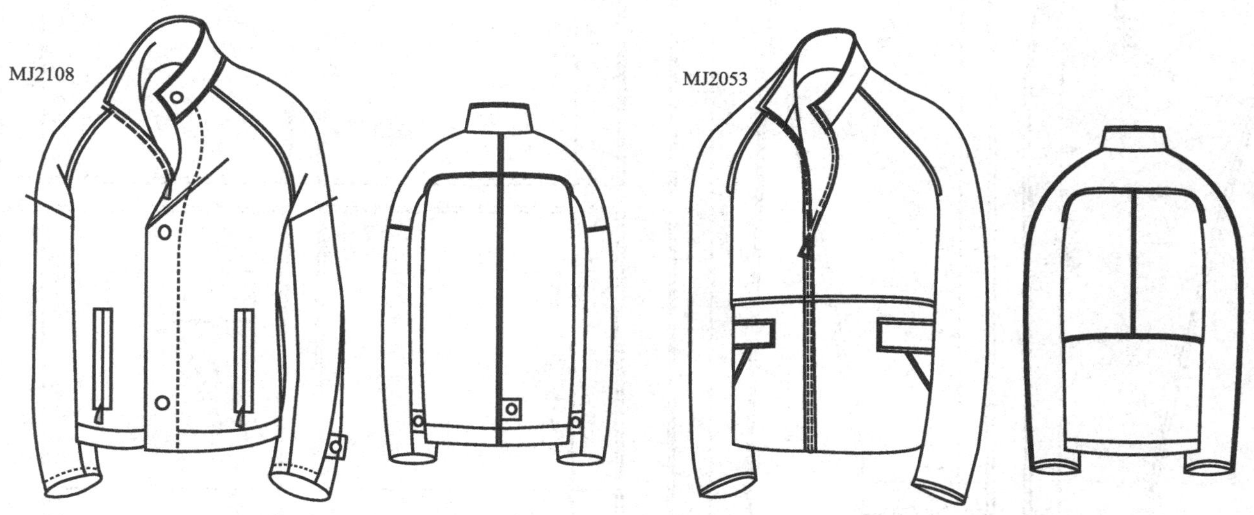

图5-1　男装短夹克MJ2108与借用版型MJ2053的款式对比效果图

二、版型比较

版型MJ2053是上一季度的设计款式，通过对新款男夹克和旧版型的比较，果然发现两款之间有“异形同款”之妙。首先，MJ2053与MJ2108的外形几乎一样，尤其是两款的袖型构造颇为相似，是几乎一样的插肩袖（Raglan sleeves）构造，这样就很大程度上降低了立裁插肩袖的难度。MJ2053的门襟左右相同，而MJ2108的门襟却左右有别；MJ2108的左门襟贴上了个一前门襟（Front placket），在门襟的前左边沿装有金属的开尾式拉链（One way open-end metal zipper）。前门襟的前中线上还加钉了几粒四合一金属扣（Snap button/Steel Snaps）。两款夹克的口袋样式也有所不同。但是我们现在有了MJ2053这一版型的帮助，凭借着这一“出门拐杖”的探路，下边的路就好走多了。图5-2是将要被借用的版型编号MJ2053示意图。

查看和比较完了所有的纸样后，版师任务就是设法将“旧版型”为我所用，既然能直接借用前片、后片和袖片等来做一些“借鉴和改变”（Sharing and editing / Referencing and redesigning），不妨将图型直接画到坯布上来更快捷地做出新的MJ2108款式坯布裁片。此外，鉴于新夹克的门襟不同，立裁要裁出左右前片才能很好地弄清衣服的结构。

剪下大约2m长的立裁用坯布，用蒸汽熨斗缩整烫平备用。下一步就开始进行MJ2053与MJ2108各裁片的“互借及变化”的裁法和制作。

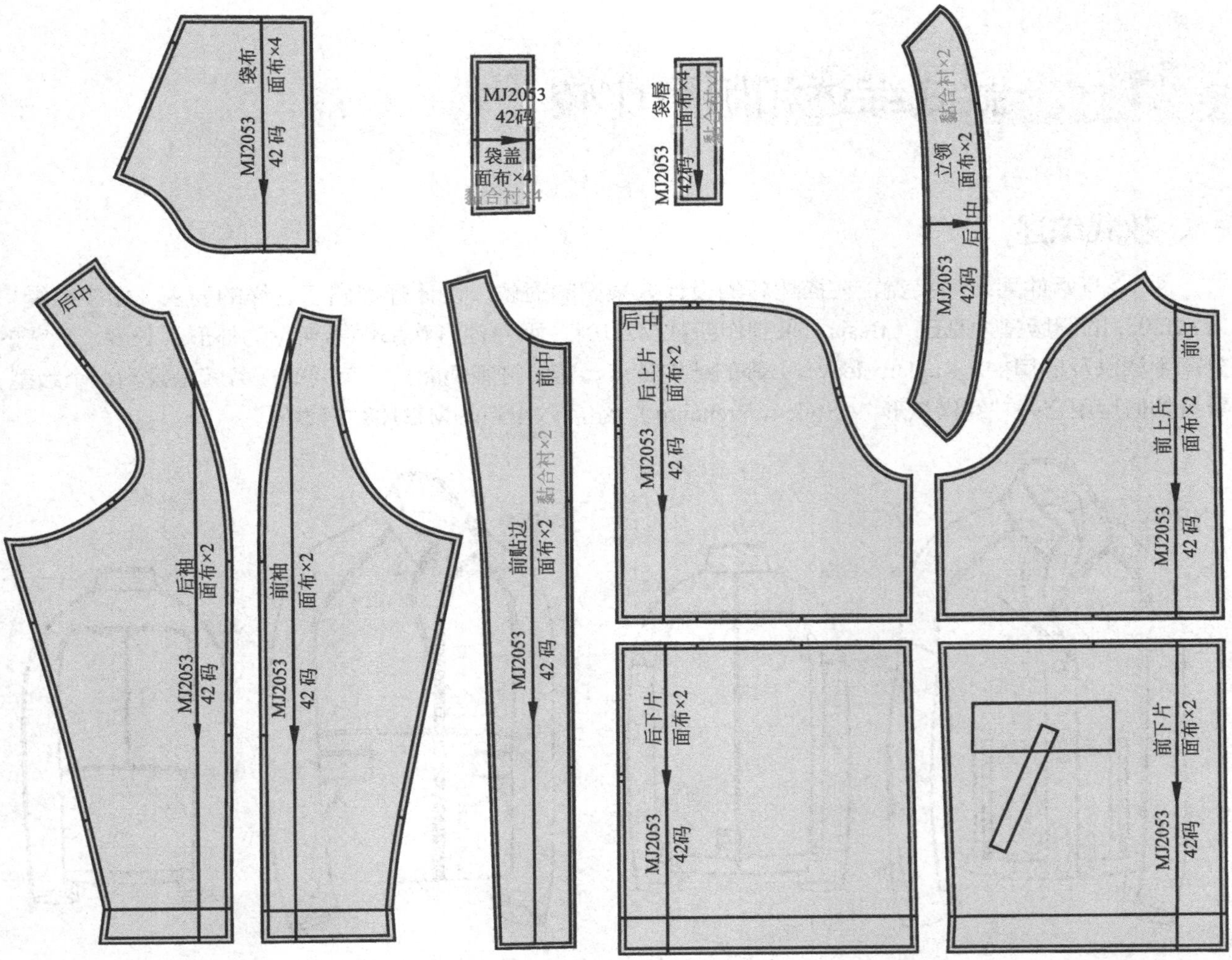

图5-2 将要被借用的版型编号MJ2053示意图

第二节 版型的互借及转变

一、右前片

如图5-3所示，旧版型MJ2053的右前身（Front right）分为上下两片，新款式MJ2018前身是一整片。先量一下裁片（Cutting piece）上下的总长，后剪出比它的长和宽各多12cm的坯布来画出右前片。把MJ2053的前上片（Top front）和前下片（Bottom front）合拢，以压铁（Weights）将它们固定，用铅笔将上下裁片画在坯布上。以原中心线向外边画出约3cm的宽度，就成为MJ2081款的前门襟（Front placket）了。

二、左前片

如图5-4的展示，画左前片（Front left）同样要剪出比左前片的长和宽各长12cm的坯布。将旧版型的前上片和前下片的背面朝上，用铅笔将它们画到坯布上。因为画的是左边，所以要用右边纸版的反面。以原中心线向两边各画出3cm成为新款右片的前门襟宽；从该前门襟宽度的边沿再向外加画6cm的直线（Straight line），来模拟前门襟对折量的后的效果。把明门襟对折成双层后用过线轮刻画好领口，打开对折部分，用曲线板（French curve）沿着原领口画顺，成为新的MJ2018左前片立裁坯布。

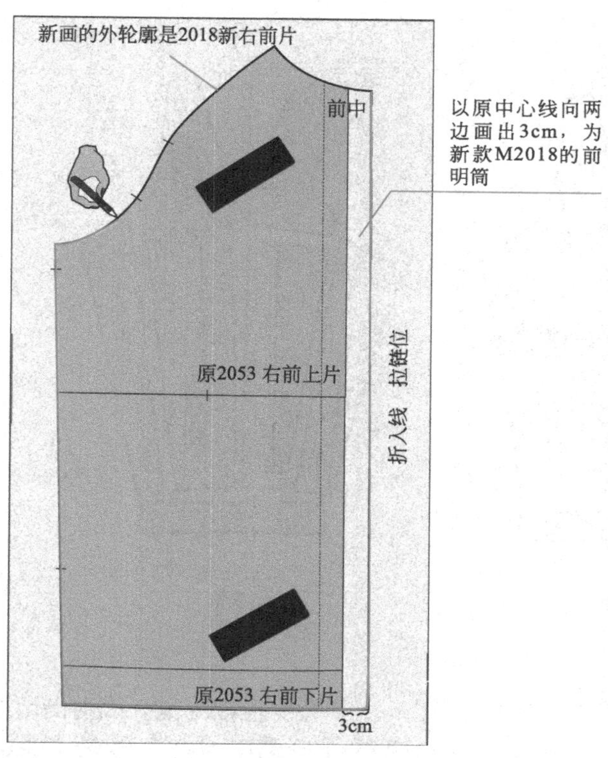

图5-3 男夹克MJ2018右前片坯布的借版描画示意图

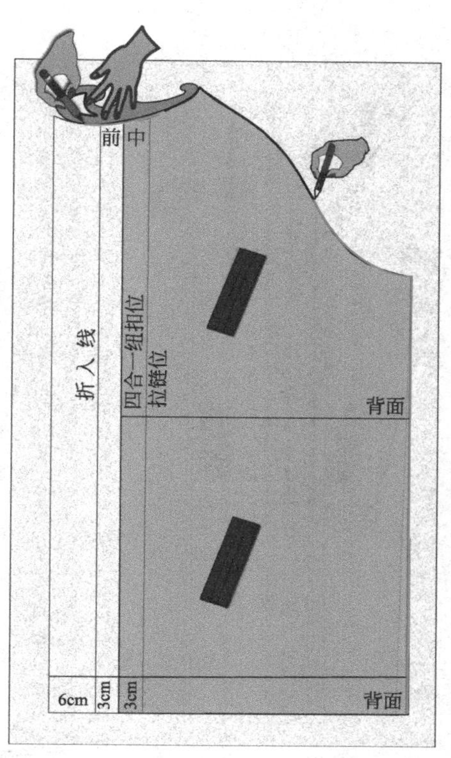

图5-4 男夹克MJ2018左前片坯布的借版描画示意图

三、后片

如图5-5所示，剪出比后片的长和宽各长约10cm的坯布来画后片。再拿出MJ2053的后上片和后下片上下合并，用铅笔画出外形，然后要测量并确认后片与前片同长。根据设计图画出后组襻（Back button tab）的形状和位置，成为新的MJ2018后片坯布就产生了。

四、插肩袖

插肩袖子（Raglan sleeves）的版型互借分三步画成。

（1）剪一片足够做MJ2018 前后总袖片的坯布，用MJ2053版型的前、后袖片合拼，然后勾画出新的MJ2018袖外形，如图5-6（a）所示。

（2）按照设计图，在袖子里画出新款袖片“分割线（Seams）”的位置，如图5-6（b）所示。剪出新袖子的坯布的大外形别到人台的前后片上。

（3）确认袖子坯布分割线比例的位置满意之后，就可以参考图5-6（b）的划线，然后分离出袖子的所有裁片，如图5-6（c）所示。

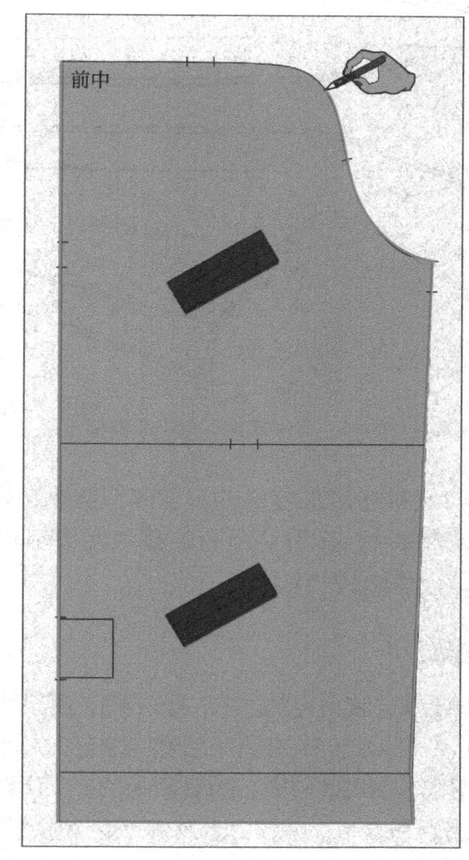

图5-5 男夹克MJ2018后片坯布的借版描画示意图

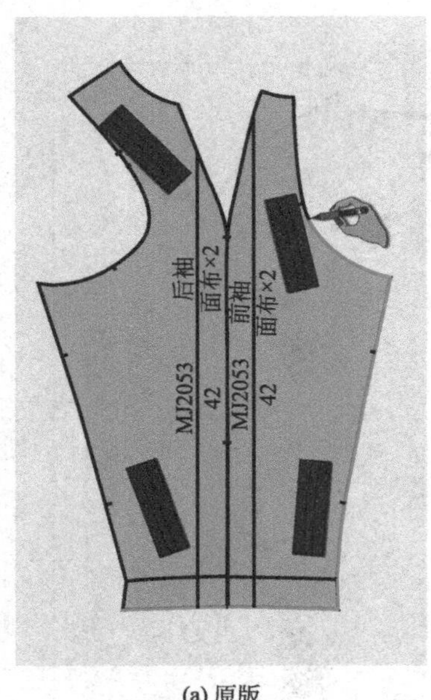

(a) 原版

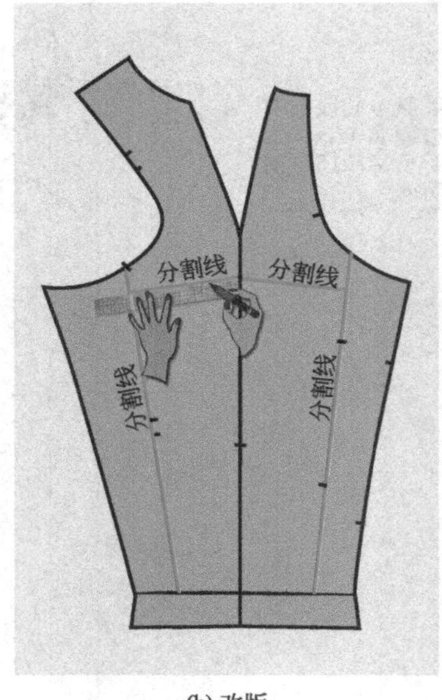

(b) 改版

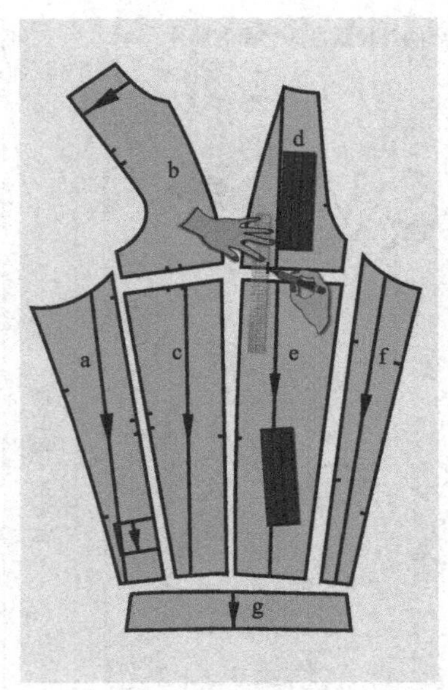

(c) 新版

图5-6　男夹克MJ2018袖片分割步骤示意图

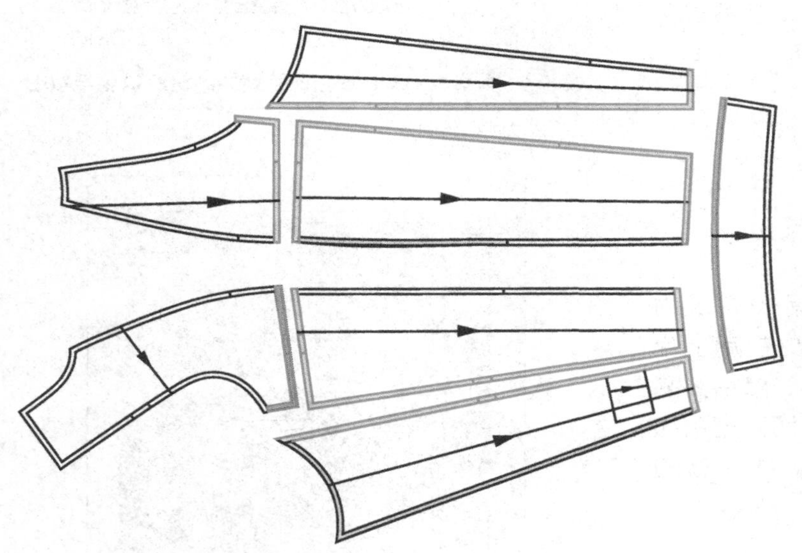

图5-7　男夹克MJ2108新版袖片应加缝份示意图

要特别指出的是，因为借用版型的外轮廓已包括了缝份（Seam allowance），而袖子里面的分割线却没有缝份，描画分离坯布之前，需要在没有缝份的部位用铅笔做记号，以防描画中出错。

在袖子变化和重新组合中，缝份的添加不是一成不变的，如袖窿及领口的弧位可为1cm，侧缝及各分割线可为1.3cm。原因是弧形的地方，缝份小一些会更方便开缝和制作，我们必须按照缝份的需要，将其逐一认真画好剪出，然后用大头针拼合袖子。假如缝份没画对、画准，则别出来的款式就不准确。这是举足轻重的一步。

图5-7是袖子应加缝份的示意图，蓝线区表示需另加的缝份，黑线区表示原已包含的缝份。用新的坯布剪出新的袖片，在确认所有的裁片四周都画出或加上相应的缝份后，剪出和别上新袖。而大身前后片可留出2.5cm缝份剪出。

五、立领

由于新款男装夹克的左右门襟不同，所以决定了领子左右端长短的不一样。画领子步骤如下。

（1）先把MJ2053的领子版型直接画在对折好的坯布上，考虑到领子的左右不一，所以在领子的前端要留出足够的坯布以立裁领子的前门襟细节，即在左领端加出3cm的前门襟的伸长和6cm的折入（Folding / On fold）位置，留作领子内装拉链之用，如图5-8所示。

（2）打开坯布，修剪出领型。图5-9是M2108领子的平面展示图。蓝色领子展示的是当立领钉好扣子、装上拉链的效果。

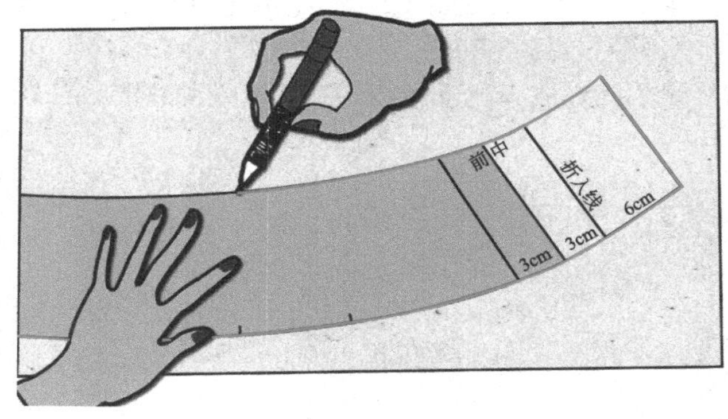

图 5-8　左领端需要加出3cm的前门襟和折入位示意图

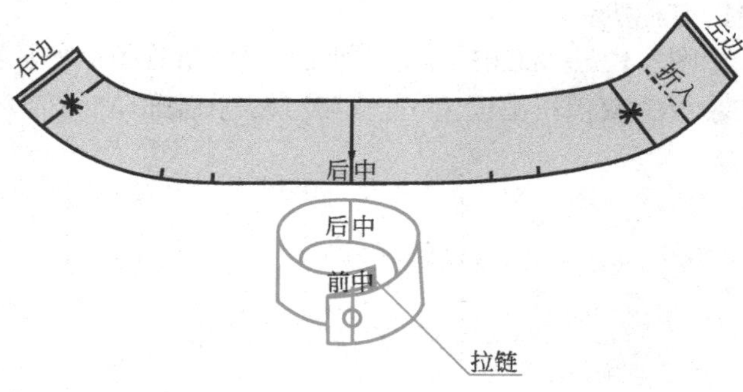

图 5-9　男夹克 MJ2108 领子的平面及立体效果图

六、袋唇坯布及襻的画法

袋唇（Besom）的立裁相当容易，取块小坯布，画上袋口的长度和宽度外形，留出缝份备用，按袋唇实样大小折叠好然后烫好即可，如图5-10所示。

襻（Tab）在衣服主要起装饰的作用，我们可按设计图的比例，画出6.4cm × 6.4cm的坯布，再对折成双层的方形，留出1.27cm的缝份，画上纽位，烫出别到所需的位置即可。如图5-11是小四方块描画示意图。

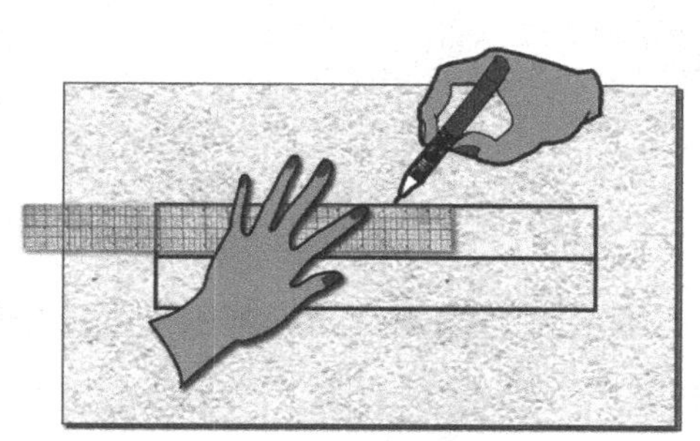

图 5-10　男夹克 MJ2108 袋唇描画示意图

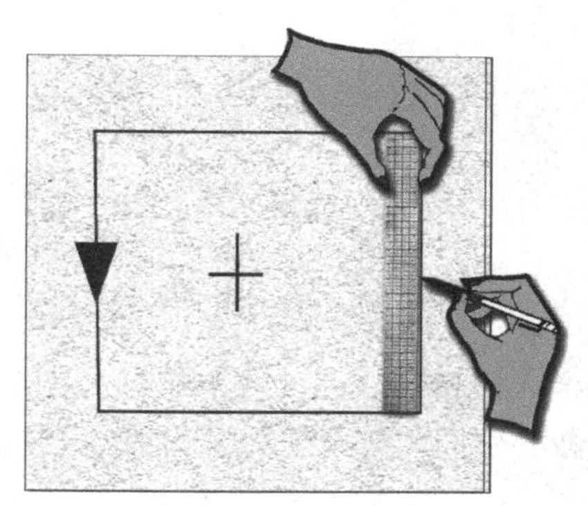

图 5-11　男夹克 MJ2108 小四方块描画示意图

第三节　坯布裁片的剪法技巧

立裁的坯布如何剪其实是很有讲究的。通常的做法是在剪坯布裁片时务必要剪在轮廓线以外约2cm处，但这并不是一成不变的，也要视款式的特点应变，有时为了有利于立裁效果的需求，个别的地方则特意多留一些缝份，以预留出该款式有可能变更的部位和加宽放长的余地。尤其是在一些可能变更的部位更是如此，这在立体裁剪大衣和裙子时最为常见。虽然通常衣长和袖长的下脚折边的缝份约为3.8cm，可在试身样衣上，有经验的版师就会在衣长处多加缝份，甚至把折脚边留至8cm。因为长了的布片改短很容易，但短了要加长就费工得多了。所以，多留的几厘米，有事半功倍的作用。

前面我们提到原MJ2053版型已经包括了1.3cm缝份，所以画这些缝份时要往轮廓线的“里面画”，但剪立裁坯布时则一定要在“实线以外剪”，往往可剪在外轮廓线的0.6 ~ 2cm或者更多。就本夹克而言，因为是旧的版型互借，我们对新款的尺寸已经有了把握，所以剪坯布才可留0.6cm。否则，坯布的缝份就应往大的留。此外，遇到弧形（Arc）或有拐弯的地方，除了剪布外，还要打上些斜向的小剪口来方便缝份折进和拼合。

图5-12是MJ2018的前片和后片坯布的留缝份后剪开时的局部放大的示意图。我们看到剪开时，在坯布裁片的宽和长都预留了一定的余量和空间。

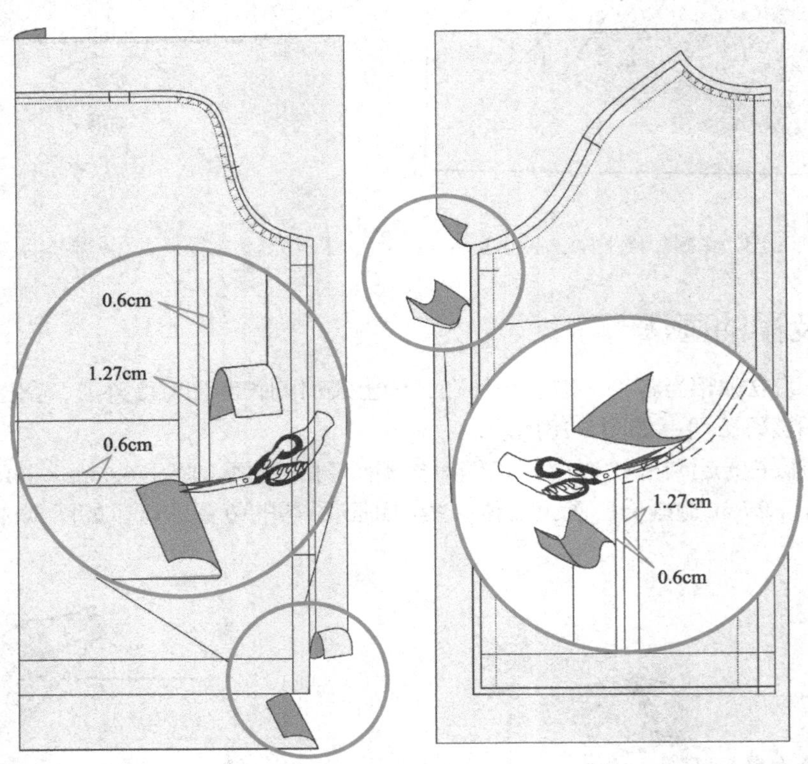

图5-12　MJ2018的前后片坯布留缝份后剪开的局部放大示意图

当纸样大概备齐之后，接下来是要把所有的坯布裁片都预留出立裁所需缝份后剪出来，别合裁片是下一步该做的事情。关于前后身的别合，难度并不大。重要的是袖子的别合。

第四节　袖子的重新别合方法

现在我们做一次规范化别合裁片的练习。在袖子重新别合前，需确认袖子的坯布裁片都齐全，其内部分割结构线合理，把它们按前后上下的顺序摆放好，然后用大头针进行别合相接。拼接（Piecing）时可按后面袖片盖向前面袖片，上袖片别向下袖片，将大头针等距“斜插”（Insert diagonally）入坯布裁片的缝份边沿。图5-13是男夹克MJ2018袖子裁片分离后拼接顺序及方向（Direction of pinning）的示意图。

拼接时步骤可按先拼后袖片，后拼前袖片的顺序进行。

（1）先将后袖侧片A连向后中袖片B（A to B）拼合。

（2）后将后横过肩片C叠向后袖中片B（C to B）拼合。

（3）再将前中袖片D叠向前袖侧片E（D to E）拼合。

（4）而前上袖片F则应叠向袖前片D（F to D）拼合。

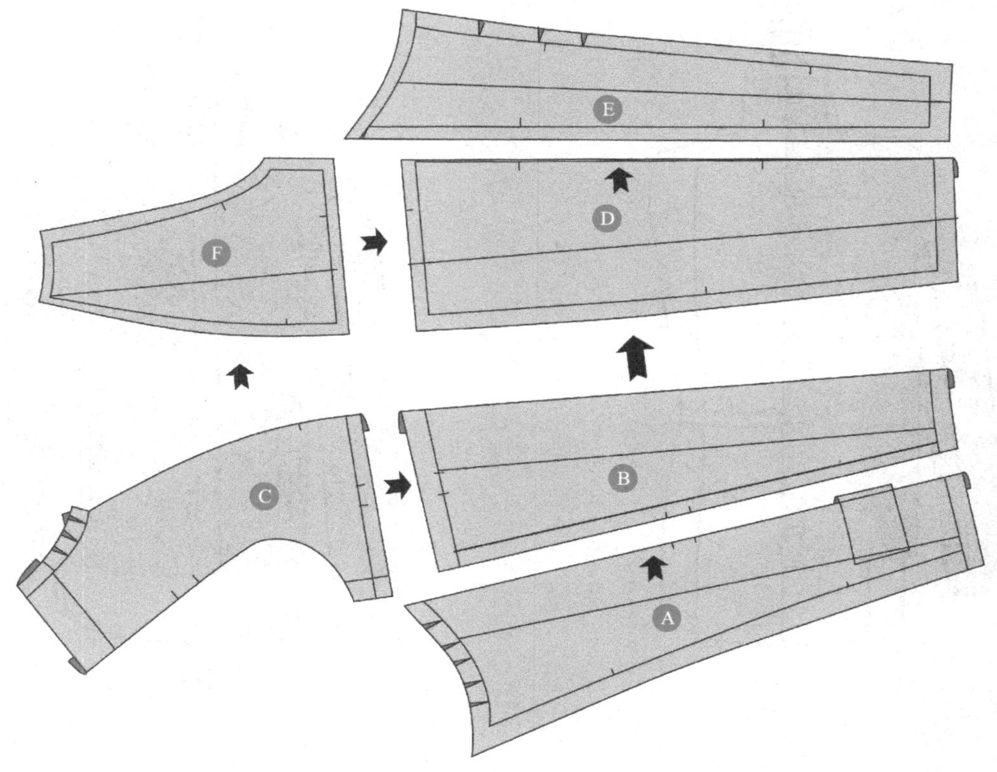

图5-13　男夹克MJ2018袖子裁片分离后拼接的顺序及方向示意图

（5）最后是整只后袖片别向整只前袖片（即A to E）和整条袖中线的别合（CB to FD）拼合。

无规矩不能成方圆，规范化裁片别合的练习是立裁的基本功，练就好的基本功才能做出好的立裁作品。

第五节　拼合MJ2108的新裁片

一、拼接坯布裁片

立裁拼接坯布裁片通常会从后身开始。要点是首先将后中线的2.54cm的布边用手指折入并刮平，把它对准人台的后中线，在后中颈点、后过肩和后腰位都用大头针斜插固定到人台的后中线上。接着处理前片，先把右前片前边沿（Front edge）的缝份折向里面，令坯布前中线对准人台中心线，上下并用大头针固定。然后将侧缝线拼合。接下来是将之前接好的袖片拼接（Piecing together）到前后片上。再下一步是将立领的坯布接到衣领线上，立领的拼法需要自然地站立在领圈上，用大头针拼合前，如能在领子下围和领窝缝份处多打上一些密集的剪口，这样别出的领子就会圆顺得多了。

我们可把前中的纽扣（Button）用一小片坯布剪出纽扣的形状后将位置标示出来。在别前袋唇的位置时应注意它与前门襟相对平行。图5-14和图5-15是MJ2108的前身及后半身裁片重新拼合的立裁效果图。

二、设计师作审定

设计师看了效果后会给出个人的看法及修正意见，版师需根据设计师的建议，迅速地调整好该男夹克的立裁效果，应再次请设计师作审定，以便让该立裁坯布尽快地向平面版型转换。

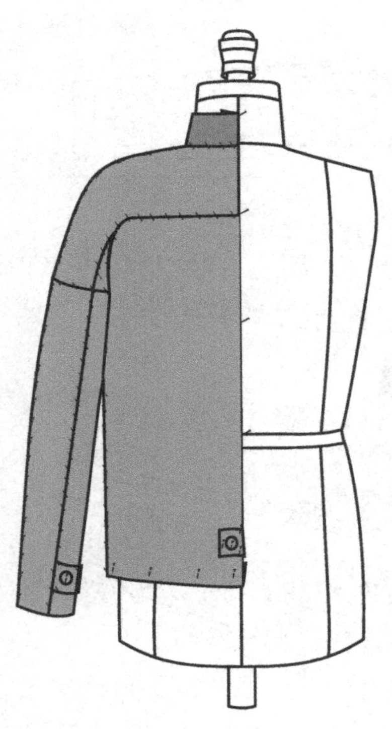

图5-14 男夹克MJ2018后半身裁片拼合效果图

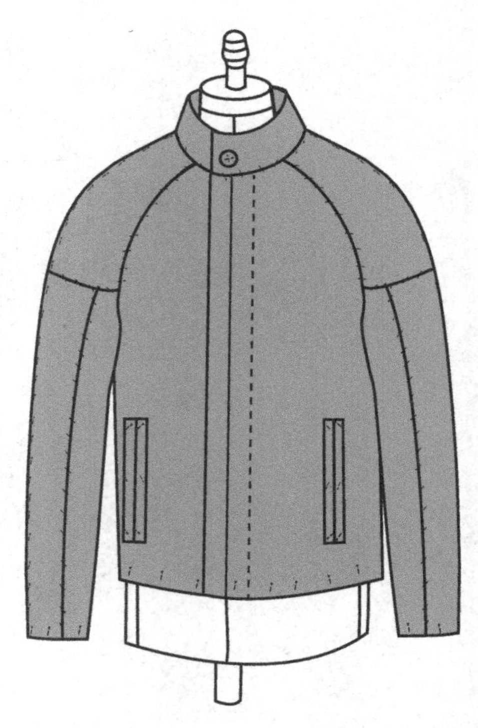

图5-15 男夹克MJ2018前身裁片拼合效果图

三、做标记

给整件衣服坯布做标记非常重要，用马克笔以点划线的方式把坯布的轮廓标画出来。目的是方便下一步用过线轮把坯布转化成纸样。图5-16是用马克笔根据拼合线做轮廓标记（Marking）的示范。

最后，将裁片上的大头针卸下来，把裁片逐片取下，用熨斗烫平整。

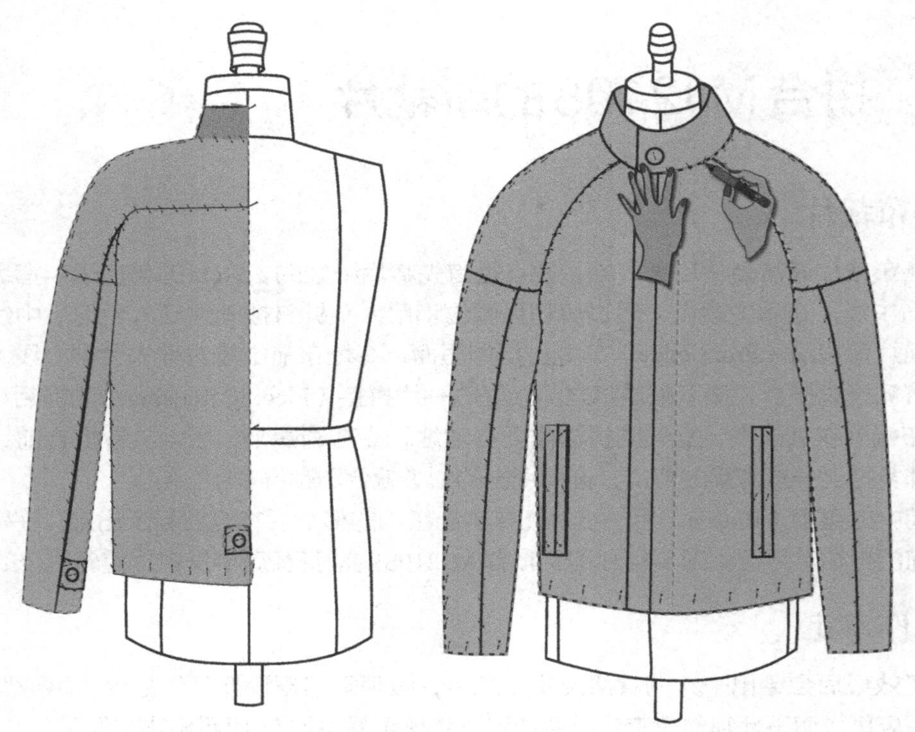

图5-16 用马克笔根据拼合线做轮廓标记的示范

第六节　将坯布裁片向成衣纸样版型转化

我们可以选用三种方法来实现坯布裁片向成衣纸样版型转化。

一、临摹描画法

把坯布裁片放到花点纸（Dotted pattern paper）的下面，然后依据纸下隐约可见的点，临摹出裁片轮廓线，如图5-17（a）所示。

二、过线描画法

将坯布铺到花点纸的上面，对齐上下直纹线，用大头针固定四周后，用过线轮描刻裁片，即把轮廓转刻到纸上，接着用铅笔和尺子按过线后的痕迹描画出图形，如图5-17（b）所示。

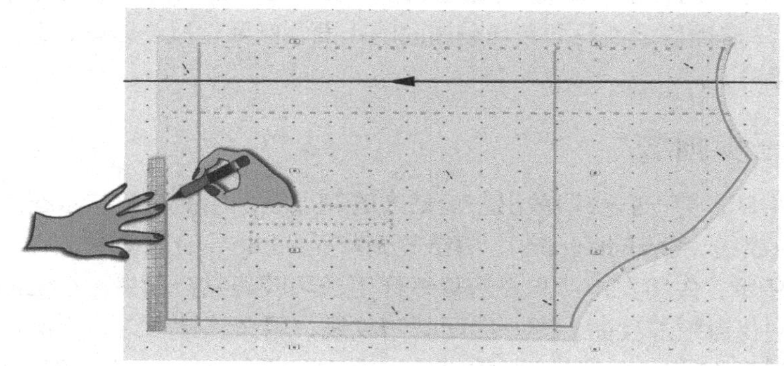

(a) 临摹出裁片轮廓线

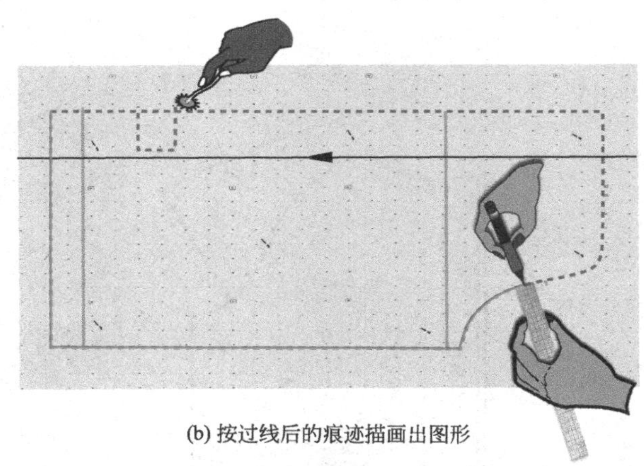

(b) 按过线后的痕迹描画出图形

图5-17　坯布图形的过线描画法示意图

上述两种方法都是很常见的立裁坯布描画法，版师可以根据自己的喜好来选择。不过以笔者的经验，临摹描画法是一种快捷省功的方法，它几乎是一步到位，特别是减少过线和描刻以及修改画顺图形的时间。但如果遇到花点纸下坯布的点点痕迹比较模糊的话，也许你可以在临摹之前，将坯布上的轮廓线用深色笔连接起来，这样，在隔着纸临摹时，就会感觉清晰得多了。

三、刻画纸样

在实际操作中也有版师喜欢借用专用的复印纸（Tracing paper）加过线轮（Tracing wheel）一并刻画制作

纸样。但使用复印纸有个缺陷，就是会弄脏图纸。此外，由于复印纸的面积不够大，所以必须不断地挪移，因此会造成图纸和坯布的移动和变形，不建议使用。

当人台上所有的裁片都画成了纸样，下一步就可利用已经做好的纸样来画出左右不同的门襟了。

第七节 前贴边的画法

一、为何左右贴边的画法不同

前贴边（Front facing）也叫前挂面。它的作用是缝合前门襟及拉链和领口，起到完善领圈和缝合前门襟缝份及加强前幅外观挺阔度（More structured）。由于新款夹克设计的前拉链不在正中位置，稍偏向前左侧，导致了它的左右贴边的形状和画法不同。打版师可利用新版的左右前片，将它们的贴边分开做。画贴边时要注意面布纸样需正面朝上，而将要成为贴边的纸样面要相反。美国的行业术语把这种做法称为背对背（Back to back）；总而言之就是面布与贴边间的正面朝向要相反。否则，裁出的贴边就将形成与前片同一个朝向而不能缝纫了。

二、左边贴边的三步画法

1.如图5-18（a）所示，剪一张合适裁出左前贴边的花点纸，用铅笔在这张花点纸的正和反面的同一位置都画上同一条一直纹线（Straight grain），将纸翻到背面（Flip over）备用。

2.如图5-18（b）所示，先将左前片与左肩片纸样用透明胶条黏合起来，在上面用铅笔虚定一下挂面的形状，然后把它放到花点纸的反面，对齐挂面的布纹线，用大头针固定。手持过线轮将前门襟的宽度虚线及上下轮廓线等刻画（Trace）到下面的软纸上，然后在花点纸的正面依照过线轮的痕迹画出左前贴边的外形，左前贴边的肩宽为5cm，下脚宽可定为7cm。如图5-18（c）所示的是男夹克MJ2018左挂面裁片的制作步骤。

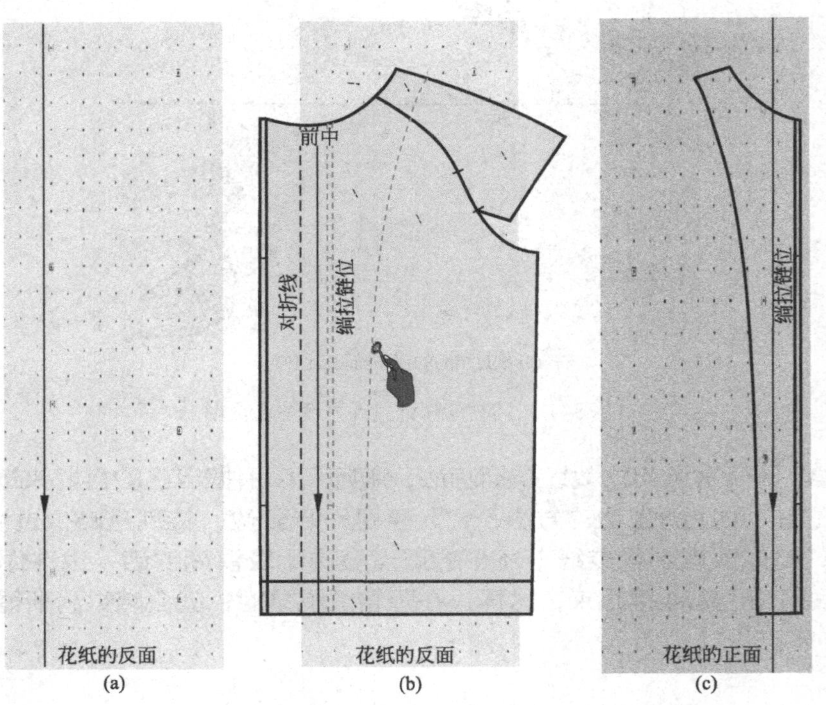

图5-18　男夹克MJ2018左面挂面裁片制作步骤示意图

三、右贴边的画法

如图5-19（a）所示，裁出一张大小合适画出右前贴边的花点纸，在花点纸正反面的同一位置画一直纹线，花点纸的反面朝上，把右前肩片与右前片纸样用透明胶条沿着缝份黏合好，使上下布纹线直线对齐，用大头针固定。参考一下左前贴边的宽度，拿铅笔将右贴边的定位标一下，用过线轮将前门襟的外形刻画到下面的软纸上，如图5-19（b），然后在纸的正面上依照过线轮的痕迹画出右前贴边的外形，右前贴边的肩宽同样为5cm，右贴边下脚宽等于7cm+6cm = 13cm，如图5-19（c）所示。

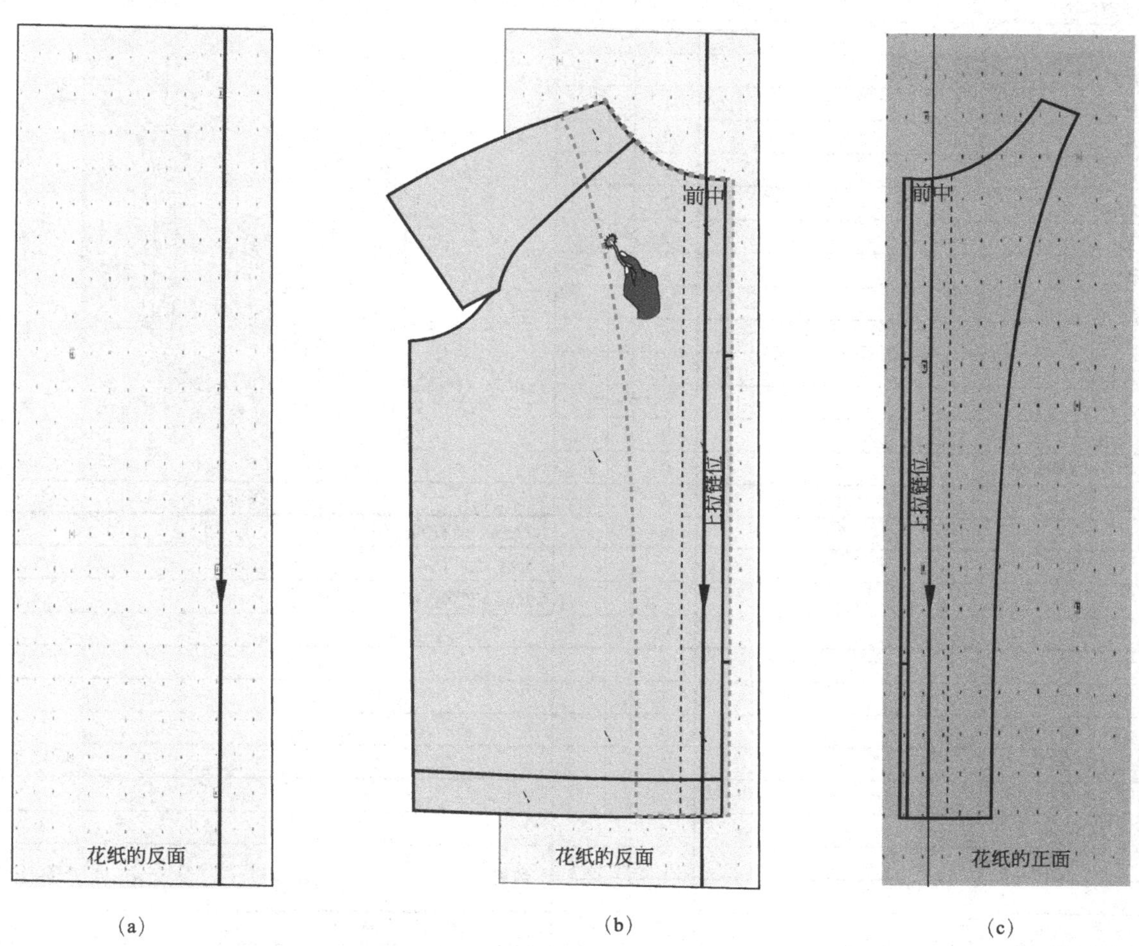

图5-19　男装夹克MJ2018右面挂面裁片制作示意图

第八节　MJ2018的裁床须知表和版型总图

由此可见，所谓"互借版型"就是有"版"可"借"，不用从零做起。这是一条捷径，它既能缩短打版师在人台上琢磨、考虑和立裁的时间，又能完全地表现设计师的需要，同时快速地转入立裁坯样制作。MJ2018的裁床须知见下表，图5-20、图5-21是MJ2018的版型总图。图5-22是下裁通知单。想要知道转版后的新纸样行或不行，我们用新版型裁做出一件新的样衣就知道了。

男夹克 MJ2018的裁床须知表

此表需结合下裁通知单及布料的资讯和版型才能完整

尺码： 42码　　　　打版师： SAMAN

款号： MJ2108　　　　季节： 2012年春

款名： 男士夹克　　　　线号： 2

#	面布		先烫衬
1	左前襟貼边	1	1
2	左前片	1	
3	右前片	1	
4	右前襟貼边	1	1
5	后片	2	
6	后过肩	2	
7	后侧袖	2	
8	后袖	2	
9	前袖	2	
10	前侧袖	2	
11	前上袖	2	
12	袖口貼边	2	2
13	外立领	1	1
14	内立领	1	1
15	后中及后侧袖襻	6	6
16	袋唇	4	4
17	袋布	4	
	定位实样		
5	后中襻位置	1	
7	后侧袖襻位置	1	
18	左前片袋唇位置	1	
19	右前片袋唇位置	1	
20	前门襟纽扣的位置	1	
21	立领及纽扣实样	1	

款式平面图

缝份

1.27cm：所有的缝份

3.5cm：袖口折边

4.4cm：衣脚折边

数量	辅料	尺码/长度
2	袋唇内金属拉链	18 cm
1	前纽筒内金属开口拉链	69 cm
6	前纽筒上金属纽扣	6 对×22L
3	袖侧和后中襻纽扣	3对×14L

缝纫说明

1.所有的缝份需合缝后合拼锁边，将缝份烫向后方。

2.在领周、前后袖窿弧、肩中线、后中线、前上袖接袖线压0.6cm明线。

3.在前纽筒、袋唇、后袖装饰、前袖和后袖、前后侧袖压边缘明线。

4.在衣脚边上压4cm明线，在袖口边上压2cm明线。

5.拉链装上后要平服，其他的做法参照头板或与版师探讨。

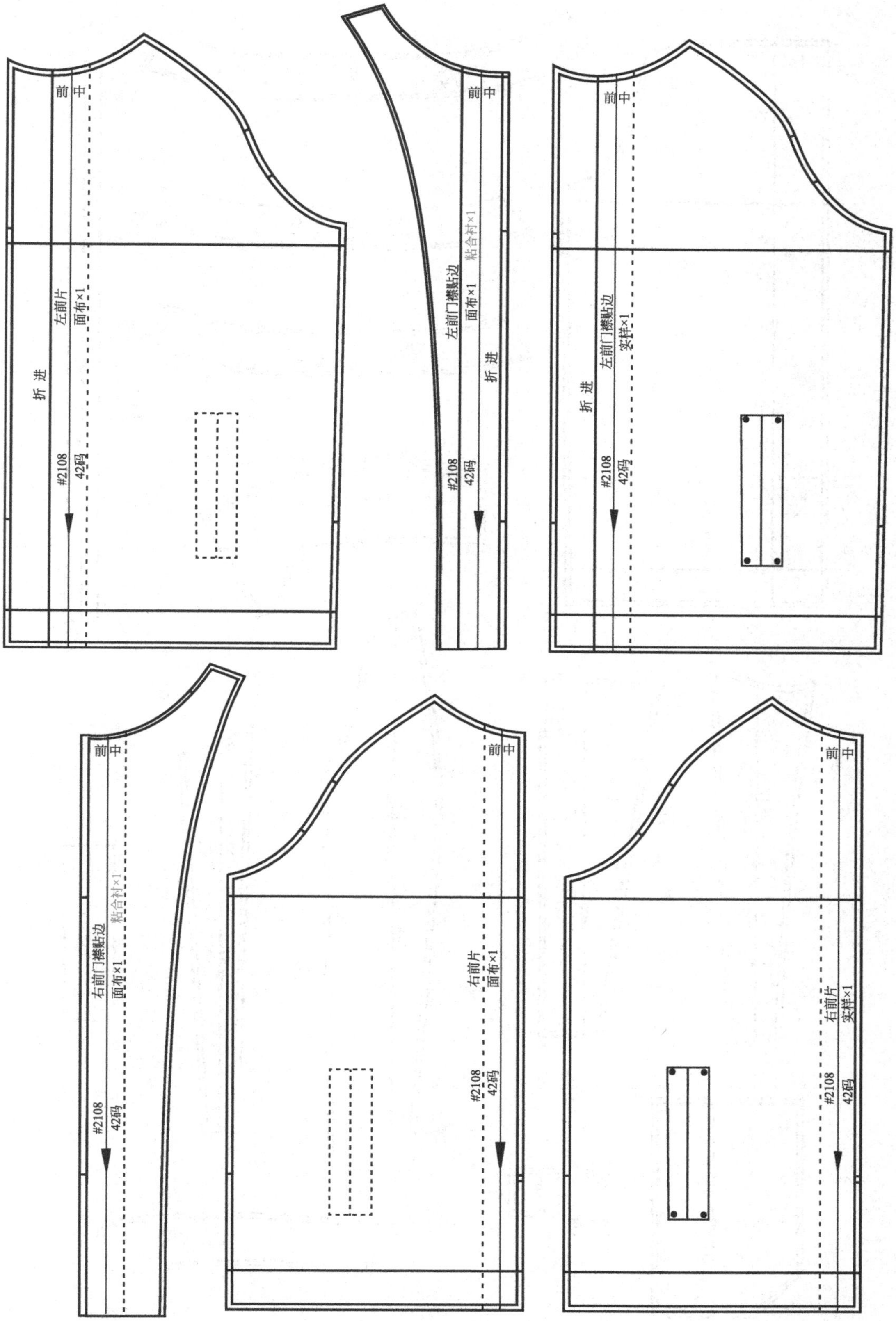

图5-20　男夹克MJ2018版型部分裁片示意图

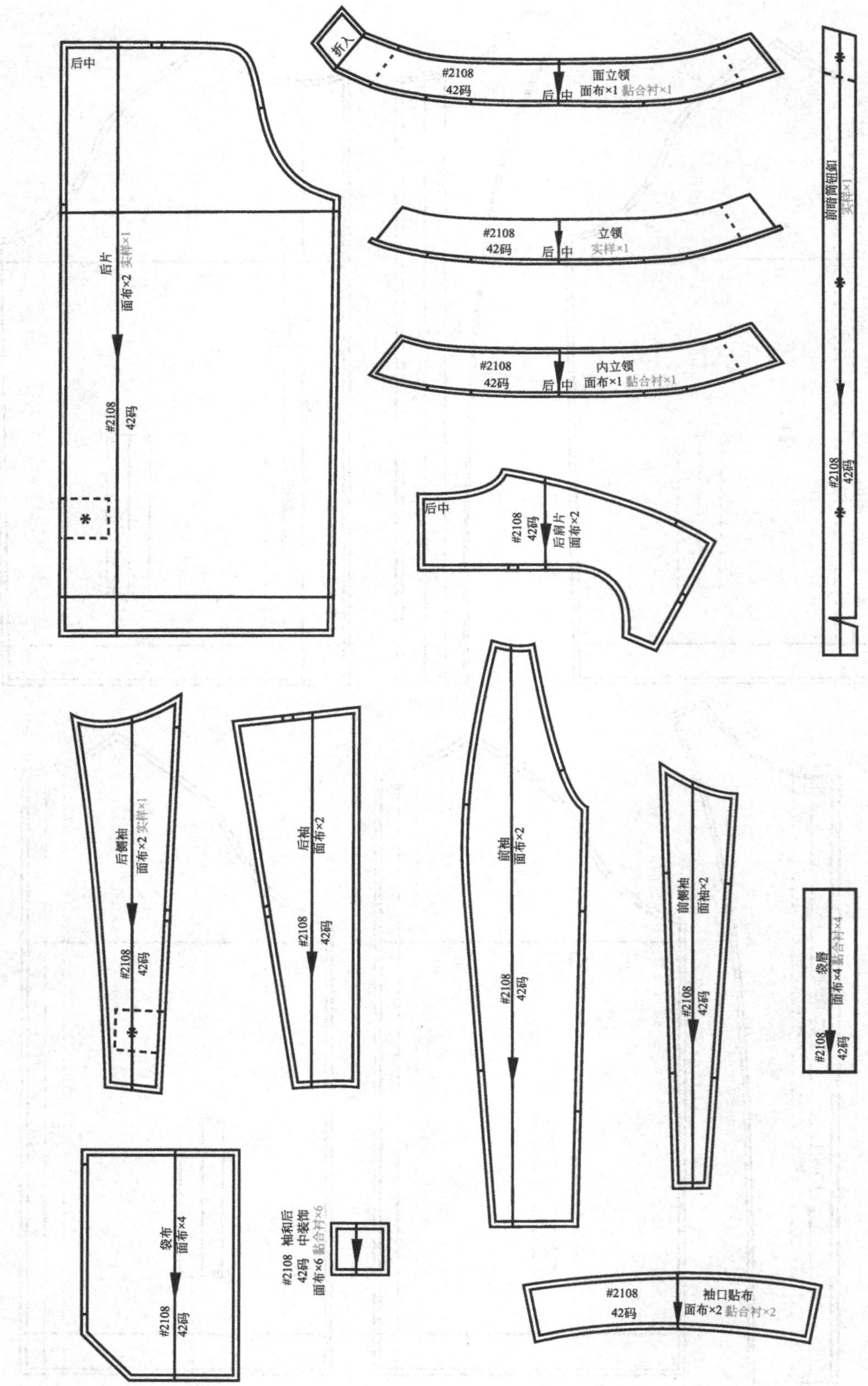

图5-21 男夹克MJ2018版型其他裁片示意图

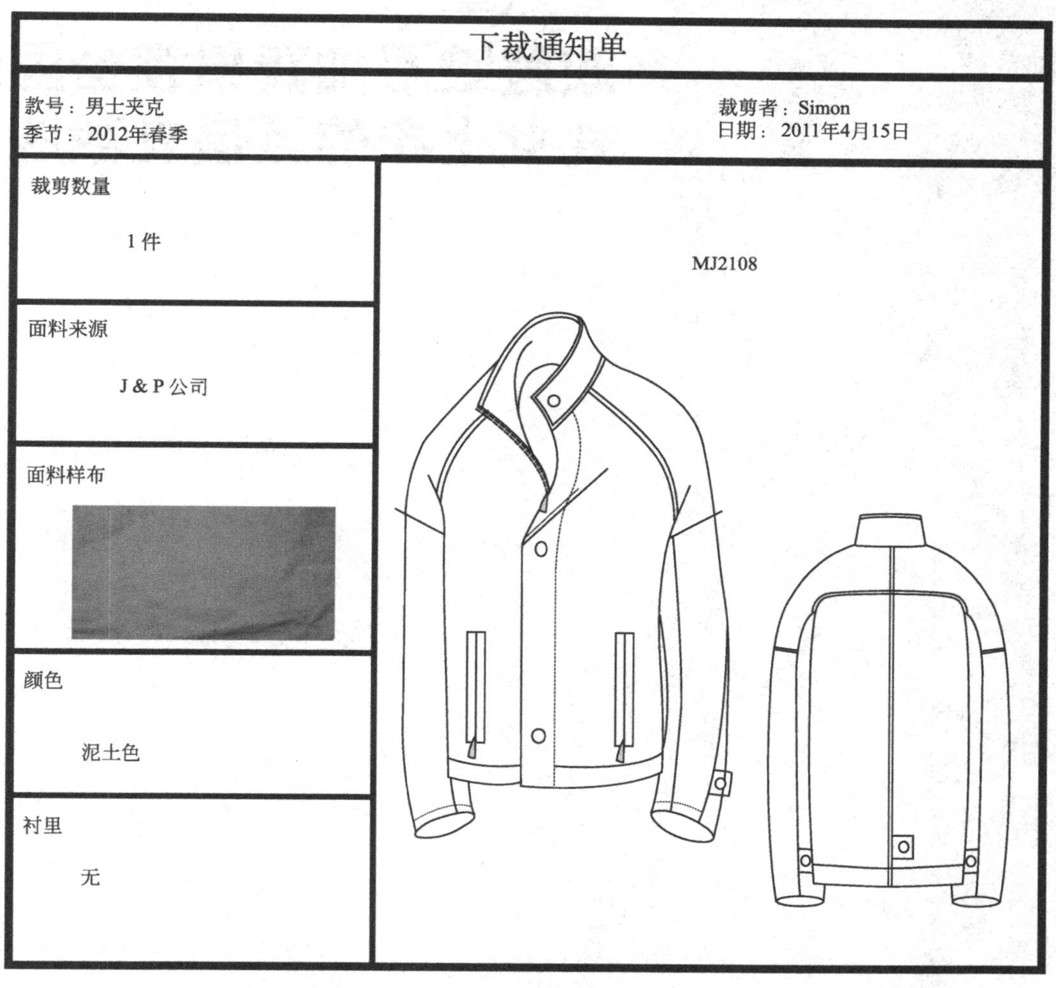

下裁通知单

款号：男士夹克　　裁剪者：Simon
季节：2012年春季　　日期：2011年4月15日

裁剪数量 1件	MJ2108
面料来源 J & P 公司	
面料样布	
颜色 泥土色	
衬里 无	

图5-22　男装夹克 MJ2108 的样板下裁通知单

思考与练习

思考题

1.为什么要利用“款式借鉴法”来做纸样？怎样才能变“被动”为“主动”，是否用了“款式的借鉴法”来制作新的纸样就能高枕无忧了呢？

2.男装立裁与女装立裁有什么区别吗？

动手题

1.找一款从前做好的男装或女装上衣纸样，先画出旧款的效果图，再设计出新款的效果图。然后利用以前做好的服装上衣纸样作为新款的借用版型，互借参考画出新的坯布进行立裁，请对方评判后进行修改，逐步改进后请老师做最后的评价。

2 .标定上述坯布外轮廓，把这件男装或女装的每一片坯布烫平。两人分头各做一套纸样。按照本章的方法将纸样一步步画出。完成后相互检查对方纸样的质量，找出差错，各自改进版型直至完善。

第六章

双层皱褶袖青果领全里西式女上衣的互借立裁法

第一节 款式比较和工具准备

一、WJ078 设计图综述

图6-1（a）是将要立裁的新款编号WJ078的平面效果图，而图6-1（b）则是准备用来借鉴的版型WJ062的平面效果图。

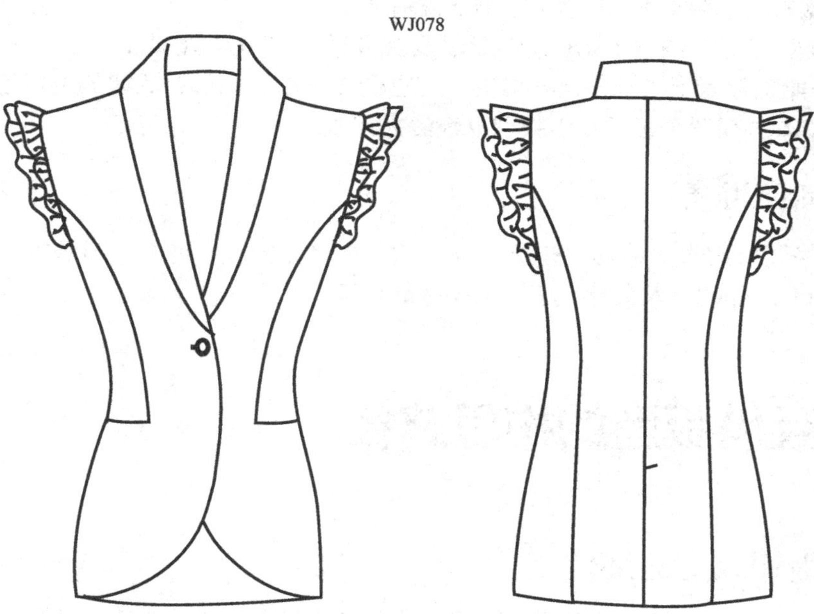

（a）WJ078双层皱褶袖的全里西式女上衣的平面效果图

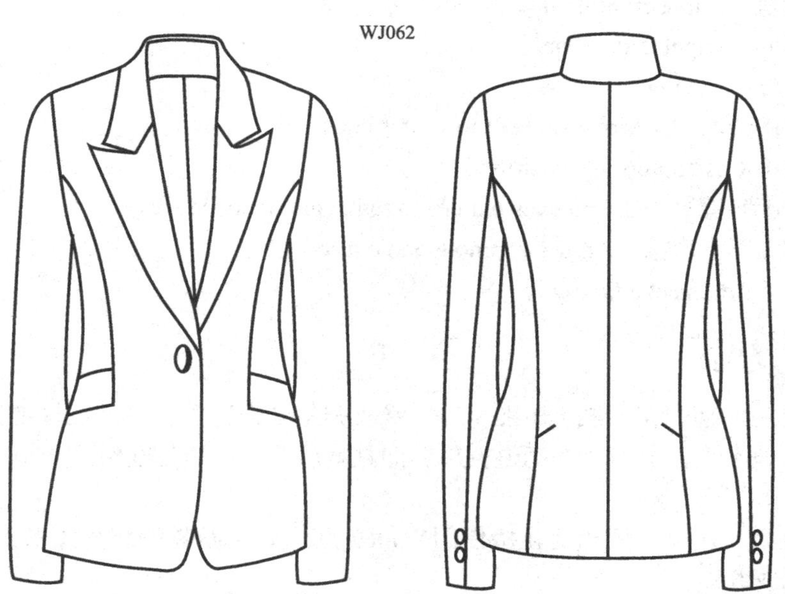

（b）WJ062尖下翻领全里西式女上衣的平面效果图

图6-1 WJ078与WJ062的款式图

WJ078是一款有着青果领/丝瓜领（Shawl collar）的单门襟圆下脚（Single lapel and curved front hem）、单排纽扣（Single button/Single-breasted）、双层皱褶袖（Double gathering sleeves）的全里（Full lining）西式女上衣。它前后身有公主线（Princess seam）分割结构及前单线袋（Front seam pocket）和后开衩（Back slit）等的细节组成，恰到好处地显现了现代都市的时尚精神，稳重中带点活泼，很适合白领时尚一族穿着。

WJ078和WJ062都是本节的主角。当立裁需要“互借”版型时，设计师通常会在图上标出用于参考的款式或标出版型号，而号码WJ062的版型就是立裁这一皱褶边袖女上衣的参考版。开裁之前，版师先要做的是对比两个款式间结构和版型的差异，做到心中有数。

经比较之后发现，两款上衣的长短、外形以及主要的结构线，尤其是前后公主线（Front and back princess seam）的分割位置看上去几乎是一样的。但它们在领形、袖形、后衩的位置和袋唇的款式却有着明显的不同。这两个款式很适合运用互借版型立裁法去完成。

二、工具和材料的准备

坯布约1.8m、绘图纸若干、铅笔、橡皮（Eraser）、直尺、弯尺、剪刀、彩色笔、过线轮、透明胶带（Transparent tape/Scotch tape）、大头针、压铁（Weight）等。

第二节 互借版型的构思路径

一、版型需互借和改变的部位

版型比较的结果显示，版师可以直接借用现有的WJ062版型，先画出原版的形状，然后在原版上再做一些必要的改变，就可成为新版的WJ078了。概括起来需要改变的有以下部位。

（1）前襟的下圆角（Curve front hem）。

（2）下翻领及领形（Lapel and collar）。

（3）前门襟片（Front facing）。

（4）将后侧衩位移到后中（Move side silt to center back）。

（5）调高袋口位（Raise up pocket position）。

（6）借用袖子做出皱褶袖（Use sleeves pattern to make gathered sleeves）。

（7）调高袖窿的弧形和形状（Adjust arm hole and curve）。

（8）加袖口贴边（Add sleeve facing）。

二、版型互借的方法

（1）先将WJ062图形画到花点纸上（图6-2），修改调整到合适时，再把纸样铺到坯布上，留出足够的立裁缝份后剪出，放上人台进行立裁调整，最后把立裁后的裁片转化成新的WJ078 纸样。这种方法相对适合初学者来尝试。

（2）对于有经验者，可以在坯布上直接借用WJ062 版型画出新款的坯布图形，放上人台进行立裁，之后将坯布裁片转化成纸样。

按做法（1）来逐步完成这件西式女上衣的互借立裁，就是先把WJ062 画到纸上，然后在原版上做一些改变，整理后画成为WJ078的新纸样。

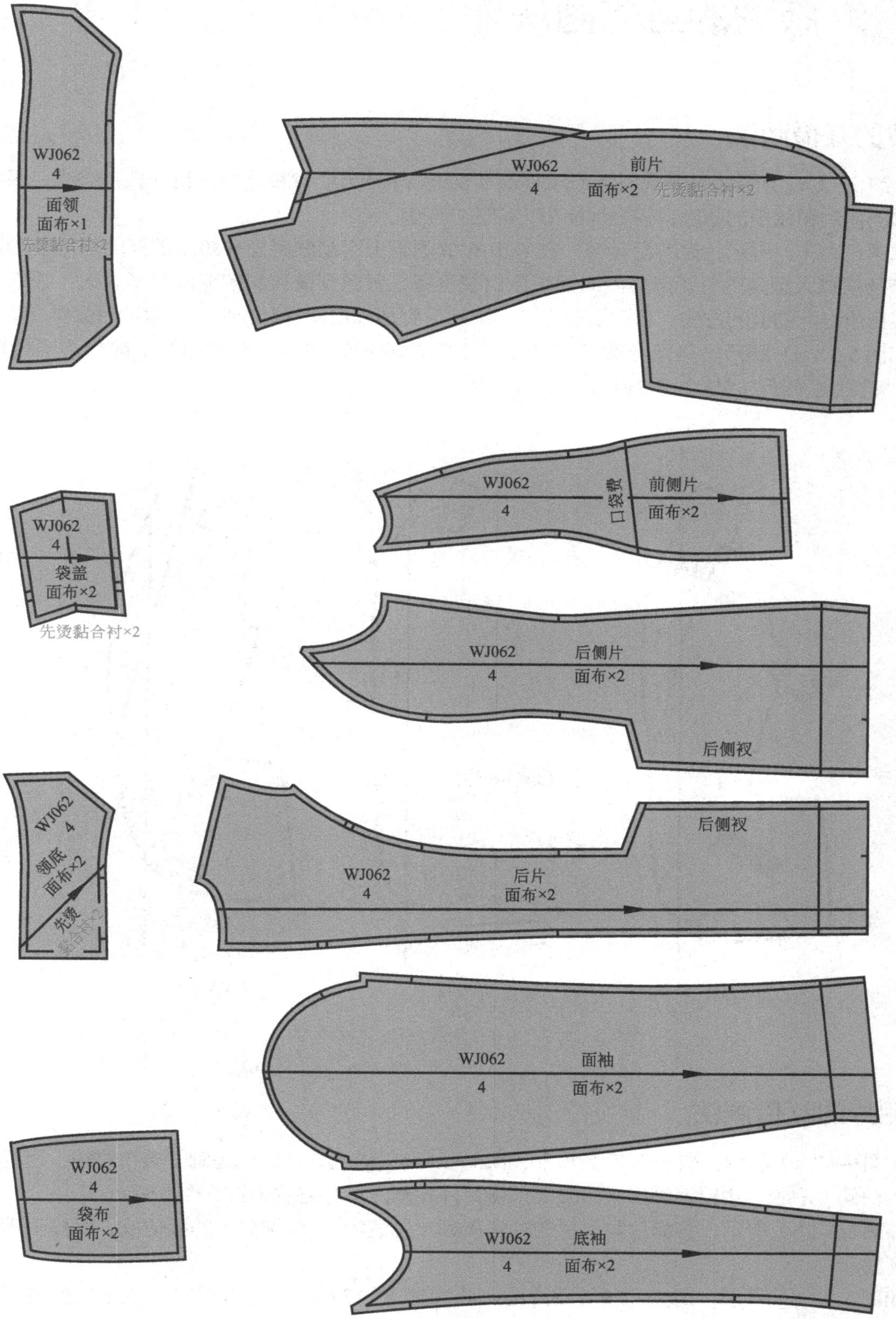

WJ062
4
面领
面布×1
先烫黏合衬×2

WJ062
4
前片
面布×2
先烫黏合衬×2

WJ062
4
前侧片
面布×2
口袋费

WJ062
4
袋盖
面布×2
先烫黏合衬×2

WJ062
4
后侧片
面布×2
后侧衩

WJ062
4
领底
面布×2
先烫
黏合衬×2

WJ062
4
后片
面布×2
后侧衩

WJ062
4
面袖
面布×2

WJ062
4
袋布
面布×2

WJ062
4
底袖
面布×2

图6-2 WJ062的面布版型示意图

第三节 版型的互借画法

一、前片的互借画法

（1）如图6-3（a）所示，取一张花点纸（Dotted pattern paper），在纸上先画出一条布纹线，用压铁固定好WJ062的前片和领子的原版，轻轻地描出它们的外轮廓。

（2）如图6-3（b）所示，借助设计图，在WJ026的原版上用蓝线画出WJ078的新的前片及青果领和单排纽扣以及前襟大圆角的外轮廓，同时提高原口袋位置。考虑到前衣脚的弯位弧形太大，故前片衣脚就不能用原身留出折脚位的方法，将需要前门襟连同前下脚贴边裁片缝合衣脚，本章稍后会作介绍。

（3）如图6-3（c）所示，只留蓝线，用橡皮将不需要的黑线擦掉，均匀地加上前襟边沿的剪口位（Notches），就产生了新的WJ078的前片。

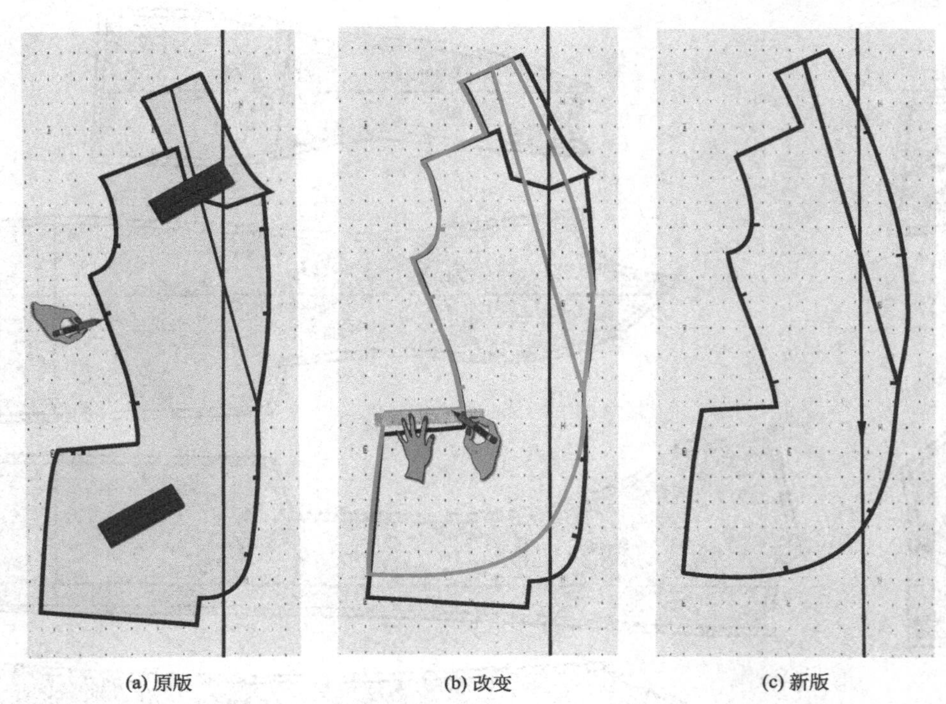

(a) 原版　(b) 改变　(c) 新版

图6-3　WJ078前片互借画法步骤示意图

二、前侧片的互借画法

（1）如图6-4（a）所示，取一张花点纸（Dotted pattern paper），在纸上先画一条布纹线，用压铁固定好WJ062的前侧片原版，用铅笔画出WJ062的前侧片外轮廓。再将它放到新前片上面。

（2）如图6-4（b）所示，将侧片与前片的袖窿接顺（见蓝线），依据前片的袋位线，同样画出该片的袋位线的高度。

（3）如图6-4（c）所示，用剪刀将前侧片的侧缝袖窿下约7.6cm的地方剪出1.27cm的剪口，把它按实线折入，并将它拼接（Piecing）到前片的公主侧缝线上，沿上下检查和调整两侧缝线长，对画好剪口，这样，新的WJ078的前侧片就产生了。

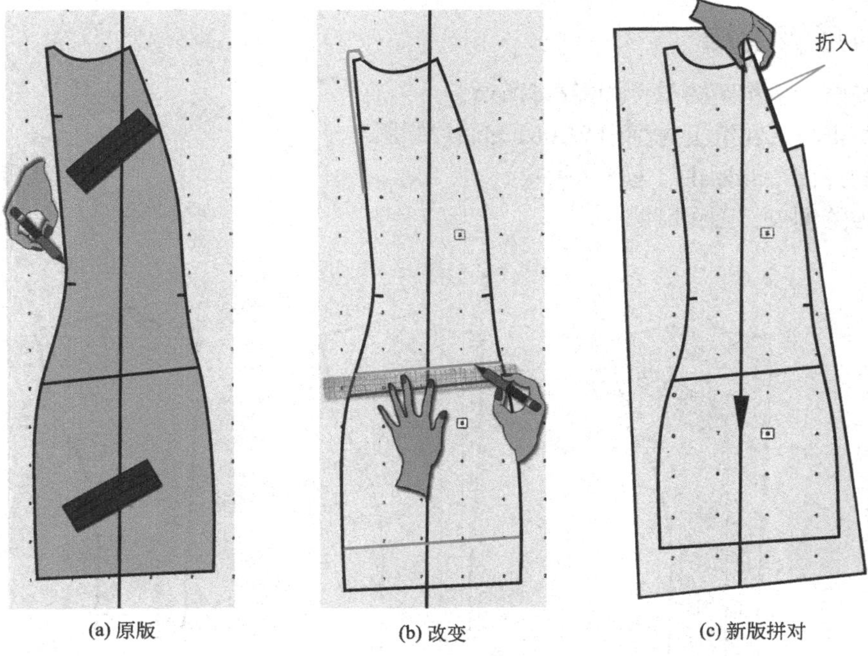

(a) 原版　(b) 改变　(c) 新版拼对

图6-4　新WJ078前侧片互借画法步骤示意图

三、后侧片的互借画法

（1）如图6-5（a）所示，另取一张花点纸，在纸上先画出一条布纹线，用压铁固定好WJ062的后侧片，画出WJ062的后侧片外轮廓，将它拼接到前侧缝旁。

（2）如图6-5（b）所示，核对其侧衣长及剪口，并将前袋线的剪口用笔点出。再把后侧袖窿弧与前袖窿弧拼接，检查弧线线条是否流畅，最后用尺子将一旁侧缝开衩（Side slit）画顺（见蓝线）。

（3）如图6-5（c）所示，将后侧片原版的下开衩擦掉，就成为了WJ078的后侧片新版。

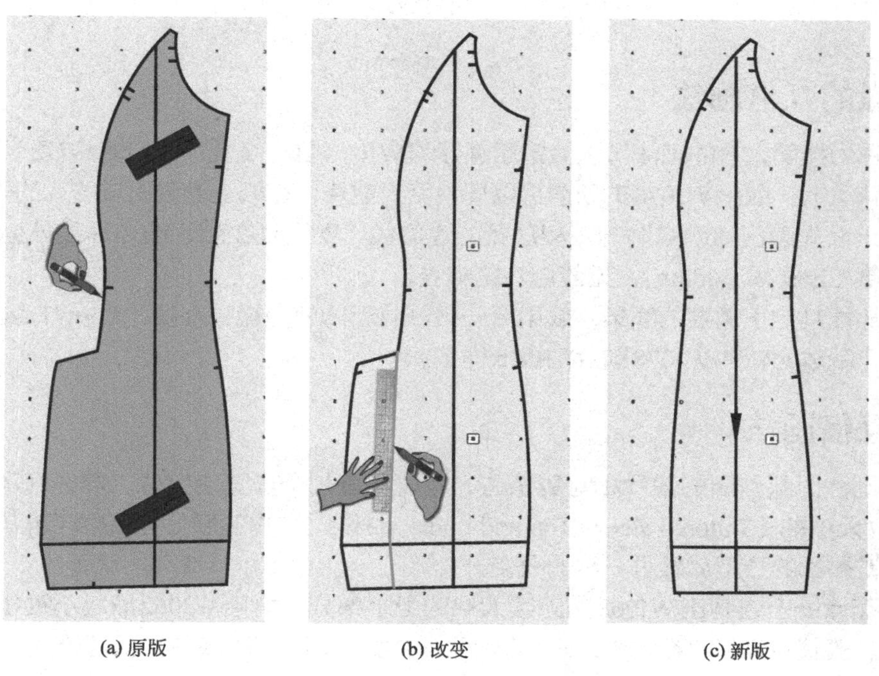

(a) 原版　(b) 改变　(c) 新版

图6-5　新WJ078后侧片互借画法步骤示意图

四、后中片的互借画法

后中片的“互借”法相对简单，如图6-6所示。

（1）取一张花点纸，在纸上先画出WJ062的后片原版。

（2）把侧面的开衩（Side slit）移到后中。

（3）擦掉原版的侧衩，画顺侧缝线。

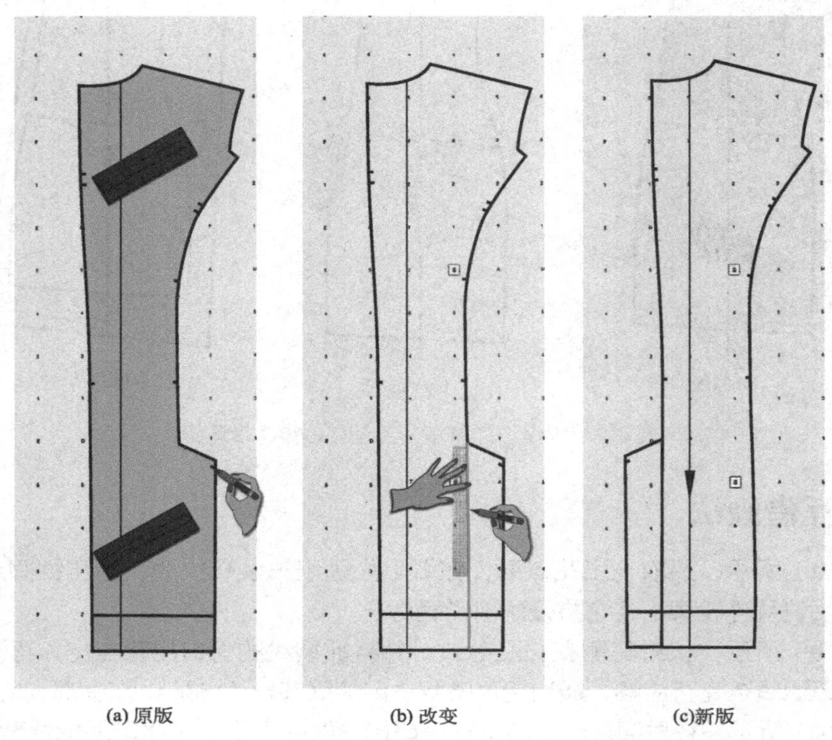

(a) 原版　　(b) 改变　　(c)新版

图6-6　后中片的借用画法步骤示范图

五、前片门襟的互借画法

前门襟贴也称为挂面，它的画法可以借鉴新画好的WJ078前片来进行，如图6-7所示。

（1）取一张花点纸，取出WJ078的新前片以压铁固定前片，在纸上描画出该前片的外轮廓线。

（2）在前片上面先画出前门襟贴的宽和形状的定位线，要点是在翻领的边沿线外另加大约0.32cm留作外翻领的翻出量（Ease of folding），见蓝色外轮廓线。

（3）用橡皮擦掉其他不需要的线条，或用另一张纸将新的前门襟贴临摹（Copy/Trace）出来，画上与前片一致的剪口，就成为新的WJ078前片门襟纸样了。

六、袖子的互借画法

袖子的互借画法比起前面的裁片相对复杂些，需要多分几个步骤来完成。要好好利用WJ062的原裁片的西装两片袖/大小袖（Tailored sleeve/Top and under sleeve ），它的好处是提供了准确的袖山弧形。我们先借鉴它画出皱褶袖的造型后做进一步的改变。

（1）在一张花点纸上先画出WJ062的原版大袖的上半部分，再用WJ062原版小袖摆在它的两边画出它的整个袖山弧。接着用笔和尺在袖山内画出皱褶袖的轮廓原型。图6-8 蓝线示意的是利用袖山弧画皱褶袖原型示范图。

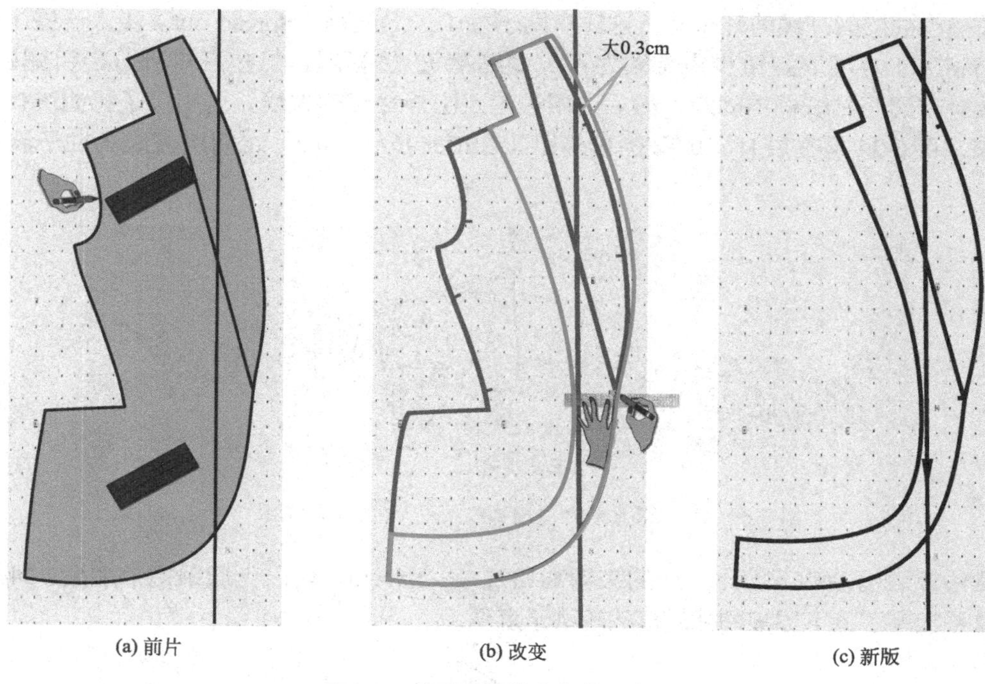

图6-7　前门襟互借法步骤示意图

（2）另取一张花点纸，将皱褶袖的原型描出，成为皱褶袖的原型图（Sloper）。图6-9是皱褶袖的原型图。为确保皱褶袖子成形效果，建议该布纹取向为斜纹。

（3）接下来用剪刀按轮廓线剪出皱褶袖原型图，然后在皱褶边袖片的原型图上画出若干剪开线（Slash line），给各小裁片写上号码，为下一步的剪开作准备。图6-10是在皱褶袖原型图上画若干剪开线的示意图。

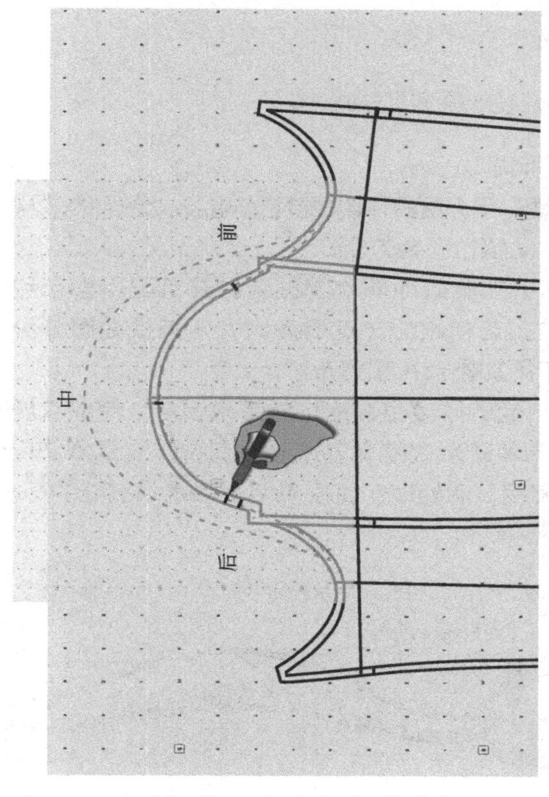

图6-8　蓝线是利用袖山弧画皱褶袖原型示意图

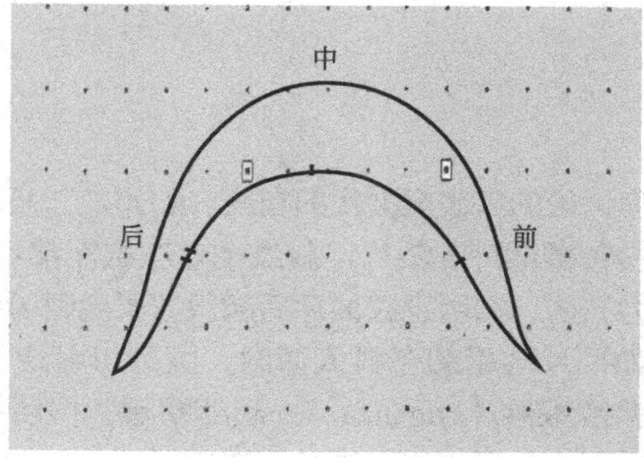

图6-9　皱褶袖的原型图

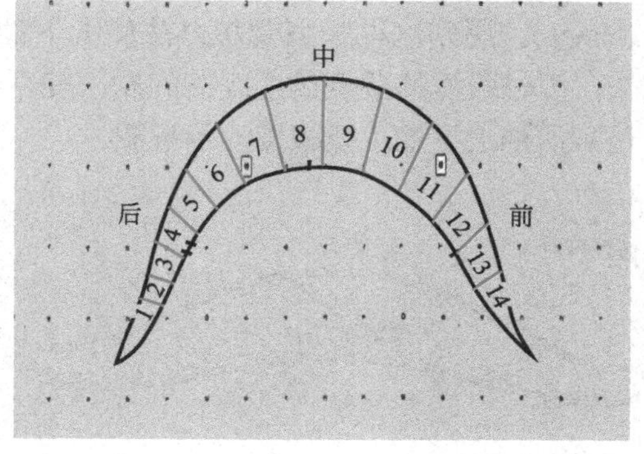

图6-10　在皱褶袖原型图上画若干剪开线

（4）将皱褶边袖按剪开线剪开拉宽，这样有助于袖山边沿展开（Spread out）量大一些（因为需要缩褶），而皱褶袖口的 外围展开量少点（因为不需要缩褶），按弧形自然拉开排列，当目测感到满意时，就可以用大头针或透明黏纸稍作固定，然后先用铅笔点出外轮廓的虚线，再用尺子和曲线板把外轮廓的实线描画出来。图6-11是在展开了的皱褶袖外围（Outter boundary）之间用虚线画袖子展开外形的示意图。

图6-11 展开皱褶后描画袖子展开外形的示意图

（5）目测估算皱褶袖的下层比上层的皱褶袖高2.2 ~ 2.54cm。可以上层皱褶袖加高2.54cm来画出下袖片。图6-12是加高了的下层皱褶袖外形的轮廓示意图。

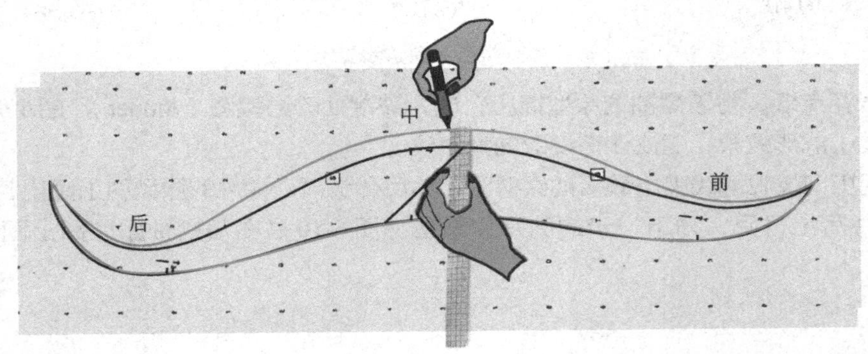

图6-12 加高下层的皱褶袖外形轮廓示意图

下面讨论的是皱褶袖片的布纹、制作工艺及车缝等问题。

其实皱褶袖片的裁片用斜纹或直纹制作都不是问题，区别是用斜纹能使缩褶波纹起伏的效果更显生动和活力一些，选用直纹抽褶后起伏效果会硬挺些，生动感也许会欠佳。

假如袖片选用的布料太薄时，版师可考虑在面布下加烫质地薄软的黏合衬并且配用里布包裹，又或者同裁欧根纱（Organza）一起缩褶等，但所采用的工艺和做法一定要考虑如何减少袖窿缝份的厚度（Thickness）。相反，当皱褶袖片选用较厚布料时，就不用加黏合衬和里布了。

缝合中考虑的因素还有袖窿和袖贴，它们叠加在一起的厚度也许给车缝带来困难，使成衣局部手感厚硬（Heavy）。遇到这种版型要想办法使上下袖减少布料的层次就有望改善。在制作时具体使用什么工艺和方法，都是版型师要全盘考虑的问题，能否根据案例灵活处理，是反应版型师水平高低的标杆之一。图6-13是皱褶袖上下袖片新版型的示意图。

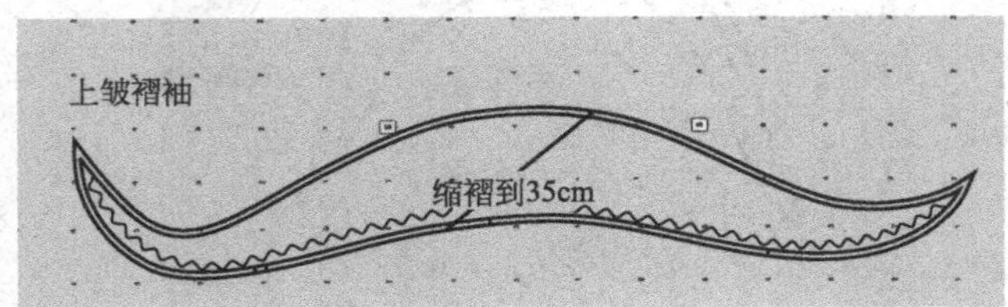

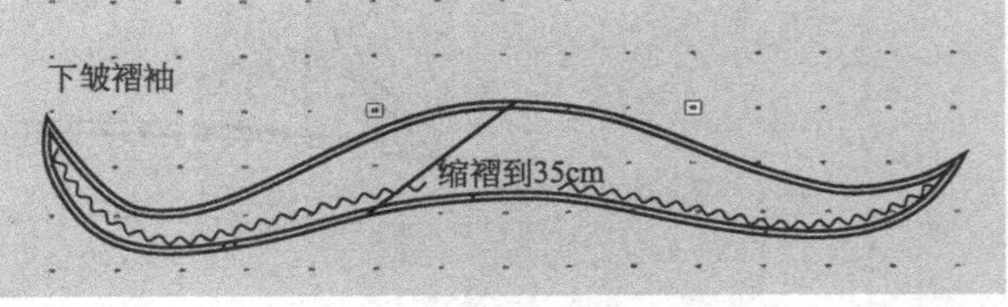

图6-13 皱褶袖女上衣上下袖片的新版型图

第四节 从纸样到坯布

一、从图型到坯布转换的三种方法

如何将这些平面的纸样再转换成可以放到人台上“立体”的坯布，是本节要探讨的重点。把前面改了版的图纸逐片地转移复制到坯布上。复制的操作可以采用三种不同的方法进行。

（1）用过线轮加垫描图纸（Tracing paper）把图型复制到坯布上，但这个方法比较麻烦和费时，因为描图纸通常不够宽大，操作过程需反复地移动，坯布和纸样就很容易被弄脏。干净利落且快捷简便的方法可以是只用过线轮描刻图型的外轮廓，而纸样里的缝份则留到拿走描图纸后并补画顺后再一一画出。

（2）按做好的纸样大小与坯布一齐剪出，然后画出坯布里面的缝份线（Seam allowance /Finish line），用大头针拼好坯布，倘若立裁时坯布大小不够，可根据实际需要拼接坯布或调整纸样的形状及大小来解决。

（3）把坯布放到纸样上面进行临摹。这个方法快而准，而剪坯布时可随意预留一些立裁用的缝份。当然，这方法依靠的是扎实的执笔运尺的速度和临摹的准确性的基本功。但假如遇到坯布有状况，就较难透过它看到或画清下面图纸的图型时，那就只好改用方法一或二了。

无论采用哪一种做法，都得使用大头针来固定图纸和坯布，等图型描好或剪好后，都要将缝份大小标出。剪口的长度可相应画长一些，超越缝份线以内，这样做的优势是哪怕两缝份拼到了里面，坯壳外还能看到该剪口的位置。使用方法（1）和（3）时，应在缝份外轮廓的0.3 ~ 0.6cm之外剪裁，有些位置如前门襟的下圆角、袖窿弧、领角、领口、领后中及衣服的长度等处要预留一些缝份和空间，以预备加大或修改之需。现在我们有了立裁所需的全部裁片，让我们来将裁片逐一放回到人台上来查看组合后的效果。

二、上衣立裁的步骤

1.后片

版师们习惯于从后片开始别起，在处理后片时最重要的一点是要把它的后中点（C.B.）与后腰点（B.W.）先找出并固定好。后中线上这两个固定点，就是我们后面组合裁片的基准。后中线上的基准点直接影响到其他裁片的位置、比例以及造型的准确性。有时候，在工作过程中会被打断是常态，而在恢复工作后的第一件事就是要查后中的颈点、肩颈点（H.P.S.）、肩斜线（S.P.）和后中腰是否正确，原来插好的针是否稳固。缺少这一环节，立裁成品很可能走样，甚至重来，因此养成良好的工作习惯很重要。

图6-14是后片从桌面上人台的起步示意图。先将后片按图示钉上人台，检查它的准确性和长度，为了方便观察，建议将衣脚折起来（Fold up hem）。在公主线的弯位打上些均匀的剪口，然后把 后片从人台上拿下来，仔细地将公主线的缝份往里折好并用指甲刮平，在下脚部位竖着别上几针，再放回到人台上。

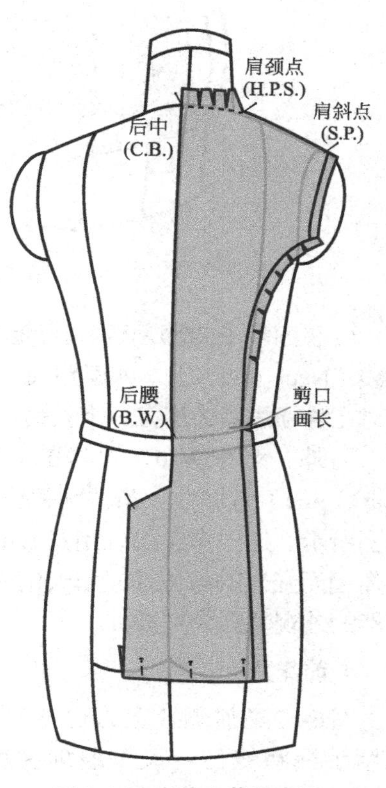

图6-14　后片立裁示意图

2.后侧片

图6-15是后侧片上人台的示意图。别合后侧片时，要先将两片的剪口对上，从中间开始固定，再分别向上下扩展。大头针进针呈斜向，针距要均匀，走向要一致，两针之间可保持约4 ~ 5cm的间

距。想要把握好立裁针法，需多练习，熟能生巧，没有捷径可循。后片的侧缝要盖在后侧片的缝份的上方，一直别到下脚。别好后，要检查各布片是否垂直和平行。如果出现拉扯纹的话，则表明有错位，就必须及时拨顺、重别、调改。要同时掌握好后身的放松量即抛围量，避免绷得太紧。

3.前中片

图6-16是前中片的上架示意图。做前身，首先要将前中线（C.F.）对准人台的前中心线，在腰部或纽扣位处和肩线加插大头针作固定，然后拼合前后肩线。拼合肩线要把后片盖向前片并且采用斜进针或直进针，然后用针将前片公主线固定在人台上，可用剪刀在弧形上均匀地打上剪口。

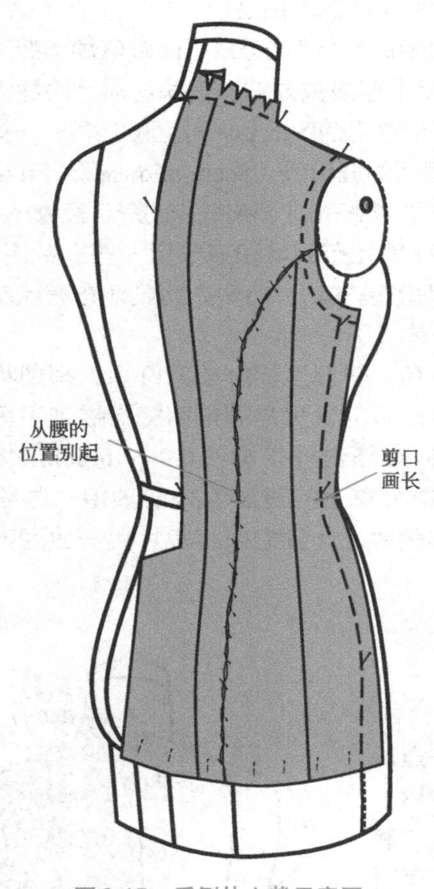

图6-15　后侧片立裁示意图

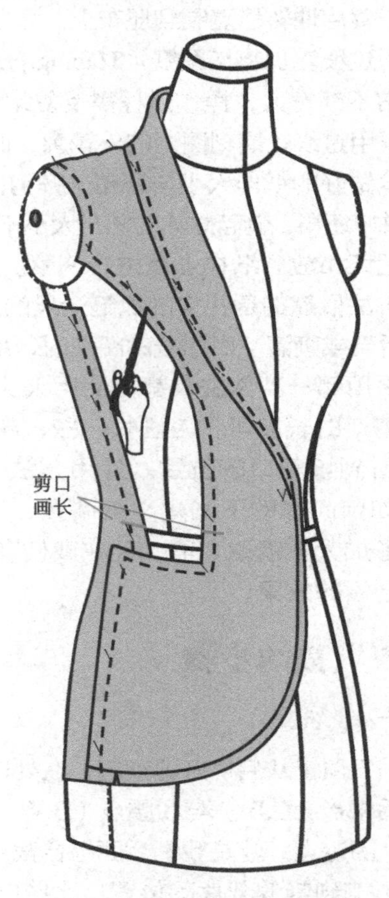

图6-16　前中片立裁示意图

现在把领子的翻领翻好，用大头针固定在后中位置，看看领子能否服帖美观地趴在前胸（Chest）和颈线（Neck line）上。如果翻领之下及前胸周围有坯布的堆积和不平，说明这里的布有多余的量，这时可考虑在翻领线旁边加打一个长褶子（称为下翻领褶，Under lapel dart），是否加领下褶要视立裁效果而定。

另外，对于WJ078这样的长翻领（Long lapel），在制作服装时，版师要指导车版师傅在翻领线（Lapel line）旁加放一条“翻领线牵条”（Lapel holding tape），其长短和位置可参看后文中图6-37的前片版型所示。这一牵条可以用宽1cm的斜纹丝里条（Bias lining tape）制作，它的作用是把“翻领线”因乳房隆起而变形的部位通过斜纹的牵条收紧和固定。否则，服装的翻领和前胸的挺阔（Structured）服帖而自然的外观就会大打折扣。

4.前侧片

图6-17是前侧片上人台的示意图。我们可在桌面上将前侧片的前侧缝预先打上均匀的剪口，然后用手指将缝份一段一段地往里折入，并用手指刮平折痕。然后就可以往人台上拼接了。拼接时要注意先对准腰位上的剪口（Notch）别第一针，然后先向上合再拼接。拼完后要检查纱向是否垂

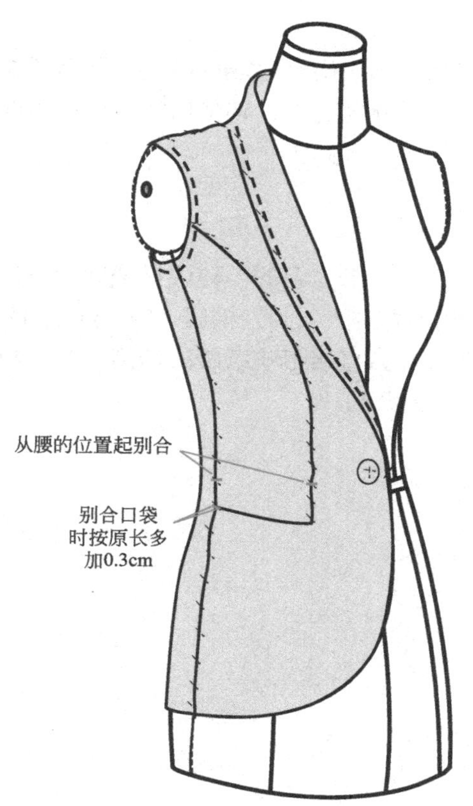

图6-17　前侧片的上人台示意图

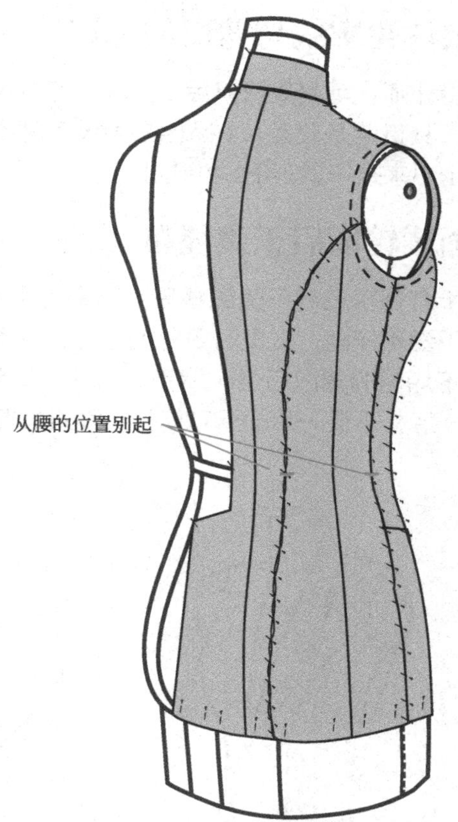

图6-18　前后衣身别合的示意图

直，接缝的针与针之间有没有不服帖的现象，才可以再拼接侧缝。侧缝拼接的要领是给一线袋的袋口（Pocket opening）加上0.3cm的长度，作为袋口的放松度（Ease）。这样将来的纸样和成衣的效果就能既不使袋口线蹦得太紧，又能让前侧片口袋位显得平服，如图6-18所示。

5.袖子

袖子上的两层皱褶袖可以用针线先缝合在一起，缩好褶后用大头针或手缝（Hand sewing）把双层皱褶袖连到袖窿边上看看效果。别合或手缝时要不断调整前后对称度，还要及时调整和标出前后起止剪口的新位置（Adjust and mark the new notch positions）。

至于前领边沿和前襟边沿的别合，建议先用手指甲将缝份折刮平服，再用手针均匀地将缝份固定。

图6-19是全身加绱袖子的整体立裁效果，由图可见在绱好袖子后，袖窿还留有一小段空隙。空隙部分将来与袖窿贴（Arm hole facing）缝合就行了。

等前后身都调整合适后，请设计师来做检查，看看是否有任何的修改意见，并最终认可。

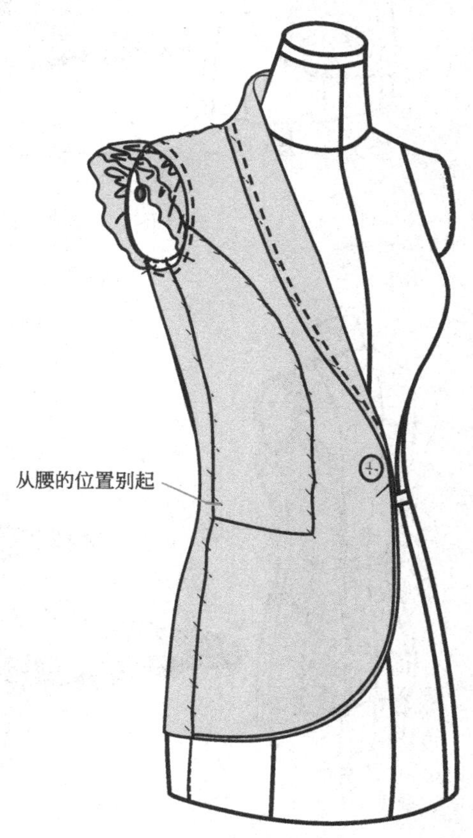

图6-19　全身绱袖子后的整体立裁效果

三、裁片轮廓线与剪口的标记

在设计师认可立裁效果后，打版师可以用马克笔在人台上的坯布用虚线（Dotted line）在各缝合线上做标记，其目的是让裁片在大头针摘离后能保持准确的造型轮廓。除此之外，将剪口的设定位置前后有别地标示出来是一道不能缺少的工序。

四、画清轮廓后干烫坯布

将所有坯布进行干烫烫平后，用彩色水笔把轮廓点连成实线。一个实用的小秘诀是把裁片一片一片地进行干烫和描画。熨烫时要特别小心，既不能用蒸汽，也不能用力过大。因为棉质（Cotton）的坯布一旦遇上不均匀的蒸汽后会收缩和起皱褶，而任何程度的收缩变形都会直接影响纸版的造型。图6-20是袖子摘下一片、干烫一片的示意图。如图6-21是上衣后片铺平待烫示意图。

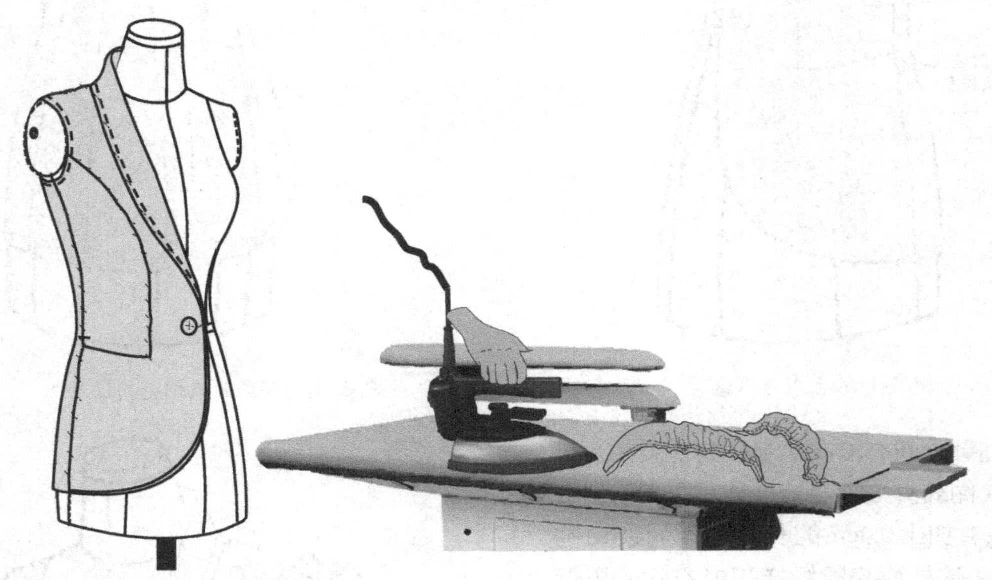

图6-20　袖子摘下一片、干烫一片的示意图

图6-21　上衣后片铺平待烫示意图

五、用过线轮描刻坯布轮廓

取常用的打版软纸，先在纸样上将直纱向画出，然后将烫好的坯布放到软纸上面，并把坯布上面的直纹对准软纸上的直纱向，用大头针在上下和周围固定后，逐片用过线轮仔细描刻，同时复制剪口。然后用0.7cm的自动铅笔及直尺和弯尺将图形清楚圆顺地描画出来。图6-22是过线轮复制描刻上衣后片坯布裁片的示意图。

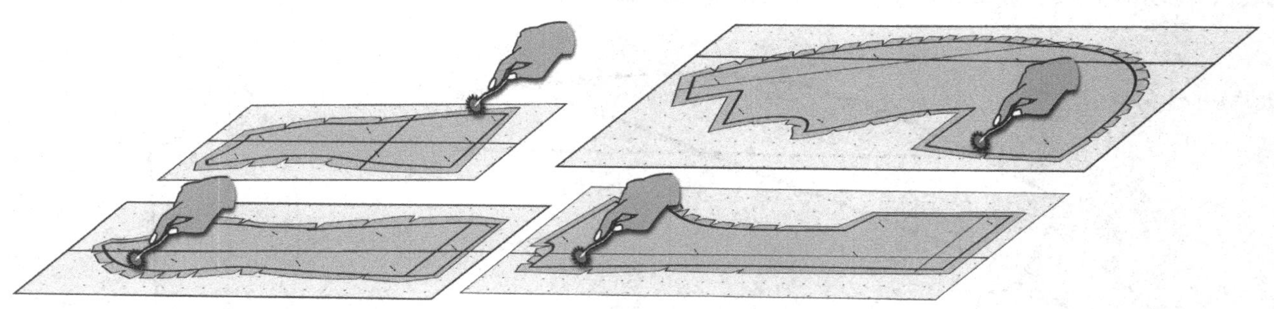

图6-22　用过线轮复制描刻上衣坯布裁片示意图

六、在拼对检查中剪出纸样

当上衣身体部分的图形基本描画完成后，要强调的关键步骤是在拼对和检查中剪出纸样，才能进行如里布和袖窿等的描画。为什么要在拼对中剪出纸样呢？这是因为要预防坯布在拼合中发生长短和连接不顺等问题。剪出纸样之前，将要互相缝合的线段和剪口逐一校对，最理想的是边画轮廓线边与邻接的衣片进行校对，使每一条线都经过相互的比较和量度，确认要在一起缝合的线段的长度相一致且弧度圆顺，以下是拼对过程的举例。

（1）将后片与后侧片（Back and side pieces）相互比较。比较的方法是将后片与后侧片的缝合线即公主线（Princess seam）合并测量，发现有不等同或不吻合的情况就要马上修改，图6-23是检查出两裁片的公主线的长度和接口不吻合，版师用尺笔将袖窿（Armhole curve）接缝画顺的示意图。

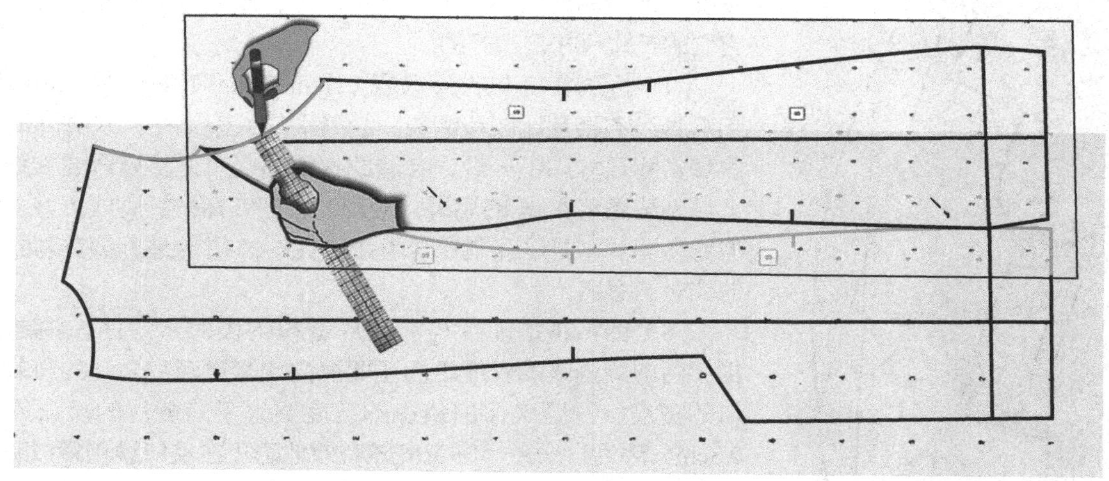

图6-23　当裁片出现不吻合时要画顺的示意图

（2）前肩线与后肩线（Front and back shoulder seam）相互比较和量度，若发现有差异，应用尺子或曲线板（French curve）解决前后肩的错位。图6-24是肩线前后校对及修改方法的示意图。当然，这是必须在保证肩宽尺寸不变的前提下进行。

（3）领线与领子（Neckline and collar）相互比较和量度，需“竖立”着皮尺沿着后领圈和领子进行测量（Hold the ruler vertically and measure），并确认它们的尺寸是一致。

（4）剪口与剪口（Notch and notch）的相互比较和测量。检查将要缝合的两裁片的剪口位置是否一致。发现错位时，要马上把错位的剪口填充，然后重新打出位置相对称的剪口。

（5）皱褶袖的缩褶长与袖窿（Gathering sleeves and armhole）的起止位置的标定。应用皮尺立量袖窿弧长，把所得的尺寸写在袖圈上，并将皱褶的起止位置用剪口标出。

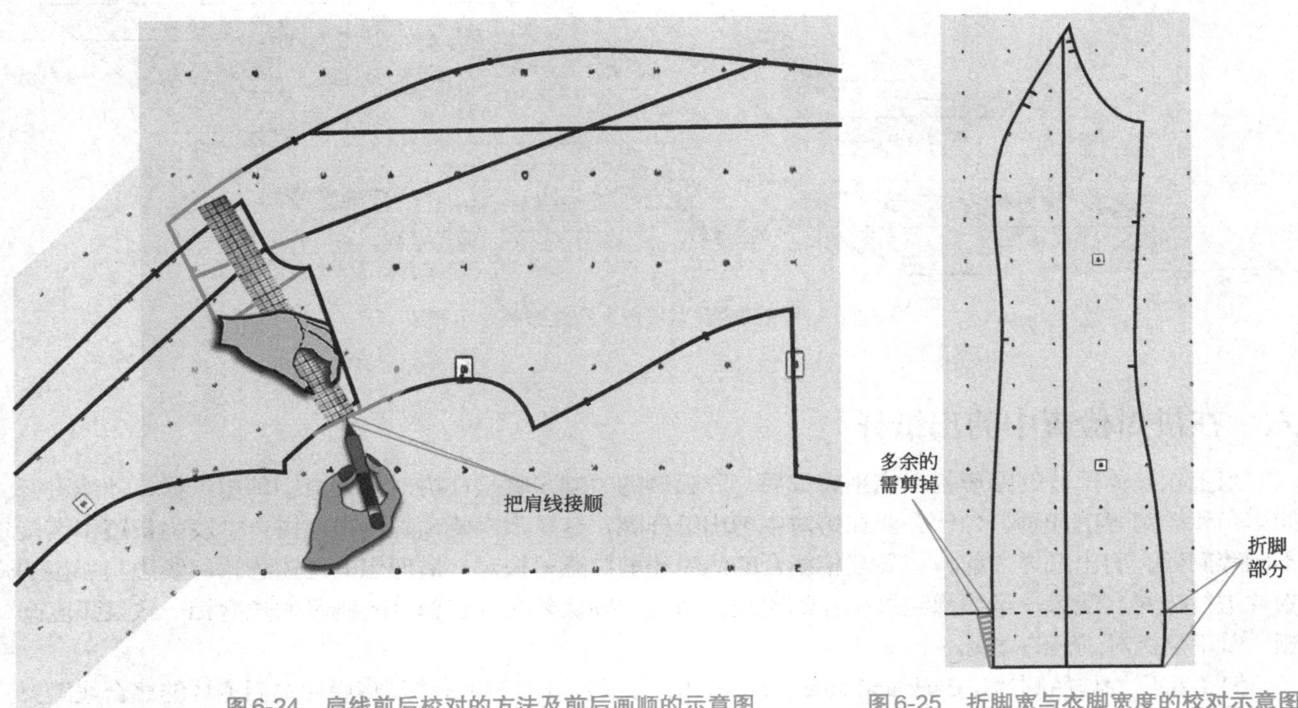

图6-24 肩线前后校对的方法及前后画顺的示意图

图6-25 折脚宽与衣脚宽度的校对示意图

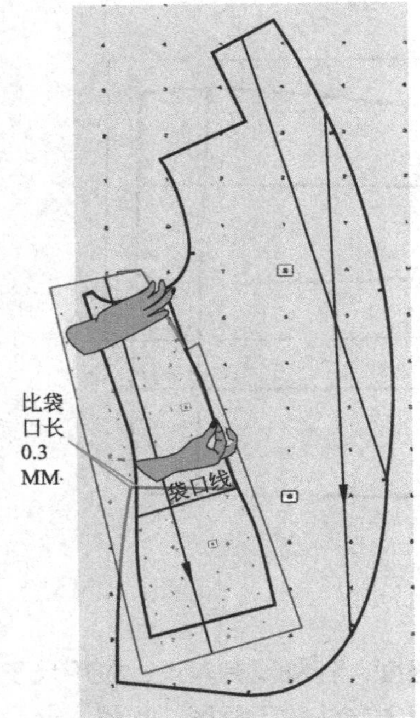

图6-26 前片与前侧片校对示意图

（6）前侧缝与后侧缝（Front and back side seam）间相互比较和量度，把两侧缝交叠（Overlap）对比，然后进行检查和修改，确认它们的长短尺寸是相同的。

（7）折脚宽度与衣脚宽度（Hem width ）的校对，即折脚宽度和折脚线的相互比较和测量。会缝纫的人都知道，衣脚外沿宽度与衣脚实际尺寸如不一致，会造成衣脚与里布无法缝合或衣脚折合不上且无法烫平衣脚 的后果。检查时，把纸样按折脚线折好，把多余的宽度剪掉或把缺角的部位补上。图6-25所示是折脚宽与衣脚宽度的校对示意图。

（8）图6-26是前片与前侧片进行的校对示意图。关键是在比拼了两前侧缝线的长度之后还要横向地测量两片之间的口袋线与袋口的宽度，并要确保前袋线的宽度要大于前侧片的袋口线宽度约0.3cm。因为这一微小的宽度能有效地防止在袋口线和袋口贴上加烫黏合衬后的紧缩，使成衣的衣着效果更好。

（9）校对裁片的缝线和描画纸样时要力求它们的线形合理地相似，但不一定要相同。什么是合理地相似？比如前门襟与前片的边沿线，它们有既相似的曲线但又有大小和长短的细微区别。要使前门襟的翻领外应略“大于及长于”前片外沿，以便营造出下翻领

（也称翻驳头）翻下来更服帖自然的需要。前后片的侧缝的曲线的起伏形状，就只能是合理地相似，不可能完全相似，这是因为人体的前后结构不同，所以前胸和前腹的曲线与后背及臀部的曲线根本不同，但长度要一致是关键。

总之，确认在一起缝合的缝线相互匹配之后才可以写上裁片各项内容，剪出纸样。

第五节　前后袖口贴及袋布的画法

当大的裁片基本剪出完成之后，就可利用刚剪好的纸样来画袖窿贴（Armhole facing）了。袖窿贴的成形要借用前片和前侧片、后片和后侧片相拼在一起来产生。

1. 前袖窿

先确认刚剪出来的前片和前侧片纸样都标出了1.3cm缝份，把它们的缝份线相连接，呈现完整的前袖窿形状。用大头针或透明胶带固定。然后在袖窿上用虚线轻轻地勾画出自己想要的袖窿贴的形状。

取一张白纸或花点纸，在它的正面画一条直线，把它铺到前片的袖窿上面，用尺子和笔沿虚线（Dotted line）从肩线到腋下量画出宽约5cm的袖窿贴片的外轮廓，挪开纸样，在布纹线上画上箭头并补画上一个剪口，就成为了前袖窿贴了。图6-27是前袖窿贴片的画法步骤的示意图。

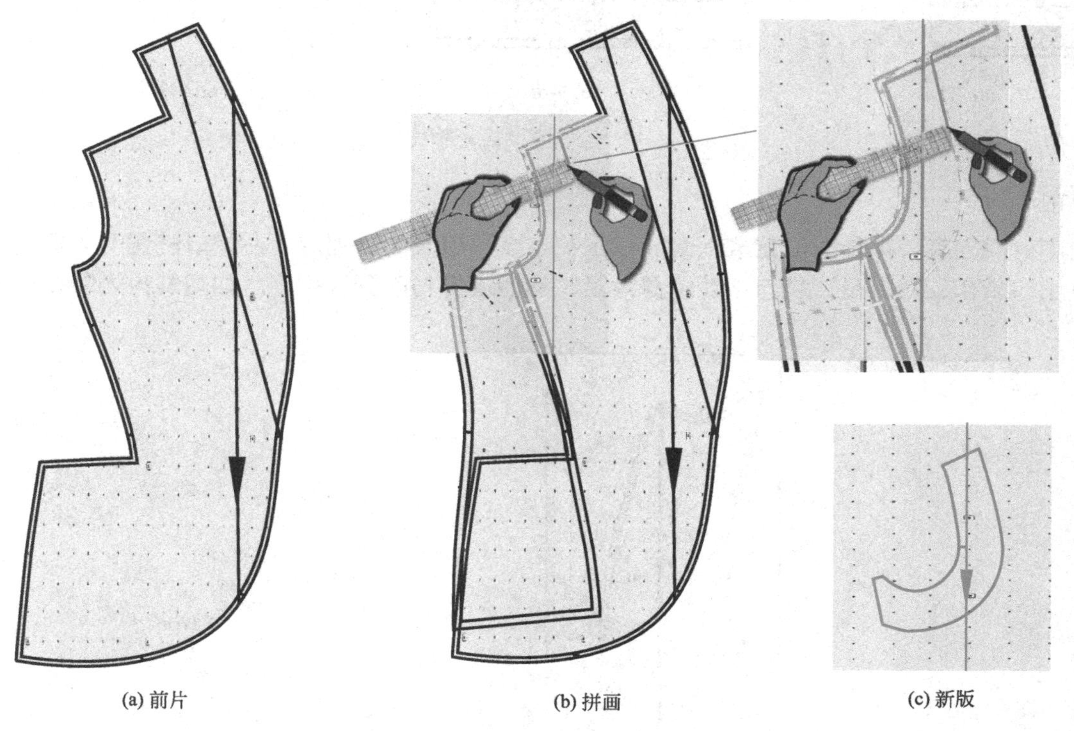

图6-27　前袖窿贴片的画法步骤示意图

2. 后袖窿

后袖窿贴的画法与前片相同，先把后片和后侧片拼接在一起，拼接时，要把两片的实线，即车缝线相拼并用大头针或透明胶带固定。取一张白纸或花点纸，在它的正面画上一条直线，用纸垫在后片的袖窿上面，开始画后肩和后袖窿及腋下的外轮廓，用尺子和笔边走边量画出宽约5cm的后袖窿贴片外形，画好后移去后片及后侧片，画上后袖窿的双剪口，袖窿贴也就大功告成了。图6-28就是后袖窿贴的画法的三个步骤示意图。

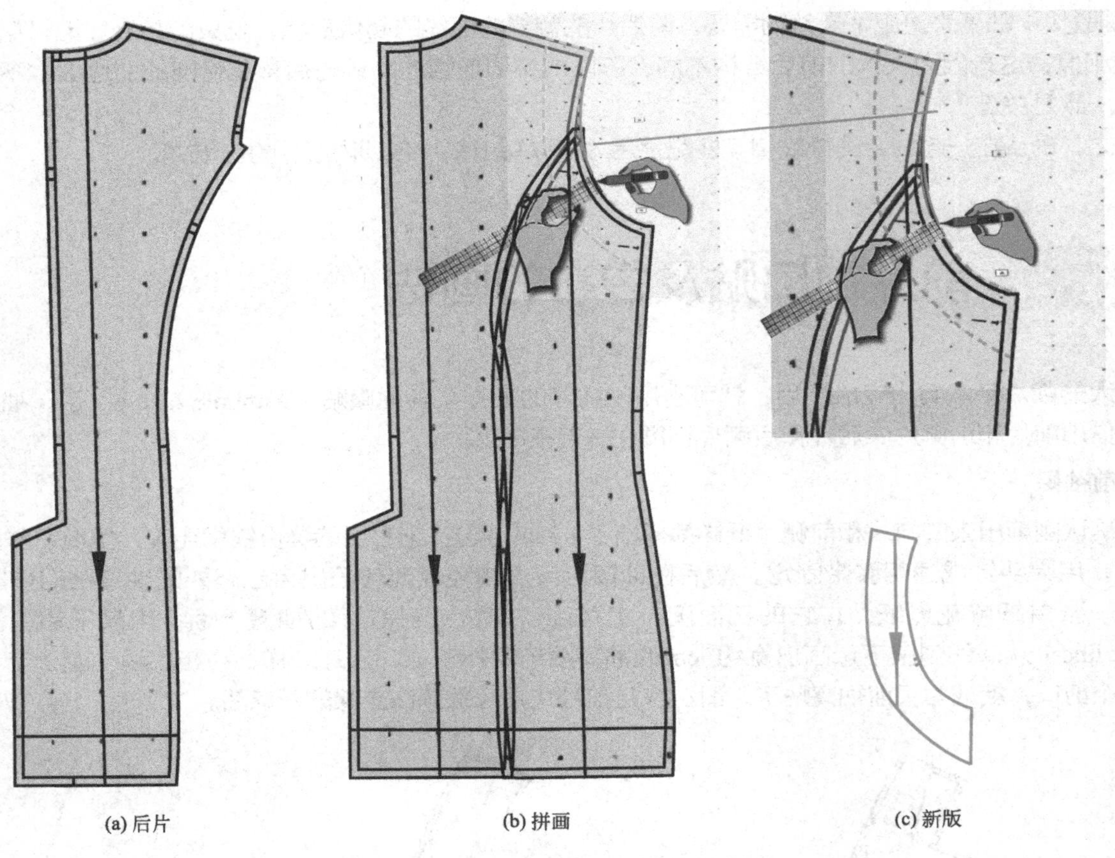

图6-28　后袖窿贴片的画法步骤示意图

3.袋布

把前侧片取出来，在袋的位置放上面放一张花点纸，用大头针固定。在袋口位置两边多留约0.15cm的缝份画出口袋布，为的是让袋口不要绷得太紧，其他缝份与前侧片相同。如图6-29为袋布的纸样的示意图。

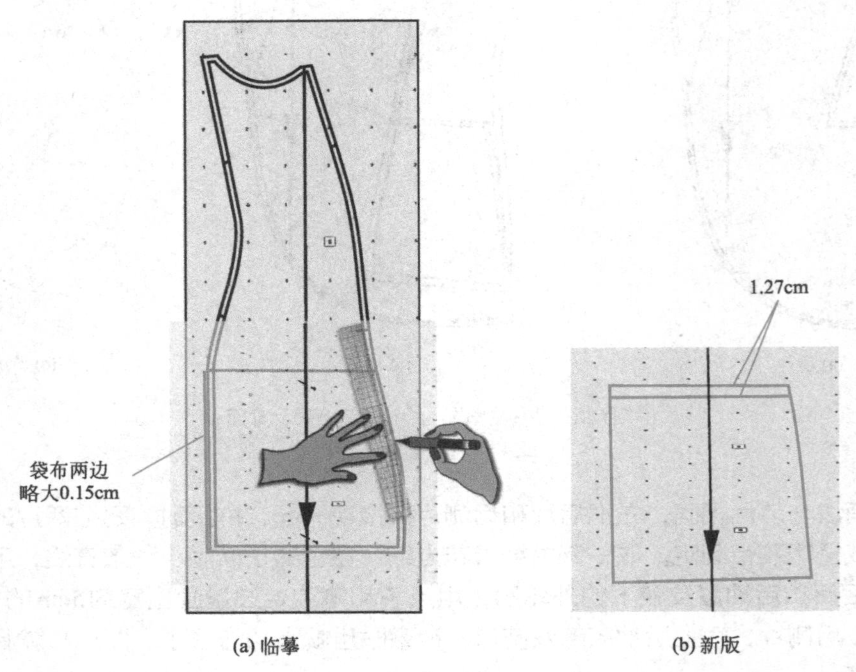

图6-29　袋布纸样的画法示意图

第六节　上衣衬里的画法

一、有关衬里

衬里是为服装的面布服务的。所以通常衬里的分片及画法会受到衣服面布的外形和结构的制约。

虽然衬里的制作常是基于服装面布的裁片构造（Structure），但是它与面布的结构并不完全相同。以一件夹克来举例，基于两种原因，一是为了让穿着者可以活动自如，二是为了预防服装需要放长，所以普通夹克的衬里长度折好后要短于折脚线，即衣长的完成线约2cm。如果版师把衬里和面布的大小做成完全一样，当衣服被穿用一段时间，这件夹克的某个部位如腰部弯腰或手臂甚至袖窿，就会感到莫名的拉扯，出现裂缝，在衣服需要修改时就更无法如愿了。

要掌握好画衬里的技巧，首先要了解衬里的构造和功能。一般的衬里制作要点是衬里应稍为比面布“大”一点点；因为人体与衣服的接触先是与里布摩擦开始的，那一点点的“多余”就成了面布及衬里之间的容量和宽松度，这也防止了衬里出现裂缝和爆里。同时，衬里的折脚位留出的预放长度，还包括了预防衣服发生吊里或里布缩水（Shorten and shrink）的情况，万一衣服需要放长时，就有了储备量可用。所以，理想的衬里在制作时是要留有一定的“预放量”的。

衣服面布及里布折脚结构示意图如图6-30所示，如果对怎么做不清楚时，最好的办法是拿两张纸折折看，直到弄清楚为止。

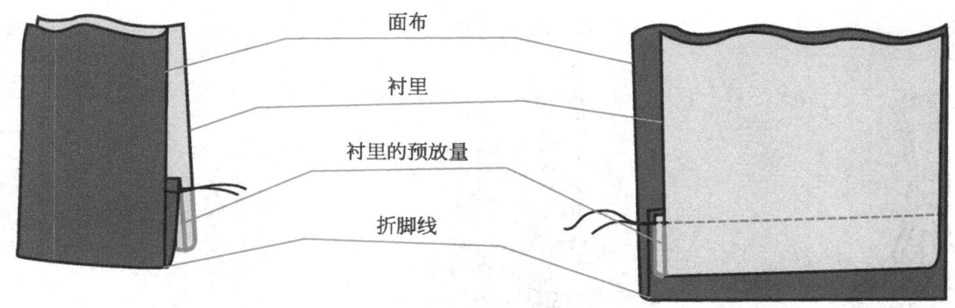

图6-30　衣服面布及里布折脚结构示意图

画衬里前，准备大小适合的白纸或花点纸，并全都画好直纹线，分别垫到每片裁片的下面。对好布纹线，用大头针上下左右别好，这是画全里的第一步。

二、前侧及后侧片衬里的画法

这一款式的前侧片和后侧片衬里比较简单。除前侧片和后侧片的下脚以外，剩下的缝份都需加大0.15cm后画出新轮廓。

图6-31是前侧片的衬里的画法步骤。把前袖贴片重叠在前侧片上，加纸沿前侧片的外轮廓描绘衬里，袖贴处预留1.27cm缝份，口袋线下要留2.54cm的缝份。画出侧前衬里的1.27cm缝份，成为衬里新版。

三、后侧片衬里的画法分为三个步骤

（1）把后袖贴片重叠固定在后侧片上。

（2）在另一张纸上沿后侧片外轮廓描绘衬里，袖贴处预留1.27cm缝份。

（3）画出后侧衬里的1.27cm缝份，成为新版。如图6-32所示。

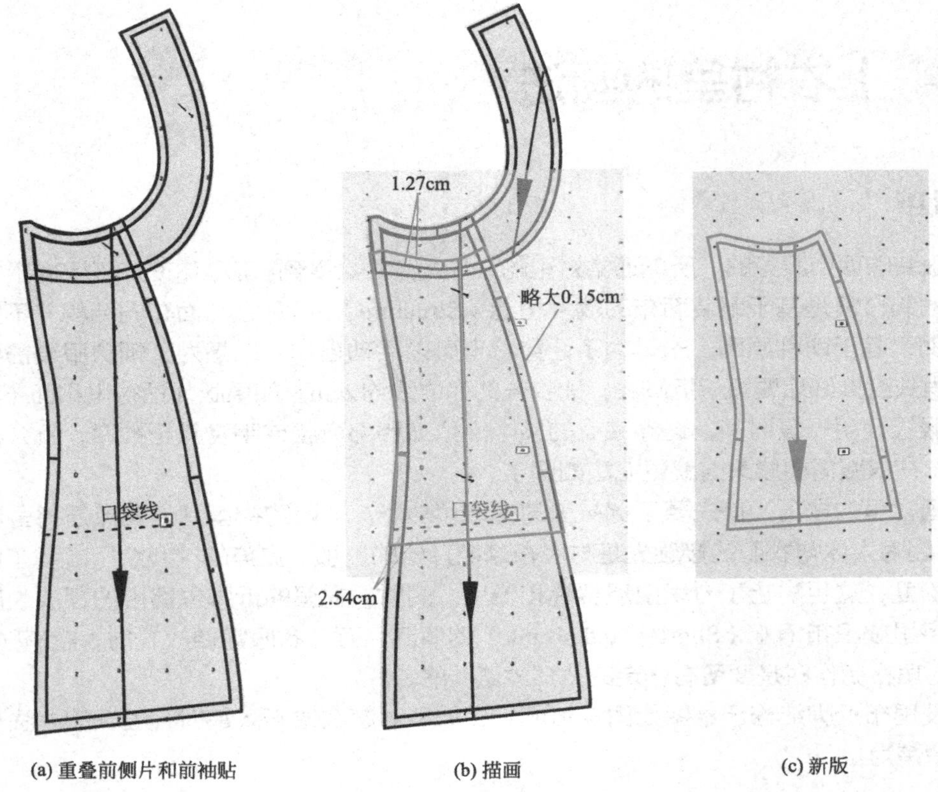

(a) 重叠前侧片和前袖贴 (b) 描画 (c) 新版

图6-31 前侧片衬里的画法步骤示意图

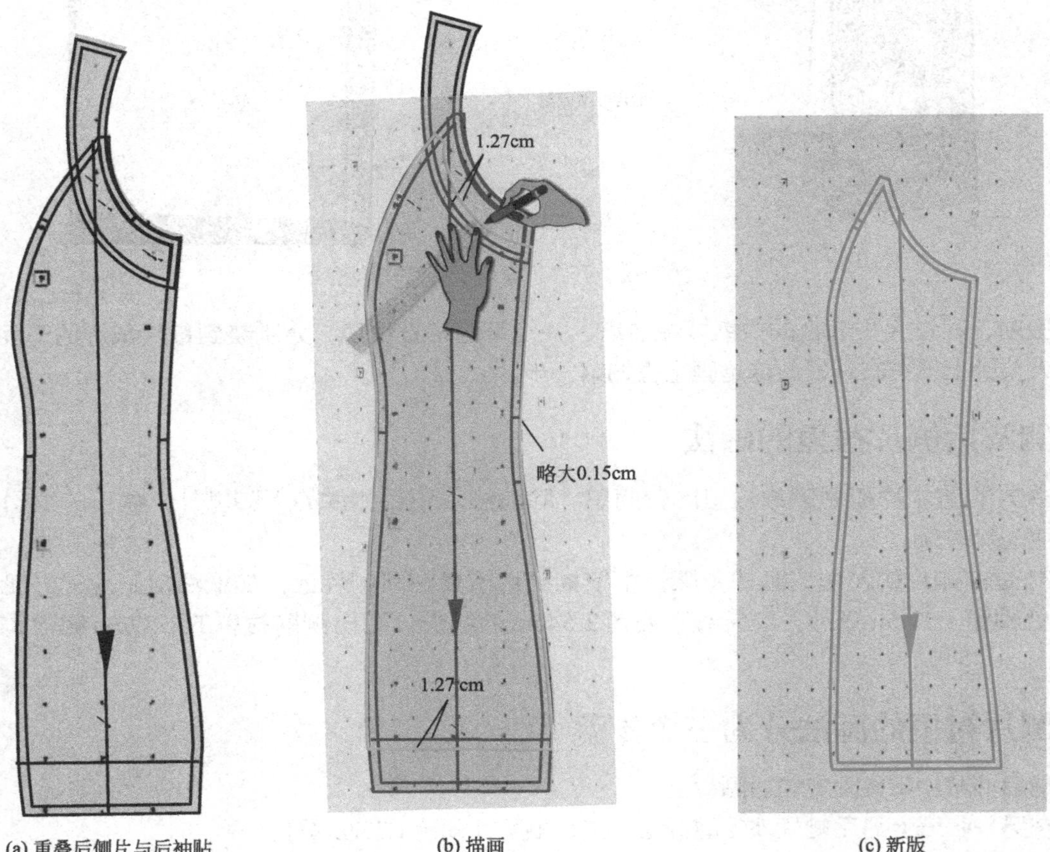

(a) 重叠后侧片与后袖贴 (b) 描画 (c) 新版

图6-32 后侧片衬里的画法步骤示意图

四、前片衬里的画法

该款式前片的衬里要“借助”它的前片、袖贴和前门襟一起的配合产生，如图6-33所示，具体步骤如下。

（1）先找出前片版型。

（2）将前门襟（Front Facing）和前袖贴（Front armhole facing）裁片叠放到各自的位置上，用大头针上下固定好。

（3）准备大小适合的白纸或花点纸，画上一 条直纹线（Straight grain），用大头针上下固定在版型的上方，就可开始画前片里布的新轮廓线（Contour line）了。如图6-33（c）的蓝线所示，方法是首先在肩斜线和前侧线旁边画出大0.15cm的外围线，袖窿贴和前门襟都画上1.27cm的缝份，然后将里布与前门襟缝份上的剪口画上。

（4）画顺和检查一下轮廓线条的流畅和完整性，检查剪口是否齐全，就成为前片衬里新版。

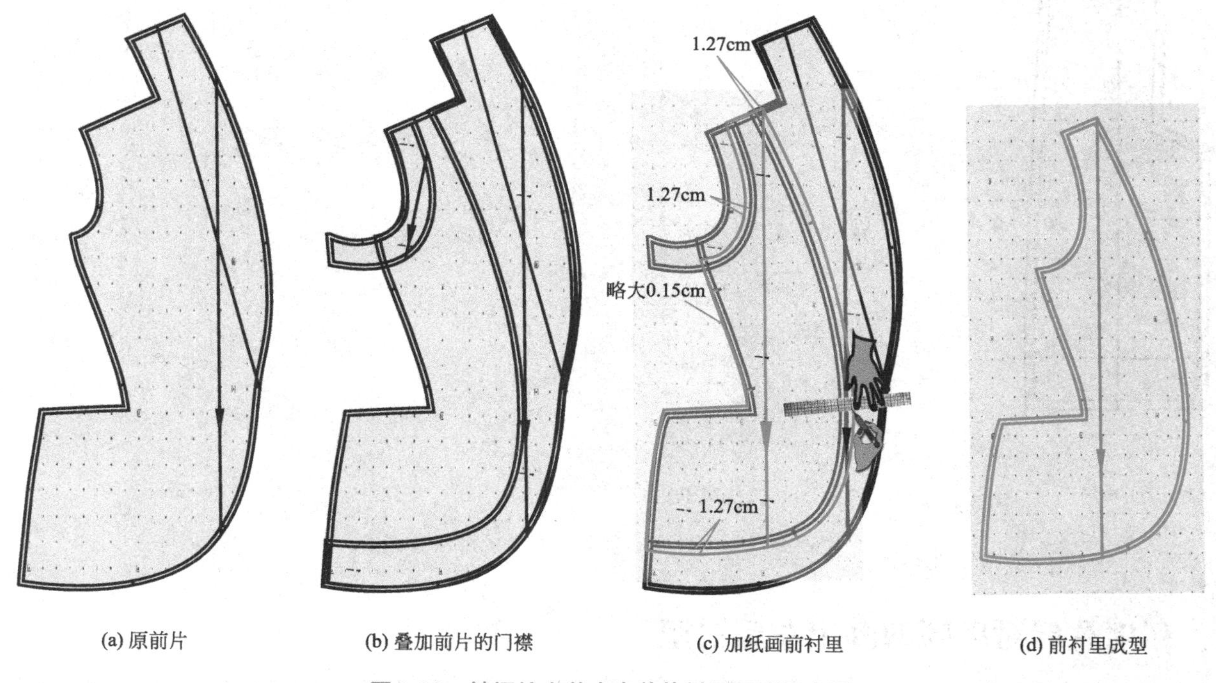

(a) 原前片　(b) 叠加前片的门襟　(c) 加纸画前衬里　(d) 前衬里成型

图6-33　皱褶袖女装夹克前片衬里画法示意图

五、后片衬里的画法

后片衬里的画法相对有些难度，这是因为其左右片后衩结构的不同以及缝制上比较特殊造成的。画后片的衬里时，先画出一片后里片，再细分画为左和右后衬里片的方法进行，如图6-34所示。

（1）先找到后中片的原版。

（2）后取一张花点纸，在中间画一条直纹线，把后中片的纸样放在上面，用大头针对准布纹线并别好。在后中线与后领窝线交点往外量2.5cm，然后顺着向后背画一条弯线，改变成为能供给在手臂前伸或弯曲时对后背衬里的牵拉所需要活动量的里布裁片。

在后衩伸出处要将衬里的高度减低0.3cm，也就是说画一道比原版衩位低0.3cm的衩高线，这0.3cm为的是加长后中长度并防止后衩发生“吊里”而设定的。而后衩的长度点可在面布的折脚线往下量1.27cm再加上上面少了的0.3cm就约等于1.6cm了。至于袖窿，可按1.27cm的缝份来处理，侧缝和肩线还有领窝匀需加大0.15cm后画出新轮廓。

（3）图6-34（c）中的蓝线图示意就是完成的后片衬里的新版了。

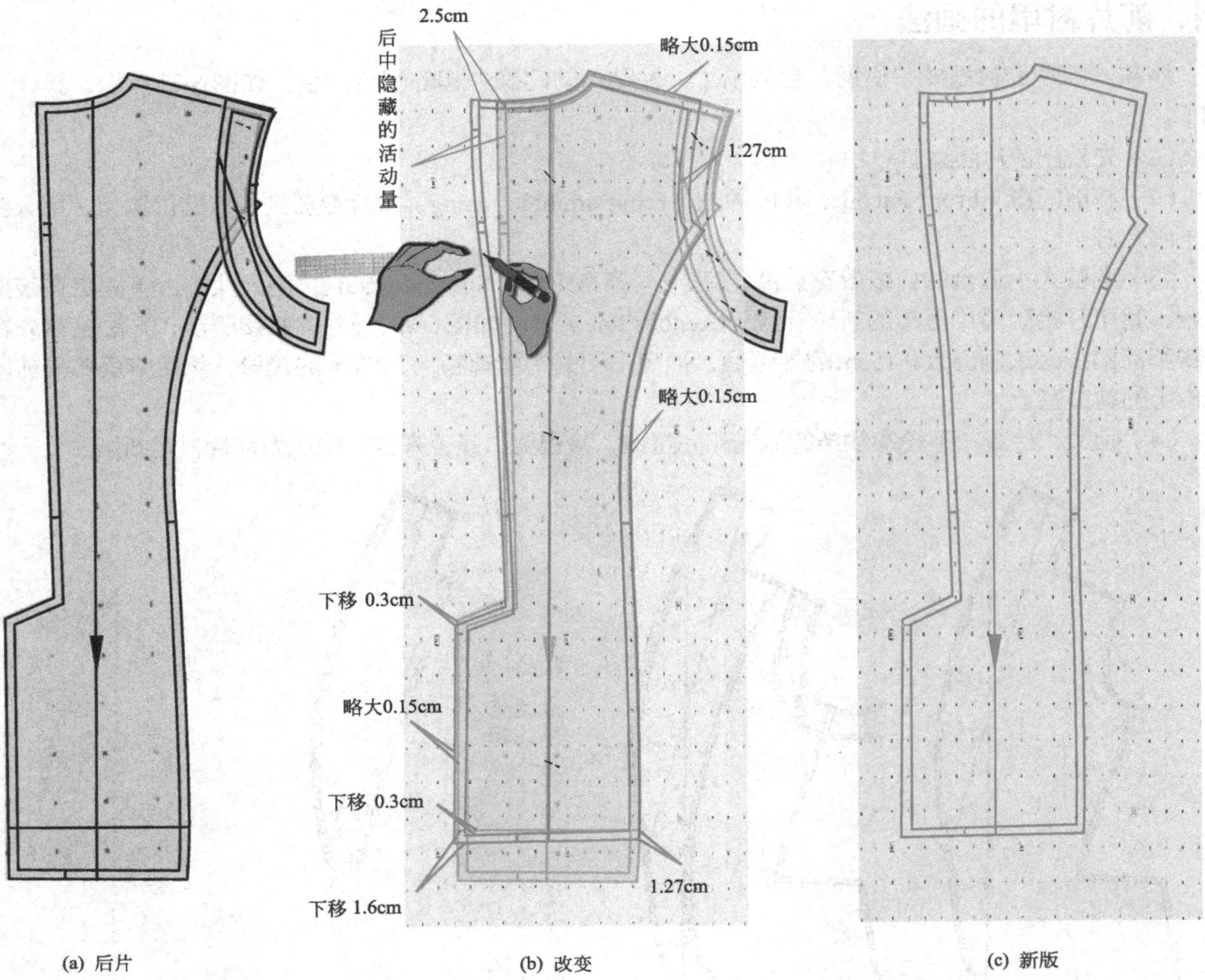

(a) 后片　　(b) 改变　　(c) 新版

图6-34　皱褶袖女夹克后片衬里画法示意图

六、利用右后衬里版型画出左后衬里

该款上衣的右与左后衬里的区别仅仅在于后衩部位的结构不同。所以关键是把两后衩的“特殊结构”画好剪出，就能完成后衬里的图纸了。在这里给大家介绍一个既实用又快捷的方法，如图6-35所示。

（1）找出后片衬里的版型图。

（2）拿出两张花纸，将花纸“背对背”，并在两张纸相同位置画上同长度的直线。把后片衬里版型用大头针固定在备好的两张花纸上方，用大头针对准了上中下三片的直纹线别合固定。便可开始处理衬里左右衩的图形细节，具体的做法步骤是，首先将后衩折起，要确保正确的后衩折入效果，用虚线描画出后衩的折入轮廓，见图6-35（b）蓝虚线。然后以这条后衩折入的轮廓线为标准，用尺子向外量画2.5cm作为折衩边和拐角边两缝份相加的量，并将缝份连成蓝线，成为左片后衩里布的细部轮廓。

（3）用剪刀将两片衬里按后片的外轮廓“合剪”出来并一齐打好剪口。

（4）牵起左片衩角（Slit corner），用剪刀把左片衩角剪掉并移开，便完成了新的左后衬里裁片。

（5）如图6-35（e）和图6-35（f）所示，拿下大头针，分开左右衬里的裁片，把它们的纸面朝上，左和右后衬里的版型描绘就完成了。

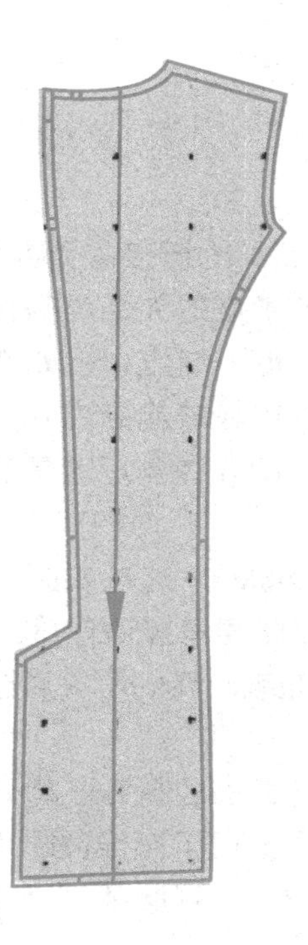

(a) 后衬里版型

右片花纸
反面朝上
后衩
折入线
左衩量加
2.5cm缝头
折衩后
的外轮廓

(b) 加纸后折衩再画新左衩

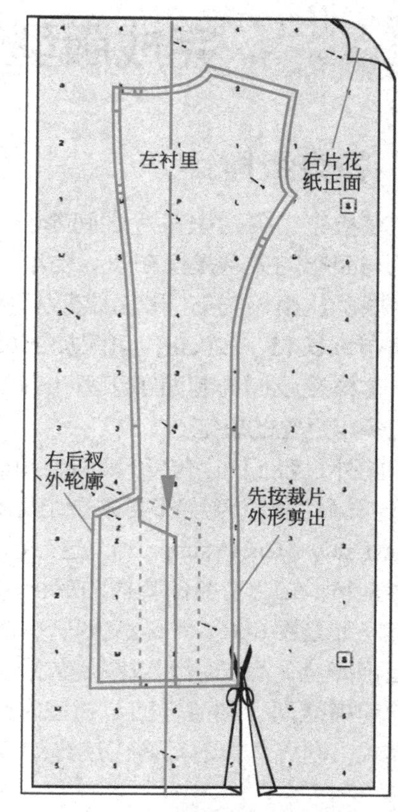

(c) 合拼先剪出左片的外形

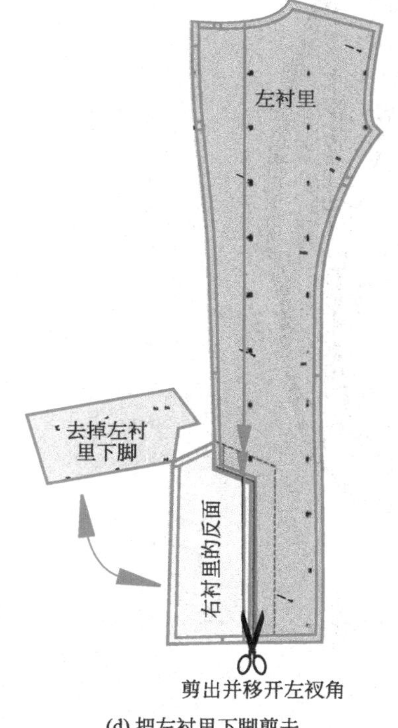

(d) 把左衬里下脚剪去

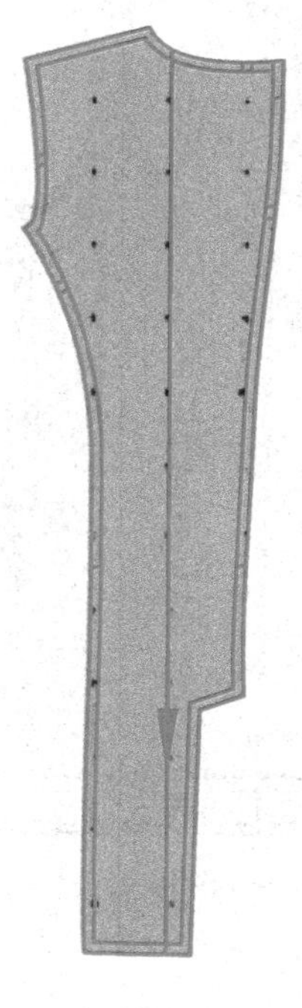

(e) 右后衬里完成效果

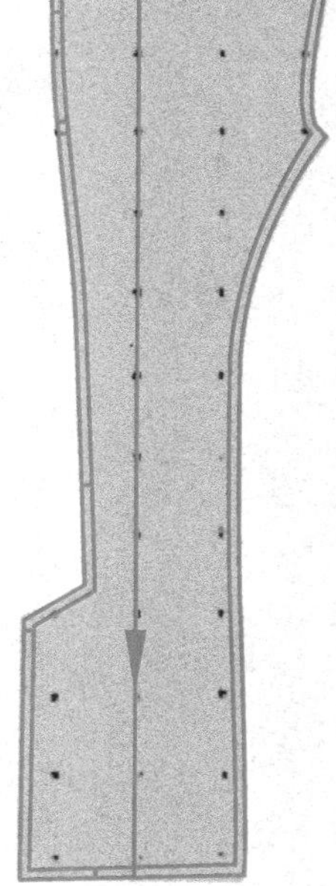

(f) 左后衬里完成效果

图6-35　后衬里的制作示意图

第七节 完成版型

一、检查纸样

在检查了各衬里裁片之间缝份和长度以及剪口的一致性后，还要检查衬里与面布的衔接是否准确。衬里与面布的关系是里布宁大勿小，而里布与折脚/下摆（Bottom sweep）及门襟的长度的关系是略长勿短。要确认里布与前门襟和衣服折脚间的缝份的连接宽度和长度要略长于面布的长度一点点。比如前门襟面布每长15 ~ 20cm，可配加上0.3mm的里布长度，每段的面里布的长度可以通过剪口或缝边分隔开来。这样在我们缝制面布和里布时就不需要揪拉里布，缝制的衣服效果就会自然且漂亮许多。这是老师傅们多年经验的总结。

此外，我们通常会给裁剪合身，外观考究的夹克的一些部位加烫黏合衬（Fusible）。这件衣服的前片、前侧片及后侧片都要先烫上黏合衬（Block fuse）后剪裁，甚至上衣的前胸部还要再加烫前胸撑衬（Chest stay / Chest support）。这一前胸衬的添加能更好地撑起前胸，令外观更挺拔无皱。我们可以通过查看图6-36，知道有关前胸衬的形状和位置摆放。

仔细看图6-36，不难发现所有的纸样是按其成衣效果依序叠放在一齐的，这样的摆放是为了检查纸样是否齐全，有无错漏或裁片欠缺。这是一个实操性很强的检查方法，我们能从中一目了然地理解该上衣的前襟挂面、袖窿挂面与衬里之间以及后片左右衬里之间的关系等。在制作样衣前，当版师打开裁好的样衣，向缝样板的师傅讲述缝纫要领时，这一招也行得通，值得一试。

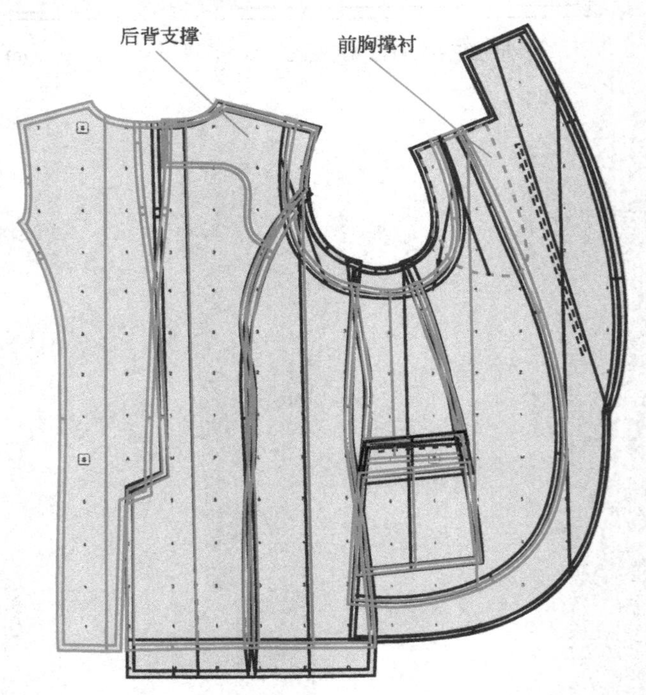

图6-36 将纸样重叠整合后进行检查的示意图

二、WJ078 面布的版型完成示意图

最后在每片图纸上标明纱向箭头、裁片名称、裁片片数、款号和前后标记后，WJ078头板的版型（First pattern）就算完成了。图6-37和图6-38是WJ078的面布与衬里版型示意图，WJ078的裁剪须知见下表。

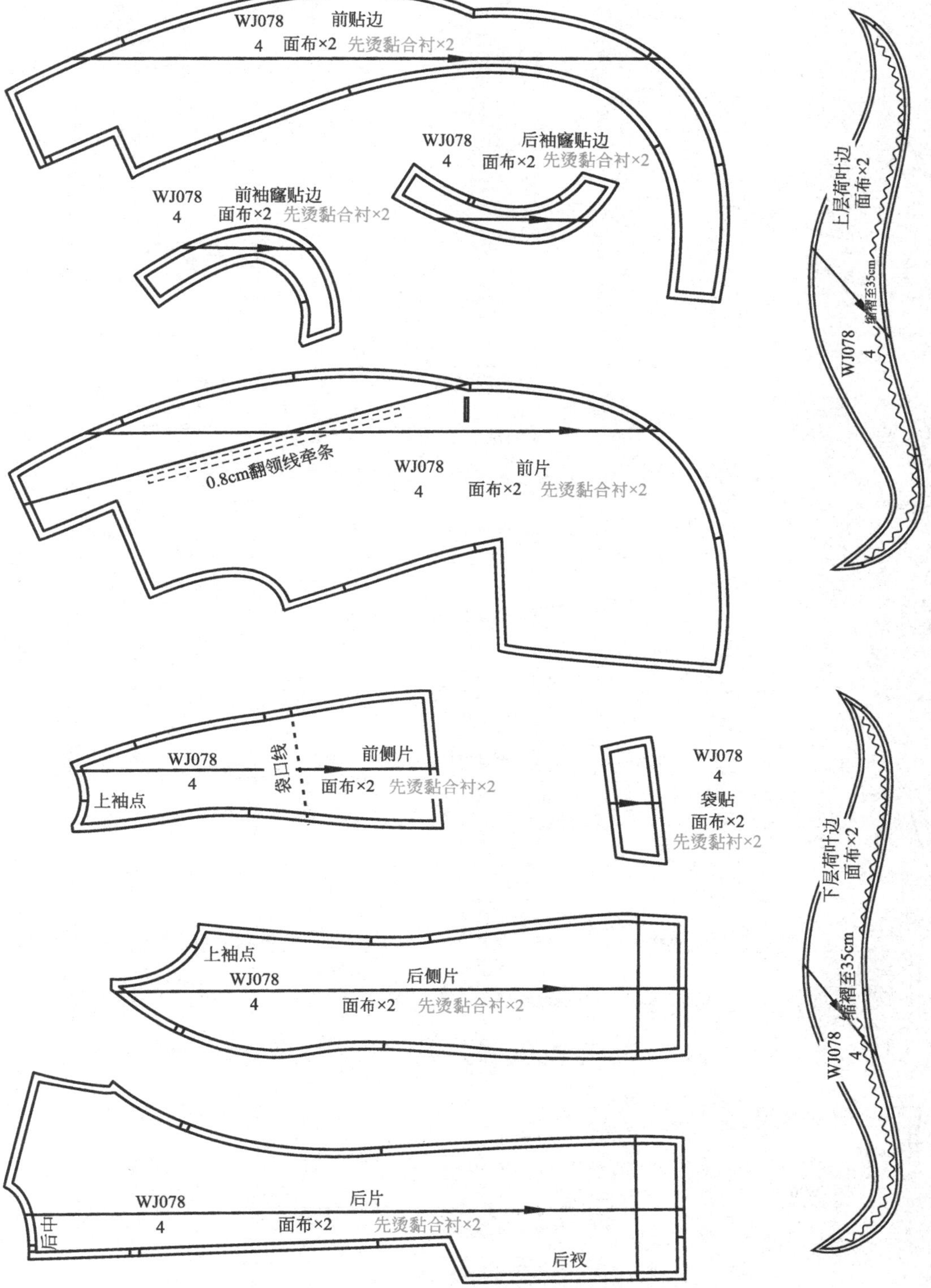

图 6-37 WJ078 面布的版型完成示意图

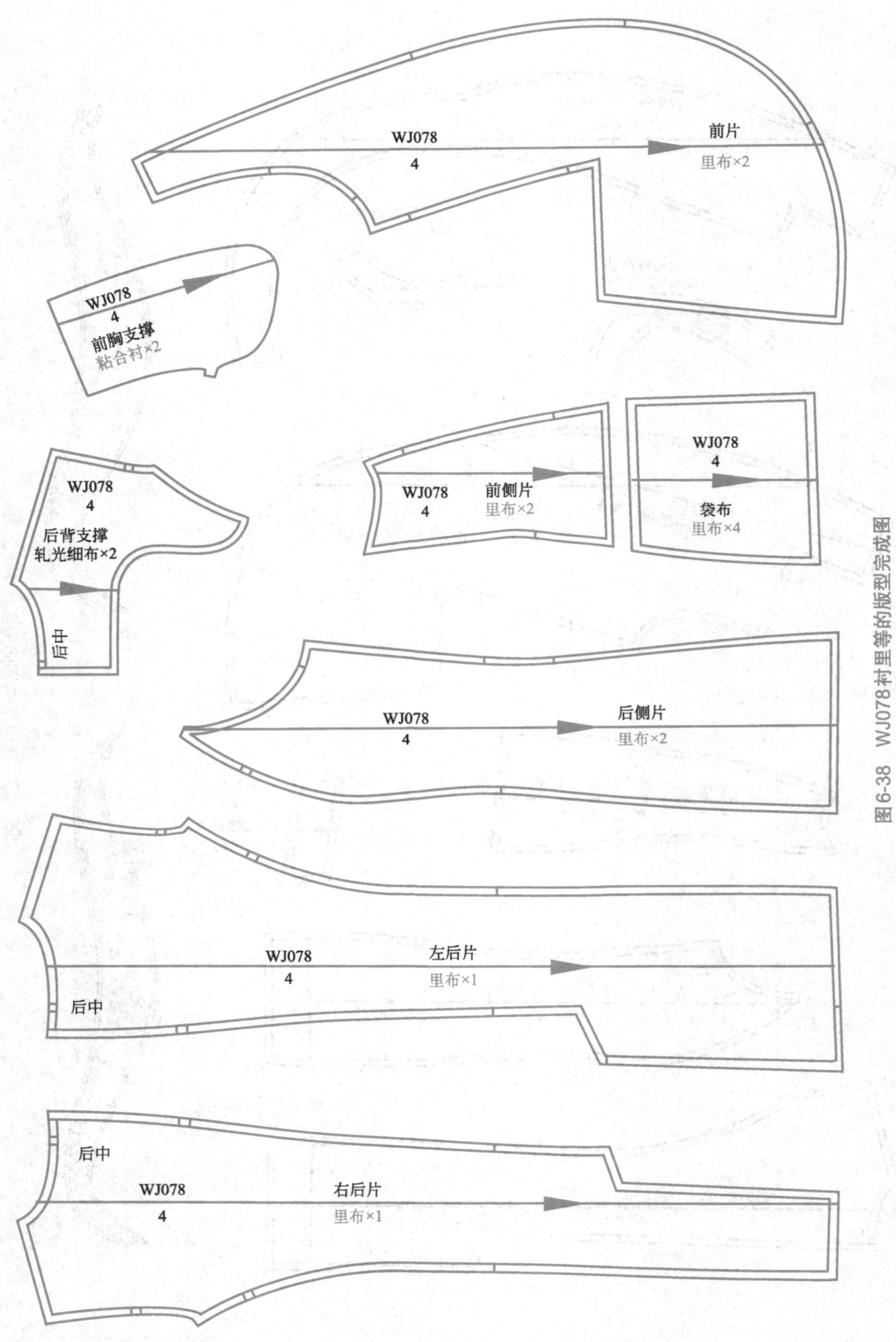

图6-38 WJ078衬里等的版型完成图

WJ078青果领女上衣的裁剪须知表

此表需结合下裁通知单的布料资讯才能完整

尺码 ： 4
款号 ： # WJ078
款名 ： 青果领双层绉褶袖女上衣

打版师 ： Celine
季节 ： 2013年春
线号 ：

#	面布	数量	先烫衬
1	前片	2	2
2	侧前片	2	2
3	侧后片	2	2
4	后片	2	2
5	前门襟	2	2
6	前袖窿贴边	2	2
7	后袖窿	2	2
8	袋布贴布	2	
9	上皱褶袖	2	
10	下皱褶袖	2	
	里布		
11	前片	2	
12	侧前片	2	
13	侧后片	2	
14	左后片	1	
15	右后片	1	
16	袋布	4	
	黏合衬		
17	前胸支撑	2	
	轧光细布		
18	后背支撑	2	

款式平面图

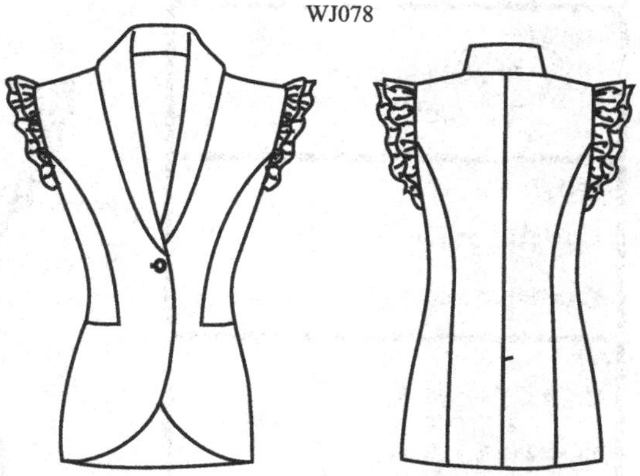

WJ078

缝份

1cm：衬里，皱褶袖边，袖窿贴边，前门襟贴边，里布下脚，前里布前边沿，衣折脚边，后衩边

1.27cm：前后公主线，侧缝，肩线，后中线

数量	辅料	尺码／长度
1	纽扣	40 L

缝纫说明

1. 整件衣服表面没有任何明线。
2. 需压暗边沿线位置－底领边沿、袖窿贴边沿、开袋口内边沿、前门襟上翻领和门襟下圆角边沿。
3. 全里下脚封口，面布缝头合缝后需烫开缝份。
4. 机锁凤眼一个，40L钮扣一粒。
5. 在离翻领线0.6cm的位置烫一条斜纹粘合衬将翻领线牵紧0.6cm。
6. 先缝0.4cm细缝边在皱褶袖子的外沿，然后缩褶，将褶子拔匀后绱袖，修剪皱褶的缝头，使袖窿减少厚度。
7. 其他部位不明处可与打版师商定。

图6-39是WJ078的下裁通知单（Cut ticket）。

<table>
<tr><td colspan="3">下裁通知单
日期：青果领双层绉褶袖女上衣　　　裁剪者：JACKY
季度：2012年秋季　　　裁剪日期：05/08/2012</td></tr>
<tr><td>裁剪数量
颜色#1: 1件
颜色#2: 1件</td><td colspan="2" rowspan="5">WJ078</td></tr>
<tr><td>布料成份
78% 聚酯
22% 人造纤维</td></tr>
<tr><td>黏合衬
领子型号 #2479
衣身型号 #5005</td></tr>
<tr><td>颜色
颜色#1 面布：灰 色
衬里：灰 色
颜色#2 面布：黑 色
衬里：黑 色</td></tr>
<tr><td>衬里
中国丝里布与面布配色</td></tr>
<tr><td>布料小样：面布 #1</td><td>布料小样：衬里#1</td><td rowspan="2">备注：
请先将黏合衬烫到面布上，然后裁样板。</td></tr>
<tr><td>布料小样：面布 #2</td><td>布料小样：衬里 #2</td></tr>
</table>

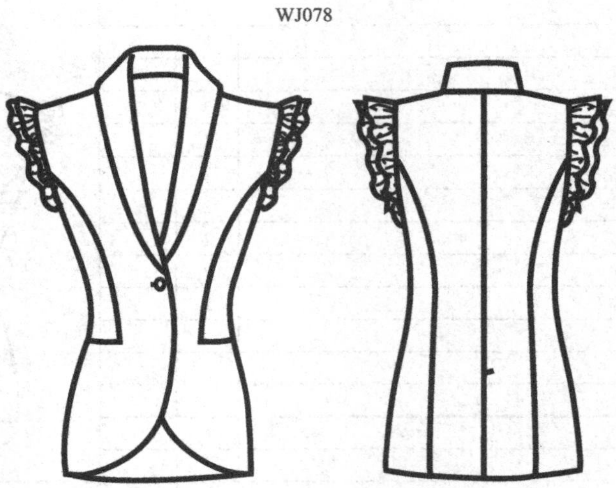

图6-39　WJ078的下裁通知单

在下面的“互借立裁法经验之谈”中，对有关立裁互借法将有进一步的阐述和经验分享。

第八节　互借立裁法经验之谈

“互借立裁法”的应用经验首先在于要认真细致地了解将要借鉴版型和参考的样品，从中体会设计师的意图并找到参照物的特点。

在寻找互借用的版型时，有时会同时找到几个你认为相似度高而难以取舍的款式，需要在其中挑出一个最合适或者两个版型（最好不超过两个）交叉使用。如果遇到拿不定主意的情况，最好的方法是与老板或设计师共同商量，以他们的意见为主做定夺。这并不代表版师没有主见，而是老板和设计师会有他们的偏好和主见，或是他们对某个作品的独特想法，对本季款式的取向会有一个通盘的考虑。刚入行的版师，容易犯“自作主张”的错误，从而浪费不少宝贵的时间，久而久之，还让老板和设计师感觉与版师合作有困难的印象。在这里指出来是让同行引以为戒。

当选出可以用于互借的纸样时，要打开所有的纸样查看一遍，把需要用的纸样（Pattern pieces）拿出来放到一边，然后及时把暂时用不上的纸样挂好，千万不能损坏和丢失借用的纸样，这是版师的职责所在。

互借用纸样选好了，也取出来了，但建议别急于动手，再仔细研究设计图，想象一下将要做的造型和其细节的处理，应考虑如下问题：如何“互借”？用什么比例？在什么情况下要加长？需预留布量给设计师做修改吗？什么部位要有变化？怎样变？怎样“互借”才能多快好省？虽然常说条条大路通罗马，但不同路线的采用，达到的目的一样，但是投入精力和耗时不同，收效也可能相去甚远。而我们瞄准的是借用的巧妙性，对新版型的互通性。

动手前打版师要要以设计者的眼光，要想方设法地使坯布的塑造效果比设计图更优化，从而合理地减少立裁的时间。以下是几种可供互借立裁法时使用的方法。

（1）在有把握情况下，可以在坯布上直接借用相似的版型画出新的坯布图形，然后直接上人台进行立裁，这种做法最省时间。

（2）如果不确定，可先将借来的版形画到纸上，并调整修改，然后加上缝份，成为“原型”纸样；接着把这个原型纸样复制并描刻到坯布上，画好缝份并留出足够的“立裁缝份”后把它剪出来后，逐片放上人台进行立裁调整，最后把立裁后的裁片转化成“新纸样”。第二种方法比较适合于经验不足者或遇到复杂款式时使用。

（3）而对于其他形式的互借，比如工艺制作的借鉴、设计细节及元素的借鉴、艺术形式感的借鉴、流行时尚风格的借鉴、外来样衣的借鉴等，都是制版任务里司空见惯的手法。比如工艺制作的借鉴、设计细节及元素的借鉴时常见于当老板或设计师外出，从国外或名牌店采购来的样衣，要求打版师复制或参照它们的工艺手法、设计细节来制作自己的服装。因为国外买回来的服装大都比较贵，是他们的心爱之物，而且有的样衣也许还要退还。版师要小心谨慎，用相机或扫描仪以及样衣互借法来做必要的复制，快速干净地作出临摹或涂擦。其中一个方法是将作为参考的样衣穿在人台上，摆放到你的工作台旁边作立裁的参考，如图6-40所示。

（4）对服饰工艺方面的创新走在世界前列的国家是意大利和法国。果然来自欧洲与我合作过的设计师们，就比来自其他国家的设计师更擅长与打版师讨论、共同设计新的制作工艺细节，他们在关注流行的同时，也在工艺的细节上出奇制胜，使得新款式的各制作结构高频率地推陈出新，这种综合的持久创新能力和行业文化精神，十分值得我们学习和推荐。

时尚日新月异，假如能多抽空到从那些世界名牌店铺去试穿和观摩他们的服装，就不难发现每一季的工艺特点和设计的特色了。这样一来当打版中遇到需要借用的“工艺做法”时，你的应对及攻克能力就会强大得多了。

（5）有些美国服装公司的做法也很值得借鉴。在打板房（Sample room）不是那么忙时，设计师就会拿出几件他们淘来的服饰，让打版师（Pattern maker）做临摹和“借用”的预习，这时版师也就有较为充裕的时间做更仔细的观摩和复制了。复制完后就把它们放在专用的盒子里，需要用时能迅速提取到。

图6-40 把需要作为参考的样衣穿在人台上上作随时参考的示意图

（6）如何能借他山之石为我所用，那还得看版师的感悟、技术水平和造化了，这也是要靠在实战中逐步积累经验而升华的。不过在借用的同时，也应避免被所借用的东西所束缚和限制，仍然要把自己的创作思路放在新的款式上，要力求体现借得合理，借得巧妙，借得漂亮，借得快捷。

思考与练习

思考题

1.打版中时常会选用两或三个版型对新款式进行互借式立裁打版。为什么我们要推崇这一互借式的方法？它有什么优点和缺点？设想在对款式的互借的过程中应该注意哪些方面？

2.设想一下同时用“版型的互借”和“款式结构细节的互借”等的方法，对一新的款式进行的互借立裁，能产生什么样的效果？你能运用书中所学的内容演变出新的上衣的版型吗？

3.对本章画全里版型的一些做法和规律以及特点进行归纳，复习书中的例子，并找出不明白的地方把它弄明白，也可采用小组的形式共同探讨。

动手题

1.按照思考题的路子，试一下同时用“版型的互借”和“结构细节的互借”的方法，对新款式进行互借。先画出款式，定出运用版型的方法和思路。

2.按本章中叙述的方法，将动手题中的题1进行立裁，请老师进行审核，进行调整后画出纸样，完成新的版型。

3.根据刚完成的版型，练习写裁剪须知表的裁片部分和细写工艺制作部分。

第七章

插肩大喇叭袖女短外套的按设计图立裁法

第一节 款式综述和坯布立裁

一、设计综述

图7-1为款号RJ-501以两只特大的插肩喇叭袖为主要设计特点的女装短外套（Short jacket），左方右圆不对称前门襟（Asymmetric front），上方饰有一颗超大的装饰纽扣（Oversized decorative button），西服式（Western-style）的低翻领子，由方领角（Notch collar）与下面的圆弧形长翻领（也称翻驳头Long round lapel）组成。另一特点是环绕腰部的活褶有效地夹住（Holding）腰部的活动宽腰带。由背面的平面图看到设计师别出心裁地增加了两个活褶来连接两边的插肩大喇叭衣袖。设计师是纽约的一位阿根廷籍青年才俊。

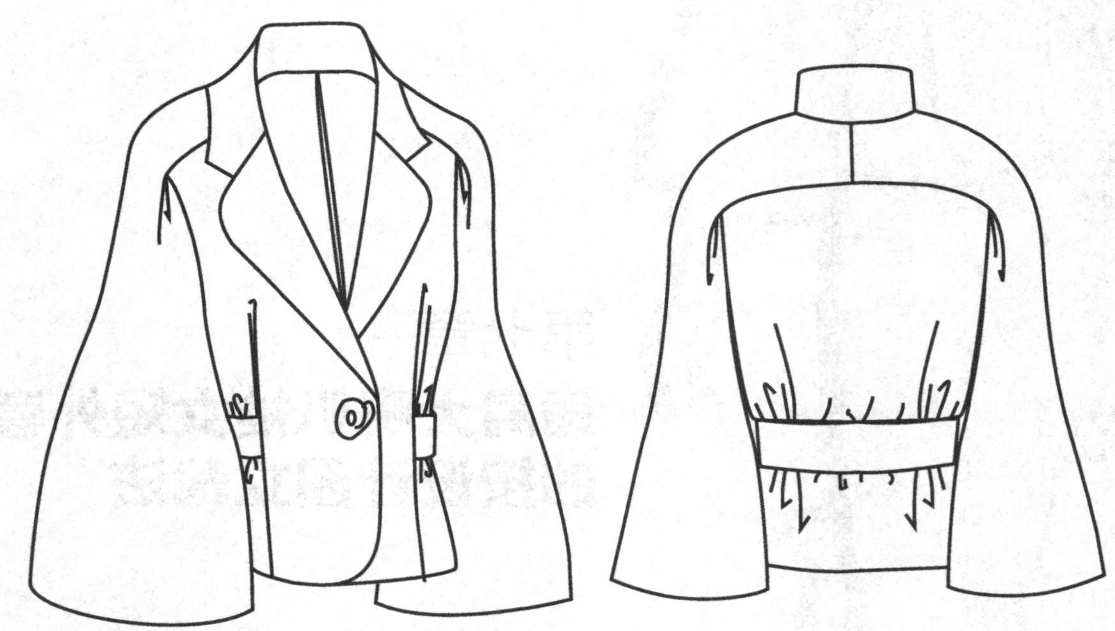

图7-1 款号RJ-501的特大插肩喇叭袖外套的平面图

看到这一款式图，大可不必被袖子的外形和上面的活褶难倒。我们可先将其想象为普通袖子剪开后的扩展形，再加上前后过肩（Front and back yoke）的连接；就如同前面的一些款式一样，它的插肩袖其实是在普通袖山上连接了前后过肩而已；而袖山上活褶的大小留在立裁坯布时拿捏调整就化解了。有了这样的联想和设定，其他问题就不难解决了。

工具准备基本上与前面一样，最重要的是有4号人台，我们先用款式胶带给前后过肩线（Yoke line）定位。目测一下腰带的位置，让自己心中有数，至于袖子的立裁通常在前后身裁好后进行，袖子的大小可稍后再决定，另外把立裁用的坯布烫好备用。

二、后片坯布的立裁

从后片着手立裁是不少版师的习惯（从前片开始也是有的），因为后片是前片的基础，将后片往前别大头针时，别针和摘针都很顺手。

用皮尺量右半身的长和宽，长加10cm，宽加30cm剪出坯布。在离坯布布边2.54cm之处画出后中线，把布边折入2.54cm用手指划平后放上人台，在人台的后中颈点，后腰位以及后背宽、肩线等处用大头针定位，如图7-2所示。

用铅笔沿领围（Neck line）画点，点出领圈线，用剪刀打出连串的剪口，使坯布服帖在领围，接着剪出后肩斜并预留2.54cm缝份，插上几根大头针定位。

对照设计图，目测定出后袖窿的初步形状，用蜡块涂擦出后过肩线和下袖窿的位置。手持大头针可协助将后腰位的活褶量稍作收拢至均匀适中，后腰活褶的对折宽约为3.5cm。在后腰褶之外离侧缝的距离再拨加出约10 ~ 12cm的旁腰间碎褶量，作为后腰位的皱褶量，以多根大头针将它们集中到侧腰位，如图7-3所示。

为了使衣服不那么贴身，需要在后侧片的上中下围三个位置用大头针别住1.27cm，作后片的活动量。这样后片的总抛围量除了后腰活褶的量之外就又增加了2.54cm，用剪刀在侧缝上下打上几个剪口（注意剪口不要剪得太长太深），用蜡块擦扫出侧缝的轮廓后，再修剪腰位侧缝的剪口，直到腰臀位较为服帖，容易裁出侧缝形状为止。最后用大头针把后片别好，剪下后背的过肩部分，图7-4是较完整的右后片立裁效果。

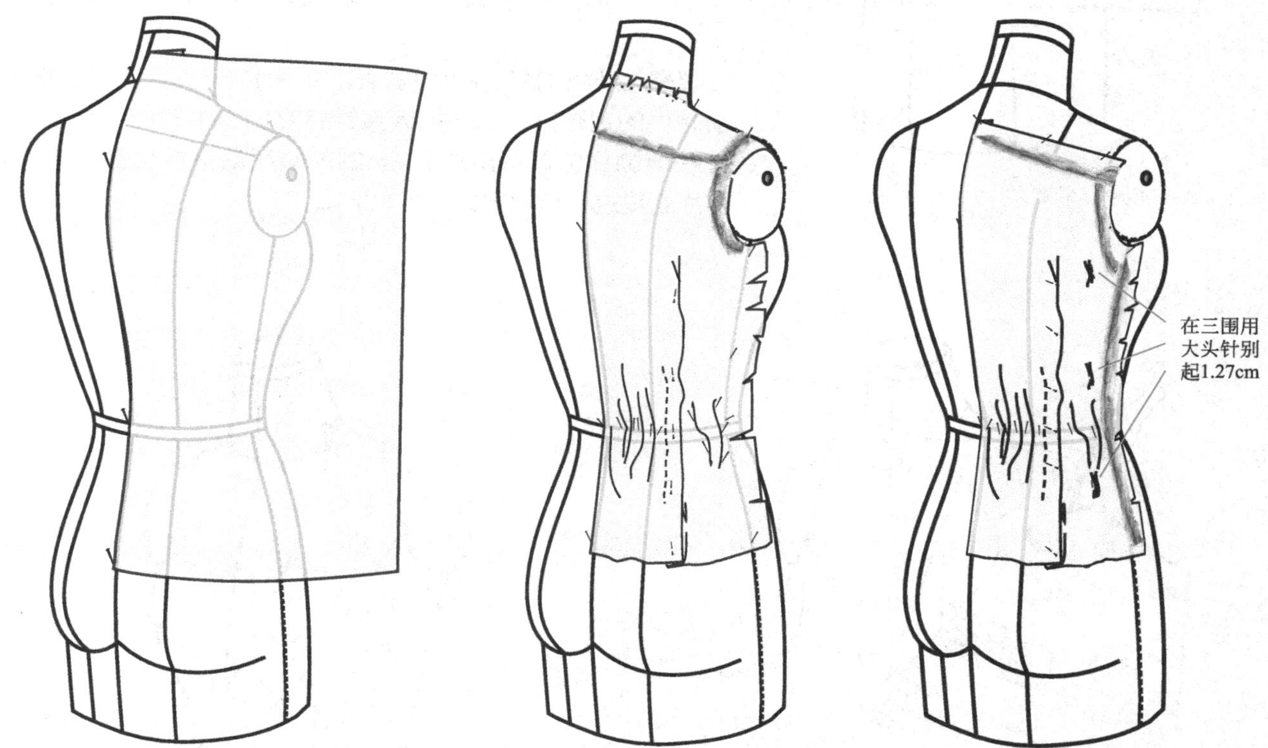

图7-2 后片坯布用大头针定位示意图　　图7-3 后片腰活褶和侧缝的立裁示意图　　图7-4 较完整的后下片立裁成型图

三、前片坯布的立裁

目测设计图，用皮尺大约估量一下前片的长和宽，然后长加13cm，宽加35cm，在裁床上剪出这块长方形坯布。

在坯布的长向的一边用直角尺离布边10cm之处画一条直线作为前中线（CF），用大头针将坯布放到人台上前中线定好位置，在腰位、翻领位及肩位等用大头针固定，如图7-5所示。

用蜡块涂扫出前肩的前小肩位及前袖窿弧形（Arc shape）后，用剪刀修剪出2cm缝份的前小肩位和3cm的袖窿缝份，继续以大头针加插固定。

立裁翻领线时，版师若判断设计图上画的衣领夹角（Lapel angle）偏高了一些，就要相应作降低的处

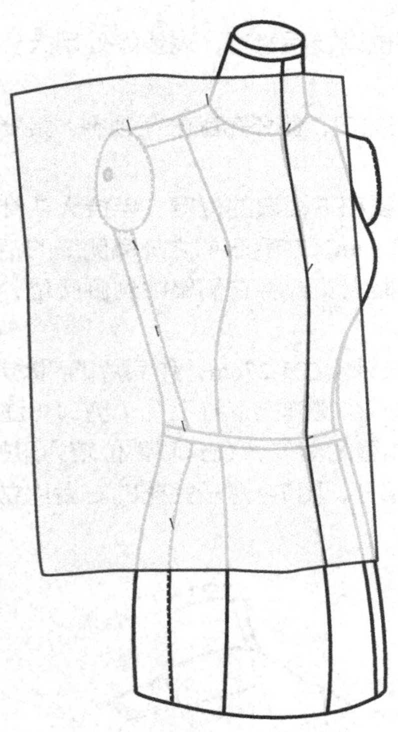

图7-5 前片坯布用大头针固定示意图

理。操作时首先可在翻领线起点（Break point）的位置剪个长剪口，从这个长剪口处把领线翻下来，当目测估算了上下衣领夹角的位置后，可试用款式胶条、马克笔等在右前胸的翻领部位的勾画出新上下翻领的形状，如图7-6所示。画完后当你把下领布翻下来时，就很容易看到翻领和上领形的位置高低了。假如这时候对所定的翻领位置感觉满意，就可在下翻领的正面画出它的轮廓线，沿设定轮廓留出约2.54 ～ 3.8cm的缝份，修剪出下翻领驳头（lapel）的造型。当然这样的改动最后需征得设计师的认同。

用手在腰位对着前胸即乳房以下的位置捏一个大约总量为7cm的腰部活褶，即参考后腰活褶在对折宽约为3.5cm，把活褶上下理顺，用大头针作斜向固定。需要说明的是，这里前腰褶的量是根据款式的需要而定的，它既要包得住腰带，但外观仍然要像一个活褶。但如果褶量不足，就很难呈现设计所要求的双重功能了。

在腰褶之外离侧缝的距离再拨出10 ～ 12cm的旁腰间碎褶量，作为前腰位的皱褶量，以多根大头针将它们集中到前侧腰位，用大头针在前侧片位置拼出约1.5cm的前胸活动量并将侧缝上下固定，前片立裁过程示意图如图7-7所示。

图7-6 勾画或贴出上下翻领形状的示意图

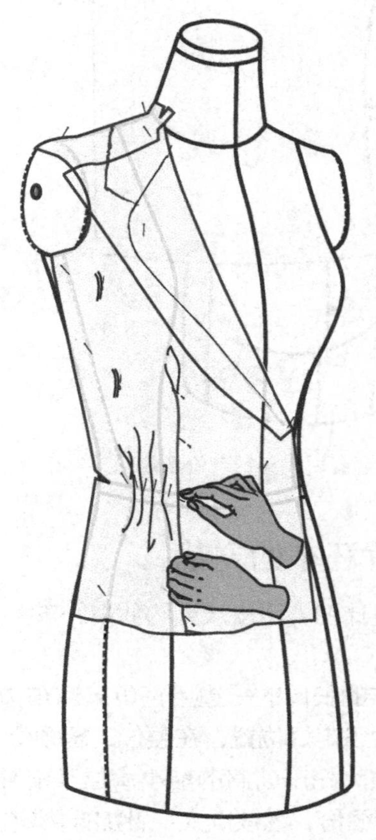

图7-7 前片立裁过程的示意图

四、立裁领子雏形和完成前片

立裁领子的要领是先裁出一片领子的雏形。剪出一条长约30cm，高约15cm的斜纹领子的坯布，在领底线的一边，剪一些密集的剪口，把它从领后中沿领窝线用大头针拼到人台上并翻好。然后用马克笔在坯布上面勾画出领子的大轮廓和高度后修剪出接近的领形，如图7-8所示。最后取下这块准领片放在一旁，等绱插肩袖后再精裁调整。

接着用蜡片将前侧缝线扫涂出来，修剪其缝份并留出2.54cm并将后片侧缝与前片侧缝合拼起来。用目测将前过肩的位置定下，用笔标出，用剪刀剪掉前过肩的部分，到此前后片无过肩的立裁效果就完成了，为方便下一步绱袖作准备，如图7-9所示。

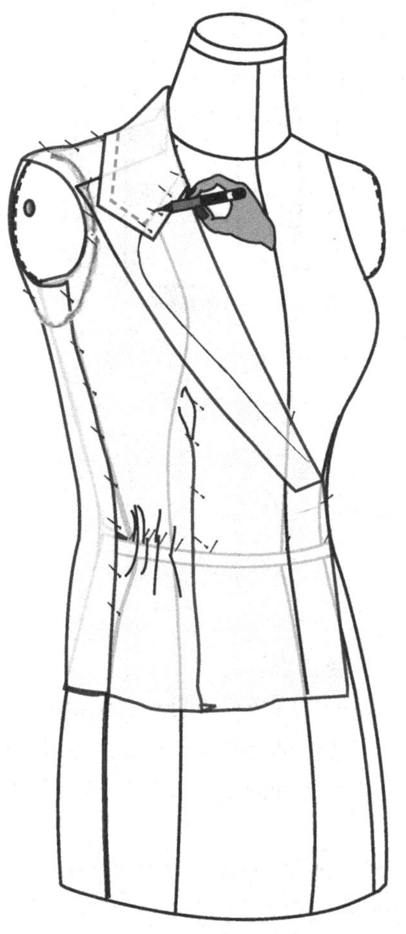

图7-8　立裁时勾画领子示意图

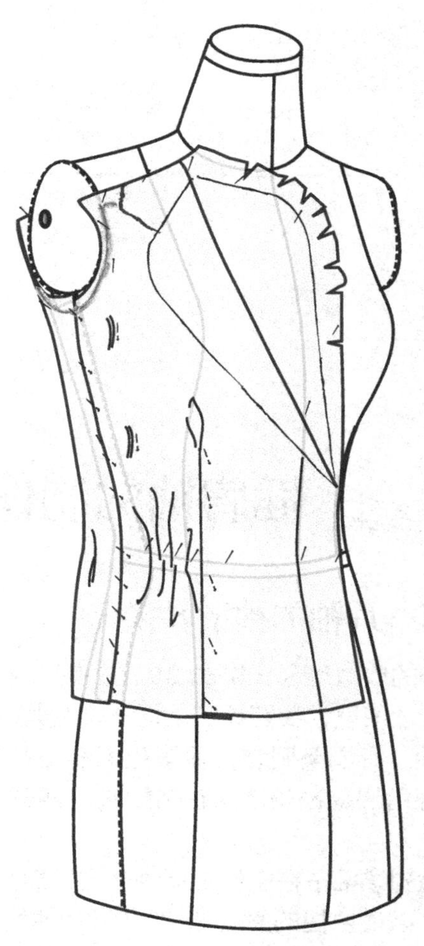

图7-9　前后片无过肩的立裁效果示意图

五、腰带的裁法

我们先取一块坯布在直纹方向画出布纹线，留出约1.3cm做缝份。折出一条长45cm、宽6cm的临时腰带（Waist band），并折烫好，把它别到右腰褶间和后中腰位，如过长可修剪一下，如图7-10所示。

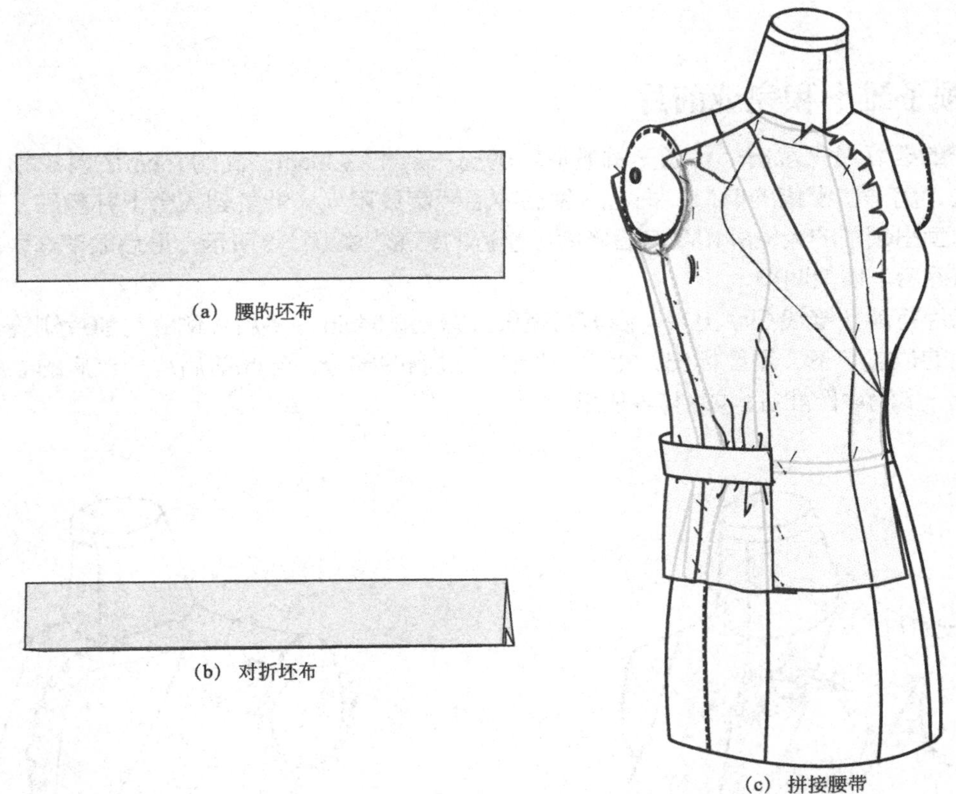

(a) 腰的坯布

(b) 对折坯布

(c) 拼接腰带

图7-10 腰带坯布的立裁法演示图

第二节 插肩袖的制作

一、用一片袖的袖形转换

袖子的造型是这一款式成功的关键，所以要在袖子的裁剪上多费心思。

从设计图里，我们看到这是一只被美国服装行业称为“三个骨长的袖子”（Three quarter sleeves），也称中长袖。粤港澳服装行业里也习惯把袖的总长的每四分之一长度（A quarter lengh）称为一个骨，所谓三个骨指的是袖长度为正常袖长的四分之三。假设正常的长袖长为60cm，那它的三个骨袖就应该是45cm。

考虑到该袖子在制作过程中还会被展开（Spread out）和拉长，所以开始时要将袖长尺寸先定得短一些。为了以最快捷的方式做出喇叭形的袖片，我们将袖形的制作分成几步：画线、展开、拉大、画袖中开线，再分成前袖片、后袖片及与前、后插肩组合而成的新袖形。

怎样才能画出与设计图中带活褶和插肩部分的大喇叭形袖子呢？让我们化难为易，从普通的一片袖开始下手吧。

1.画线展开

如图7-11所示，用白纸先画出大约长“三个骨”的一片袖。假设它长42cm，袖肥约33cm，袖山斜线（Sleeve cap diagonal line）长约23cm，袖口宽约33cm（以上都是些假设的尺寸，并不是袖子的最终尺寸）。在一片袖的袖山和袖身画上多条等份蓝色的分割线（Seams），如图7-12所示。给各个小片标上编号，为下一部剪开并展开袖形作准备。

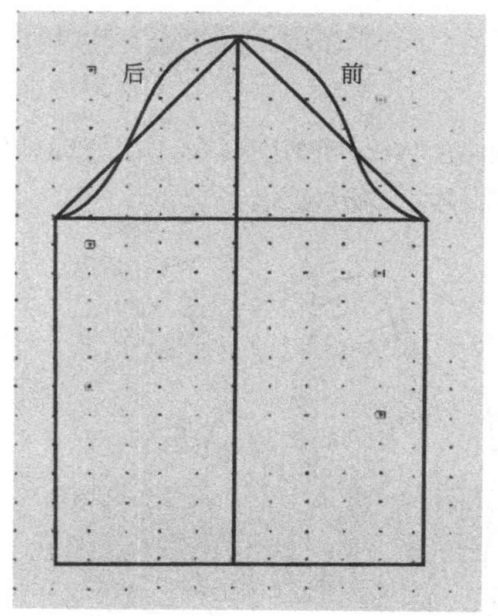

图7-11　先画出片“三个骨”长普通袖子的示意图

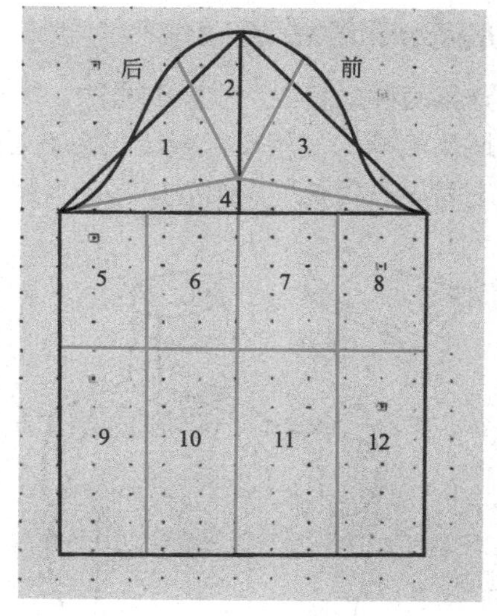

图7-12　在袖子上描画蓝色分割线的示意图

2. 剪开拉大

准备一张画好直纹线和一片袖的花点纸，以直纹线为基准，沿蓝线把袖片剪成小方块，把剪开的袖片对称地铺到这张纸上，对袖子的袖山和袖身分别进行展开、拉大、移动、定位等，待版师觉得袖子较为接近设计图的外形时就用大头针将裁片位置固定下来。

如图7-13所示，我们看到了袖山头上有提高和展开的空间（Additional space），这正是该袖头上活褶（Sleeve pleats）的位置。这时用铅笔以虚线勾画新的袖形，袖头活褶的宽窄和位置大小可留在后面立裁时再进行调整。

二、前后喇叭袖的画分法

要立裁出喇叭形的插肩袖只用图7-13的袖型是不够的，要使袖子成为真正的喇叭形，可通过在袖中线设分割线，依靠袖中线的辅助，将喇叭外形画出。

如图7-14所示，用尺子和铅笔在新袖片总图的袖中线上将我们想要的新袖片的前后袖中弧线画出来，袖中的弧线塑造的是手臂的肌肉弧线和喇叭的轮廓。要提请版师们注意的是，前后的弧线形要基本对称相似，弧长和剪口要一致。下一步该是在袖山头上加上前后插肩了。

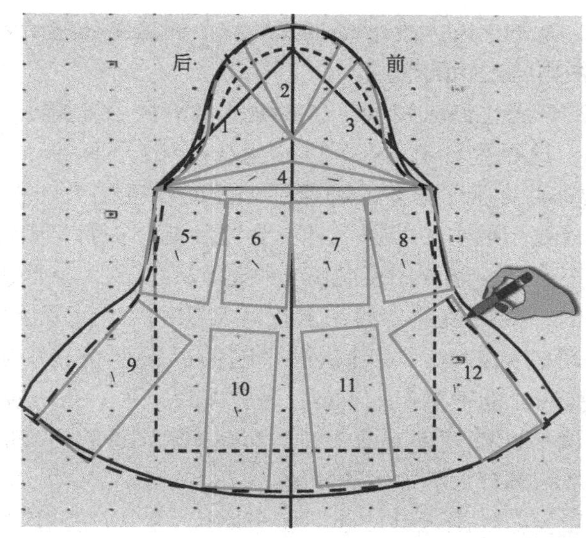

图7-13　根据蓝线剪开袖子并展开、拉伸和粘贴固定示意图

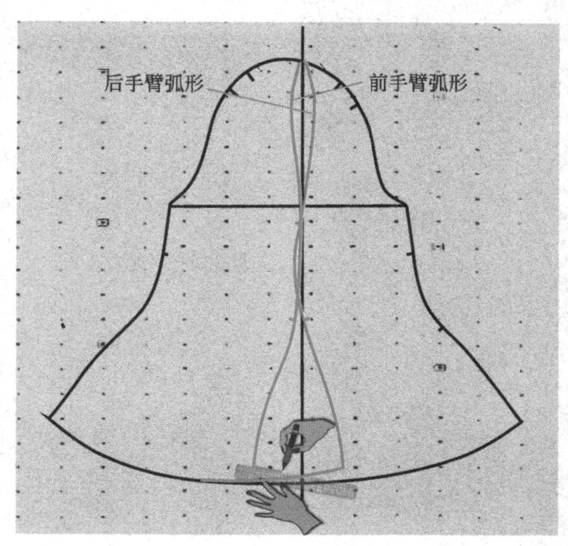

图7-14　在袖子的袖中线上加画前后喇叭外形线示意图

三、插肩裁片的立裁

这里介绍两种插肩裁片立裁的方法。

（1）坯布涂擦法：用皮尺量出前后右插肩的宽和高，各加长约7cm后剪出坯布。在前后肩部用蜡片涂擦后剪出前后过肩裁片。图7-15和图7-16是坯布涂擦前后插肩裁片的示意图。

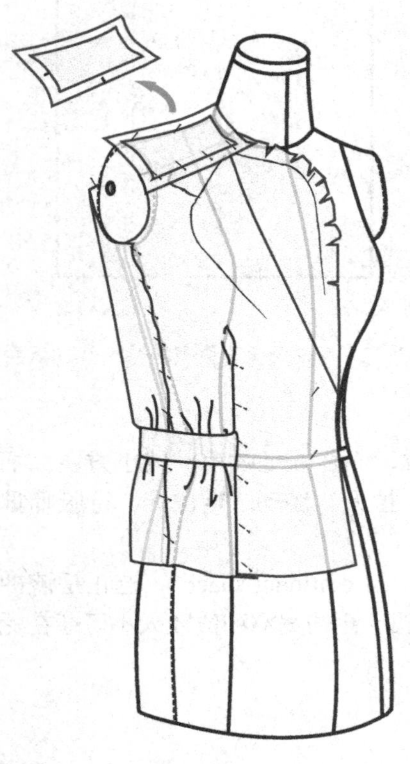

图7-15 后肩插肩片立裁示意图

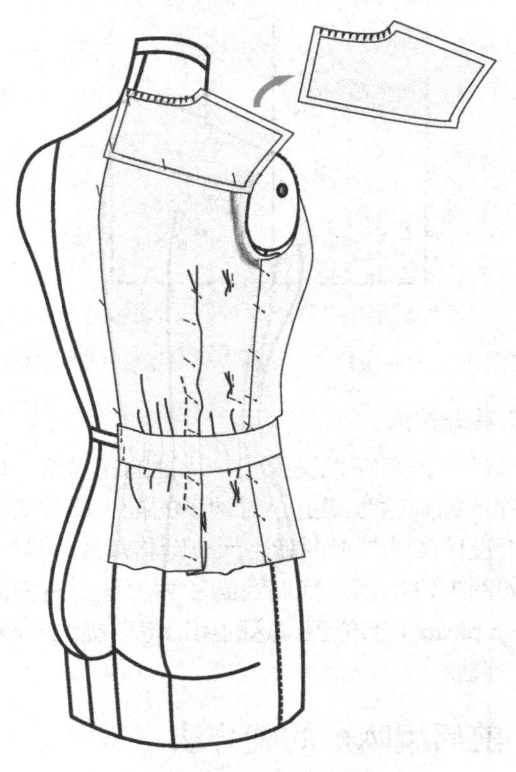

图7-16 前肩插肩片立裁示意图

（2）另一种办法是利用之前被剪下来的原插肩部分，再加上足够的缝份剪出新的裁片，然后上人台确认，成为新的前后插肩裁片，这也不失为一种快捷的前后插肩片的裁剪方法。

图7-17 用过线轮和铅笔描画出前后袖示意图

前后插肩裁剪完成后，把它们和袖身纸样连接在一起，如图7-17所示，就形成了袖子加上了前后插肩的结合图。至此，新袖子的大外形基本成形。下面是要在这结合袖片的总图再画出新的袖片。

细心的读者也许会发现，这款喇叭袖的前后袖肥略有大小之别。这是为什么呢？因为立裁讲究的是服务于人体。生活中朝前活动更多，倘若后袖能比前袖略大一些，着装后肩缝线和袖中线视觉上才不会往后偏，衣服穿着后的袖子才正合适，避免出现总感觉往后跑的现象。从侧面观察袖子时，袖中线才会落在真正意义的袖中上。因此，在检查袖子的结构时，要确认袖子的前后版型叠在一起时，后袖宽应比前袖宽3 ~ 4cm，而后袖的肩斜（Shoulder slope）高度应比前肩斜略高1.5 ~ 2cm。这就是前后喇叭袖的前后袖肥略有大小之别的原因。

下一步要在袖山上铺放前后坯布肩片，然后在前后插肩的结合总图上画出新的前后喇叭袖。

在袖山上别好前后肩片，然后在原袖的袖山上加画出前后插肩轮廓和缝份，接拼好上人台确认，应特别留意袖山头与插肩部位要接圆顺。为下一步将前后喇叭袖图纸分开做准备。

四、前后袖片的分离

现在将要进行的是前后袖片的分离。先准备两张足够大的花点纸，把它们先后放在总图的上方，用大头针固定四周，用尺子和铅笔把前袖片和后袖片的纸样临摹出来。如图7-18所示，是分离后前后袖片图形的描画示意图。描绘好前后袖片后的轮廓后，在画缝份之前，要把袖子的前后片重合对照，检查一下它们的形状和线与线之间的吻合度。尽可能调整成外形很近似，同时后袖片略大于前袖片。然后，用虚线把袖口贴边的高度定出，为下一步画袖口的贴边做准备。留出1.27cm的缝份就可以用坯布剪出新的袖片了。

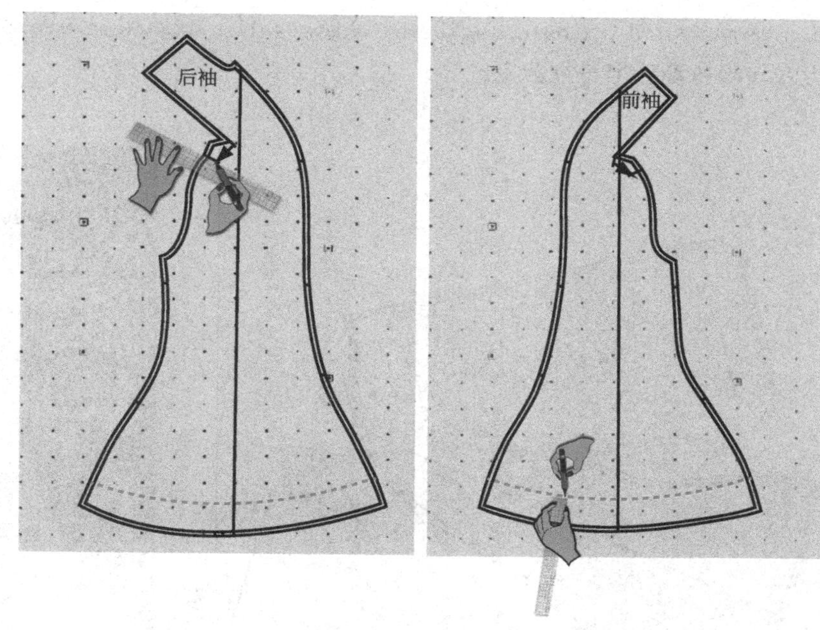

图7-18　分离后的前后袖片纸样描画示意图

五、画大袖子的贴边

大喇叭袖口弧形弯度大，用直接从袖身画出折边的做法会给缝纫增加难度，效果欠佳。所以该袖子需要做与袖口弧型一致的贴边（Sleeve facing）。按原来在大袖下摆描画5.5cm高的贴边，取花点纸将前后袖子的贴边描画出来。如图7-19所示，就是该喇叭袖子的前后贴边描画的示意图。值得一提的是，此外打剪口要采用前袖片单、后袖片双的方式，以方便车缝师傅辨认，节省缝制时间，避免差错的发生。

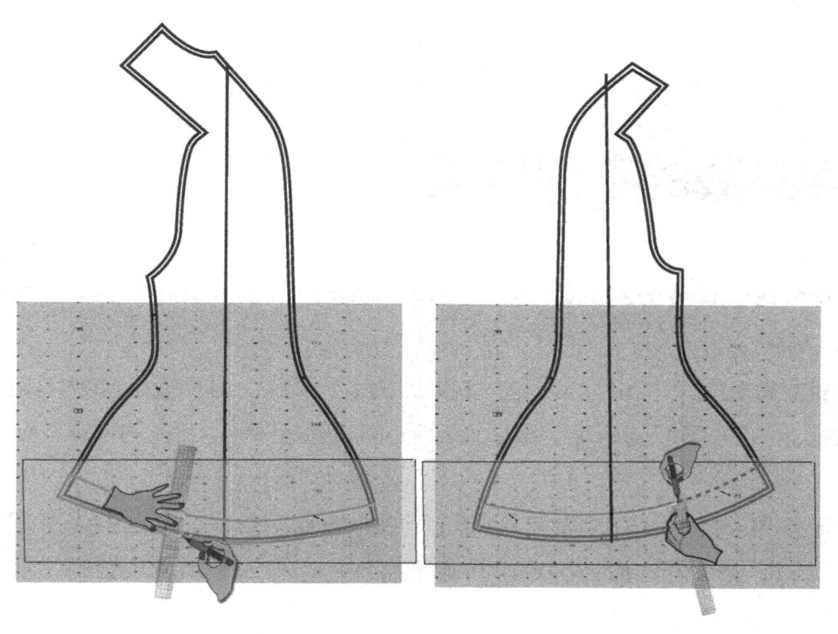

图7-19　喇叭袖子的前后贴边描画示意图

六、大喇叭形插肩袖坯布的别合

在把大喇叭形插肩袖剪出和在人台别合时，我们要采取的步骤是先检查后绱袖。

先检查的具体方法是把前后身坯布从人台上摘取下来，把剪口修齐。接着用袖子的纸样来度量它与坯布前后袖窿的吻合程度，检查是否长短合适，如果有不合适的情况，应该马上做必要的调整。比如袖山的弧长与褶位不对接时，可以考虑利用加大或移动袖山的褶子来配合它们的长度尺寸，假如袖山的弧长与袖窿的弧长（Arc length）不一样，则可考虑利用加深或减短袖窿深度来改变袖子的弧长。图7-20是检查袖子与袖窿及前后过肩的吻合度的示意图。

后绱袖指的是将大喇叭形插肩袖的前后片用坯布剪出，用缝纫机合缝或用大头针拼合后，再与人台上的前后身，还有领子等坯布的拼合及调整的过程。在确认全身的立裁都满意时，就可用手针将纽扣位、上下翻领及门襟下角的定形轮廓用手缝做好，使立裁效果更为完善和接近样板。如图7-21是大喇叭袖女上衣前半身及后半身立裁完成图。

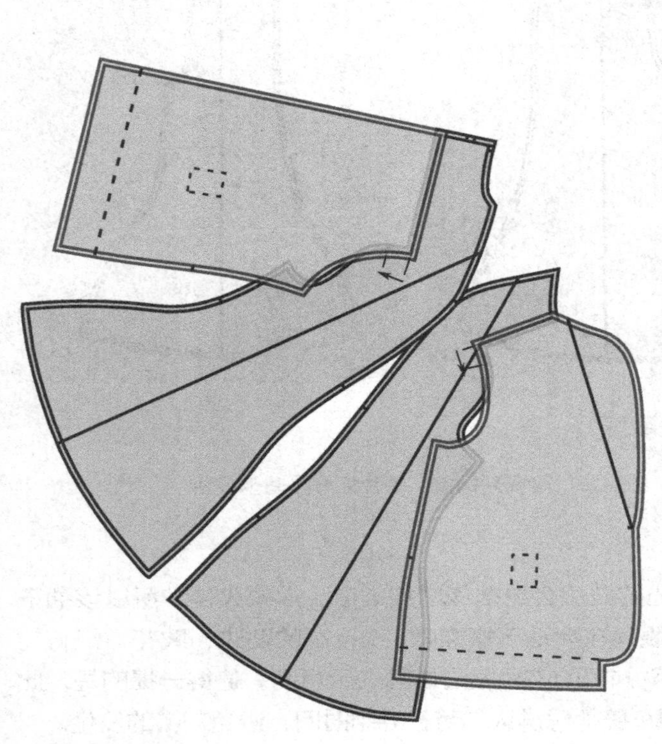
图7-20　检查袖子与袖窿及前后过肩的吻合度示意图

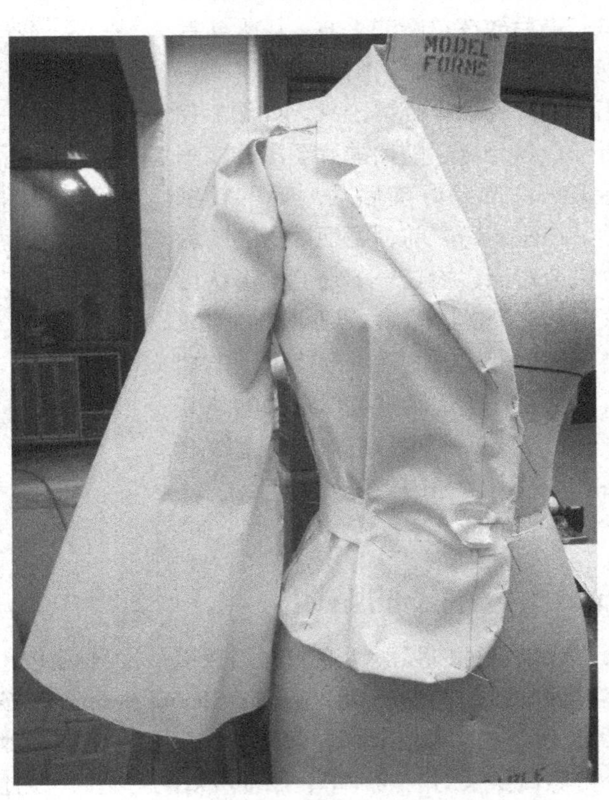

图7-21　大喇叭袖女外套前半身立裁完成图

第三节　半件和整件立裁的不同效果

立裁中，为了省时省料，一般对称的款式只立裁右半身，对于偏襟和不对称的款式，我们要进行整件的立裁，但凡事都有例外，本款就是其一。

如图7-21和图7-22所示，当右半身立裁完成后，设计师对立裁效果进行了审核。由于设计师对两只大喇叭袖（large flared sleeves）的同时出现的效果把握不足，所以设计师要求版师把整件上衣的坯布都缝合出来。

图7-23是整件大喇叭袖上衣的立裁效果。的确，在立裁打版的过程中，当我们对眼前服装的造型把握不足时，把半件坯布做成整件帮助我们作出更好的设计决定。在看了整件坯布样衣之后，设计师才放心地同意了把坯布转换成纸样。

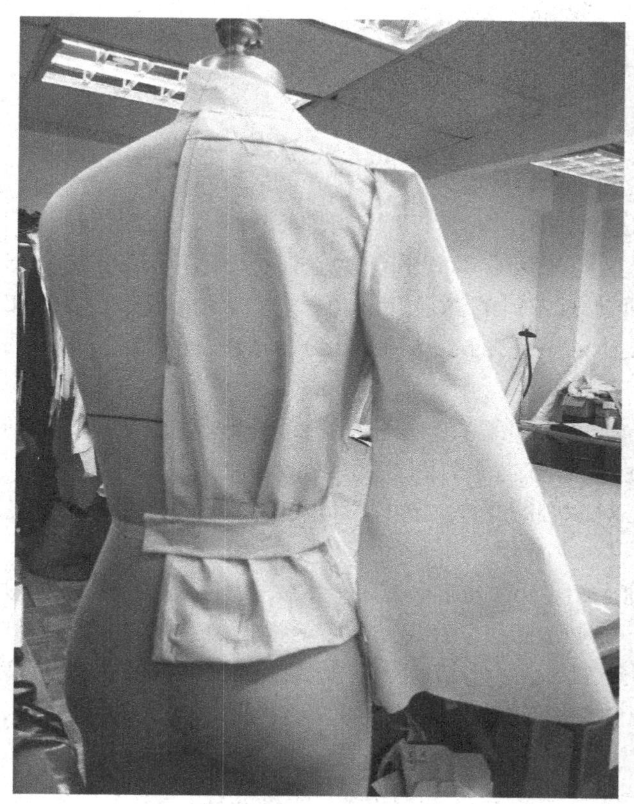

图7-22　大喇叭袖女外套后半身立裁完成图

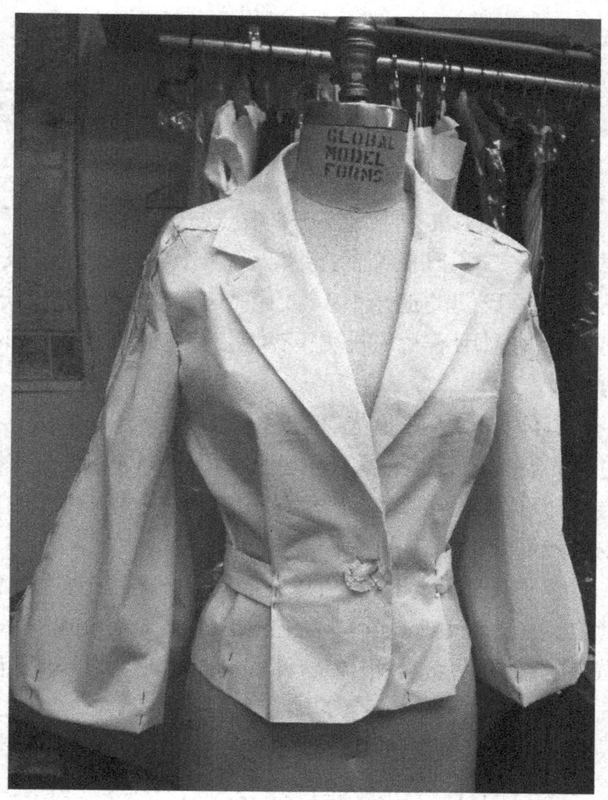

图7-23　喇叭袖女外套全身立裁示意图

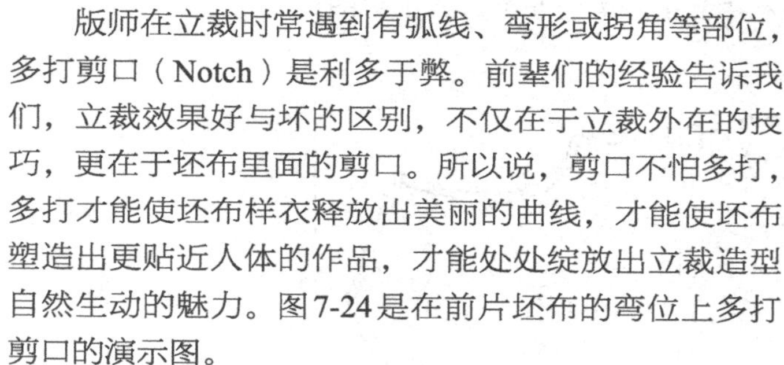

版师在立裁时常遇到有弧线、弯形或拐角等部位，多打剪口（Notch）是利多于弊。前辈们的经验告诉我们，立裁效果好与坏的区别，不仅在于立裁外在的技巧，更在于坯布里面的剪口。所以说，剪口不怕多打，多打才能使坯布样衣释放出美丽的曲线，才能使坯布塑造出更贴近人体的作品，才能处处绽放出立裁造型自然生动的魅力。图7-24是在前片坯布的弯位上多打剪口的演示图。

几乎所有呈弧形的人体部位，如袖窿、袖山、腰线、侧缝线、领子、前后裆、领子、领围等，在立裁时如果发现某些地方不顺，好像被拉扯或者不显曲线感，显得死板而没有生命力时，那你就可以考虑在该处的缝份位多打一些剪口。当你的剪口打多了，你就会发现这服装造型也鲜活漂亮了。缝制衣服时也一样，同样也离不开“众剪口”暗地里的支持。

打剪口的另一个小窍门也非常重要，那就是做衣服时，剪口“斜”打比“直”打要合适些，探究其原因是斜打的剪口不容易有毛边（Frayed edge），也称为散口，而直打的剪口因为与经纬纱的纹理同向，往往会立即产生烂边、坯口的现象。许多人都或多或少有过所穿的衣服曾有缝边往外破口的经验，那很可能就是由这个制作缺陷造成的。

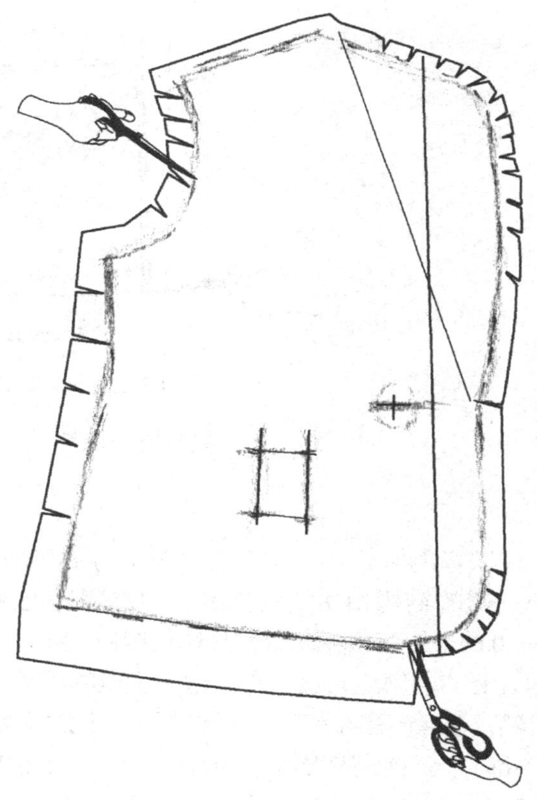

图7-24　前片坯布弯位处多打剪口的示意图

第四节 前门襟贴边的画法

这是一件左右门襟不对称的款式。其右门襟下脚是圆形的，左片门襟的下脚呈方形。这意味着我们要做出左右不同的前门襟版型。当然，我们可以独立完成两个不同的前片。苦干的精神虽可嘉，但巧干更是我们的追求。只要有可能，版师都应该选择省时省料的途径完成每一个作品。那么，我们如何巧妙地利用右片剪出左前片呢？关键是靠铺纸时要内对内（Inside to inside）和剪纸样时要先方后圆两招。

具体操作步骤是先在左片花点纸画上一直线，并把它与右前片纸样的布纹线对准。在叠合左右片的时候，花点纸之间的重叠要里对里。这种方法在美国服装界称为面对面立裁（Face to face），粤港澳的服装行业称为"合掌裁"，寓意为像手掌合起一样地掌心对掌心的操作。这样，同样大小的版型裁出来后就成了我们需要的右前片和左前片了。

至于先方后圆的做法是先用过线轮将右前片的翻领线（Lapel line）、前腰褶位（Front waist pleat）、腰带位置（Belt location）、纽位（Button position）等一一刻到左片的图纸上，接着根据过线轮的痕迹将刚描刻的结构线都描画出来，同时将右前片的外形描刻到左片上，当描画到前襟下脚时，将其圆角和90度直角都画好，然后先合剪成直角后再剪圆角。要注意的是先不要把左右前片分开，把剪口打好后再打开，以确保两前片门襟剪口的一致性。

还有另外一个更为直接的方法，那就是备好另一张花点纸，反面对准纸上的花点用大头针拼好后，在反面上把右前下角处画出直角，先剪出直角接着按右片外轮廓剪出左片，一起打剪口，最后补画出左前片里的纽扣位和圆角等细节和缝份线。图7-25是利用右前片剪出左前片的示意图。

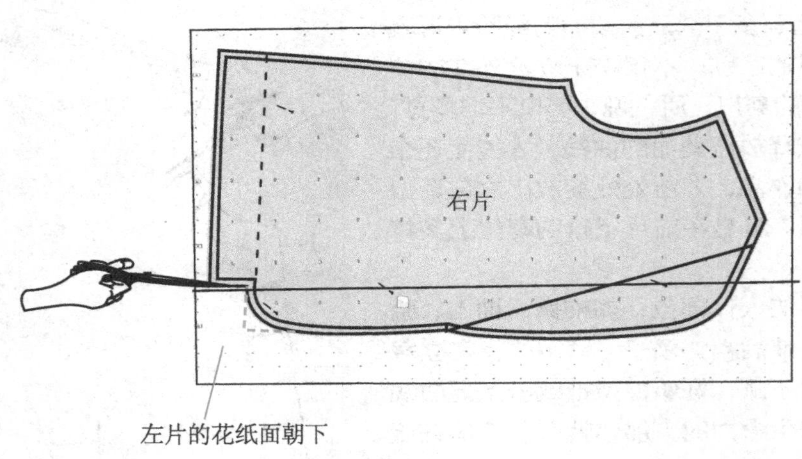

图7-25 利用右前片剪出左前片的示意图

在纸样的制作中，前门襟（贴边）的形成一般可借助于前片纸样。因为前门襟服务于前片，而由于门襟的结构和功能的需要，门襟翻领上部外边沿（Top front facing edge）要比前片的外轮廓大出0.3 ~ 0.6cm的翻领活动量，具体长度应视布料的厚薄而决定，布料较厚时则翻领活动量需加大些。这是一种必要的翻领活动量，有了这一丁点的活动量和松动位，翻出来的门襟才能平顺，不被拉牵，才够生动自然，而且门襟在整烫时前中边沿才不会因面布缝份凸边而有碍观瞻。

此外，画前门襟时另一个要点是，在门襟下脚与衬里连接的一侧加长0.3cm，具体的画法请细看图7-26（a）、图7-27（b）的处理。别小看这小小的0.3cm，它能有效地防止衣服做好后，门襟与里布之间出现拉紧（Tighten）和吊襟（Facing hanging）的现象。我们都想做出好看合身（Fit perfectly）的服装，但成衣的成功与否其实并不全在设计或面料上，它往往隐藏在一些不起眼的小细节上。所以，我们只有对这些细节给予足够的重视并且处理到位，才能呈现完善的服装作品。综上所述，门襟是一个很需要被重视和特别处理的细部。

在绘制本款外套的门襟时，除了要注意以上要点外，还要将前片和插肩合拼才能画出门襟。由于这款外套的门襟左右各异，所以，之前提到的“合掌裁”、“面对面”、“内对内”的裁法都适合在这里使用。图7-26、图7-27是该款式的左右前门襟的画法示意图。首先要将前片和插肩合拼，在为画门襟而准备的花点纸上画上直纹线，用大头针固定，然后用笔和尺子在前片上将门襟按“蓝色虚线”所示的方法画出它的外形，用过线轮将其描刻到花点纸上。下一步是按图示描绘出门襟，画顺画准然后剪出。

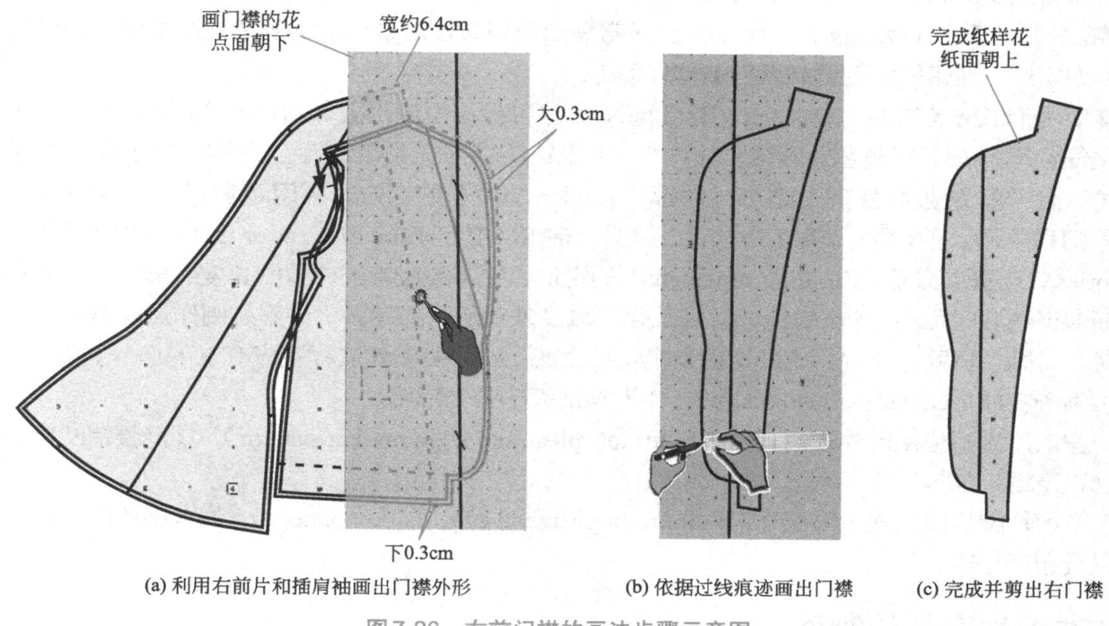

(a) 利用右前片和插肩袖画出门襟外形　(b) 依据过线痕迹画出门襟　(c) 完成并剪出右门襟

图7-26　右前门襟的画法步骤示意图

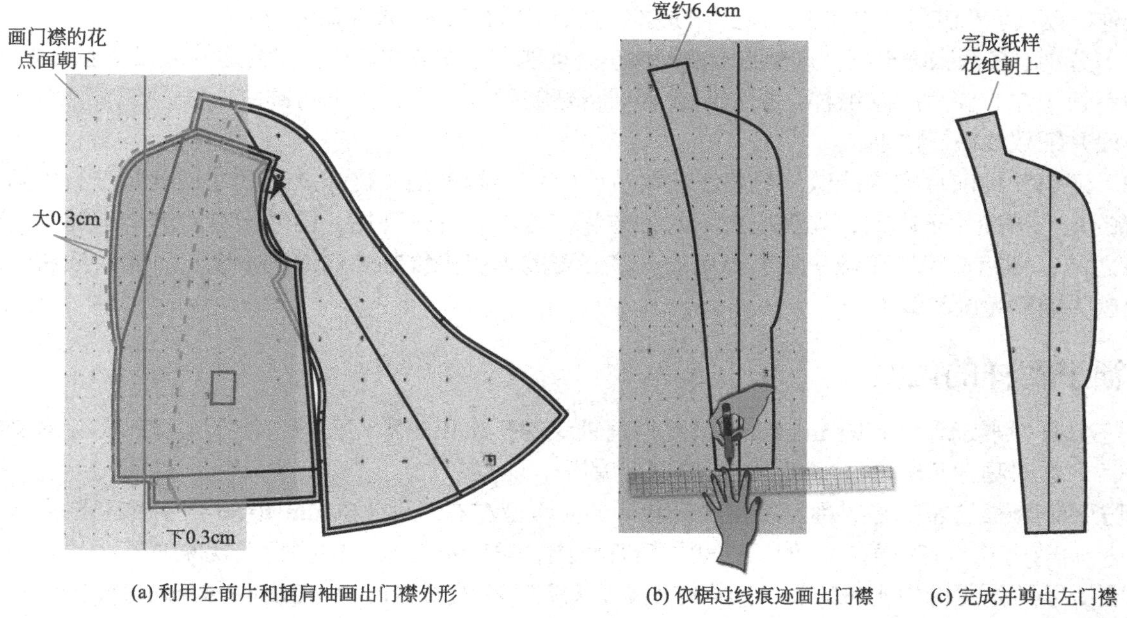

(a) 利用左前片和插肩袖画出门襟外形　(b) 依据过线痕迹画出门襟　(c) 完成并剪出左门襟

图7-27　左前门襟的画法步骤示意图

第五节 实样的概念

一、什么是实样

什么是实样/划线版（Marker/Sloper）？实样是服装生产或车缝制作过程中指定使用的“定位专用划线纸样（Standard positioning/Standard placement）”。所谓“实”包含了车缝实线、实际位置、实线轮廓（除去了缝份）之意。样就是样版、硬纸样。通常需要用到实样的某一轮廓部位是需要除去缝份的；否则就不能称为实样，而带缝份的普通纸样被称为毛样。

实样使用卡纸的英文名是Oak tag / Hard paper，这种板房里通常被称为Hard Paper的版型专用纸，它的一面呈绿色而另一面呈黄色。服装制作中为了确保服装左右对称和使手工制作更规范化，故采用实样划线定位，使小批量服装生产达到每一件都来自同一个模子的功效。采用了它就比较容易控制诸如前领角、前门襟外沿、前襟脚、袋位、纽门、纽位、褶形（The shape of pleat or dart）、褶位、襻形、辅料（Accessories）及服装饰品（Clothing ornament）的定位、加工完成等的位置的长度、形状、尺寸和工艺规格，从而保证衣服对称性（Symmetry）、规范化，减少外观形状的差异。使服装制作过程有实样的定位可依、可对、可画、可验、可定。比如这款大喇叭袖女式上衣所需制作实样就应有以下几个部位。

（1）领子实样（Collar marker pattern），作为规范领子的外形用。

（2）左前片腰褶位及前中边沿实样（Front left pleat and edge marker pattern），规范腰褶的位置和前门襟的轮廓以及纽扣位等。

（3）右前片腰褶位及前边沿实样（Front right pleat and edge marker pattern），规范腰褶的位置和前门襟的轮廓以及纽门位等。

二、左右前片实样的制作

保持前中门襟边沿和领子的对称性与一致性都一样重要。所以在做样板时就要做出左右前片实样来帮助制作。现在我们来学习左右前片实样的制作方法，如图7-28、图7-29所示。

（1）分别准备两张硬卡纸，这两张卡纸的大小必须能容下左或右前片。在合适的位置画出前中心直线。

（2）找出左右前片的软纸样，把它们放到准备好的硬卡纸上，上下对准中心线，在四周用透明胶带分成小段并细致地粘好贴平。

（3）还有一种前片实样的做法是将左右前片合钉在一起剪出。这样做的好处是确保左右相同。唯一要注意的是在剪前片下脚时，先剪出左下方的方脚，等左右片分开后，再修出右片的小圆脚。但在左右片分开之前，须用过线轮和锥子将纸样里的一些必要的内容先复制到双面的卡纸上，随后把它们描绘清楚后再剪去前沿轮廓的缝份。

三、领子实样的做法

领子实样/划线版（Collar marker）是为勾画领底的形状和轮廓而设的，使用实样的实际意义在于能做出一片左右对称性（Symmetry）且角度相同的领子。

领子的制版最注重的是对称。经验告诉我们要使版型左右对称（Symmetrical），最取巧的办法就是将纸样对折后剪出并一齐打剪口。如果把裁片摊开画出，再对折起来，往往会发现左右不一致或极容易变形。显然，不用对折而做出来的领子实样将很难经得起查衣的质量控制（Quality control）关卡。

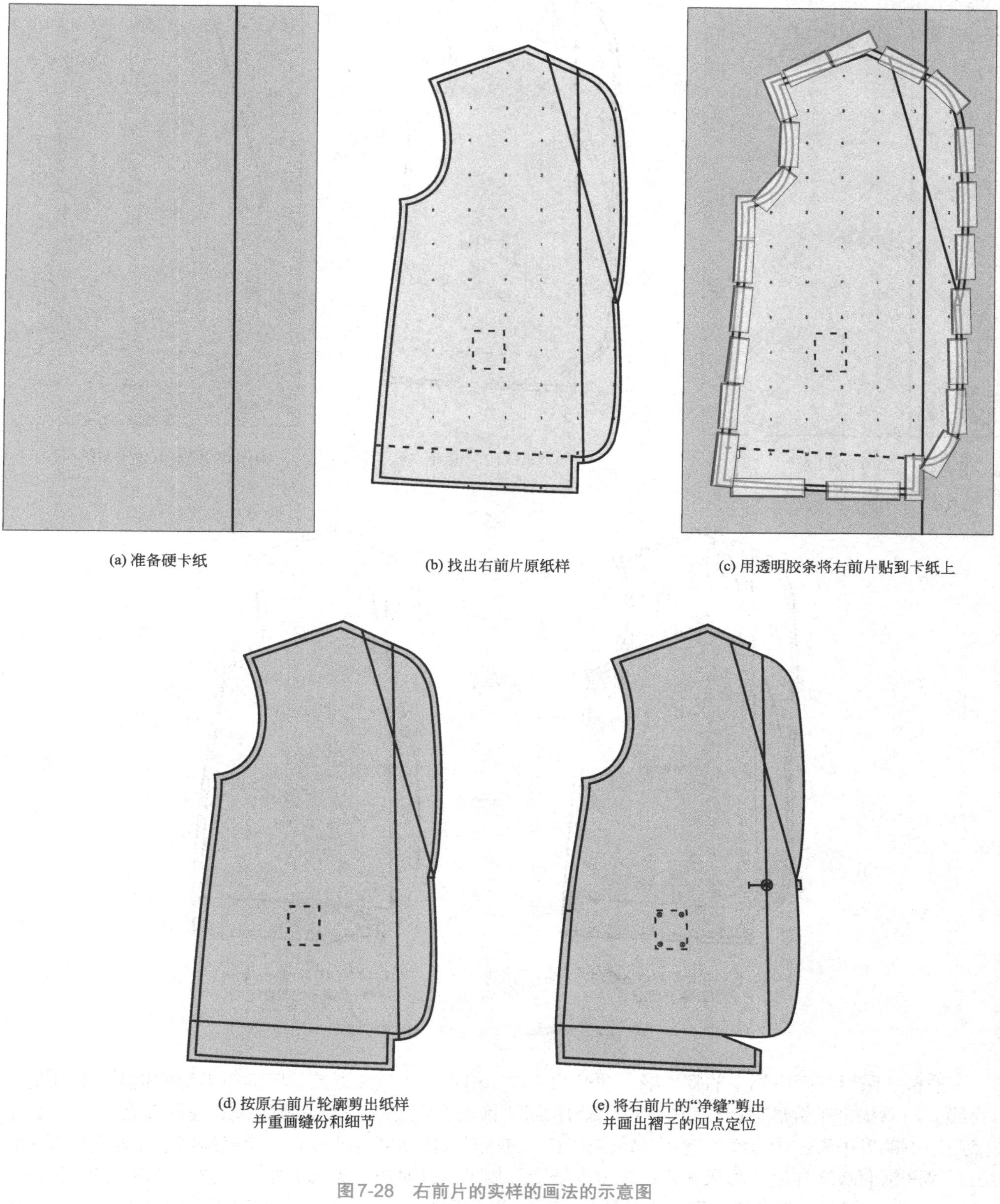

(a) 准备硬卡纸

(b) 找出右前片原纸样

(c) 用透明胶条将右前片贴到卡纸上

(d) 按原右前片轮廓剪出纸样
并重画缝份和细节

(e) 将右前片的"净缝"剪出
并画出褶子的四点定位

图7-28　右前片的实样的画法的示意图

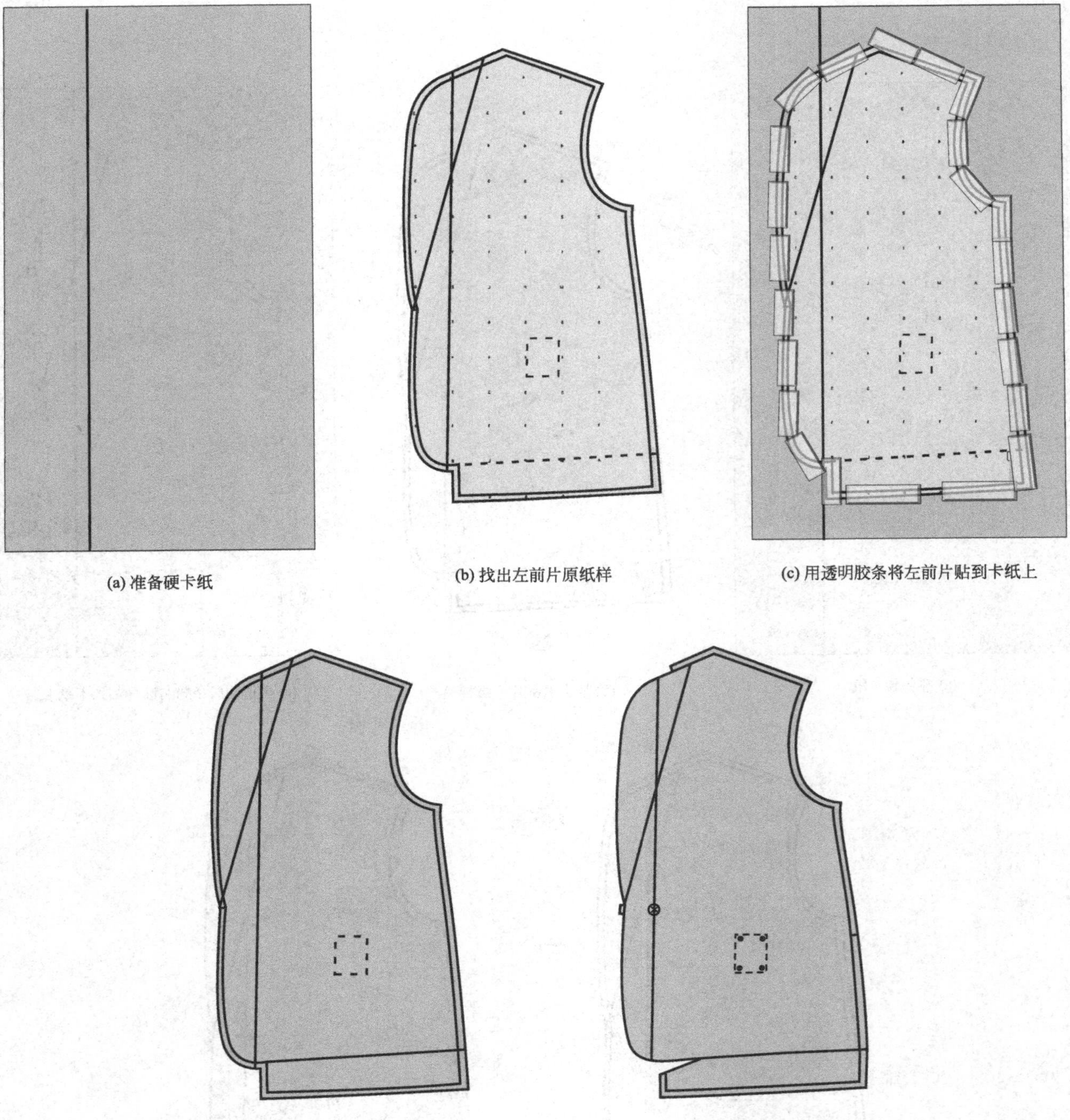

(a) 准备硬卡纸

(b) 找出左前片原纸样

(c) 用透明胶条将左前片贴到卡纸上

(d) 按原左片轮廓剪出纸样
并重画缝份和细节

(e) 将左前片的"净缝"剪出
并画出褶子的四点定位

图7-29 左前片的实样的画法的示意图

准备一张足够画出领子的硬卡纸，在纸的中央画出中心垂直线之后，用锥子再帮忙刻画出该中心垂直线，然后按锥子折痕对折卡纸；将领子的软纸样摆到卡纸上，使两垂直中线对准并重叠（Over lap），然后用小铁夹子夹住中心线后就可开始描刻了。描刻时只需将领片的实线、净缝线用过线轮描刻到卡纸上，挪开领面软纸样后，用尺子和铅笔将卡纸上的领子实样画出，见图7-30。注意领子周围的三面均为净缝，无需加缝份，只需要在领底的颈围线（Neck line）加上缝份和剪口，领子实样就水到渠成了。从领子的实样画法，我们能领悟到关于对称纸样对折制作的必要性，其准确性和保险性就不言而喻了。

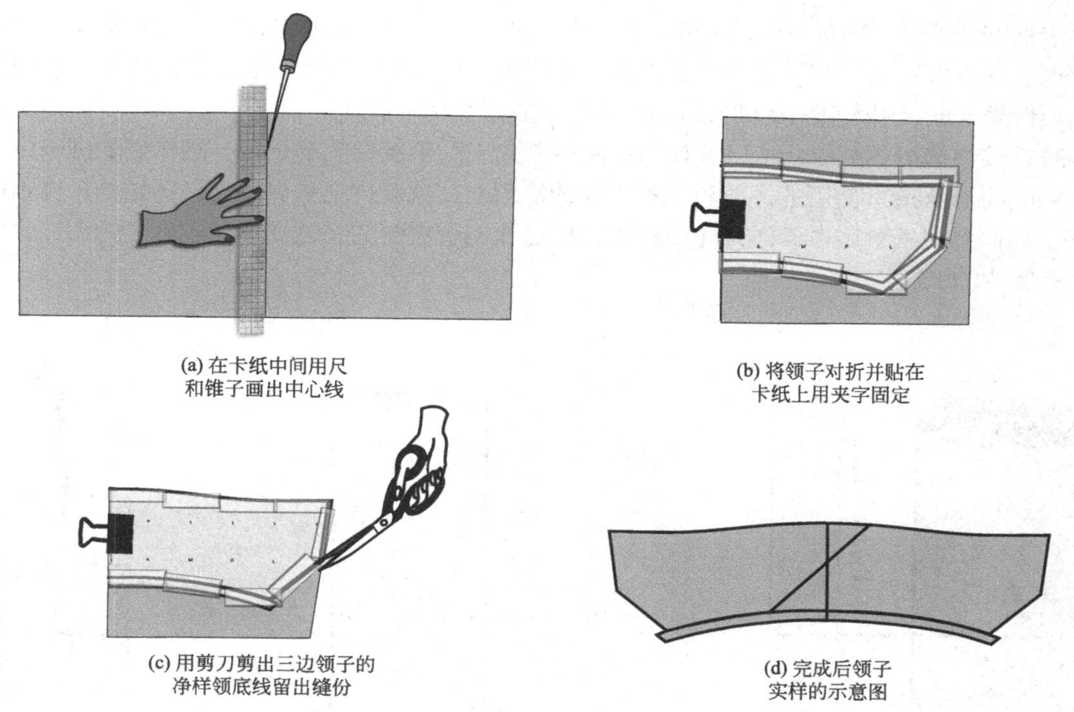

图7-30　领子的实样的画法的方法示意图

这里再提一下净样（Seamless pattern /Seamless sloper）和毛样（Pattern with seam allowance）的问题。中国的服装行业里习惯把除去了缝份的纸样称为净样，带有缝份的纸样称为毛样。顺理成章，不带缝份的裁片就被称为净片，不带缝份的边线就该叫"净边"或"实线"了。美国的实样实际上是净缝和毛缝共存的纸样，而这是为了方便我们在毛缝（含缝份）的裁片上画出实线而设置的。

四、制作硬卡纸版型及实样小提示

卡纸也叫硬卡纸（Hard paper），它是一种有一定厚度的、两面均可使用（Double face）的打版专用纸。卡纸的两面分别是浅绿色（Light green）和浅黄色（Light yellow）。美国的打版师们习惯选用浅黄色作为面料或衬里等的纸样，而将浅绿色的一面作为实样使用。以浅绿色作为正面的实样，加上不同颜色的文字说明，在裁剪师（Cutters）分辨纸样以及车缝工寻找实样时，就能迅速无误地辨认和提取。再者，实样之所以要用硬卡纸进行制作，主要是它有防止变形、确保描画定位准确和容易勾画等特点。

还有，在裁片上进行文字书写时，美国打版行业里习惯运用不同颜色来表示几种不同的物料（Material），以表示不同版型并提醒使用者。如面布（Self）用黑笔书写，衬里（Lining）用绿笔书写，黏合衬（Fusible）用红色书写，组合布料（Combo）用紫笔书写，而实样（Marker）则用咖啡色笔书写，其他的诸如辅料、缝份大小、制作细节匀用黑笔书写。对于一些重要的技术内容，版师还常用荧光马克笔进行突出（Highlight）标注提示（此书匀用蓝色来提示它们的重要性）。

制作硬卡纸版型需把剪出的软纸粘贴到卡纸上，版师可用压铁或大剪刀等把图纸压在卡纸上面，用手抚平铺正。从透明胶纸座上撕下一小段一小段的胶条，贴向软纸样的边沿，粘贴时采用对角双向粘贴，左右手开"弓"，来确保纸样左右平衡，完全平整，无气泡，无皱折。

卡纸的对折，怎样对折卡纸这个问题听起来有点太简单了吧？但需要提醒大家折卡纸时是要找到卡纸的直纹。假如利用卡纸的横纹方向对折卡纸的话，就会发现会很难折平，折线会变得扭曲不直。并且下一步在裁床用版型排版和画版时，如果硬纸样不平整，画版的质量也难以保证。所以我们要取直纹作为对折卡纸的纹向，就如同裁布料要取布的直纹一样，任何时候都要明确纸版和布料的直纹是垂直和正确的。那么，怎么才能找到卡纸的直纹呢？

其实卡纸的纸纹如同布料一样，它的直纹就在它的长度方向（Grain line）上，而横纹在其宽度之中。折叠卡纸时，首先要在纸的直纹方向画上直线，然后用直尺和锥子在卡纸上刻画出直线并利用刻线和双手沿着划痕折叠卡纸，用大剪刀的刀尖或剪口钳等工具帮忙刮平折痕。

图7-31是整卷卡纸的纸纹示意以及如何借助剪刀尖来刮平折痕的演示图。制作好的硬卡纸实样是给样板师（Sample makers）使用的，倘若你对实样的使用方式或裁片结构有疑问，不妨与车样板的师傅们沟通一下，他们会很乐意地告诉你，什么样的实样是他们所需要的。这样你既学到了知识，也制作出更合乎使用者需要的纸样。

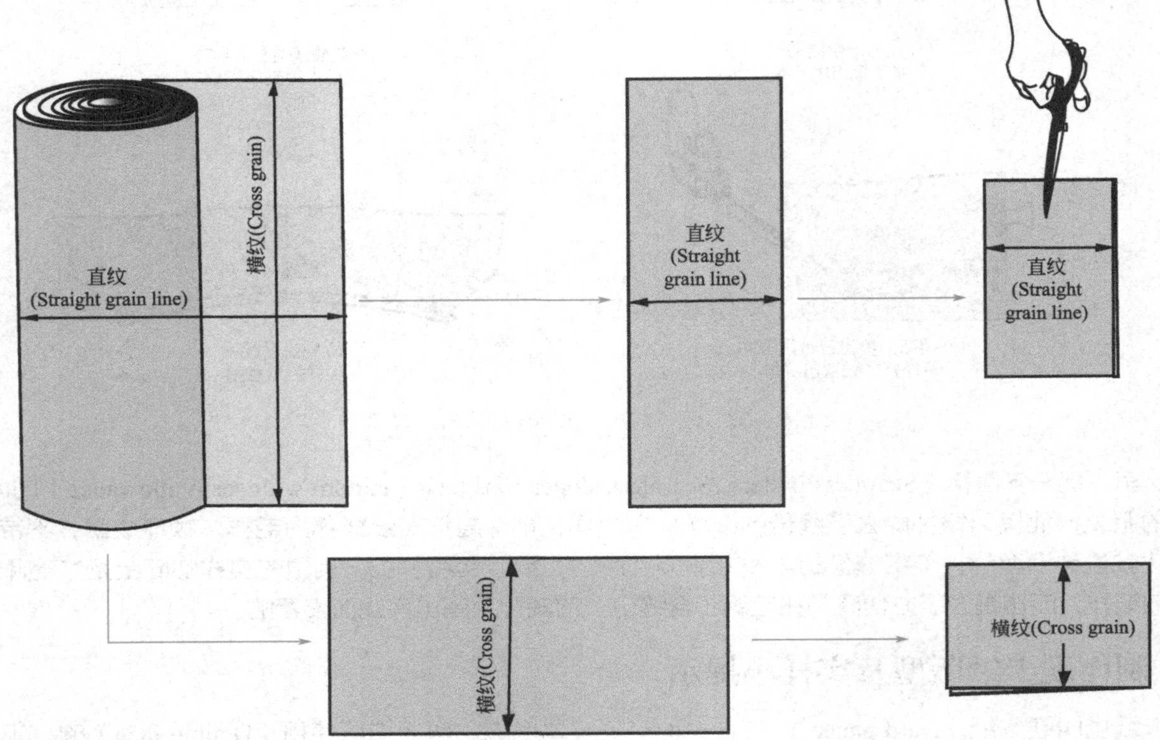

图7-31　整卷卡纸及其纸纹走向的示意图

图7-32是一套用硬卡纸制作的纸样展示。

图7-32　硬卡纸制作的整套版型示意图

第六节　纸样核查与缝份加放

一、纸样核查

关于纸样检查，我们在前面几个例子中已经强调过在纸样画完时不要急于将它们送裁，而是在送之前先做检查，尽可能避免或消灭差错。在这款编号为RJ-501的上衣中，我们要检查的是所有的线段长短和结构是否吻合，比例及细部 是否与设计图相符，所有的裁片是否留出了正确的缝份，必要的剪口都剪齐了，版型布纹的箭头是否画上了，有关的车缝技法说明是否漏写等。以下列举的是该上衣的大身与袖子等的校对与检查，如图7-33所示。图中各种符号的表示的意思如下。

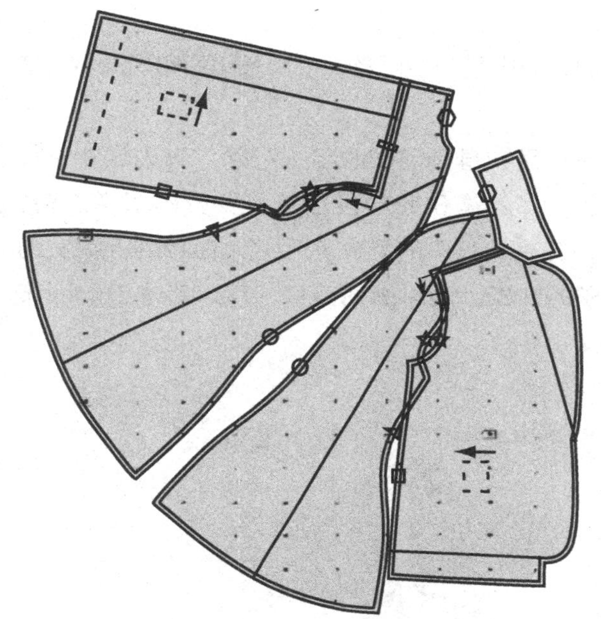

□：表示前后侧缝一样长，线条的形状要相似。

∇：表示后袖的内缝线要一样长，线条的形状要相似。

○：表示前袖的外缝线要一样长，线条的形状要相似。

▯：表示后身的上下过肩线（Back yoke）应一样长。

⬡：表示后领圈线和后领底线要一样长。

☆：表示袖窿与袖山的弧长要一致。

图7-33　大身、袖子和领子的校对示意图

二、缝份加放

加放缝份是有规律可循的，它的思路是：一要看设计师的要求，二看服装的整体效果的需要，三看样品档次及价格的要求。通常裁片弯曲的部位应加的缝份小一些，这样才能使得车缝容易和整烫方便。而较直的线条和缝边缝份则相对可留大一些。

0.6 ~ 1cm的缝份常加在弧线、弯位和起伏较大的曲线上，或者是前门襟、腰位、领子、袋盖（Flap）、腰带、袖山、袖窿、袖口线等。1.27cm及以上的缝份常用在肩缝、前侧缝、后侧缝、后中缝、领子后中缝、前后袖子侧缝以及下身如裤腰侧缝、裤裙外侧缝、裤与裙的内侧缝和裤前后裆线等。

衣服折脚加缝份的量可以从2.5 ~ 7.5cm或指定的尺寸而定，这适合上衣、袖子、裙子和裤子等长度位置，可根据款式和面料的不同要求而设定。做头板时，有经验的打版师常常在衣长或裙长（如晚装）的试身前对长度的折脚部位多留缝份，增加试身时变化的灵活性。

第七节 衬里的做法

在所有的面布纸样完成后，版师就可以借用它们来制作上衣衬里的纸样了。

这款女外套的衬里共有四片，做法如下。

（1）前片：要将前片、门襟和袖片按缝合的关系连接在一起，上面铺上花点纸。按图示的方法把前片的衬里画出来，缝份要点是与门襟相接处留2.2cm，下脚留1.27cm便可。如图7-34所示的蓝色线演示。

（2）后片：把花点纸放在后片下面，沿后片画出后衬里。重点是要在后中线伸出2cm，下脚长度取面布折脚线下1.27cm。具体画法见图7-35的蓝色线。

（3）前袖片：将花点纸放在前袖片的上面，在贴边重叠的部分取2cm，袖口长比面布短1cm，画出前袖片衬里的外轮廓，如图7-36所示的蓝色线。

（4）后袖片：衬里的做法是将花点纸放在后袖片的下面，后中与后中对齐，袖口长比面布短1cm，其余外轮廓与后袖大小一致，如图7-37所示。

前后袖形因为宽大，所以衬里画成与面布一样大即可，而衣身则需按照老规矩除了脚边之外，其他三边都可画成略大于0.16cm。有一道工序要特别提醒，那就是在完成衬里并将要剪出纸样之前，先把衬里的折脚尺寸与面布的折脚的尺寸仔细量度一下，要确认衬里的折脚宽尺寸比面布的折脚宽的实际尺寸略大0.3cm，其目的是衬里车缝时就不会有紧绷的现象。而衬里的剪口，可以基本上与面布的位置一样，但也可视情况增加或减少。

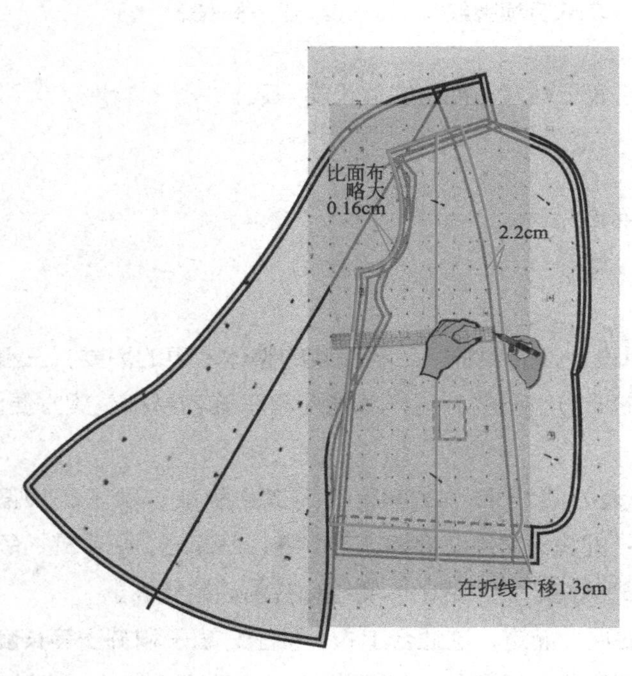

图7-34 前片衬里的画法示意图

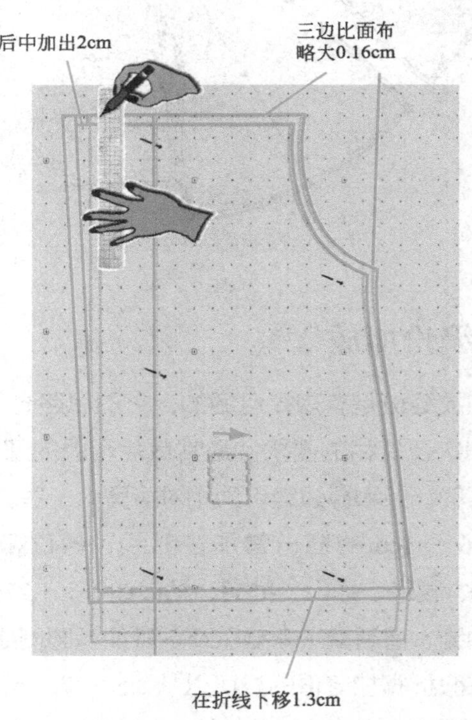

图7-35 后片衬里的画法示意图

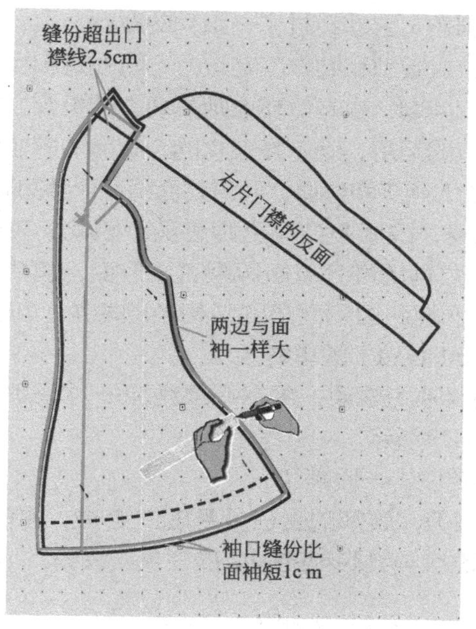

图7-36　前袖衬里外轮廓的画法示意图

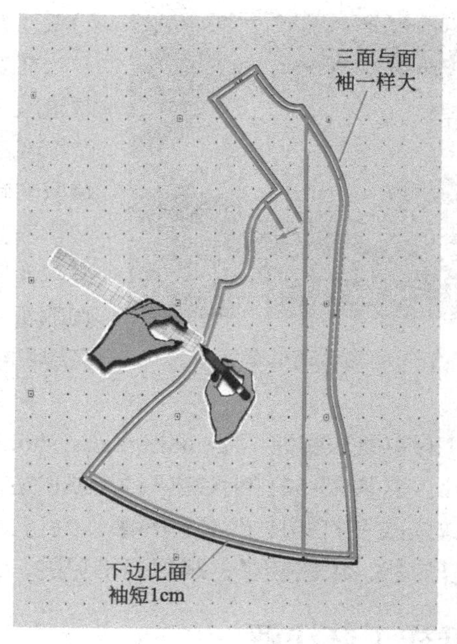

图7-37　后袖衬里外轮廓的画法示意图

第八节　纸样和工艺注解

一、制定加工工艺

制定服装的制作工艺需要考虑到衣服面料对设计造型的差距，包括用什么黏合衬合适？什么制作方法、加工机器和服装配料的选用，甚至关系到服装的售价和服装的营销市场等。

考虑到这一样板所用的布料偏柔软，为了达到设计造型，尤其是为了帮助两只喇叭形大袖外形的塑造以及领子、前门襟和腰带挺拔等的需要，版师在设定制作工艺时决定运用布块定型黏合衬的技术工艺的方法，这一技术的采用在美国的服装制作中十分常见。

定型黏衬工艺英文叫“Block fuse”，指的是一种将布料先烫上黏合衬（Fusible）后再用纸样作为原型进行裁剪的工艺手法。“Block fuse”的中文解释大意为布块定型黏衬。运用这一工艺做出来的服装，会比用裁片和黏合衬分开裁后粘烫的效果更平整和质量更高。但它的缺点是布料和黏合衬都消耗较大，在服装的成本超出预算、服装价格偏低时需慎用该工艺。

为使大袖口呈现自然张开效果，在制作样板的过程中，版师在袖口的边沿加用了以面布夹缝细绳的包边工艺（Self piping with cord）。而为了呼应此效果，便形成了门襟和衣服折脚边都相应地采用同样的工艺。因此，衣身从原来下脚折边（Fold hem）改成衣脚贴边（Hem facing）加夹带细绳的包边了，如图7-38所示。这也就是为什么在终极样衣里，前片、后片和前片

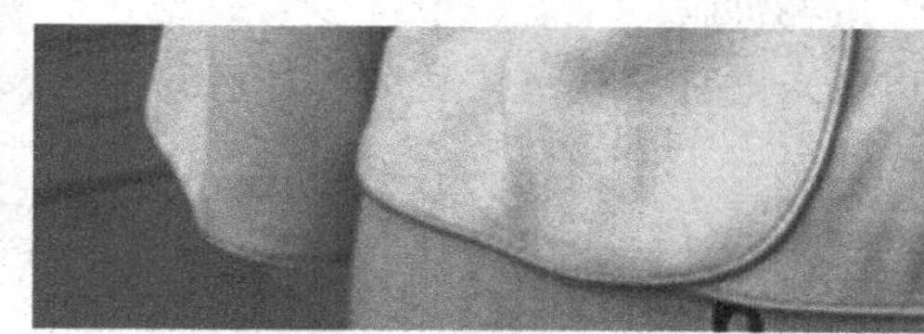

图7-38　以面布夹缝包边工艺的局部示意图

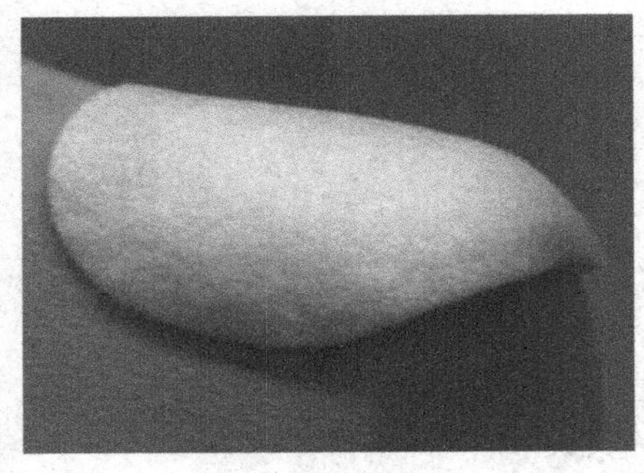
图7-39 中型插肩棉示意图

门襟还有所涉及位置的制作工艺都经过了一系列的改动。

在做样衣的过程中，对版型和制作工艺进行不断改进和提升，这既是版师常常需要面对的问题，也是体现版师真功夫的机会。比如这里细绳的包边工艺在袖口的运用，就不是孤立的，版师的职业反应而意识到其每一个相应部位的同步和协调，同时要征得设计师的同意。

一旦样衣通过了试身，改版是要马上跟进的。因此，完成版的纸样（Final patterns）较之前的准完成版版型有了改变，包括衣身下脚的折边的消除，衣服下脚贴边和面布的斜布条的增加，以此帮助夹缝细绳包边（Piping with cord）的车缝。

另外，为了强调插肩袖的效果，需在肩部添加一对型号为#SV-PAD-404的中型插肩棉（Medium raglan shoulder pad），如图7-39所示。

至此，这款RJ-501的大喇叭袖上衣的立裁制版及工艺设定就告一段落了。

边做边改在打版中是常有的事，为了最终样板效果的完美，版师的责任就是随时跟进，有需必改。那种不以为然，工艺变了，却视而不见的，纸样依旧的工作态度与打版师的职业操守是相悖的。

二、纸样工艺注解

面布和衬里纸样都修改了，制作的工艺也随之丰富和深入，在纸样（图7-40、图7-41）上写上以下几个内容。

（1）款号JR-501。

（2）码号4。

（3）裁片名称如前片、领子、腰带等。

（4）片数如实样 ×1、面布 ×2等。

（5）箭头即布纹走向和折的方向的仔细标明。

（6）各部位的制作工艺或用法的描述：如袖片的定型黏衬及实样裁片里前片活褶的车缝法的描述等。

纸样完成编写就可填写裁剪须知表了，我们看到表内有先烫衬的蓝色字样，行业习惯用红色线框（本书中以蓝色表示）将需要先定型黏衬的布块勾划在框里，以提醒裁剪师傅特别注意。在没开始裁剪之前裁剪师就会把这些纸样按号码把它们拿出来，进行烫衬后裁剪。此外，看到写着定位实样字样的裁片，也应先把它拿起来，然后再裁别的部分。

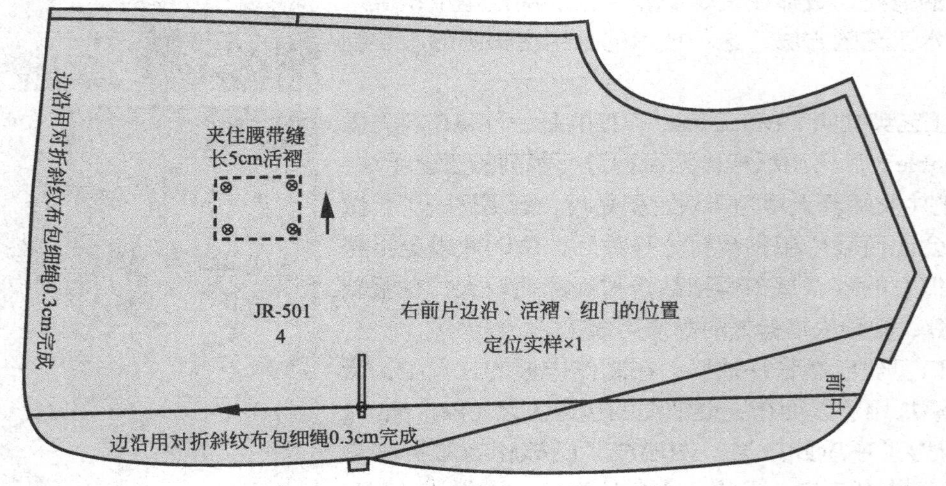

图7-40 右前片实样里裁片内容写法的示意

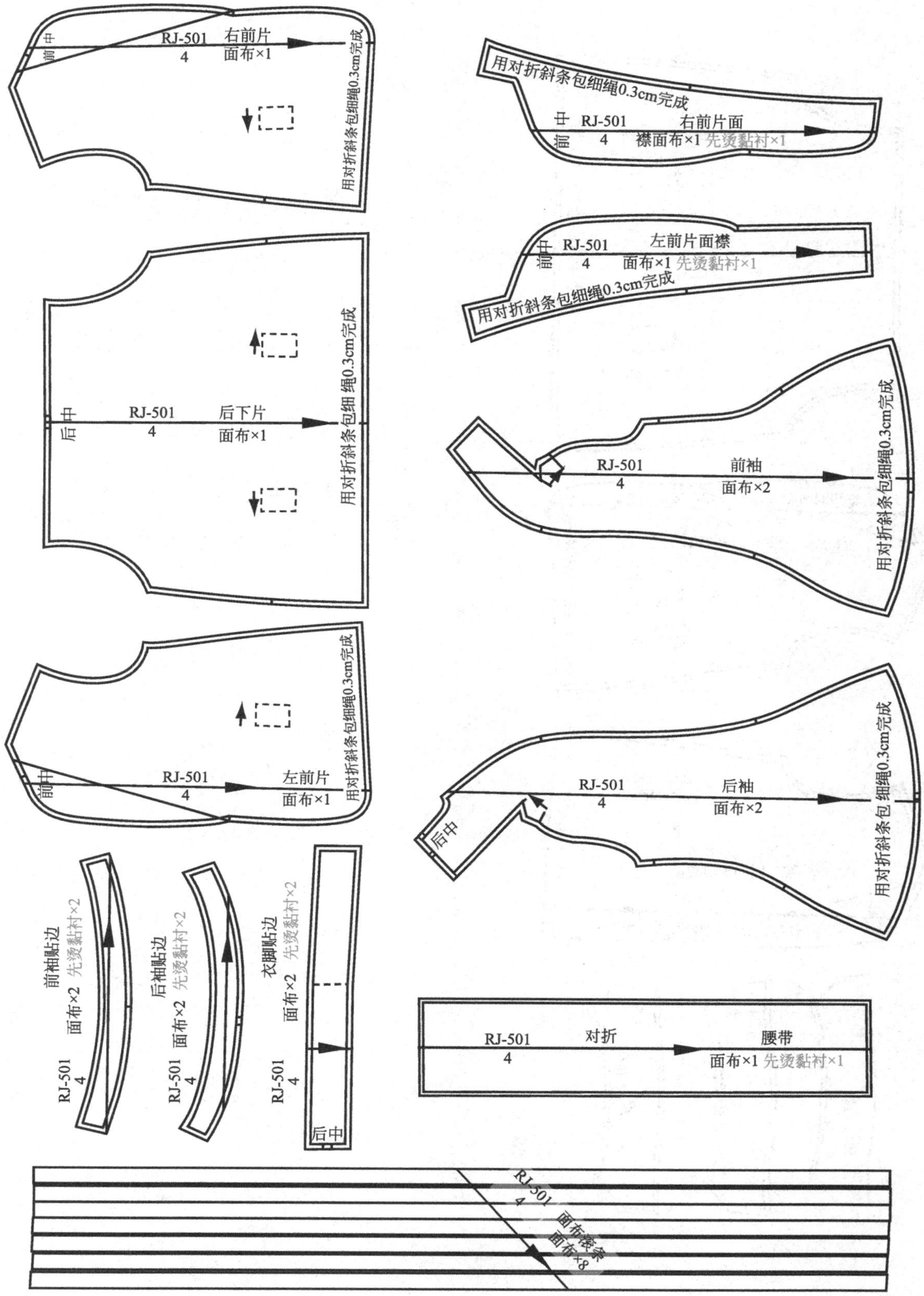

图7-41 喇叭袖女短外套的部分面布的版型示意图

图7-42是喇叭袖女短外套的部分面布和衬里及实样的版型示意图。

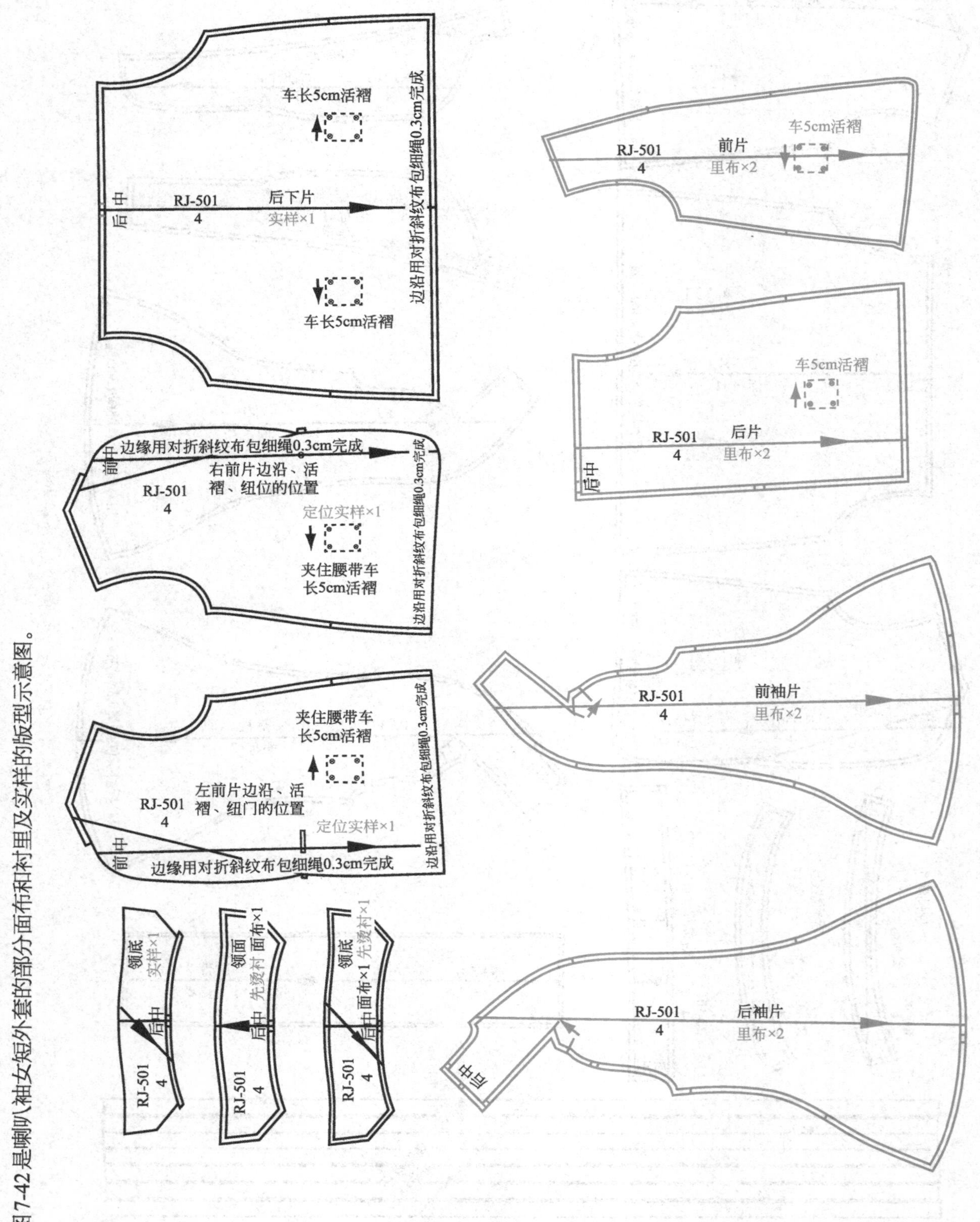

图7-42 喇叭袖女短外套部分面布和衬里的版型示意图

下表是该款大喇叭袖女短外套的裁剪须知表。

大喇叭袖女短外套裁剪须知表

此表需结合下裁通知单的布料资讯才能完整

款号：RJ-501
尺码：4
款名：大喇叭袖女短外套

打版师：Celine
季节：2012年秋季
线号：1

#	面布	数量	先烫衬
1	左前片	1	
2	右前片	1	
3	后下片	1	
4	左前门襟贴边	1	1
5	右前门襟贴边	1	1
6	前袖	2	2
7	后袖	2	2
8	底领	1	1
9	面领	1	1
10	腰带	1	1
11	前袖贴边	2	2
12	后袖贴边	2	2
13	衣脚贴边	2	2
	面布		
14	裁斜纹包边宽3cm，长7.5m用以制作出细芽边用料		
	里布		
15	前片	2	
16	后片	2	
17	前袖	2	
18	后袖	2	
	定位实样		
19	左前片定位实样	1	
20	右前片定位实样	1	
21	后片定位实样	1	
22	底领定位实样	1	

款式平面图

缝份
1cm：前沿、前后过肩、前后插肩、前后袖窿、袖口、袖贴边、领子和领线，衣脚贴边
1.27cm：肩和袖中缝、袖子侧缝、前后侧缝、领子后中线、后过肩中线

数量	辅料	尺码／长度
1	特大纽子	54 L
1对	中型插肩袖肩棉	#SVPAD−404

缝纫说明
1. 全里上衣，面布缝合后需烫开缝份。
2. 部分应先烫衬后裁剪的面布编号为#4 #5 #6 #7 #8 #9 #10 #11 #12 #13。
3. 用斜条面布对折包绳子，制作细芽包边完成0.3cm的位置有领边、前门襟边沿、及前门襟里边沿、衣脚边沿和袖口边沿。
4. 前后腰身缝5cm长活褶，前活褶要夹缝住腰带。
5.请用所有的定位实样画出前后片的褶位和纽门定位。

图7-43是该款大喇叭袖女短外套的下裁通知单。

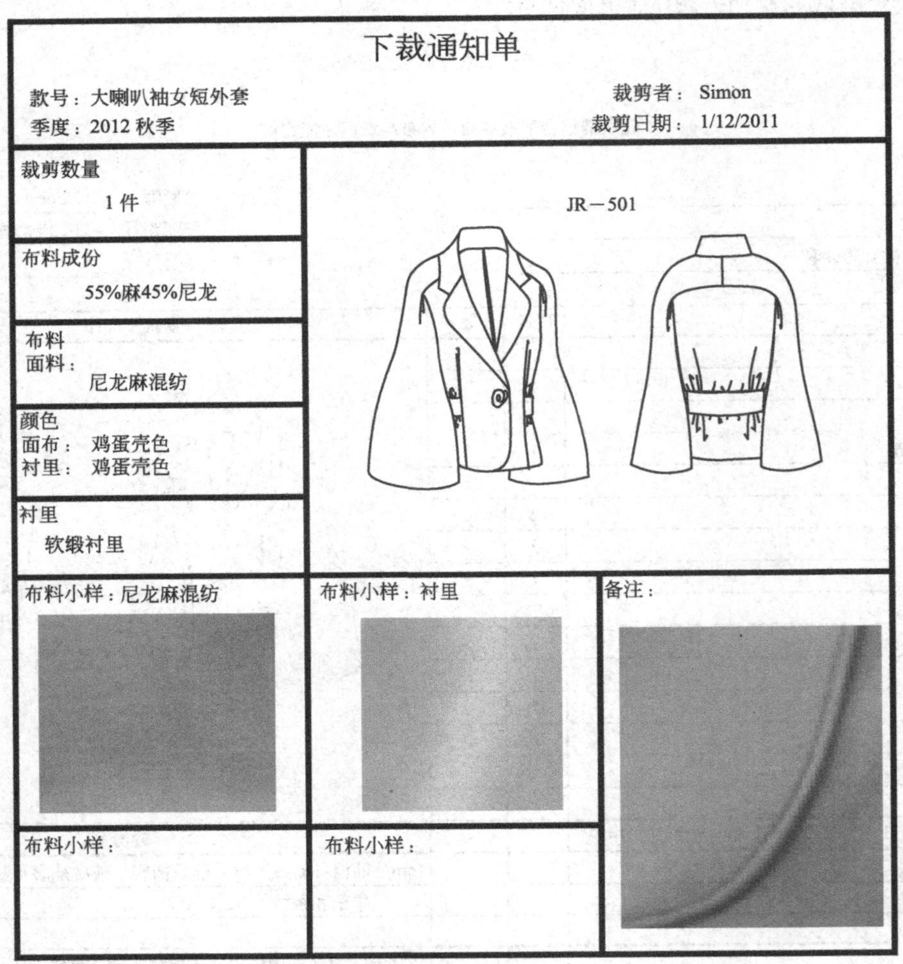

下裁通知单

款号：大喇叭袖女短外套　　裁剪者：Simon

季度：2012 秋季　　裁剪日期：1/12/2011

裁剪数量
1件

布料成份
55%麻45%尼龙

布料
面料：
尼龙麻混纺

颜色
面布：鸡蛋壳色
衬里：鸡蛋壳色

衬里
软缎衬里

JR－501

布料小样：尼龙麻混纺

布料小样：衬里

备注：

布料小样：

布料小样：

图7-43　大喇叭袖女短外套的下裁通知单

思考与练习

思考题

1.复习和重温本章各节内容，分析其要点，找出疑点。将它们列出，以便继续探讨和研究。

2.了解用一片袖来处理袖型变化的思路和做法，其做法的关键是什么？怎样才能化繁为简把复杂的结构简单化呢？

动手题

1.搜索在本季的时装发布会上各国设计师的新袖型的设计，看你否能找到对疑难袖型的突破点。请攻克它们，试裁两款。

2.设计一款你认为时尚而有趣的上衣，3人一组，练习从立裁、做记号、描刻、画图型、检查、加缝份、写裁片内容、画衬里、写裁剪须知表和写车缝法工艺的全过程。小组成员互帮互查，选出完成最佳的版型。

第八章

蕾丝与针织双层女上衣的平面到立体的提升裁法

第一节 款式A的立裁步骤

这是用外层弹力蕾丝和弹力平纹针织（Stretch lace and Jersey fabric）双层料子组合制成的时尚女上衣。两个设计图同时出现的原因是因为款式A在立裁的过程中，被设计师否定后改变成了款式B。

先来看图8-1中的A款，它是一件心形领（Heart shape neck）的贴身上衣（Fitted top），袖子上半部是短灯笼袖（Puffed sleeves），而在灯笼袖袖口延伸出下半部以同样面料制作而成的细长贴身袖子（Slim long sleeves），袖口还设计了一段针织布做成的皱褶，这样的细节可谓既现代又古典。上衣的前后过肩（Yoke）用的是缩了细褶（Gathering）的透明雪纺（Sheer chiffon），贴身的上衣隐约朦胧中透出了丝丝性感，衣脚巧妙地运用了极为女性化的蕾丝扇形布边，也称蕾丝月牙花边（Lace border）作为装饰。

款式B的构思延续了款式A的设计元素，以相似的外形、用料和颜色为基础，但更突出了胸部的设计。在V形领尖下方巧用了绸缎丝带（Satin ribbon）的蝴蝶结（Bowknot）来抽出U形放射式缩褶，在U形小孔的外围形成了蕾丝的褶皱美。灯笼袖改为时尚的捏褶长窄袖，领边和衣脚都巧妙地运用了漂亮且女性化的蕾丝布边。此外，两款上衣更为突出的特色是在黑色的蕾丝底下衬托了颜色反差极大的针织布，底层（Under layer）布料的衬托令本来不太起眼的蕾丝变得明显，这是当时流行的装饰手法。

图8-1 两款弹力蕾丝和平纹针织面料组合制成的效果图

一、立裁前的思考和准备

立裁前要思考的首先是选料。该设计是弹力针织布和弹力蕾丝双层（Double layers）布料的结合，所以立裁也只能选择弹力布料，并且应尽可能选择伸缩度很接近的料子立裁。相比之下，假如选用蕾丝做本款的立裁，在别合和标记（Mark down）时都不太方便，但若采用弹力的针织布进行立裁就不会出现以上问题。

版师需要考虑的是本款立裁是从全身还是半身开始呢？款式A是左右偏襟（Asymmetrical closure）的重叠，在立裁偏襟和双门襟（Double-breasted）以及某些不对称（Asymmetrical）的款式时，人台上需要呈现出它的全身结构（Body structure），而不是处理对称（Symmetrical）结构时采用的只做一半再复制出另外一半的"惯用"手法。全身立裁才能让设计师和版师把款式看清楚，把版型做得更准确和完整。

布料和工具的准备。雪纺大约1m、弹力针织布1.5m、剪一块蕾丝布料作为质地和图案参考、一条80cm长5cm宽的丝带、手针及线、款式胶条、过线轮、尺子、大头针、笔纸和剪刀等。

二、立裁前片

1.前片

用款式胶带在4号人台上根据设计图把肩部、前后胸分割部位和领线的造型等都设定下来，如图8-2所示，立裁可从前右边向前左边开始。

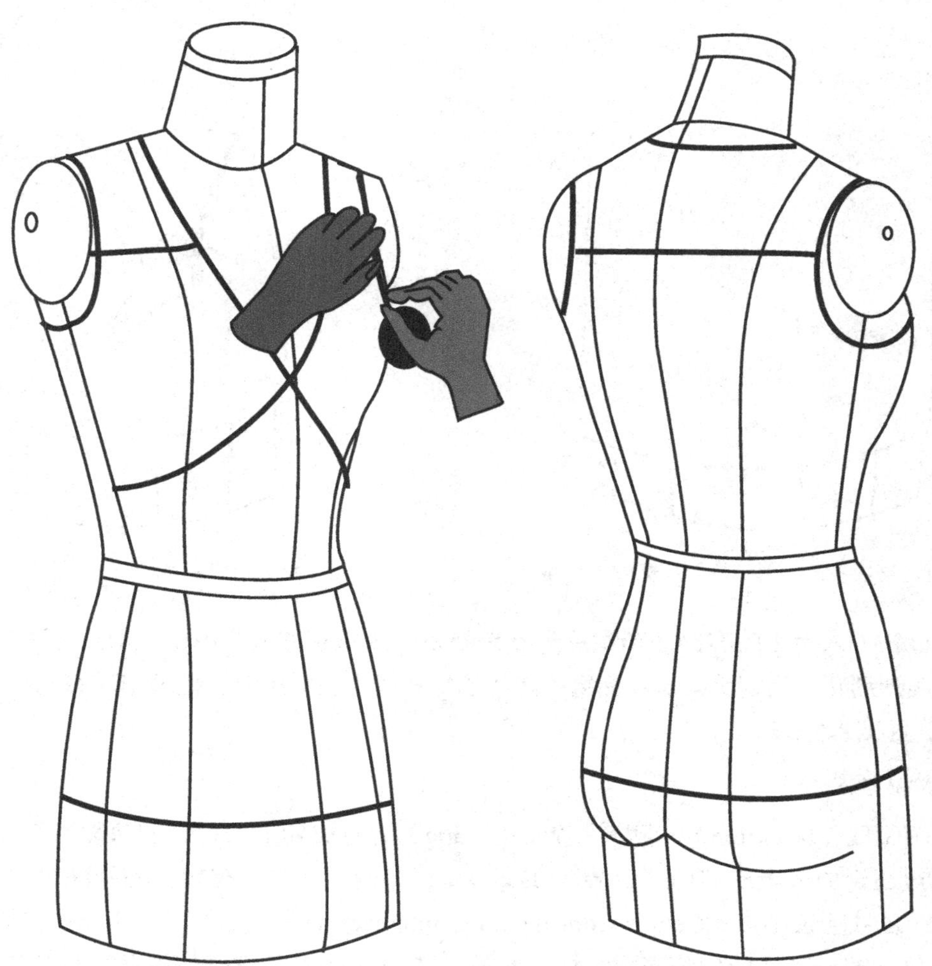

图8-2　用款式胶带在4号人台上设定款式的结构线的示意图

用皮尺量出前身从肩颈点到衣服的长度以及臀围的宽度后各加长15cm并剪出针织布，把针织布对折后借用大头针或蜡片划出布纹线，即前中线，打开针织布立即用大头针把它固定到人台前面。

如图8-3所示，利用大头针将前片固定，用剪刀剪出前领深度线。接着用手帮助针织布拨向两边侧缝（Side seam）拉平拉顺，把因胸部的凸出而导致的褶量拨往前肩高点，设法让该胸部褶子的余量转移和消失到这里。

接着用手向前中线方向拉平（Even out）侧胸褶（Side bust dart），使原来的胸褶的余量转移到靠前胸V形领的分割线，便于下一步做前肩片时处理掉。用大头针稍作固定，后用蜡片涂擦把调整后前片的款式线（Style line）涂扫出来，用剪刀把领线和四周多余的布料修剪掉，如图8-4所示。

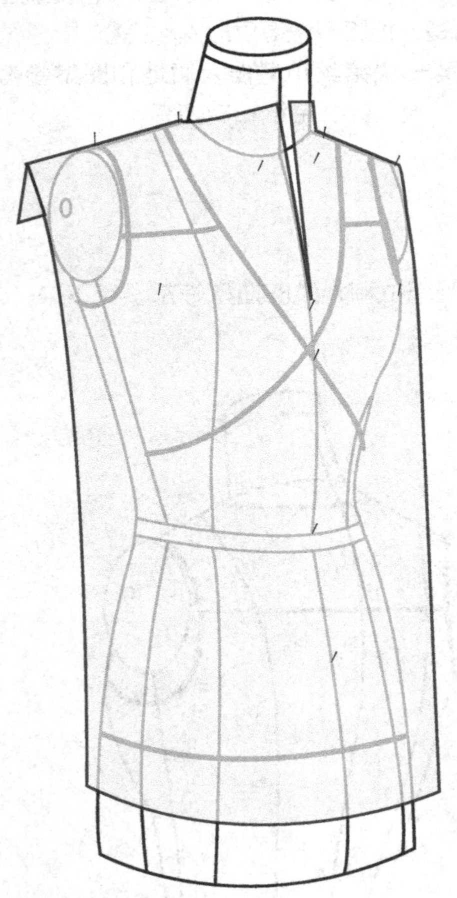

图8-3 剪出针织布并用大头针固定于人台前面

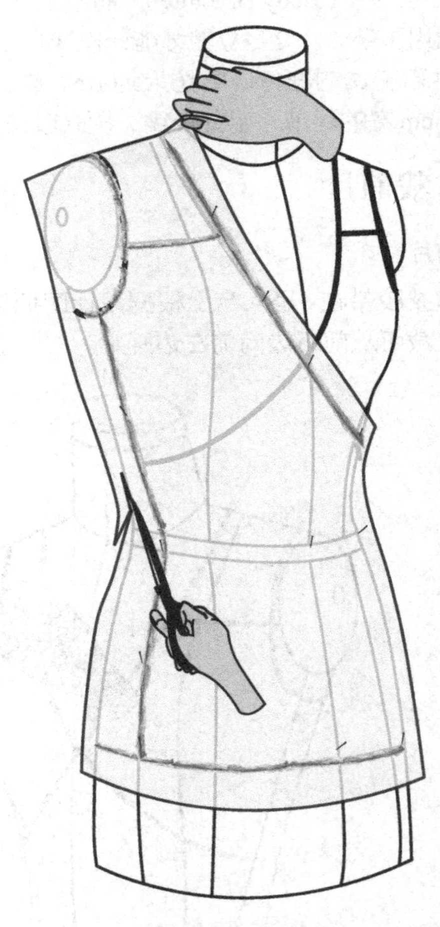

图8-4 用剪刀把领线和四周多余的布料修剪掉

取下大头针，把人台上的右侧坯布裁片放到桌面来，按照它的大小剪出左前片；把它们先后放回到人台上，用大头针别好，用划粉或蜡片把另一前片的款式线也扫描出来，呈现出左右偏襟（Asymmetrical closing）形态，如图8-5所示。

2.调整前片V领深

调整和修画领线（Neckline）和腰形（Waist shape）的方法如下。开领的深度通常会有一个尺度的“极限”，尤其对适合白天上班穿用“日装”（Day wear），设计师也会有想要的领深尺寸，就本款而言，V领深尺寸大约是从前领中点（Center front neckline intersection）下量18 ~ 19cm。我们用皮尺量一下领深的长度而尺寸超过了就要把领深往上提，此外，还要根据需要把领线形状加以修改，将领线拉直一些或画得更有弧度一点，如图8-6所示。

图 8-5　用蜡片把另一前片的款式线扫描的示意图

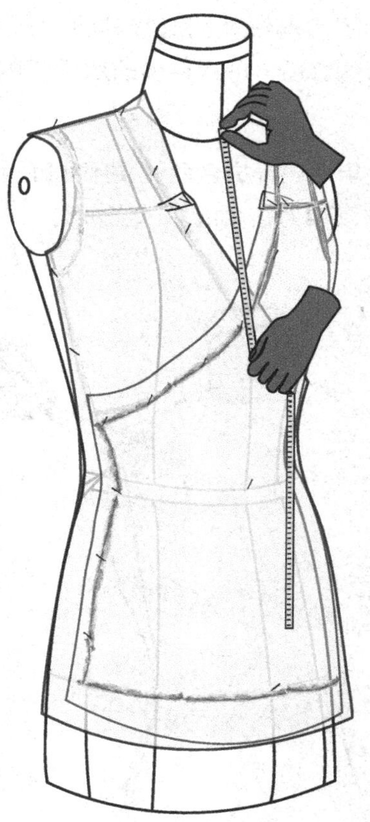
图 8-6　用皮尺量取领深的长度以便调整的示意图

立裁中版师要随时根据立裁的视觉效果及设计师的要求，调整和改变每个部位。我们可以这么说，服装设计图其实仅仅是一张全凭想象的平面结构图（2D/Flat sketch），正是立体裁剪赋予了设计款式以生命和具体的立体结构；版师立裁要根据眼前视觉的实际效果来应变才可能塑造出理想的成衣。

三、立裁后片

1. 后片

为什么前片都还没完成就要做后片了呢？是的，我们现在要先做后片，让全身的大轮廓效果都出来了，再继续做前后身的肩部立裁及缩褶。这正是“先整体后细节”的立裁方法的又一体现。

现在用皮尺量一下后身衣长以及后下围的宽度，各加长10 ~ 13cm，得出的尺寸大约是长70cm，宽55cm。剪出相应大小的针织布后对折（On fold），用大头针标出或用蜡片扫涂出折痕即布纹线，将坯布沿中心线用大头针固定到人台的后面，固定好后用蜡块将后片的上下两旁的结构线涂扫（Rub off）出来，如图8-7所示。

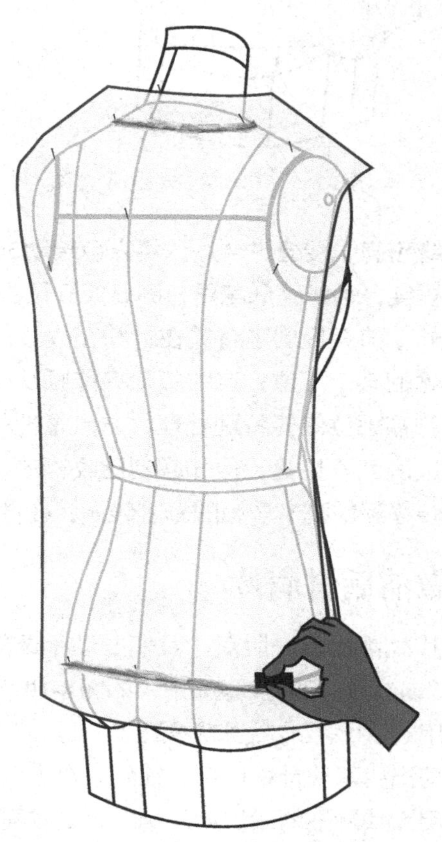
图 8-7　用蜡片把后片的结构线涂扫的示意图

待后片的肩斜线及侧缝线等涂扫出来后，先修剪一下前后袖窿及领线多余的布料，但至少要留出2 ~ 2.54cm的缝份。把人台上的后片坯布固定，用大头针别好，如图8-8所示。

2.拼合

接下来用大头针拼合两侧腰部侧缝及肩线，如图8-9所示。根据设计效果的需要把针织布略为拉紧和拨平，通常以弹力布料的款式立裁时，一般不需要也不建议在胸和腰等部位捏褶，除非是设计师指定的款式要求。

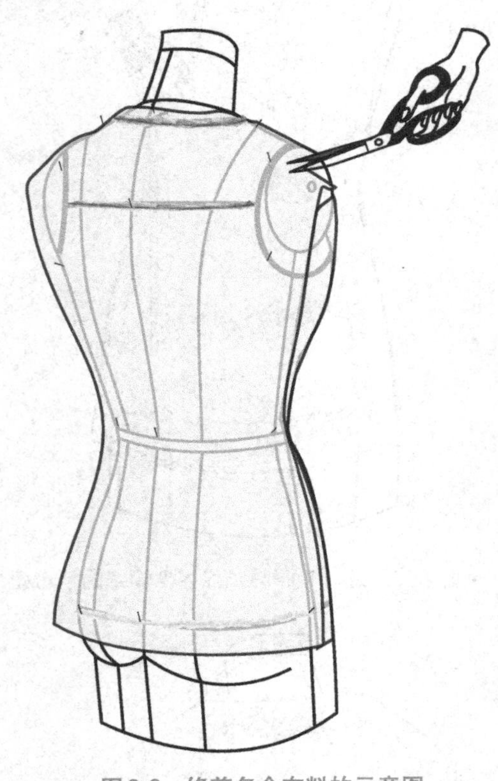

图8-8 修剪多余布料的示意图

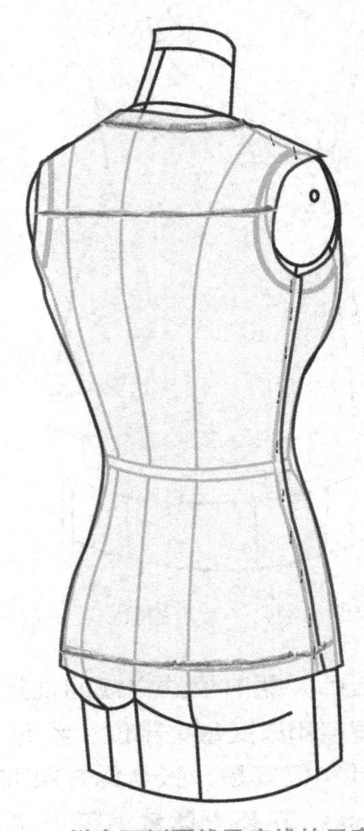

图8-9 拼合两侧腰线及肩线的示意图

侧缝和肩线接缝拼合后，将人台转动360度，全方位察看效果是否满意，重点查看的地方有前后片松紧协调程度，领线高低差异，侧缝连接是否平顺等。

此外，前面提到了有关在针织布立裁时不需要也不建议捏腰褶的话题，可有时布料就是拨不走，逗留在身体的某个部位，这时版师只能顺从布料之意，先捏褶，然后将其处理。比如必要时在做纸样中也可以在打褶部位做些特别处理，方法是把腰中的捏褶量等份地消失在两腰侧之间，将它们去掉画顺。使纸样做成表面不见褶，但却起到已收褶的视觉效果，这也是针织弹力布料打版的常用手法之一。再比如前胸褶转移到前胸V形领的分割线后，在做前肩片时剪开并消除是同一个道理。

四、做前后过肩片

后片立裁暂告一段落，我们要动手做前后肩片了。有了前后大身的立裁效果，做肩片的立裁就有依据了。做前后过肩的步骤如下，如图8-10所示。

1.用蜡块涂擦前后身就看到了“过肩”的位置和大小，然后我们可用剪刀剪出给肩片预留的位置。

2.剪出另两片针织坯布，铺到人台上，把前后肩片的形状重新涂擦出来，为画肩部的缩褶做准备。

3.用大头针把前后过肩片拼好，要求看上去要平顺，用马克笔把前后过肩的轮廓线描画出来。等雪纺的缩褶片弄好后，肩片的前后及上下就有了接连的地方了，如图8-11所示。

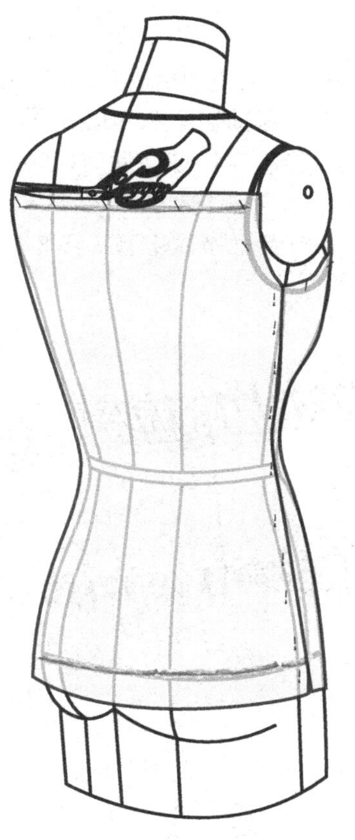

图 8-10　用剪刀剪出给肩片预留的位置的示意图

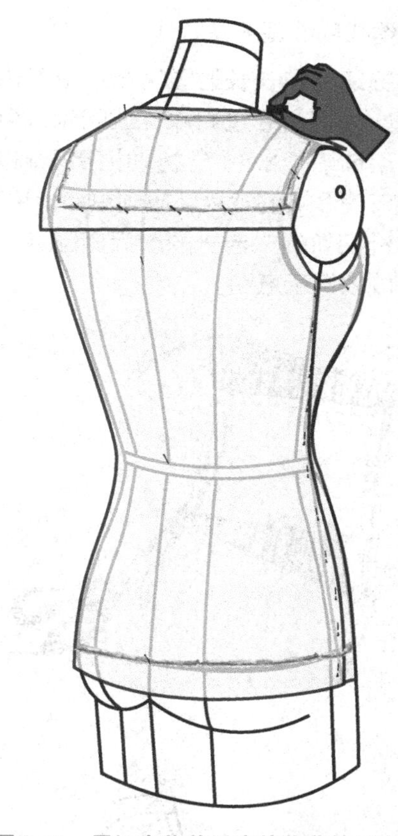

图 8-11　用坯布将前后肩片临摹的示意图

五、肩部缩褶片

1. 如何计算缩褶量

做肩部缩褶片（Gathering pieces），首先要计算其缩褶量。先取下肩片，用皮尺量一下肩片坯布的高度，剪出容得下肩片高度的长幅透明雪纺布，然后以前后肩片为基础，把肩片宽度横向递增3 ～ 4倍剪出。等待其缩褶后，可视褶子的疏密程度再调整雪纺坯布的宽窄，估算缩褶量的方法如图8-12所示。

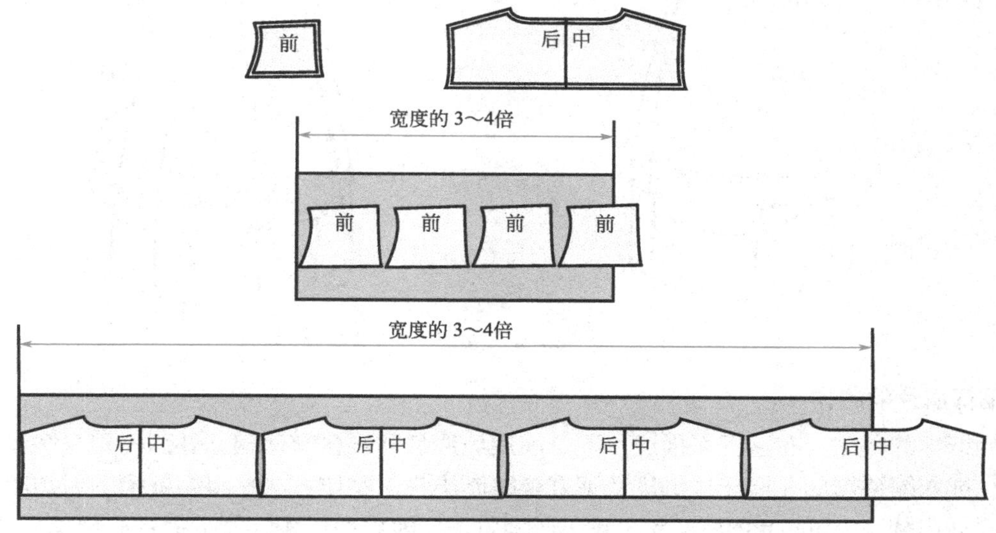

图 8-12　利用坯布估算缩褶雪纺长度的示意图

2. 肩部缩褶的立裁方法

首先用缝纫机在长长的雪纺布片上下边沿各缝出两道明线，随后用手拉明线缩褶，缩到接近肩部裁片的大小时，先把前后过肩原片放回到人台上。以前和后肩原片坯布为基础，把缩褶处理过的雪纺布拼插上人台，用锥子（Awl）等协助把褶子调拨均匀，在人台上用大头针和手针按前后肩坯布的边沿固定缩褶。然后取下缩好褶的裁片，放到桌面上用剪刀按肩片轮廓线剪出，如图 8-13 所示。

用大头针把新的二合一的前后肩部裁片重新别回到人台上，为立裁袖子做准备。图 8-14 是雪纺缩褶上人台的完成效果示意图。

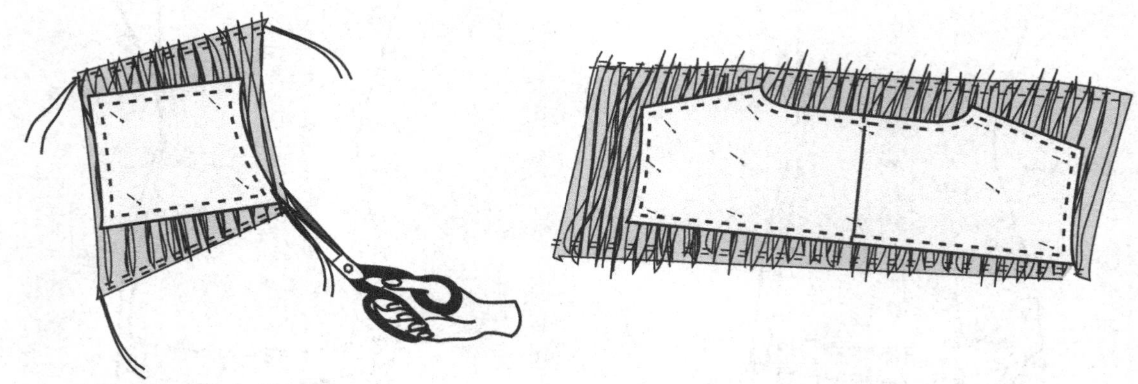

图 8-13　缩褶裁片的做法示意图

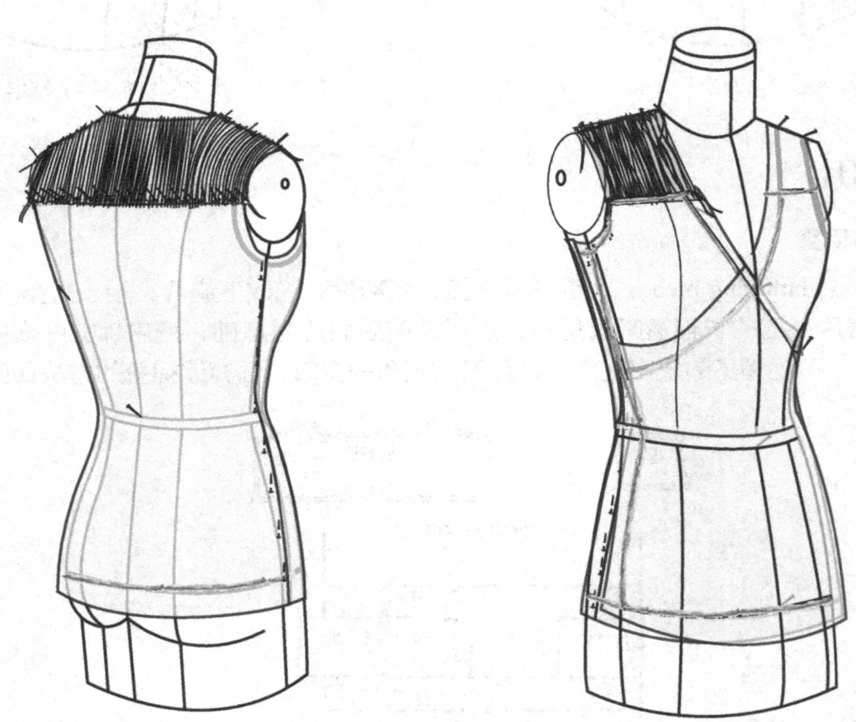

图 8-14　雪纺缩褶拼到人台的完成效果的示意图

3. 关于缩褶肩片的制作

关于肩片纸样的做法，在这里再描述一下。前后肩片都需要各有两层，外面一层是缩褶片，底下一层是撑托片，成衣缩褶需要在撑托片的规范下才能缝制出来，制作方法是将缩好褶的雪纺裁片与底下肩部撑托片用“框边缝（Frame stitch）”方式缝在一起后，与前后肩片和灯笼袖缝合。肩部托片（Shoulder stay）可用棉质的坯布立裁，但样衣可采用柯根纱（Organza）或雪纺纱来做。

六、立裁袖子

（一）上部灯笼袖的画法

1.从一片袖开始

本款的袖子由上下两部分组成，上部为膨胀如鼓的灯笼袖，也有人叫它为气球袖或泡泡袖；下部是从灯笼下延伸出来的紧小贴身形又带缩皱的组合袖。

对这样结构有些变化的袖子用什么方法立裁呢？行业里在实际操作中通常使用的方法，就是不管袖子有多复杂，基本上能以借用一片袖作为原型，通过它的演变（Evolving）、剪裁（Cutting）、展开（Spreading out）、捏褶（Pleating）、分离（Separating）和重组（Restructuring）等，最终制作出造型各异的袖形。

这一款灯笼袖也不例外，它可以按借用一片袖型进行先平面后立裁的方法完成。图8-15是普通的一片袖原型。首先依据目测的比例感，将它分成上下两截。

2.分析灯笼袖的特点

从一片袖转换到灯笼袖其实并不复杂。首先要理解两袖间的不同才动手进行制作。图8-16是对灯笼袖构造的分析以及对一片袖的借用、划线、剪开和展开后重画，使其变成灯笼袖外形的方法示意。

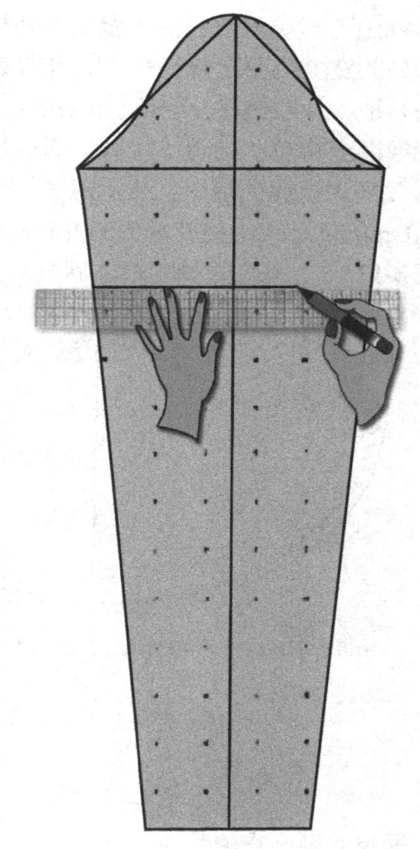

图8-15 依据目测的比例感把原型袖分成上下两截的示意图

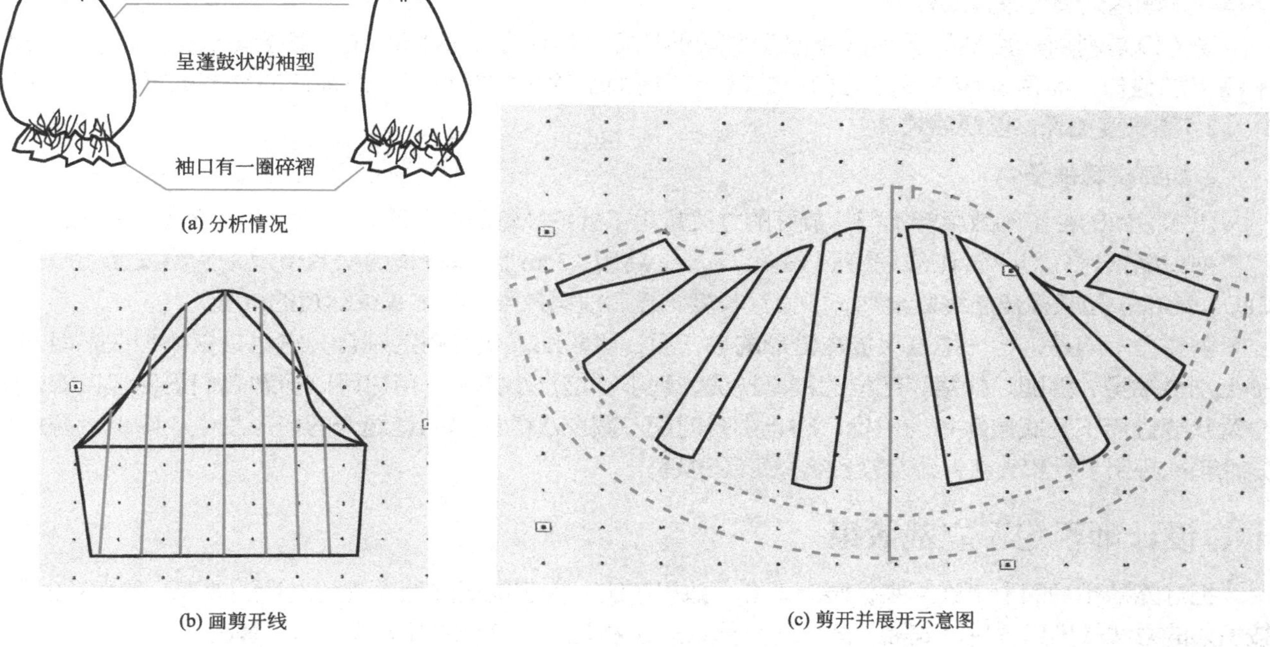

(a) 分析情况

(b) 画剪开线

(c) 剪开并展开示意图

图8-16 分析、画剪开线、展开一片袖的过程图

灯笼袖的设计亮点是它的蓬鼓感，袖头顶部明显比人的肩膀要高出一段距离。若袖子与肩膀的距离越远，袖山的形状与普通袖子相比就要越宽大。本款灯笼袖的袖口有一圈细褶，为了制造出细褶用的余量，袖口的宽度也要比普通袖子的宽度宽许多；而长度显然需长出一大截才能呈现蓬鼓状的袖型。因此，我们需要把一片袖剪开、拉长、再缩褶。

把握以上特点，利用一片袖，通过把纸样进行剪开和扩展及加长演变出所需的新袖型，而那蓬鼓状的外形效果则要靠袖窿里头装上短了一截的针织内袖来扮演“提吊”的角色才能彰显出其效果。用绘图工具（Drafting tools）将新袖型的外轮廓刻画出来后，加上缝份，就成为新袖裁片了。

图8-17（a）是灯笼袖的做法解说图，图8-17（b）是用绱袖的原型作些变更后作为衬里用的示意图。

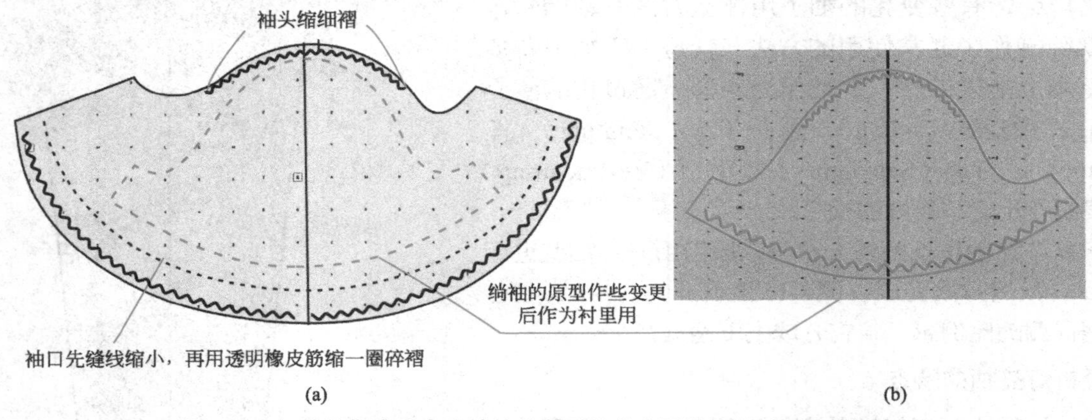

图8-17　灯笼袖做法示意和绱袖的原型作些变更后作为衬里用的示意图

（二）下部袖管裁片的画法

1.量尺寸画出窄袖裁片

下半截的袖形是一细窄的袖子。画图时可借用原 一片袖的下半截作为基础，用皮尺分别量出人台手臂的上、中、下三个围度的尺寸，即上臂围、袖肘围和袖腕围，如图8-18所示。

把这三个尺寸都各减掉1.2 ~ 1.9cm后画出袖管图形，因为这是紧小的弹力袖型，要做得比手围略小一点，才能达到弹力张开的效果。

图8-19是利用一片袖的下半截画出管型袖的情形。方法是把量出的尺寸直接画到花点纸上，注意不需另加缝份，而是直接往里画缝份，这就等于把袖子的尺寸减小了。而袖口的缩褶的褶量可以先按1 ： 2.5的长度加长，以观后效。

2.如何拼缝袖子

想知道新的袖子的效果行不行，最好的办法是用手针把“灯笼袖”和下半截袖子缝合起来看效果。

袖口缩褶可先以手针和线缩短到13 ~ 15cm，后用0.3cm宽15cm长的松紧带或透明橡皮筋（Elastic/Clear elastic）拉长橡皮筋缩缝至袖子的设计长度，最后根据效果进行加长或缩短的调整。

需要提示的是，将一把直尺放在管形的袖子里，可帮助筒状坯布的别合，它也是立裁中在平面的桌子上别合袖身、裤腿、桶裙等部位的神奇技法。别小看这个小技巧，用它可以帮助我们更平坦自如地别合管状缝边而不受底层坯布的干扰，防止别合时把不同层次的坯布粘连缝合的情形发生。图8-20是把灯笼袖和袖身用手针和大头针缝合及别合成形的过程。

七、设计师否定了立裁效果

把灯笼袖和袖筒上下连起来，装上人台，效果不明，为了能更好地看清楚设计的效果，值得花时间，按上述的方法做出另一只灯笼袖。图8-21是两只灯笼袖装上人台后的视觉效果的示意图。

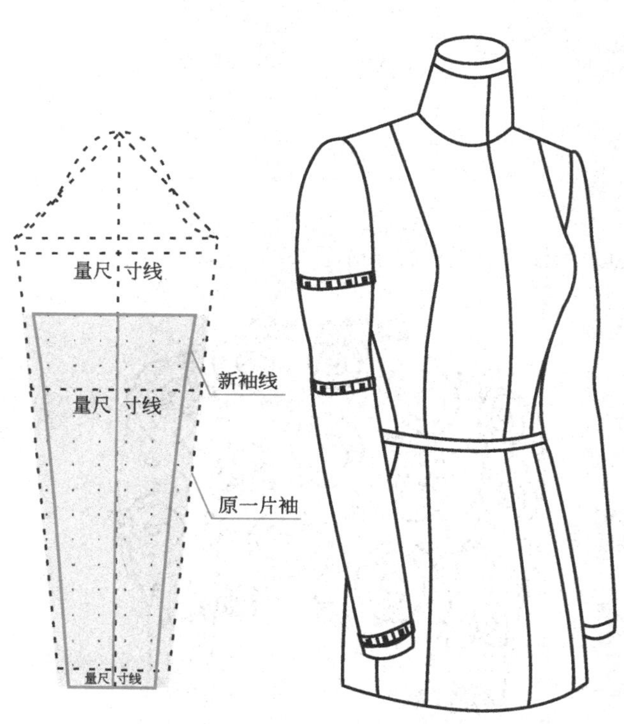

图 8-18　利用一片袖的下半截画新袖管图形

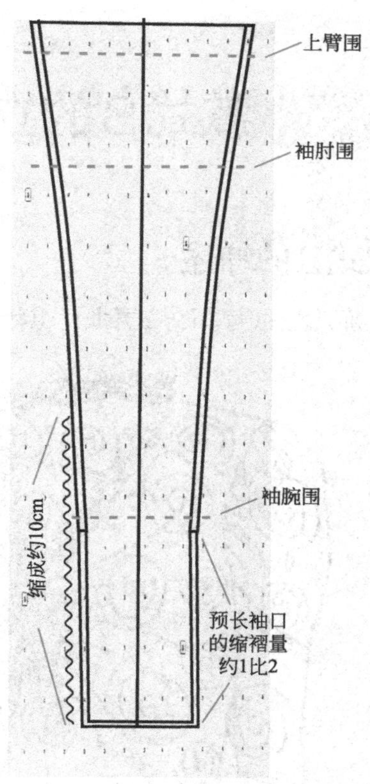

图 8-19　把量出的尺寸直接画到花点纸上

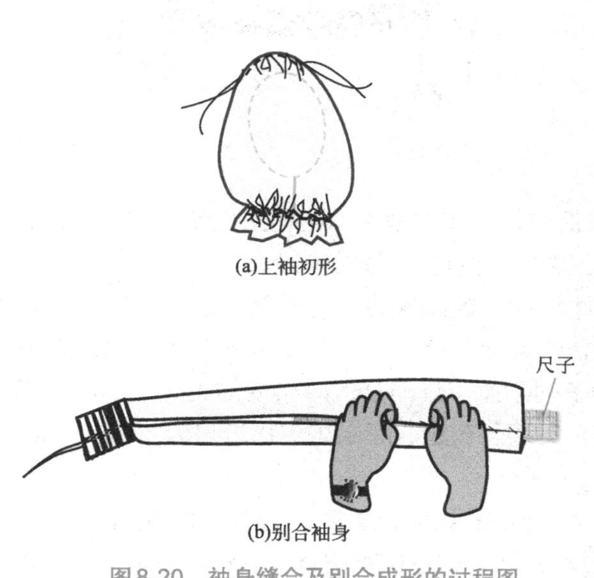

图 8-20　袖身缝合及别合成形的过程图

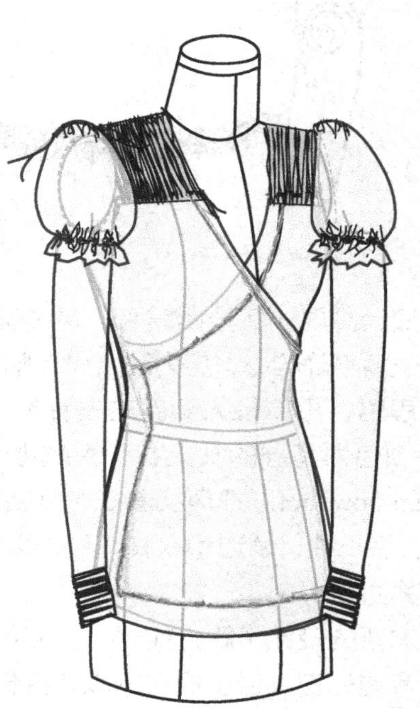

图 8-21　款式A的立裁效果示意图

当设计师看到这一效果，设计师似乎被两只膨胀的“灯笼”吓住了。他重申了自己的原意，就是要一件既别致又能白天上班穿（Day wear）的上装，而这一立裁呈现出来的效果显得过于夸张和累赘了。设计师提出更换一个设计看看。

第二节 款式B的立裁步骤

一、款式B的综述

设计师几经思考，改弦更张，重新画了一张新的设计图，如图8-22所示。

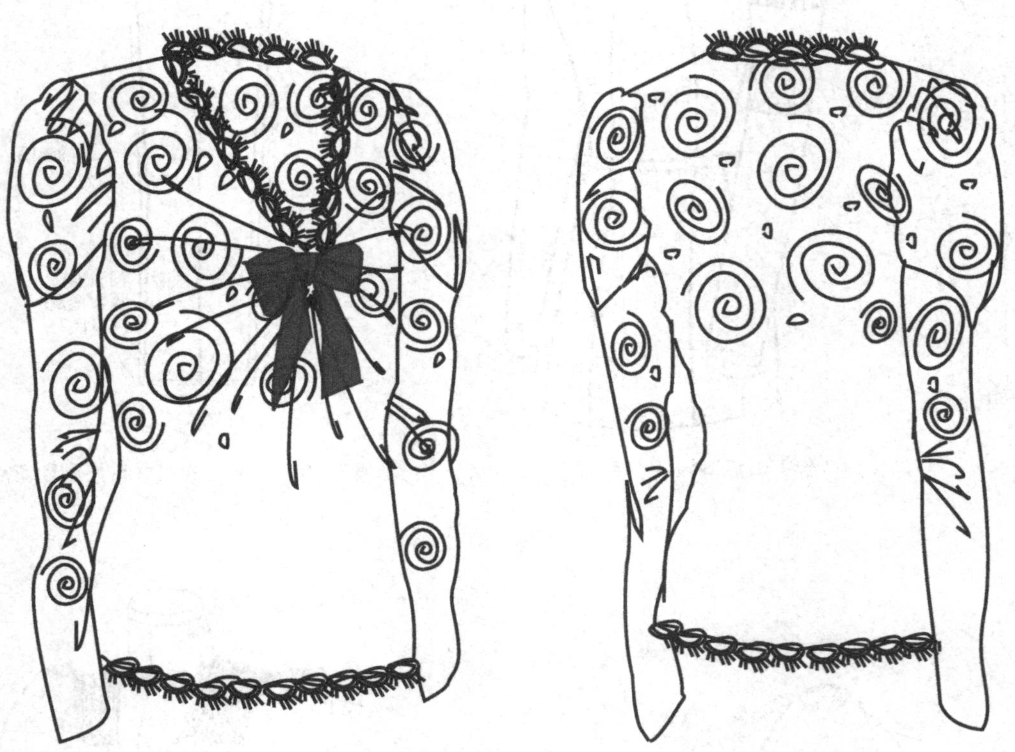

图8-22 新款蕾丝与针织双层女式上衣效果图

很明显，需要一切推倒重来。坦白说，这样的案例在打版和立裁工作中司空见惯。作为版师，重要的是保持一颗平静的心，努力配合设计师共同塑造最佳款式，打造完美的设计效果。

调整思路，重新投入到新的设计图来。这是一件延续了款式A的设计元素，以相似的外形，同样的用料与颜色为基础的女上衣。新款更突出胸前部分的设计细节，在V形领尖下巧用了以缎带系蝴蝶结（Ribbon bowknot）并环绕着U形缩褶的装饰，袖子则删掉了灯笼袖，改换成袖山缩褶的时尚渐变式（Tapered）窄长袖，领边和衣脚都则饰以漂亮且女性化的蕾丝布边，看上去更接近日装（Day wear）了，我们把它称为款式B。

经过对新的设计了解，找到了新旧款式的异同，我们现在要集中精神，考虑怎样缩短时间完成新的立裁。开裁前先把人台上原有的裁片拆卸下来后，按新的款式重新布置调整款式结构线的位置。图8-23是调整后的新款式结构线。中间的小孔是胸前的抽褶和打结的位置。

二、重裁前的思考

由于新设计胸前的抽褶和打结的需要，这款上衣的前片立裁需要裁出左右两边，换句话说是需立裁出整个大身（Full body），包括后面也需要立裁全后身。裁样板时，要考虑尽量采用蕾丝的原有的扇形布

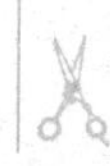

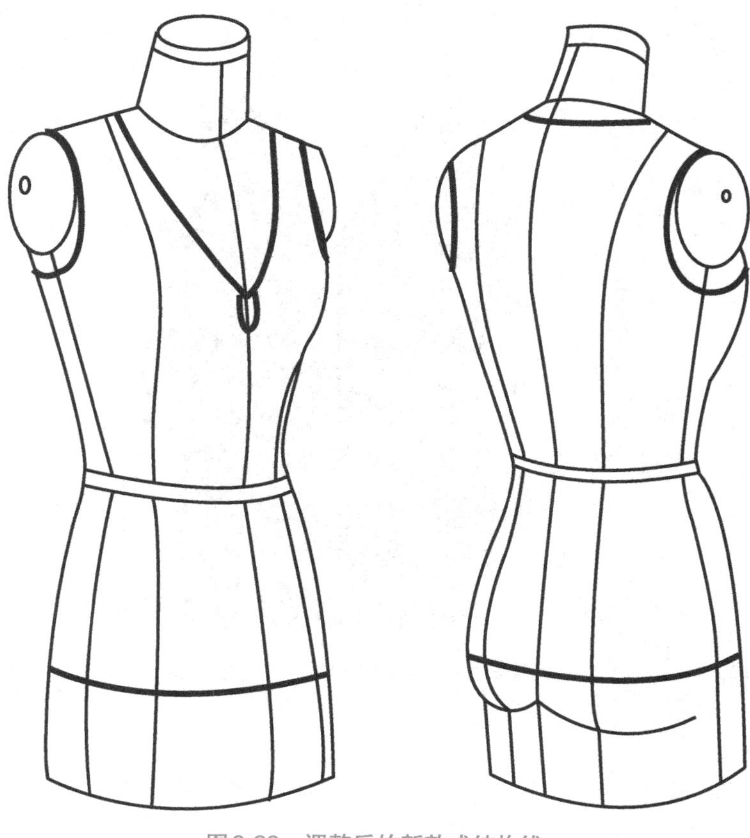

图 8-23 调整后的新款式结构线

图 8-24 将坯布放到人台上进行立裁的示意图

边（Edge /Lace border），这就意味着裁片将用到蕾丝布的横纹方向。如果不能使用横纹的话，就要用剪接蕾丝花边的方法，但这不是上策。

在立裁的用料选择上，可使用弹力好且较薄（Soft/Light）的平纹针织面料，因为这样的材质和蕾丝比较接近，抽缩起褶子也不会显得太厚。至于胸前抽褶的形成，则有赖于在基本型上画线剪开手法来完成。所以从工艺的角度来说，款式B对工艺的要求略高于款式A。

选出手感和弹力适中的针织布料后，先要裁出前片的基本型。用皮尺量出人台的长和下围宽（Low hip width），再各加长13cm，剪出一片长方形坯布。对折后用蜡块扫出坯布的中心线。把坯布放到人台上进行立裁，如图8-24所示。

三、设定前片胸前的放射线

把坯布的中心线对准人台的中心线用手将针织布向上下左右拉平（Even out），用大头针逐一固定，后用马克笔标记或蜡块涂扫出侧缝及需要的轮廓线，把它回放到桌面上再画顺，修剪好缝份；接着在U形孔的周围画上一些“放射形的剪开线（Slash line）”，以备剪开，如图8-25所示。

放射线画好后想一想，给自己一点时间思考一下怎样才能剪出合适的褶型。褶子要停止在中间，这就意味着剪开的线段不但要停止，还要消失在胸部约三分之二的地方，这也许就是款式B立裁时的疑难点了。

要裁出半途截止的褶形的关键是剪开后“截止”的位置和方法。而半途截止与一路通的剪开法的不同之处在于它的褶子尾部的“转移（Shift）”和“消失点（End point）”。

明确思路后继续用划粉或蜡块设定出褶子的剪开方向及“转移”的方位和“消失”的终点，如图8-26所示。

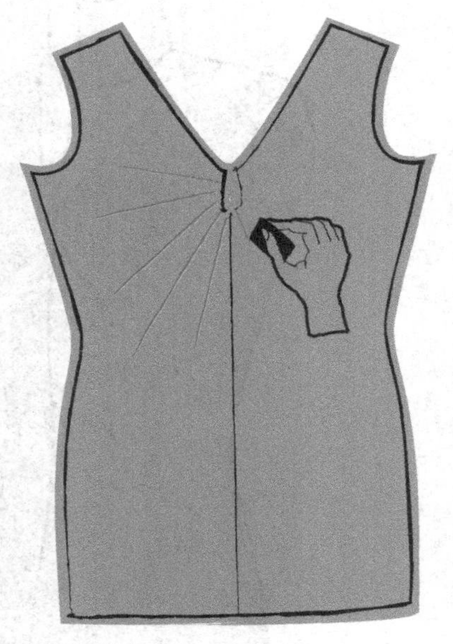

图8-25 设定前片U形孔周围放射形的剪开线

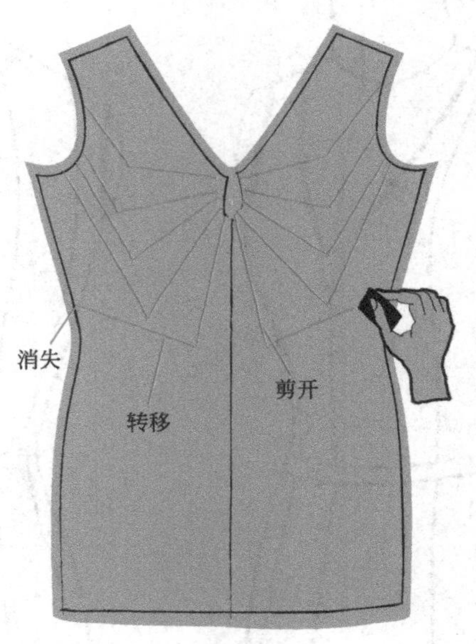

图8-26 设定褶子的转移方位及消失终点

四、前片剪开和展开的要领

1. 剪开线的剪开

为了快捷和对称，这里采用“对折剪”的方法来剪开（图8-26）。剪开时沿着划粉的痕迹一直剪到前片轮廓边沿的消失点止步，即重点是不要剪出痕迹线，即实线以外。然后，用剪刀在缝份处对着消失点斜向地再补剪一刀，这一刀的诀窍是不能剪断，确保有一丝的相连。这“补”的一刀非常关键，它将是帮助褶子展开（Spread out）和消失的妙招，如图8-27所示。

剪出另一块比图8-26大一些的针织坯布，按直纹线（Straight grain）对折，下面需垫上一张同样对折的花点纸。把剪开后的针织布片摆放在上面，为上身的展开做准备。

垫在下面的针织布的作用比较容易理解，但为什么还要再垫上一张底纸呢？垫底纸的作用有两个，一是使针织布在裁剪过程中不会因移动而走形变样，二是能同时剪出展开后新的上身图纸供下一步使用，如图8-28所示。

2. 前胸褶的展开

用大头针把上下两层针织布的几个部位别好固定后，就可以开始展开前胸褶了。按图8-29的方法展开胸褶，必要的地方可增插大头针固定。如果要让胸前的褶子多一些，那就将展开的空间拉大一些，对展开多少才合适没有把握时，可用1 ： 3或1 ： 4的宽度先试试，这个宽度指的是要被拉开的宽度，假如原长度是7.6cm，1 ： 3的话就约为23cm，1 ： 4的就约相当于34cm。缩褶过多了可以减点，少了就增加，如此反复多次，每变化一次，都要注意观察其效果，在选择疏密和谐的缩褶度的过程中，也是让我们一点一滴地积累自己的实操经验过程。图8-30是大约被拉开到3倍的弧线长，拉开的距离是需要缩褶的量，版师可以由此设想到缩褶定型后的U形效果。

3. 前片裁片和纸样的完成

当版师对展开的褶量相对满意时，就可用大头针把展开的裁片固定，用划粉把领口的轮廓连线，然后用剪刀把新裁片的形状剪出，图8-31是缩褶前的前片坯布形状和留底纸样的示意。

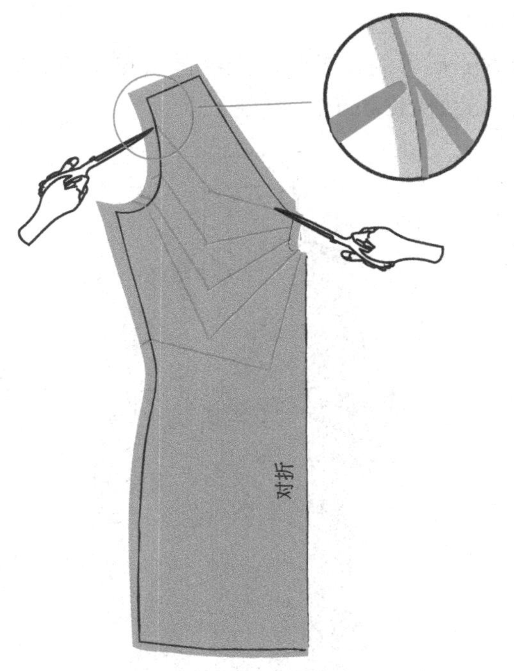

图 8-27　放射褶的剪开方法的放大说明图

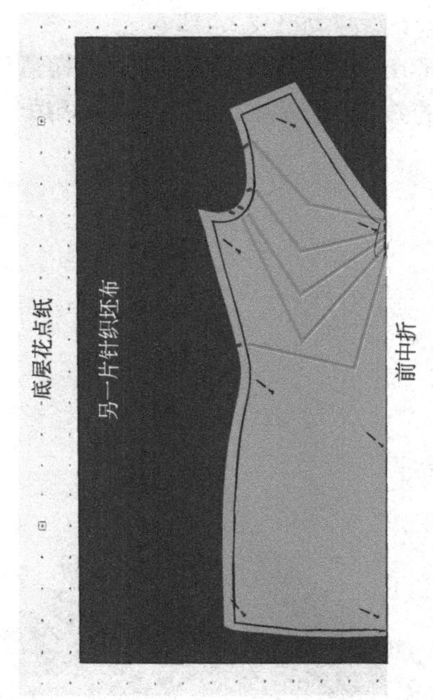

图 8-28　为上身的展开做准备的示意图

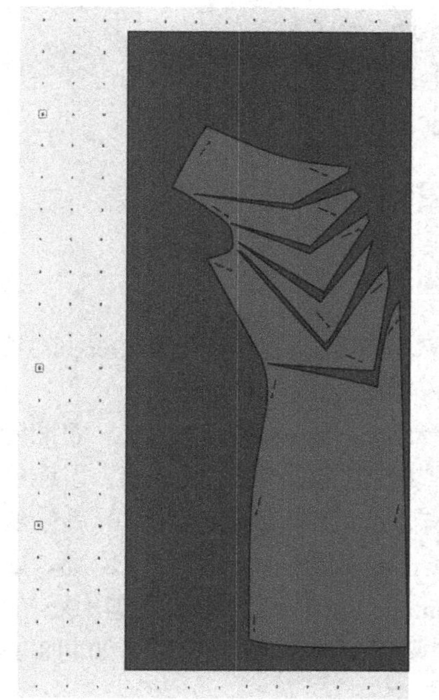

图 8-29　展开至原长大约 3 倍的缩褶位的示意图

图 8-30　用划粉将领口的轮廓连线后剪出的示意图

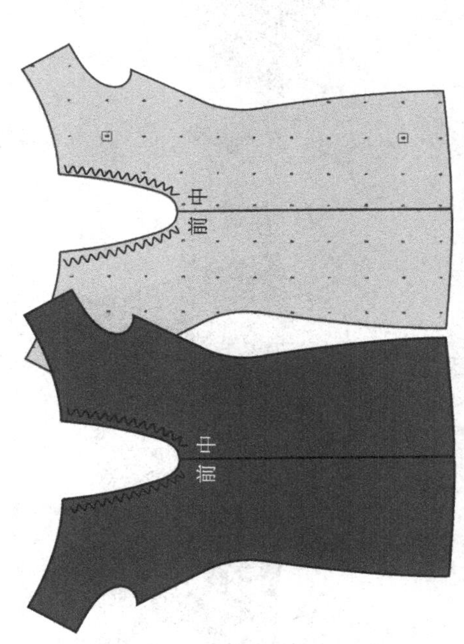

图 8-31　展开后的前片坯布形状和留底纸样的示意图

五、前领手缝缩褶

剪好前片坯布裁片后，用手针沿着U形领口手缝，然后均匀缩褶到原始的长度（即没有展开前的长度）。缩褶时，最好用“双线”和“双向”手缝。因为双线可以加大“线与布”之间的摩擦力，使布料容易抽缩；而双向手缝指的是右左的双向（Two-way）进针手缝，双向手缝的作用是利用双向手拉收褶而使褶子拉得更均匀，如图8-32所示。

当版师用尺子量度从领线到领心缩褶后的长度接近原来的尺寸时，就可以先将前片插上人台，检查一下缩褶的效果，然后以锥子轻轻地调拨匀褶与褶的距离，如图8-33所示。

图8-32 用“双线”和“双向”手缝U形领线

图8-33 对缩了褶子的前片做调整

图8-34 把后片对折后插到人台上合剪的示意图

六、新后片立裁

后片的立裁比前片简单多了。先用皮尺量出后片的长和宽并多加13cm，剪出一片长方形针织坯布。

如图8-34所示，给大家提供一个快捷方法，即把针织坯布对折好，用划粉或缝线等把布纹中线标出，以布纹线为基准，将对折的坯布用大头针固定到人台的后中线上，用划粉或蜡片涂擦出后领位、肩线和侧缝轮廓。之后用剪刀离轮廓线（Contour line）约2.54cm处剪出坯布，把坯布展开后就能得到两边对称的坯布裁片，如图8-35所示。

接下来就把两边侧缝的缝份用大头针拼接起来，大身的立裁就成形了。

七、袖子的立裁和别合针法

1.分析

袖子同样是款式B的重要组成部分，虽然我们接到设计图的时候已经看过不止一遍了，但在剪裁衣身前部时注意力都集中到前面部位上了。所以在立裁袖子前，重温和仔细研究一遍设计图，重新认识设计师对袖子这一部分的具体要求，对袖子的立裁有百益而无一害。

B款上衣的袖子呈上大下窄的外形，袖山头上打着几个活褶（Pleats），袖肘内侧还带有着几个小的褶裥（Small pleats），袖口细窄而略长。重新分析设计图发现本款袖子适用于以一片袖原形为基础进行修改而变出新袖形的剪裁方法。

现在来分析一下同样是款式A用过的那只细窄的一片袖原型是如何转变成款式B的新袖形的。

2.设定

图8-36是在花点纸上用虚线（Dashed line）来设定袖子将要剪开的部位。当然这仅仅是一种设定，也许还要视立裁的实际效果再进行调整，直至得到设计师的认可为止。实际上每一个款式都不尽相同，也不可能有一个万能的方法和形式。所以，打版师在工作中要能创新和积累经验，以应付设计师们变化多端的设计，并增强自身的“武艺”。

图8-37中袖山内用了五条虚线的设定，为的是把袖山的缩褶量分布得均匀。画在袖肥位置下的三角虚线是表示这一袖头的展开将低至袖肥以下。袖中心虚线的一插到底，为的是将袖子的形状塑造成上宽下窄的倒三角形。袖肘（Elbow）位置有三条弧形虚线，它们是为将来打出袖肘的三个活褶而设的，斜向弧形的虚线，意在将打褶方向指向袖口，而不光是相互平行。袖口的虚线及其延伸，表示该袖口呈长窄形并且还需要加长。

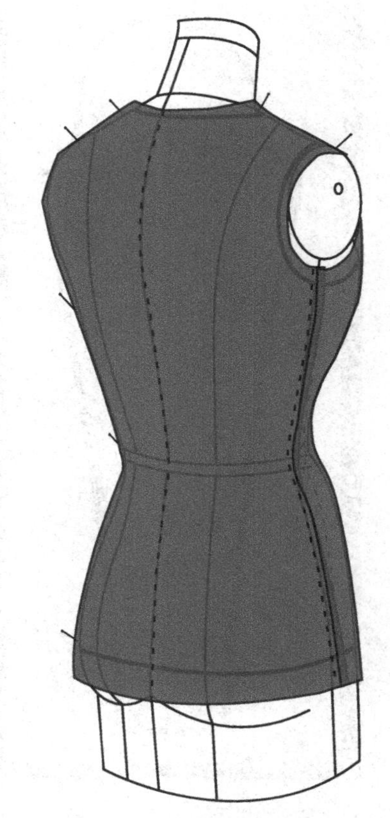

图8-35　把后片展开就得到对称的还布裁片的示意图

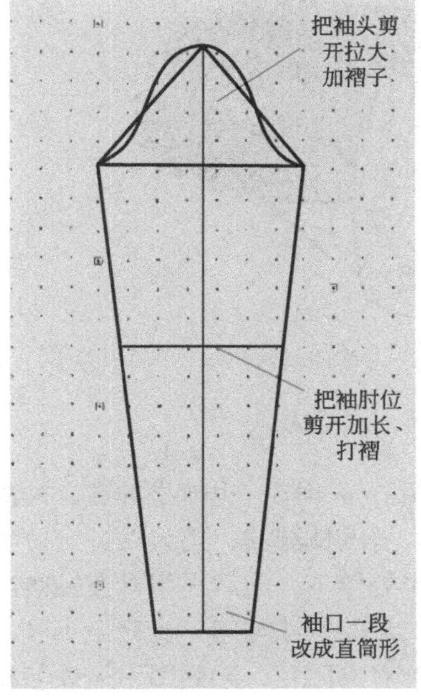

图8-36　用细窄的一片袖来分析新袖的改变法

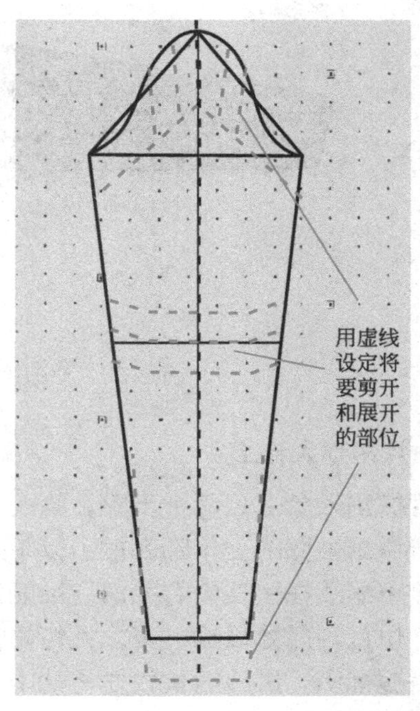

图8-37　用“虚线”设定袖子将要剪开和展开的部位

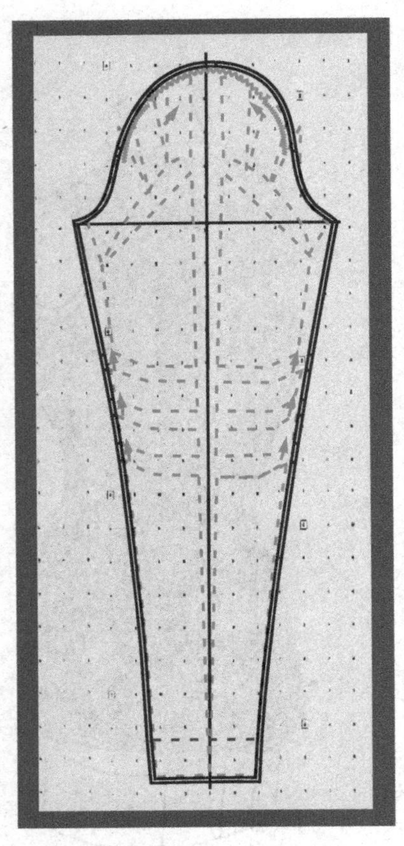
图8-38　按虚线剪开和展开袖子各部位的示意图

3. 展开

当袖片被展开时，考验版师能力的时候到了。没有人告诉你应该拉大或收小，也没有一本书能包含应对各种款式的所有方法，此时该拉大还是缩小，一切都取决于版师的眼光和演绎能力，也都在版师的掌控之中。我们既可以先做大一些，然后再逐步减小，也可以反过来走一步步加大的路线，最后找到适中的方法。如图8-38所示，就是按“虚线”剪开和展开袖子各部位的示意图。箭头的方向表示打褶裥（Pleat）时向上或聚中之意。而袖头小波浪纹的标注，表示袖头从前袖山的单剪口（Single notch）到后袖山的双剪口（Double notches）的这段距离要缩细褶，但车缝时要把细褶朝向袖中，完成后缩细褶的弧长约为前7.6cm加后7.6cm，共15.2cm。

4. 缩褶和拼合

给袖子纸样轮廓线留下宽约2.54cm缝份用剪刀剪出坯布，打上剪口，然后把纸样挪开，就能得到袖子的新坯布裁片了。接下来，可用针线和大头针将袖子的袖山头制作小细褶，把袖肘的褶裥拼接起来并进行固定。我们把两边侧缝的缝份用大头针拼接起来，但拼接的是各2.54cm的缝份，假如最后的效果需要加大的话，它就成为预留量了。拼合时用一把直尺插入袖管之中，做法与上一款相同，如图8-39所示。

袖子的拼合完成后，接下来该着手绱袖了。用大头针将袖子拼到人台与大身连接起来后，还要做进一步的调整。

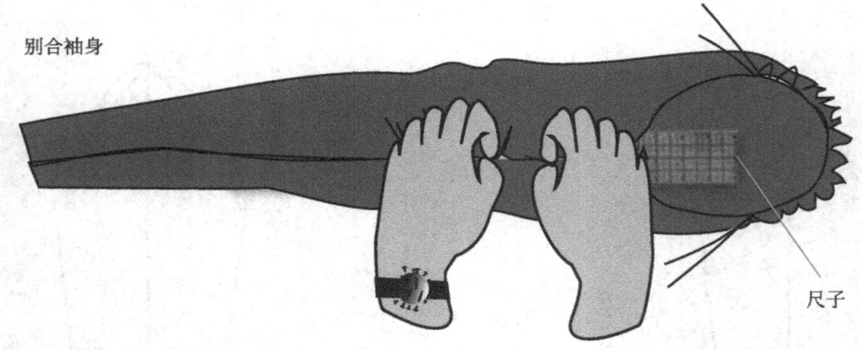

图8-39　用一把直尺插入在袖管之中拼合袖身的示意图

5. 把袖片拼到人台上

把袖片拼到人台上分两个步骤。第一步是用大头针拼接袖窿的下半部，也就是袖底、袖窿的下半部分。第二步拼缝袖窿的上半部即袖山以下。先将袖内缝线对准大身的侧缝线，用大头针定位将袖底从里面固定，接着继续在里头向右袖窿往袖圈别针，直到袖窿的一半处停下，然后再用针在袖窿内向左袖窿继续别合，也直到后袖窿约一半之处暂停，如图8-40所示。第二步的别法与第一步完全不同，是从外面用大头针拼缝袖山。拼缝时首先要将袖山中点与肩斜线用大头针对准固定，然后用手指拨匀和拉正袖山的缩褶向袖山两边拼缝，如图8-41的展示。

袖子的立裁告一段落，新一轮的立裁调整和检查又开始了。对比整件衣服的协调性、立裁效果与设计图找差距。如果感觉满意时就可以请设计师对立裁的效果进行评审了。

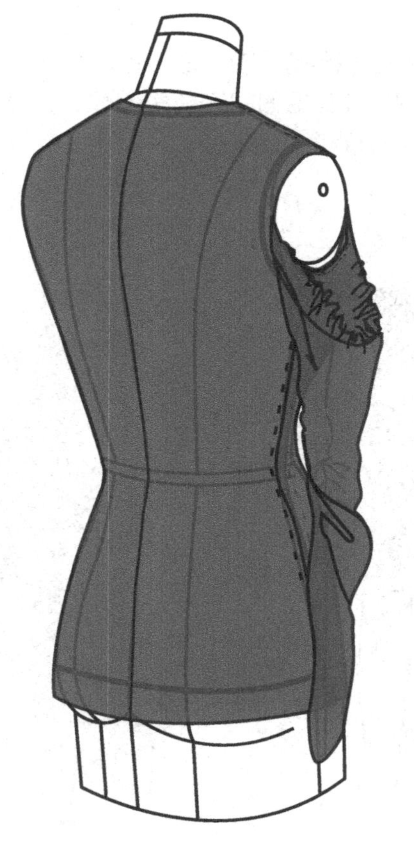

图8-40　用别针先拼接袖圈的下半部的示意图

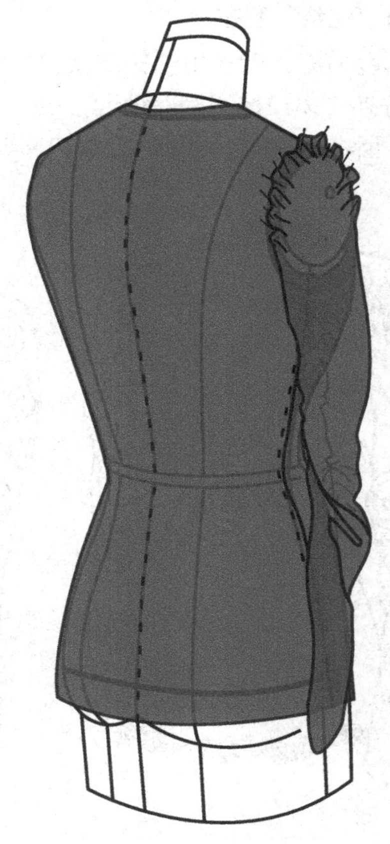

图8-41　完成袖山上部拼合的示意图

第三节　按设计师的意见修改立裁效果

一、听取设计师的意见

1.倾听

设计师对B款立裁提出了两点意见，一是领宽即领子横向宽可再增加一些，留出足够的位置以拼接（Piecing）蕾丝的扇形边；二是袖子的上部的宽度和容量（Amount/Volume）不够，整个袖子的构造尚未达到设计图的原意，袖子的上和下应形成明显的反差。

在立裁的过程中，按设计师的意见修改和调整立裁的效果，是达到设计师意图非常重要的一环。打版师要认真倾听，特别是时间不宽裕的情况下避免抵触情绪。设计师要求修改是他的本职，这与版师制作的效果有一定的关系，要牢记打版师本职是千方百计地实现设计师的构思。从另一个角度说，设计师想得到好的版型，就要懂立裁，力求能与版师沟通，有相同的目标，才能合作出好的设计、好的版型。有时，你看到有的设计师往往把握不住自己要什么，得不到好的最终成果，这与他们没有学好立裁打版有一定的关系，不懂立裁打版知识当然审核不出造型的好与坏了。

使领子横向开阔一些，这并不难办到，方法是先量一下领横上的蕾丝花边的高度得到3.8cm，在领横的宽度上加宽3.8cm，同时另加缝份。而解决袖子的问题的确比解决领宽的难度大一些。首先要拿设计图与立裁的效果做一个对比，找出它们之间的差距，然后再想解决之道。

2. 找出“症结”所在

如图8-42所示，试找出设计图款式与袖子立裁的效果之间的对比找差距。通过比较发现该立裁袖子的上半部分外形离设计图相差较远，版师立裁效果不理想，是时有发生的问题。相差较远并不可怕，找出“症结”所在是关键。当然，要解决问题的“症结”显然在袖子的上面部分。

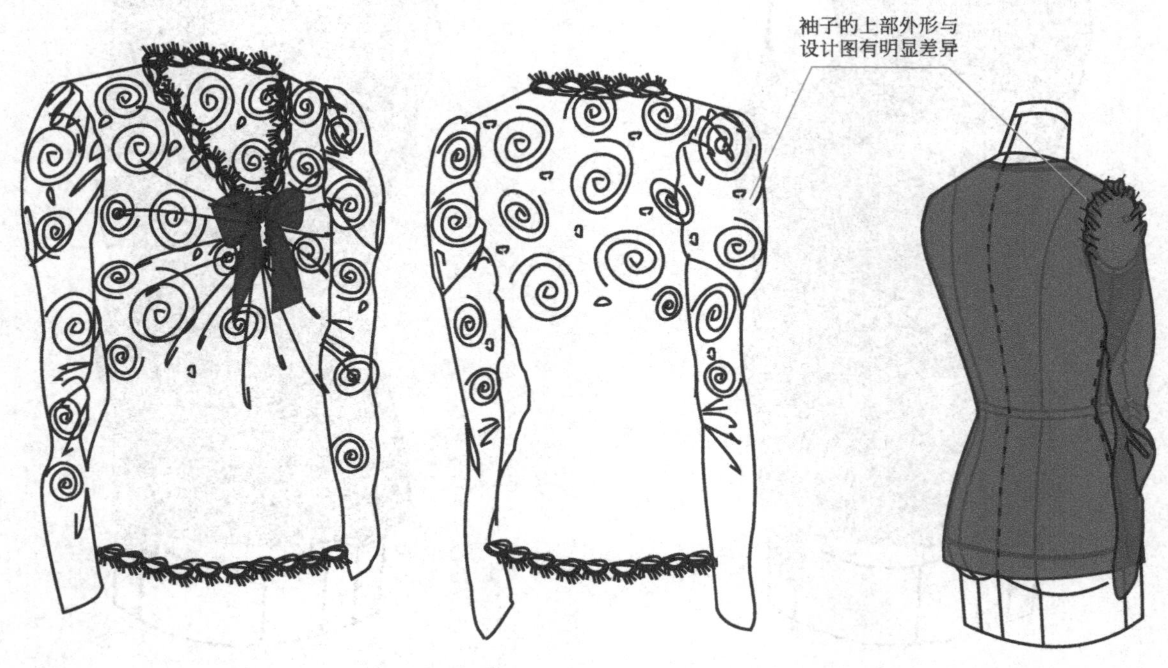

图8-42 找出设计图款式与袖子立裁效果之间的差距

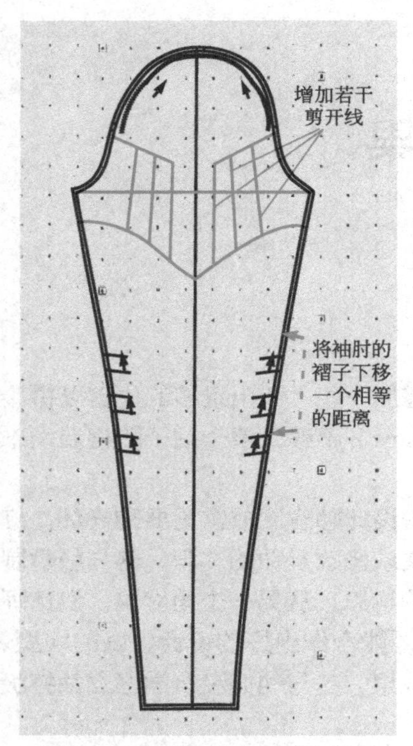

图8-43 袖子将要更改的设想图

二、袖子的调整步骤

1. 调整一片袖的剪开线

借用图8-38的一片袖纸样，来做一些相应的调整。针对袖子上部外形的特征要求，需要增加袖肥的宽度和袖头的大小；同时还要把袖肘的几个褶子往下位移。我们可以通过在袖头上增加若干剪 开线，以塑造出设计师想得到的外形。图8-43呈现的是该袖头将要更改的设想图。

2. 展开袖子的上半部

展开袖子上半部，实际上加大了上袖片的缩褶的空间，为了进一步突出袖子的造型，使袖上部的形状与设计图吻合，版师又在袖中加了一个较宽的工字褶（Box pleat），这一改变得到了设计师的首肯。

图8-44是新袖纸样被剪开扩展的示意图。经过这一步，袖子被一分为二，变成了两节。

用新的针织布和花点纸垫在要剪开的袖片下方，当版师感到被拉大的量差不多时，就用大头针把裁片固定，用铅笔把新外形用虚线勾画轮廓后进行剪裁。

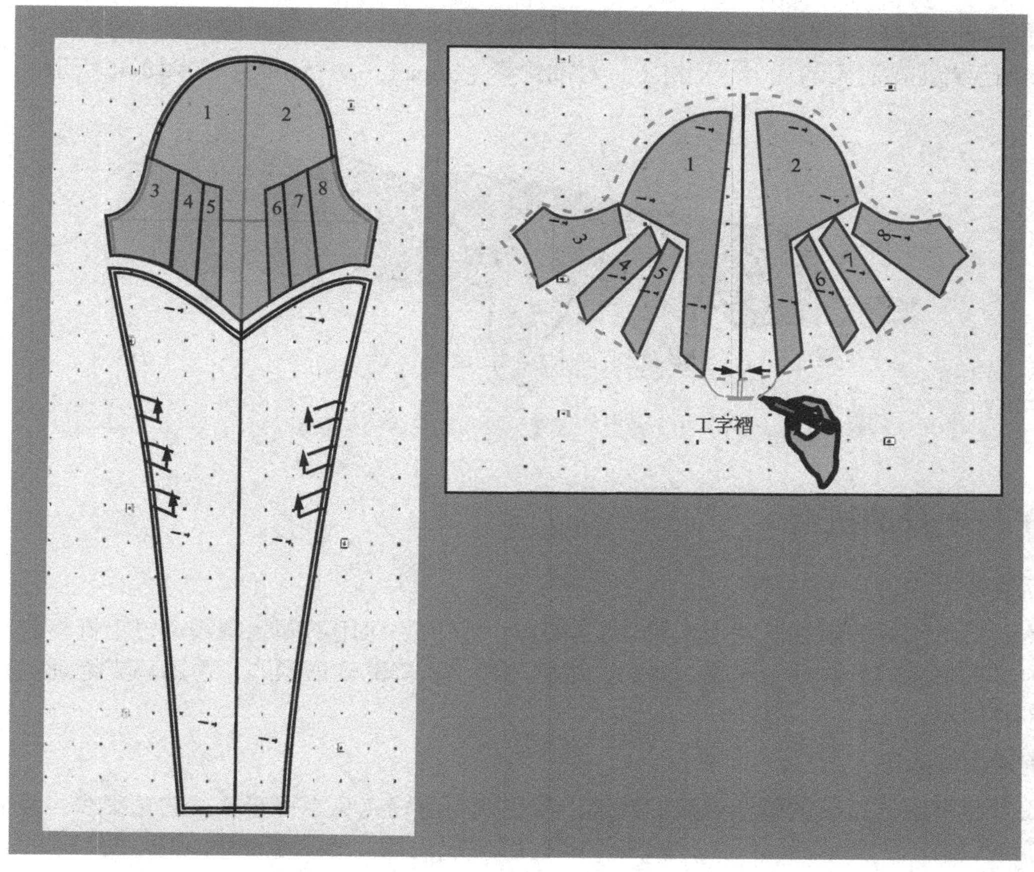

图 8-44　新袖样被剪开扩展的示意图

3. 缩褶

立裁中针织布的缩褶和缝合建议用手针来做，这是因为手针缝合的效果的自然程度高，比缝纫机缝纫的效果好。接着我们用手针穿双线后在袖头和袖肥边线上各手缝两行线后，用手针进行缩缝和缝好工字褶（Box pleat）的位置。缩好褶的长度要配对绱袖窿与袖山、袖上部与绱袖袖口的接缝长度，如图 8-45 所示。

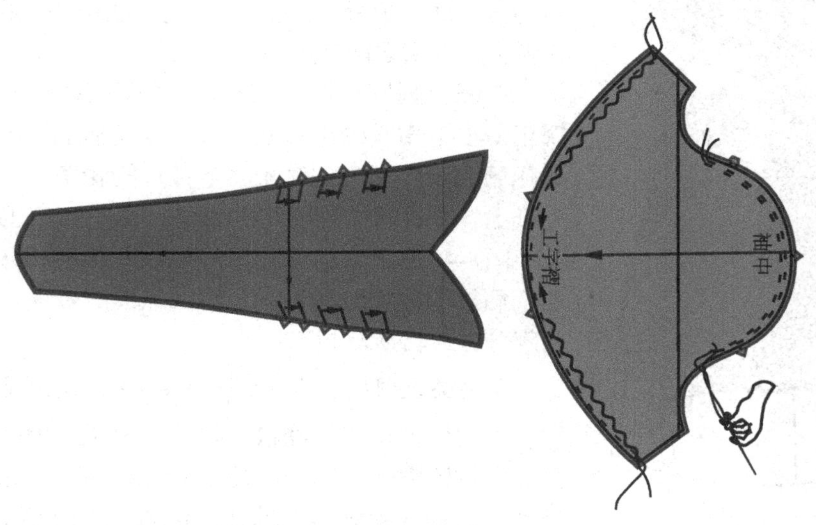

图 8-45　用手针对袖山进行缩缝的示意图

4. 拼合

这一步用手针把袖肘部的几个活褶拼上，对袖侧缝（Inseam）进行拼合，如图8-46所示。

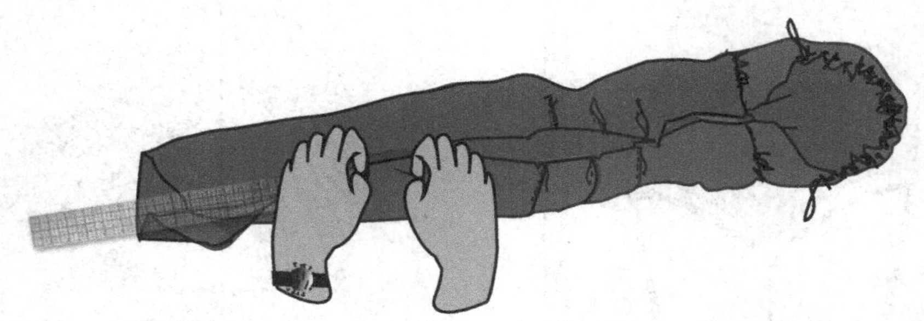

图8-46　袖肘的活褶和袖内线拼合的示意图

三、袖子与上身的拼合

1. 重新绱袖

运用大头针把别好的新袖子别上人台与上身组合。完成后可用不同色缝线通过手针将前后袖子与袖窿的定位，即前后剪口分别标示出来。最后，用剪刀剪出领口的扇形领边，再用马克笔画出衣脚的扇形边。如图8-47所示。

2. 再审定后做标记

如果设计师审定通过这款重新立裁的效果，我们就要用马克笔等将新款式的轮廓线、腰位线等标记出来，同时用皮尺量度，将必要的尺寸量出，写在该位置或纸上，以便画纸样和做版（Make sample）时参考对照。如V领口长（V neck depth）、前胸的缩褶长、袖头的缩褶尺寸、小肩长、袖肥、衣长等，这些都是标记的重要内容。

图8-47　标定袖子与上身剪口位置以及衣脚扇形边的示意图

3. 过线和复制纸样

准备好花点纸、过线轮和大头针等工具，将人台上的裁片小心仔细地查看一遍，特别要注意的是布纹线是否清晰，假如不够清楚，用划粉将前中线和后中线涂擦清楚，以重新验证和标明裁片的垂直线。另外，还需打上必要的剪口，重点是这些都要在从人台上取下来之前完成。

在纸上画好直纹线后对折，将前后身裁片的一半小心铺平，挪正；上下横直校正对准，右上身面朝上，用大头针将它们和裁片四周固定。利用过线轮将各裁片的轮廓线（Contour line）刻画到纸上。接着用铅笔和尺将刻画的痕迹描画出来。

图8-48是上衣前片的裁片复制成平面纸样的过程。图8-49是展示后片的裁片复制刻画成平面纸样的效果。图8-50是袖子上下两部分裁片转换复制的示范。

4. 有关上部袖子（Top sleeve）的内层的画法说明

因为绱袖呈“气球状”的特殊效果，因此它需要在绱袖的内面加一片比它短一节的内袖（Inside sleeve）来提拉。它必须是以外袖（面袖）的纸样为基础，将袖子的长度减短和做其他相应的变化，方法如下。

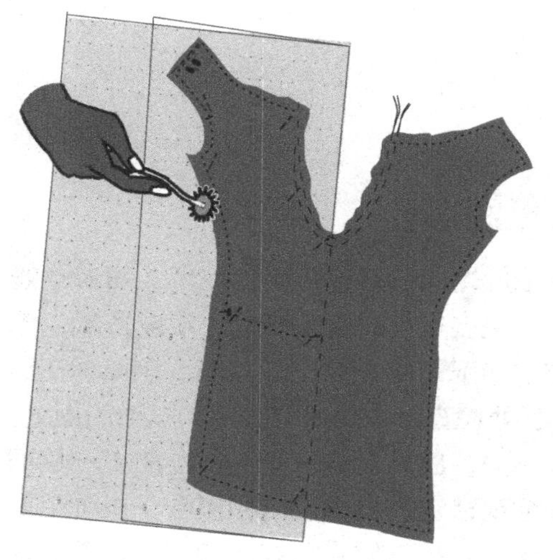

图 8-48 把裁片复制成平面纸样的过程的示意图

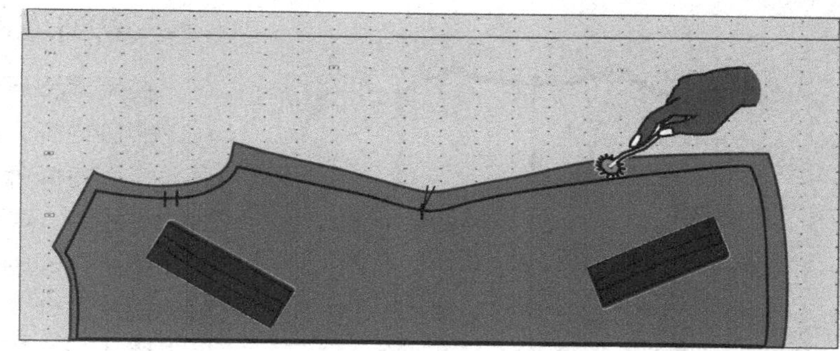

图 8-49 后片裁片复制刻画成平面纸样过程示意图

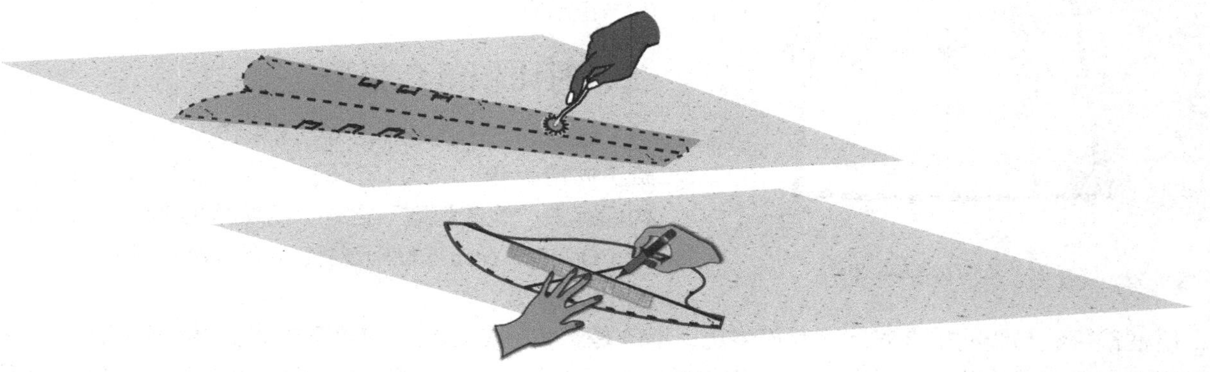

图 8-50 将袖子的上下两部分裁片转换复制的示意图

准备一张花点纸，把它放在画好的外袖片的上面；借着纸下隐约可见的外袖轮廓，以袖长按面袖的长度减短2.5cm，袖山弧则以原袖山轮廓降低2cm为基本线，用铅笔描画出新的内袖的轮廓。袖头的降低是为了帮助蕾丝的袖山在缩褶后更通透和减少厚度，而底袖长的减短就是为了提吊外袖塑袖形的“气球状”。

图 8-51 是内袖片画法的示意图。当袖子和内袖里外一起拼起来之后，“气球状”（Balloon）的效果得到了设计师的认可。

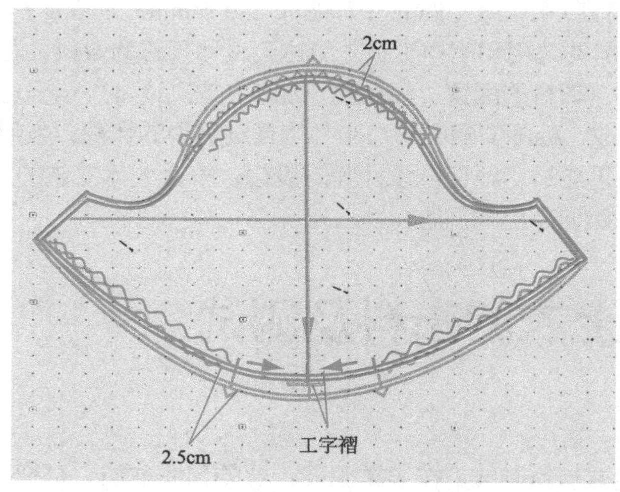

图 8-51 袖子上部内袖片的画法示意图

第四节 版型的修正

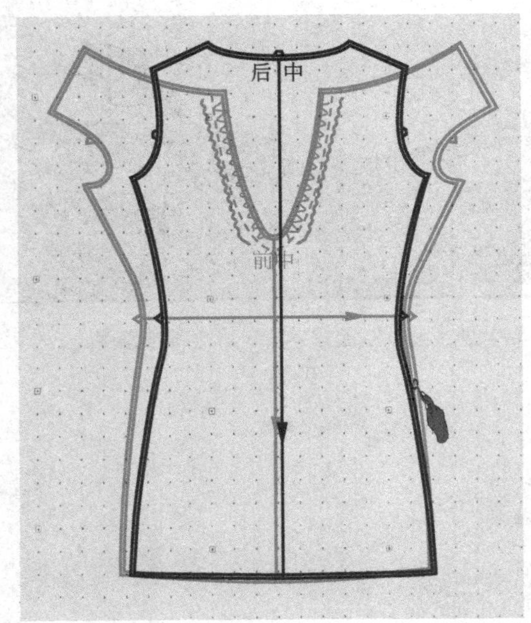

图8-52 在描画衣身过程中对侧缝线条的修正

一、边画边修正图形

在用笔和尺画裁片轮廓时，要避免仅仅埋头照着过线轮的痕迹描画，且不说在过线时会人为地出现或多或少的误差，而打版师在在无意之中也会出现差错。因此，在画线的过程中，要不断地检查每一条线的圆滑和顺畅的程度，在发现不合适的线条时，应马上进行修正，办法之一是把前后两片重合，仔细观察它们是否接近和重合，也可用借助过线轮或橡皮擦帮忙，将它们修画得更加完美，不要等到版型画完。图8-52是在描画衣身的过程中，对侧缝线条的修正示意。

二、对比和重合版型

版型的修正是纸样的对比和检查中的首要任务。版师除了先用眼睛“瞄”，用尺子“量”以及运用对人体的结构理解去“规范版型”之外，将裁片间的线与线的相互重合（Overlap each other）对比和互借修正都是我们常见和实用的方法。

所谓裁片线与线的重合对比和互借修正，指的是当发现需要缝合的两条线体现出不合理的不一致时，就需要在这两条线中进行互借的调整。用过线轮来重新刻线，然后取中间画线，就是说把凸出的部分收小，把凹进去的线条按新刻线抛出，使两道原来不一样的线条在确保尺寸不变的同时，线形变得相对地一致。假设我们跳过这个改正的机会，硬是将它们缝合起来，那么，这些带有不起眼的偏差所组合成的线条就会出现不平滑的弯曲和变形，而这些不合理的弯曲就会毁坏成衣的造型。因此，要使服装的构造塑造得完美，在打造版型中出现的一丝一毫的偏差都需得到重视和及时修正。

三、版型修正的方方面面

版型的修正其实贯穿在打版和做版（Pattern making and sample making）的全过程。选料时，版师要与设计师商量有关布料和辅料的选用和制作工艺才能达到设计预想的效果。立裁时，版师对立裁的造型、比例、线条、分割、外轮廓、辅料的配置、活动量、加工工艺等都得一点一点地琢磨、推敲、试验，画版时再一丝不苟地描画、修改，板师要随时与打版师沟通制板中的情况，版师则指导他们如何解决问题，使样衣（Sample）成形的效果能贴切地符合设计师的设想，符合人体着装的人体工学原理，使衣服的版型愈加尽善尽美，这就是版型师的工作宗旨。

第五节 蕾丝上衣的布料及测试

一、双层布料的作用

本款套头上衣由里外两层布料制成。按美国服装行业的习惯称谓，是把两层布料的服装的外层称为本布层（Self layer），而把里面第二层称为底层或内层（Under layer or Inside layer）。

内层可以是衬里，也可以是底层。它既能衬托和美化面布，同时还参与款式的组成和改变。而衬里的功用主要照顾的是人体的舒适度（Body comfort）及美化服装内部的缝纫效果。而这一款双层（Double layers）弹力上衣的针织底层，就同时担负着衬托美化面布、加强蕾丝的缝纫强度和作为衬里的三位一体的功用。

二、面料的布纹取向

由于两种面料有着相似的弹性和伸缩力，所以衬里的纸样不需要另画，用面布纸样下裁就可以了。但不同的是在标注蕾丝的布纹线时，要标注的是横纹（Cross grain），而不能用直纹。因为在蕾丝的直纹方向上没有扇形花边为边沿的装饰（Scallop border），只有横纹方向有。但要指出的是，一个纸样两次用在同一件服装中进行裁剪，这在打版和裁剪中是常见的做法之一。裁剪前，版师要与裁剪师傅进行沟通，以确保裁剪质量的满分。

为什么我们在标定内层衬里时要用直纹呢？这是为了使贴近人体皮肤的弹性针织布的悬垂性更好，穿起来既好看又舒服。就普通针织和纺织品而言，直纹的悬垂性相对比横纹好一些。

三、面料的弹力测试和选择

就本款而言，选择弹力相似的不同布料作为外层和底层制作是成功的基础。假如蕾丝和针织布的弹力各不相同，那纸样就不可以互用，甚至要分别立裁和另画纸样了。

因而，在版型制作之前，要找到弹性相似的两种面料并进行“热缩”实验。方法是剪出长26cm宽26cm的两种布料和方块纸样。把两种布料用蒸汽熨斗进行热缩，热缩后与用作参照物的方块纸样相比，量出它们各自经纬方向的变化，再计算出成衣的宽度和长度，预留伸缩量就知道在做纸样时该怎样去处理了。

下面介绍一个简单的手工测量方法。取同样大小的蕾丝和针织的小布样各一块。把尺子放到桌面，如图8-53（a）与（b）所示，用手拉伸来感受和体验两种布料各自的伸缩度。然后把两块样布重叠在一起，再试拉，体验它们弹力的协调性，如图8-53（c）所示。假如两种布料的拉伸度相差比较大，就说明它们不适合用于同一款。用手拉的方法听起来不太科学，但这一土办法确实能解决我们的实际问题。

版师也可以利用已有的针织坯布纸样为标准，相应调整或加大或减小纸样的宽窄度等，从而做出与蕾丝伸缩度相符的专用纸样。假如费用许可，可另剪一件样衣缝合后比较成衣效果再作调整。

另一个方法就是剪一片46cm×46cm硬卡纸实样，然后用它剪出的两块面积大小一样的面料，别忘了用三角剪口标示出直纹。只有这样试验变化后我们才能确认布料变化是在它们的横纹还是直纹。缩定后按效果来决定是否需要改变纸样和更换布料。

“热缩”实验能让我们对布料在车缝整烫后的变形情况有了预知。面料变化不一致时，要换面料再次测试。目的是找到热缩度匹配的面料。简而言之，版师要确认将要采用的布料的加工前后的变化是基本一致的。

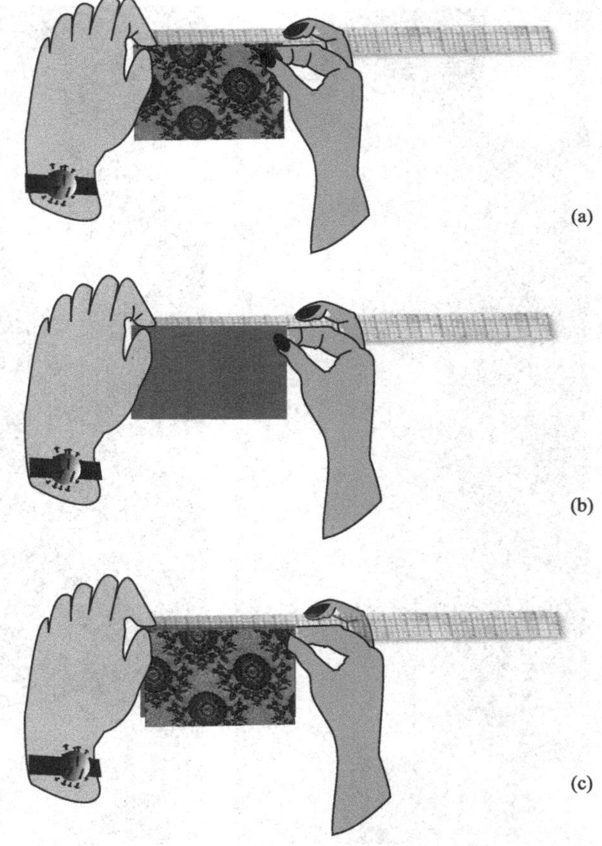

图8-53 用手拉来测试蕾丝和针织面料的弹力的示意图

第六节 其他技术问题

一、蕾丝的扇形边

设计图中领口和衣脚均以蕾丝的扇形花边为边沿的装饰，理想的办法是制作蕾丝上衣时能利用它的原装花边。但有时因为蕾丝图案常有的倒顺和幅宽等的限制，无法直接使用原装扇形花边，这时就不得不考虑用拼接的方法来达到设计图的效果。但是从穿衣的功能考虑，我们并不主张在衣身的下脚接缝蕾丝花边，因为一是接缝不如原装自然好看，原因二是接缝线的紧绷会给穿脱衣服带来不便。

而在立裁和打版时扇形边的效果体现可考虑用下面的方法来处理。

1.在针织布上涂擦出蕾丝的扇形花边

立裁时我们可借用蜡块（Wax chalk）在针织布上面将蕾丝花边涂擦出来并放到人台上来观察效果，或者可以用马克笔将扇形的形状画出。也许你会问直接在蕾丝布上剪下它的布边岂不省事了吗？问得好，不能剪的原因是因为蕾丝的扇形花边本来就少得可怜，剪去了它的布边就无异于浪费了那一段蕾丝面料了。

2.巧用扇形边

版师在裁上衣时，为了获得原身连蕾丝布边，大身前后的裁片就只能用横纹了，幸好布料的四面都具有弹性，用横纹也等于是用直纹。而V领上装饰用的蕾丝布边就只能从幅宽的另一边剪裁出来，V领蕾丝布边的拼接有利于领口的固定，这相当于在领口上车缝了防伸缩带，使领口的拉伸度得到了理想的控制。

版师的责任之一是需考虑排料时两边的扇形花边是否够用及把遇到不够的情况怎样处理包括在内。

要是裁片的部位没有原身布边，最下策或许是要设法外购蕾丝花边来配了。

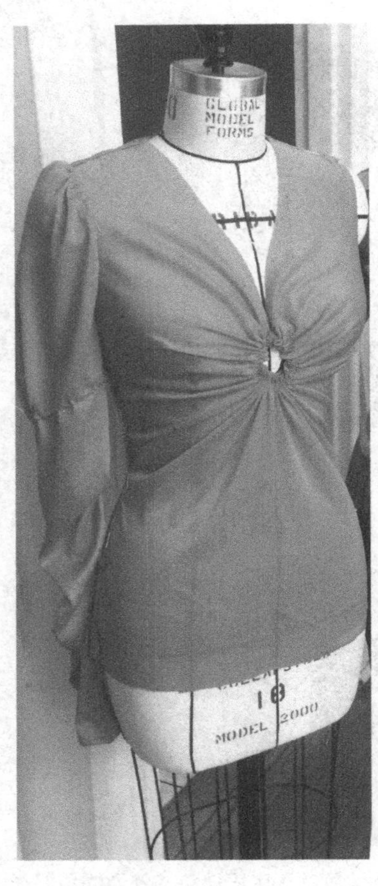

图8-54 左图是该款针织坯布立裁的效果，右图是用蕾丝与针织双料制成的头板效果

二、丝带的通道

此外，V领尖下的抽褶需要一条能穿进一条丝带（Ribbon）的通道（Tunnel），可直接用针织布和蕾丝之间的间隙缝纫出约1.5cm的通道并留有出口即可。图8-54左图是该款针织坯布立裁的效果，右图是用蕾丝与针织双料制成的头板效果。

图8-55是这件双层上衣的版型示意图。

下表是这件弹力蕾丝和平纹针织上衣的裁剪须知表（Cutter's must），图8-56是下裁通知单。

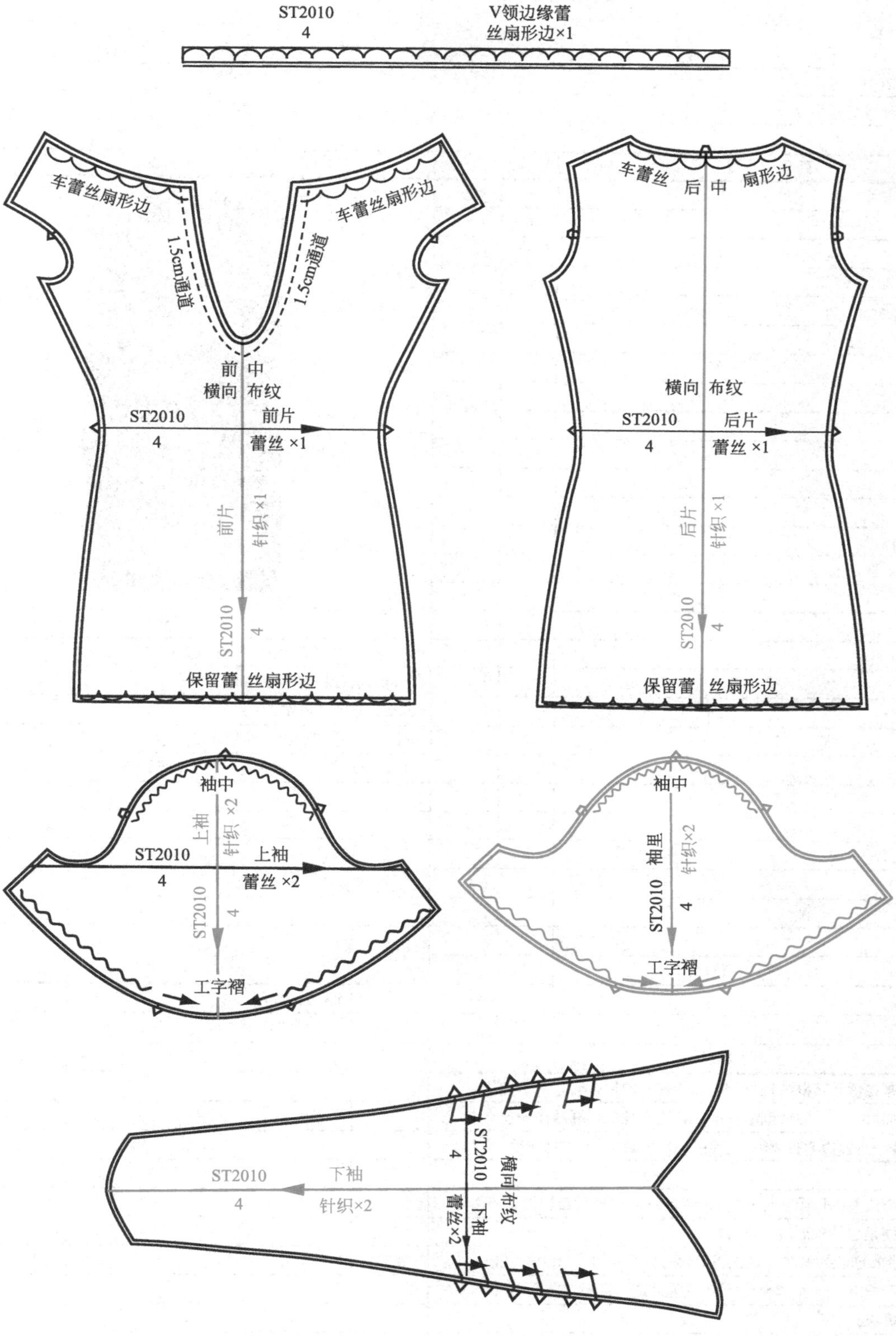

图8-55　蕾丝和针织双层上衣的版型示意图

蕾丝和针织双层上衣的裁剪须知表

此表需结合下裁通知单的布料资讯才能完整

尺码	:	4	打版师	:	Celine
款号	:	ST2010	季节	:	2011年秋
款名	:	针织蕾丝双层女上衣	线号	:	2

#	面布一蕾丝	数量	
1	前片	1	
2	后片	1	
3	上袖	2	
4	下袖	2	
5	V领用蕾丝扇形边	1	
	里布一针织		
1	前片	1	
2	后片	1	
3	上袖	2	
4	下袖	2	
6	上袖里布	2	

款式图

缝份

缝份
1cm: 领边，U形缩褶边，下脚边
1.3cm：所有其他缝份
1.5cm：丝带通道宽
2cm：蕾丝袖口边，针织里布衣脚边
蕾丝扇形边部位：V领边及衣身下脚边

数量	辅料	尺码/长度
1	宽3.2cm缎带	长80cm

缝纫说明

1.要先把针织布与蕾丝布框缝在一起的裁片有：前片、后片、下袖片；只有上袖片和里袖片需要分别缩好袖山和缝好袖口再框缝在一起。

2.缝份1.3cm缝合及锁边的有侧缝、肩线、袖内侧缝、上下袖接缝和袖窿等。

3.针织里布衣脚边及袖口用双针机缝2cm双明线，蕾丝袖口辑缝1.3明线；

4.但蕾丝布下摆是自然扇形边，不需辑线。

5.V领下方丝带的通道的做法，是先将蕾丝与针织布边以1cm缝份缝合，后再往下缝出另一条1.5cm的明线成为通道。通道口需留出口，最后穿放蝴蝶结的丝带。

下裁通知单

款式：针织蕾丝双层女上衣　　　　裁剪者：　Jackey

季度：2011 春季　　　　裁剪日期：　09-17-10

裁剪数量	1件
布料	外层－弹力蕾丝 内层－ 弹力针织
辅料	
颜色	面布：黑　色 衬里：蜜糖色
衬里	弹力针织

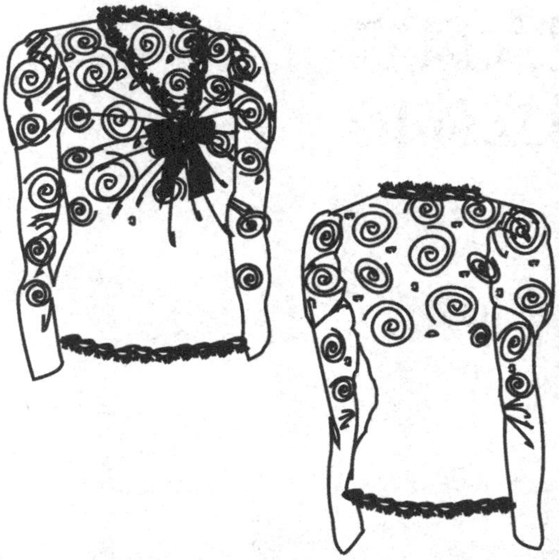

布料小样：面布－弹力蕾丝	布料小样：衬里–弹力针织	备注：
布料小样：	布料小样：	

图 8-56　蕾丝和针织双层上衣的下裁通知单

思考与练习

思考题

1. 在这一章里，我们从立裁弹力针织款式的案例中学到了什么？请详细列出裁剪针织布料过程中的注意事项。

2. 打版师如何摆正自己和设计师的位置，打版师要具备什么样的职业品德？

动手题

1. 把本章的弹力针织上衣款式改变成有变化的一片袖连衣裙，款式自己设计。根据本章中学到的方法，做出它的立裁、软纸样、手缝出坯布裙子，并写出裁剪须知表，过程不能超过16小时。

2. 两个同学一组，相互检查纸样，相互监督修改，要求体现良好互动、互助的团队精神。

第九章
束腰连帽女风衣从平面到立体的提升法

第一节　连帽女风衣的款式分析

一、设计综述

这是一件系腰带连帽女风衣。风衣腰部的前上方设有两个拉链斜线袋（Zipped slash pocket），而前腰下方两侧有内贴袋（Inviside patch pockets），右肩上饰有一片前肩盖（Gun flap shoulder cover）作为装饰。袖子的袖口设有松紧绑带（Elastic strap），它既是装饰，又能增加款式的细节，同时也有挡风的实用功能。后背有过肩（Back yoke），连接过肩缩有细碎的褶子（Gathering），后中下脚开有后衩（Back vent），两腰侧设有本布做的腰带襻（Belt loops）。比较有趣的是那顶几乎将头部全遮住的帽子，它的挡风程度高，整顶帽子有多处切割线（Multiple seam lines）。帽子正面开口的周围设有穿绳子用的通道（Drawstring casing）。帽子开口的大小可调节。前身门襟的暗门襟内（Inside placket）设有一条可以拉到帽子开口的长拉链。图9-1、图9-2是该连帽女风衣的平面效果图。

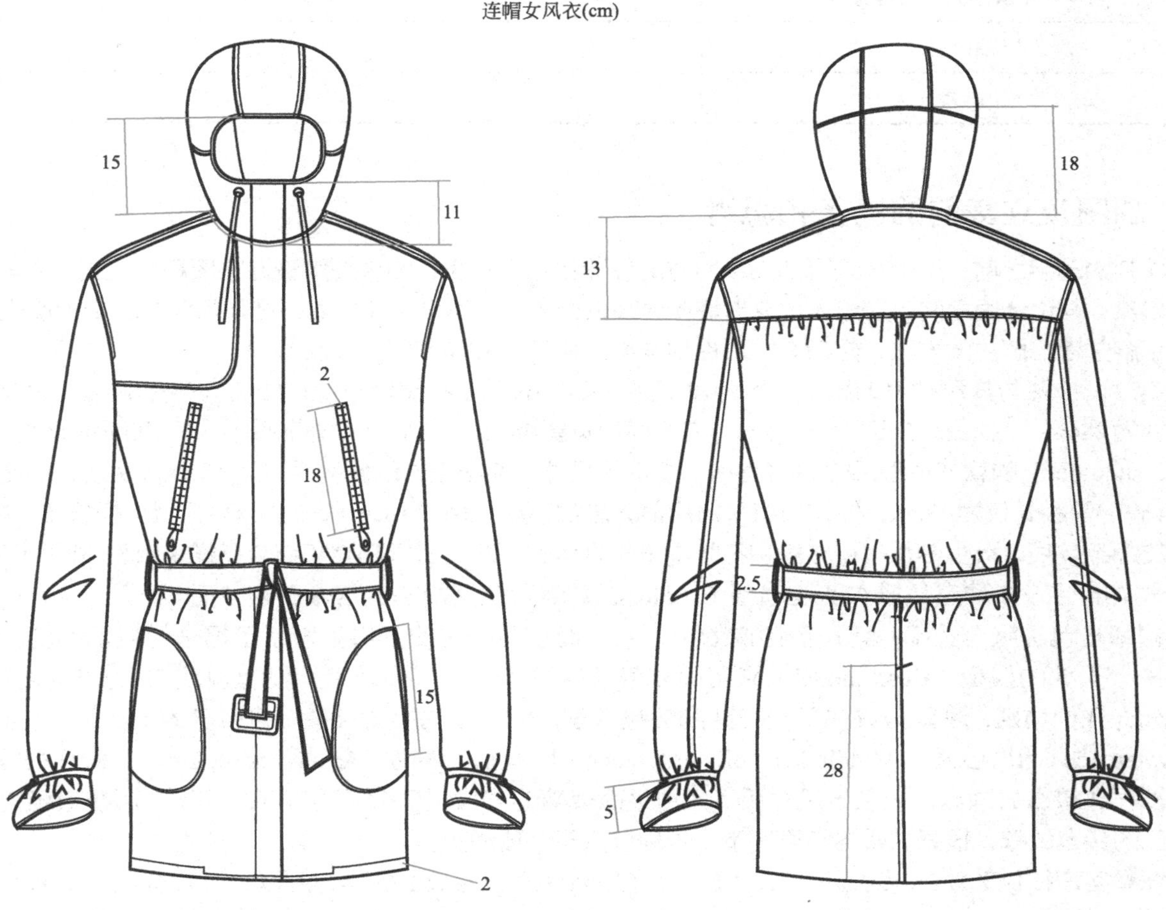

图9-1　束腰连帽女风衣的正面效果图　　图9-2　束腰连帽女风衣背面效果图

这是纽约一家样板服务公司（Sample service company）为其客户打版中所遇到的款式。

客户留下设计图的同时并附上有规格细节要求的尺寸表（Measurement spec and details）。在仔细阅读这些资料后，判断这款风衣可按尺寸表先画出平面裁剪图（Flat Pattern），再上人台调整的方法进行平裁和立裁的互动。同时由于风衣款式比较宽松，对合体性的要求不高，这也为先平面后立体的制作方法提供了可行性。客户提供的尺寸见表9-1。

表9-1　客户提供的连帽女风衣的规格尺寸资料　　单位：cm

尺寸的量取法	尺寸	头板尺寸	二板尺寸	修正尺寸
后中长（从后中颈点量取）	91			
肩宽	48			
后背宽（从后中颈点下10量取）	46			
前胸宽（从前肩颈点下12.7量取）	43			
胸围（从腋下2.54量取）	107			
衣脚宽	122			
袖长（从后中颈点量取）	84			
袖窿	57			
袖臂围（从袖窿下2.54量取）	42			
袖口高	5			
拉链袋长	18			

二、制图及立裁前的准备和思考

在开始动手之前，版师要认真地阅读客方的设计图和尺寸表，力求理解设计意图和拟定制作方案。有的时候尺寸与设计图之间会有出入，或者是在局部设计上存在不太合理之处，打版师要在这个阶段先对此有所了解并考虑解决的方法，然后有针对性地与客户探讨，并在制版时设法解决。

通过设计图与其尺寸表的比较，版师发现某些部位的尺寸和比例与设计图之间存在疑问。后衩标明的尺寸为28cm，这是否过长了呢？再者，它的横肩宽要48cm，这个尺寸看来有不太协调的可能性，落肩（Drop shoulder）的款式成型后也许将有别于指定的尺寸。前腰上方的斜插袋定为18cm，从成衣的比例来看，4码的前腰长仅为43cm，但如果有了前肩盖，恐怕再放上两只18cm长的袋唇会显得太拥挤了。因此，其他的细部及袋口大小等都有待立裁和打版中再作具体的判断、进行加减和结合坯样来做整体的调整。

本款的另一个难点是风衣的连领帽子（Hood）。因为连领帽的通常做法是“后包头”，但这一款的连领帽却是包裹整个头部，就是俗话说的全包头，而正面中间的开口更增添了帽子的技术难度。假如能有一个人头的模型（Head model）来帮助立裁就容易多了。可公司里却没有现成的人头模型，时间也不允许我们拖延，那就只好借用自己头部的尺寸了。方法是先用皮尺量一量自己的上头围（Top head circumference）和中头围（Middle head circumference）以及帽子外围（Around hood girth），即从左肩颈点到头顶再连接右肩颈点，记录下尺寸后可先用平面裁剪的方法画出帽子的平面结构图，用坯布缝合后放到自己的头上试戴，根据试戴的结果一步一步地修改至合适为止。

细看客户提供的款式尺寸规格表，服装尺寸是以后片长为长度标准，所以，版师决定先从右后片开始平裁，而且后片开始会容易许多。制作策略定出以后，我们可以准备手感适中的偏薄一些的坯布烫平备用，并可着手在坯布上画出风衣的结构（Structure layout）平面图。这次我们决定尝试直接用立裁出来的坯布做头版用的版型（Muslin pattern）。

第二节　右前后片坯布的画法步骤

一、右后片坯布的画法步骤

1.先平裁右后片

按图9-3的步骤说明，开始在坯布上画出风衣右后片的平面裁剪图。

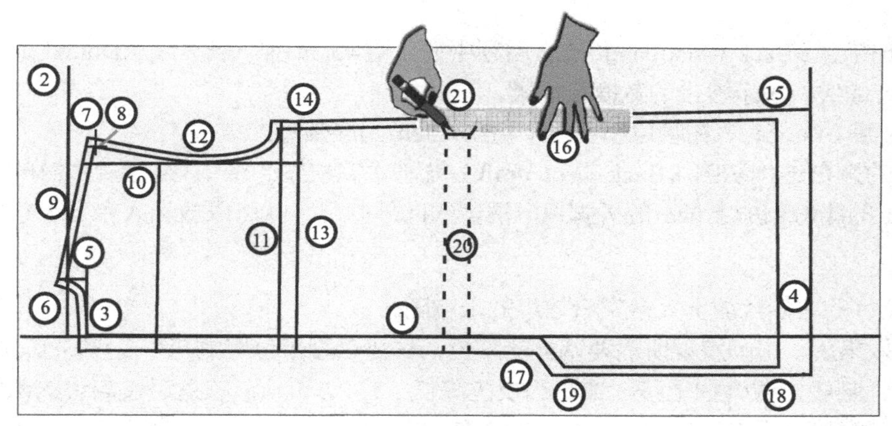

图9-3　用平面裁法画出右后片平面结构的示意图

（1）画垂直线：在离坯布的布边约10cm位置画上一条定位用的垂直线（Vertical guide line）。

（2）画后领线：在垂直线的上方画一 平行线（Parallel line）作为后领线。

（3）画后领深度线（Back neck drop guide line）：从后领线往下量3cm，画一平行横线作为后领深度线。

（4）画后衣长线（Center back length）：从后领深线往下量92cm，画一平行线作为后衣长线。

（5）画后领宽的垂直线辅助线（Back neck width of guide line）：在坯布边的垂直线上方，量7.5cm宽与后领窝深度画一垂直相交线，成为领宽的垂直辅助线。

（6）画后领窝线（Back neckline）：用曲线板画后领窝曲线。

（7）落肩深线（Drop shoulder line）：在后领与肩颈交点线外量3.5cm作为后落肩深线。

（8）肩宽（Shoulder width）：从后中的垂直线起往落肩斜度线上取肩宽的一半等于23.5cm画点，作为肩宽的定点。

（9）画肩斜线（Shoulder line）：用直尺将肩宽定点和肩颈点（HPS）连线，成为前肩斜线。

（10）画后背宽线（Cross back）：是在后领中点下10cm处定点，横量23cm（即肩宽46cm的一半），画出后背宽的垂直平行线。

（11）画后袖窿深线（Armhole depth）：查尺寸表得知该袖窿围是57cm，用57cm除以3再加上1.5cm等于20.5cm（袖窿深线=袖窿围除以3加1.27 ~ 2.5cm）。从落肩斜度线靠着后背宽垂直线位置往下量后袖窿深20.5cm，画一平行线成为袖窿深线。

（12）画后袖窿弧（Back armhole curve）：用曲线尺靠着落肩斜度线及后背宽垂直线和后袖窿深线三点画弧将后袖窿弧（Back sleeve curve）画出，用皮尺竖着量一下袖窿围，当确认尺寸等于29cm时，就成为合理的后袖窿尺寸（正常的后袖窿应略大于前袖窿约1.3cm，即等于袖窿的一半加1.3cm）。但假如尺寸不足，稍后可作调整。

（13）画后胸围辅助线：根据美国服装行业量胸围尺寸的习惯，胸围的辅助线要在袖窿深线往下量

2.5cm处画出。

（14）画后胸围宽（Bust）：查尺寸表得知胸围是107cm，可将107cm除以4，在胸围辅助线上量26.8cm画出后胸围宽的定点。

（15）画后衣脚宽（Back hem width）：衣脚宽是122cm，而后片衣脚宽应是总和的四分之一，所以在后衣长线上横量30.5cm（用总宽除以4），画出后衣脚宽的点。

（16）画侧缝线（Side seam）：用直尺将胸围宽和衣脚宽点连成侧缝直线。

（17）画后衩高（Back vent height）：从后中线往上量28cm画后衩高。

（18）画后衩宽度（Back vent width）：沿后衩长度线外量5cm，画平行线作为后衩宽。

（19）画后衩斜线（Back vent extention line）：在后衩宽线的向上方量25cm处画点，然后向28cm处画一道连线。

（20）定后腰带位（Back waist band）：从后领中往下量43cm画一条虚线（Dotted line），取腰带宽为4cm画另一条平行虚线，表示腰带的宽度及位置。

（21）画腰带襻（Loops）：在腰位线上往下量约4.5cm为腰带襻的定位。

至此，后片的坯布结构初图（Back piece draft）就基本完成了。图9-3是后片衣身的平面裁剪图。这时需要留出2.5cm的缝份和加上6cm的折脚量，沿实线向外剪出，就可以放到人台上观察效果了。

2. 立裁后片

图9-4是把画好的右后片放上人台察看效果的示意图。

观察人台的效果后，版师发现所需要调整的部位，一是后腰带位置的另一头要降低2cm，主要是考虑到腰部在束腰后，腰线位置会往上移；二是后衩需降低2.5 ~ 3.5cm；三是后过肩线的两端的袖窿中间要减掉1.8 ~ 2cm。版师最好能用款式胶条及大头针等，将想要改变的地方标注出来，然后查看效果。而最后的结构线等细节的敲定可在下一步与前片的别合后再视效果一起修改。图9-5是画出右后片上人台后做一些调整的示意图。

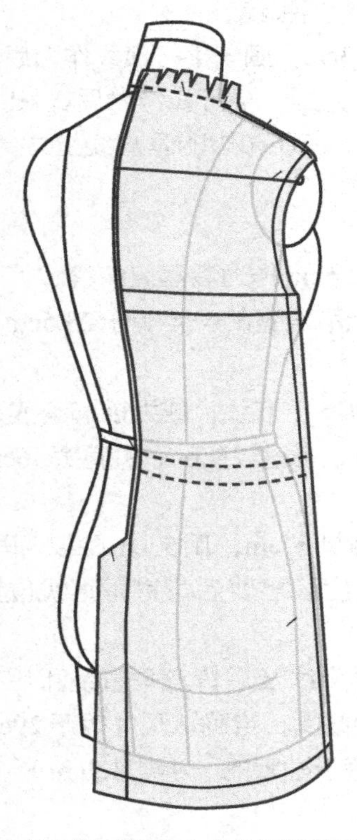

图9-4 把画好后片放上人台察看效果的示意图

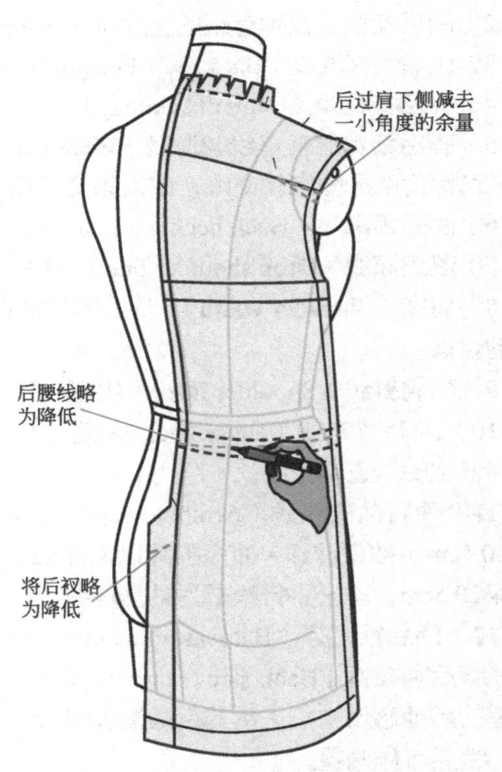

图9-5 后片放上人台后进行调整的示意图

二、右前片坯布的画法步骤

1. 平裁右前片

右前片的平裁时需要以右后片为基础。剪下一块约宽71cm、长107cm的坯布并烫平，先画出前中垂直线，然后把人台上的右后片取下叠盖（Overlap）在前片坯布旁。因为后片身上的几条横线，即它的结构比例都必须和前片的结构定位基本相等，它包括了后领底线、袖窿深线、胸围线和下脚线（衣长线的起点）。平裁前片时要先把这几条线的位置线平移延伸到前片的坯布上来，只有前腰线因胸部的突起原因而需要改变。改变了的腰线在平面图表现成了往下弯曲1.3 ~ 1.5cm的弧形线。随之前片的下脚线的线形也要相应地与前腰线平行，这其实是女性人体结构的需要。版师画图时要时刻考虑到身体特征的需要，才能使衣服随人体曲线的起伏而变化。图9-6是将后片的几条平衡线延伸移到前片上的示意图。

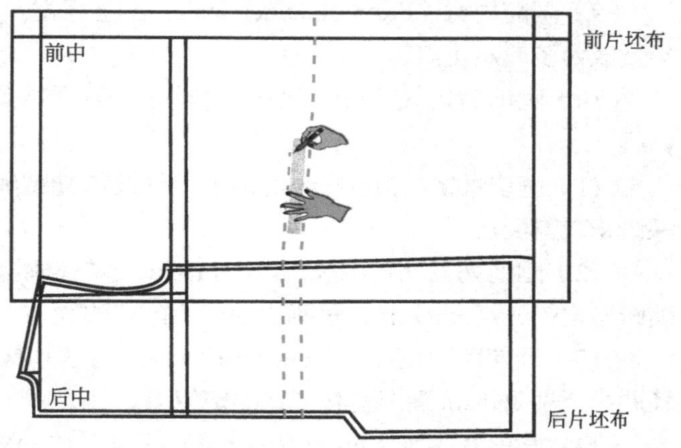

图9-6　将后片的几条平衡线移到前片坯布的示意

图9-7中的24个步骤示范的是如何画出前片的平面裁剪图。

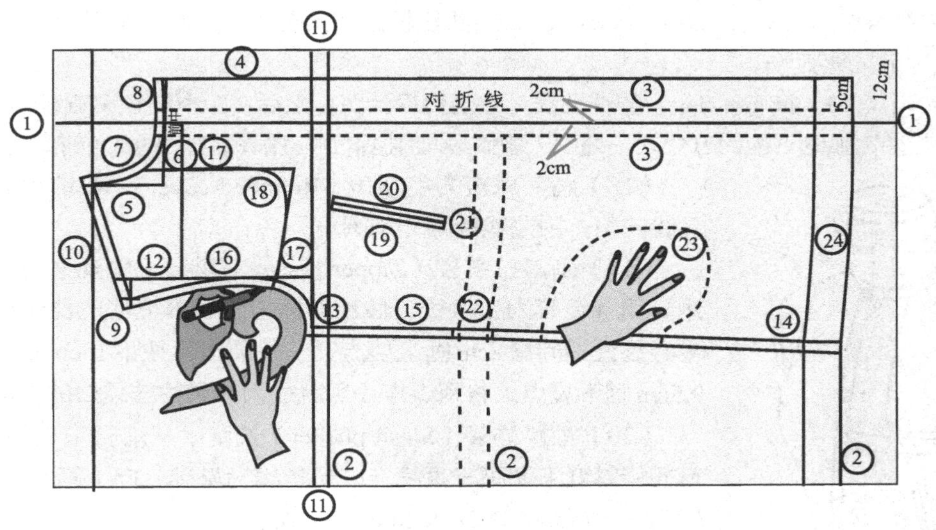

图9-7　前片平裁的步骤和效果示意图

（1）画前中心线：在离坯布边约12cm的位置画上一垂直线作为前中心线。

（2）画前胸围线及前腰带位线和前下脚线：从后坯布上将后片的胸围线、腰带位及下脚线逐一延伸挪到前片坯布上；但不同的是前片的下脚线和前腰带线需往下弯曲约1.3 ~ 1.5cm的线位，这是为女性胸部的突起而设的。

（3）画前明门襟线（Front placket）：以前中心线为中心，在两边各量2cm画双垂直线，成为了4cm的前明门襟线宽了。

（4）画前明门襟的贴边宽线（Front placket facing width）：在前明门襟线外边沿（Outer edge）往外量取5cm画平行线，作为前明门襟的贴边宽。

（5）画前横领宽（Front neck width）：在前中心线往领宽方向量7.6cm，并画一垂直线作为前横领宽线。

（6）画前领深线（Front neck drop）：在肩平线向下量9.5cm画一平行线，作为前领深线。

（7）画前领弧线（Front neck curve）：用曲线板以前横领宽和前领深线两点作弧，画出前领弧线。

（8）画前明门襟的领口线：将前明门襟的贴边（Front placket facing）宽折入前明门襟（Front placket）下方，用过线轮将前领弧线刻画到明门襟的贴边上。打开折起来的贴边，用曲线板按过线轮的痕迹画线，就画出贴边上的领口线了。

（9）画前肩宽（Front shoulder width）：全肩宽为48cm，所以在前中线往肩宽处量24cm即全肩宽的一半就成为了前肩宽点了。

（10）画前肩斜线（Shoulder slope）：用直尺将肩颈点（HPS）和前肩宽线两点连成一线，成为前肩斜线。

（11）画前袖窿（Front armhole）深线及前胸围线：以向前延伸的后袖窿深线及后胸围线作为前袖窿深线和前胸围线。

（12）画前胸宽的定位线（Cross front）：在肩颈点往下的12.7cm定位，以前中心线为起点，平分表中前胸总宽的一半即22cm，量画出前胸宽的定位线。

（13）画前胸围定点（Front bust）：从尺寸表得知胸围是107cm，将107cm除以4，从前中心线往胸围辅助线上量26.8cm画出前胸围宽的定位点。

（14）画前衣脚宽（Front hen width）：从前中心线向前衣脚线量衣脚宽总和的四分之一即30.5cm，成为前衣脚的宽度。

（15）画前侧缝线（Front side seam）：用直尺将前胸围宽点和衣脚宽两点连成直线，成为侧缝线。

（16）画前袖窿弧线（Front armhole curve）：用曲线板在肩斜外端点、前胸宽线和前袖窿深线的三点连线画弧，成为前袖窿弧线。

（17）画前肩盖（Front gun flap）的辅助线：先观察设计图，然后在距离前领窝宽线约2cm处，画一道垂直线，另在前袖窿弧的下端约五分之一处画一段斜线与刚画的垂直线相交，便成为前肩盖的辅助线了。

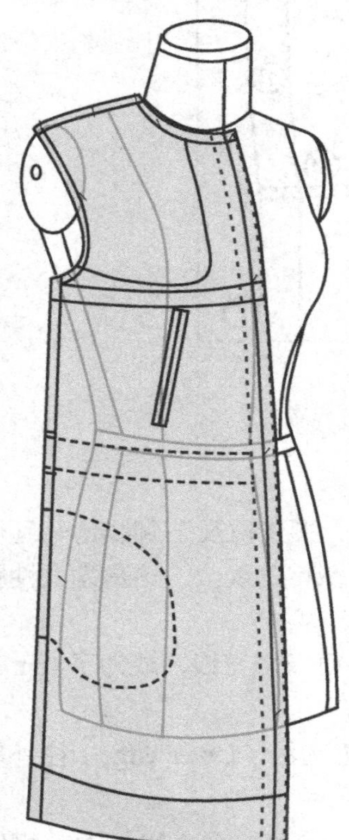

图9-8　前片上人台的效果示意图

（18）画前肩盖的小圆角（Rounded cover）：在前肩盖的辅助线的交叉线内角，用曲线板画一小圆角。

（19）画斜拉链袋（Zipper pocket）斜线：先观察设计图，以前中心线、侧缝线等为参考线，估计斜插拉链袋斜度线的比例和位置，可在前中心线处横向量8cm画上袋点，从上袋点再往下15cm处，前中心线横量9.5cm画下袋点。将两点连线后就成为该斜拉链袋口的斜度线了。

（20）画斜插袋（Slash pocket）长度：从前腰带高往上量4.5cm，在斜插袋斜度下端画一直线，以这条线为基础，向上画15cm长的斜插拉链袋口的平行线（Balance line）。

（21）画斜插袋宽度：以斜插袋斜度线为基础，两边画与它平行的共2cm宽的斜插拉链袋宽度线。

（22）画腰带襻的位置（loop）：在腰线的位置上下各取4.5cm处画两点，成为腰带布环的位置。

（23）画前侧缝袋（The side pocket bag）：在离腰带位下6.5cm开始定位，画袋长15cm的侧缝袋位，把手伸开，用铅笔勾画袋形虚线。

（24）画底摆线：用铅笔把衣角的线条画清楚。

2. 前片上人台

图9-8是前片上人台的效果示意。把前片的门襟贴边向里折，把前片放回人台前中线上。重新审视一遍前片的结构和比例，如感觉外观是基本协调畅顺，就可以进行下一步了。

三、后片缩褶的画法

后片分成上下两片，上是过肩片（Back　yoke），下为后下片（Back bottom）。后下片上端有细缩褶（Gathering）细节，这里可以运用画线剪开和放大的办法，画出缩碎褶的需要量。

图9-9是画后下片的做法的第一步，取一片坯布，先把后下片的外轮廓先画好。之后排列均匀地画上几条剪开线（Slash line）。普通不太密的缩褶量的加大量比值（Gathering ratio）是1 ～ 2倍，而相对密集时可加大到3 ～ 4倍，但具体的缩折需要量除了凭经验之外，更主要的是通过做缩褶实样来取证，版师要视效果灵活掌握。

如图9-10所示，沿线剪开坯布，要均匀地展开（Spread out），目前的比例约为1 ： 1。

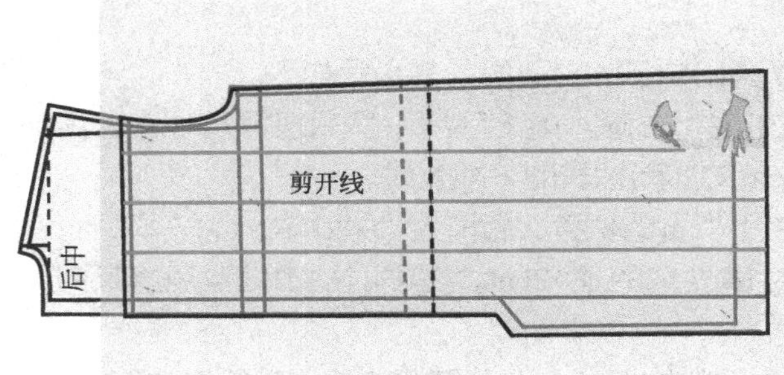

图9-9　画女风衣后片缩褶第一步示意图

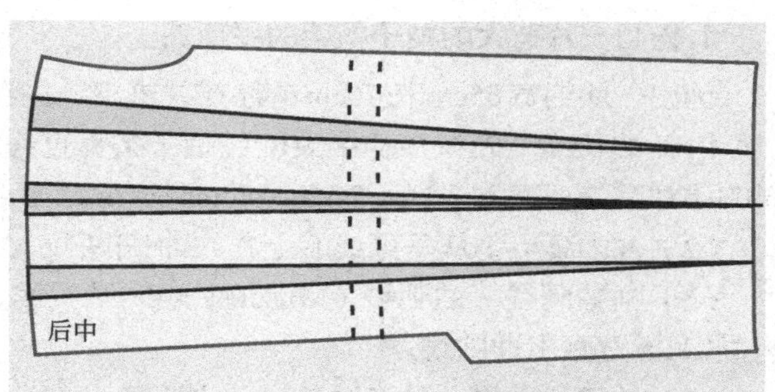

图9-10　女风衣后片裁剪制作第二步示意图

如图9-11所示，将打开后的后下片的外轮廓重画一遍，在顶端边沿用缝纫机缝两行线，准备缩褶。褶子缩好后将前后片坯布用大头针重新别合起来到人台上观察一下效果，如图9-12所示。

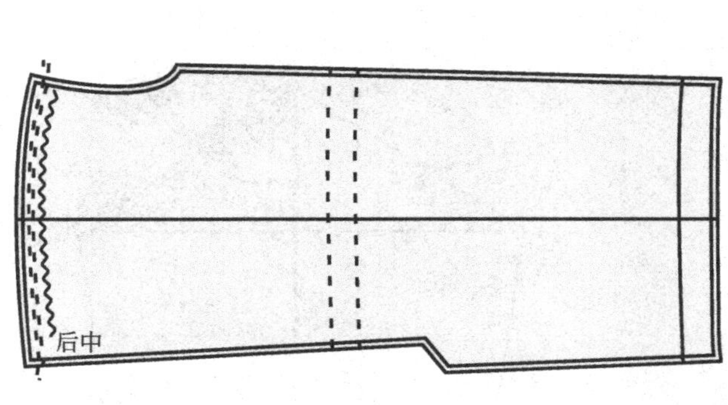

图9-11　女风衣后片缩褶处理第三步的示意图

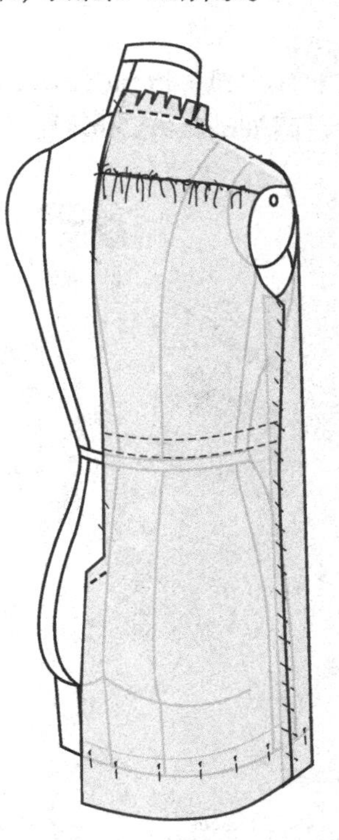

图9-12　前后坯布合拼的效果示意图

第三节 画袖子与拉链

一、画袖子的步骤

风衣的袖子与一般上衣袖子不同，原因在于它的袖窿较长且袖肥较大，而袖山头却比较低。尺寸表（Measurement specs）9-1中有关袖子的尺寸共有三个，分别是袖长84cm（从后中点量取）、袖窿（弧）57cm和袖肥宽42cm。下一步按照尺寸的要求分两步进行，先画出一片宽大的袖子框架的平面图，然后再转画成比较符合人体手臂形状的微弯形两片袖（Two-piece sleeves）。

1.先画一片宽大的袖子框架的平面图

剪出一块约宽65cm长70cm的坯布并烫平，先在上面画出袖子的平面图，其步骤如下。

（1）袖长线：先在布的中央位置画一条垂直线并在布的上方画一条上平线；然后根据尺寸表，用袖长的尺寸减去肩宽的一半（84cm–24cm=60cm），画出60cm的实际袖长的下袖长线。

（2）袖山高点：从垂直线的上方约袖长的四分之一加上1cm的位置，暂时定为袖山高点。

（3）画袖肥线：袖肥线（Muscle）也叫袖宽线。尺寸表要求的是42cm。在临时袖山高点用直尺向两边量21cm宽画出袖肥线。

（4）袖口：设想一般的袖口的尺寸是25cm，我们给本款的袖口加上一些缩褶的量，就暂定为33cm。

（5）袖山斜线：将袖窿弧长的57cm除以2，得出28.5cm，给后袖窿多分配1cm长度。那么，后袖窿长就变成29.5cm，前袖窿就是27.5cm，将前后袖窿长各减去0.7cm，用尺子在袖中线顶端向两边袖肥线量取29.5cm及27.5cm去与袖肥线交点。假如原来设定的袖山高没能与前后斜线长互成交点，那就证明了袖山高需要移动了。等找到了新交点后用直尺将两交点连线就画成袖山斜线。图9-13是袖山辅助斜线的画法。

（6）画前袖山弧（Front sleeve cap curve）：如图9-14所示，用曲线板在前袖山斜线上三等分画弧。上弧约占两份，离袖山斜线2cm画上弧，在前袖山斜线下方同样离袖山斜线2cm画弧。

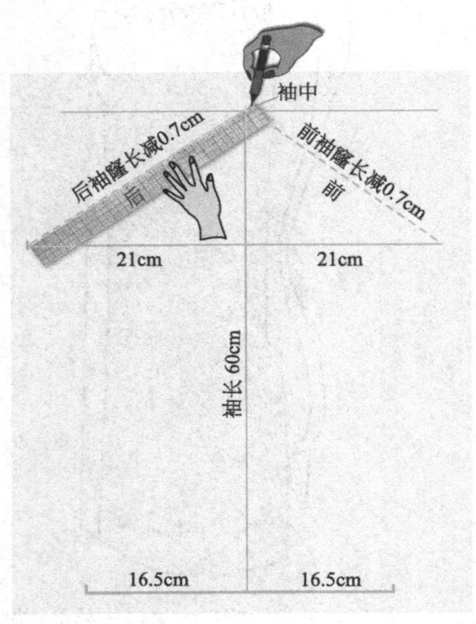

图9-13　袖山辅助斜线的画法示意图

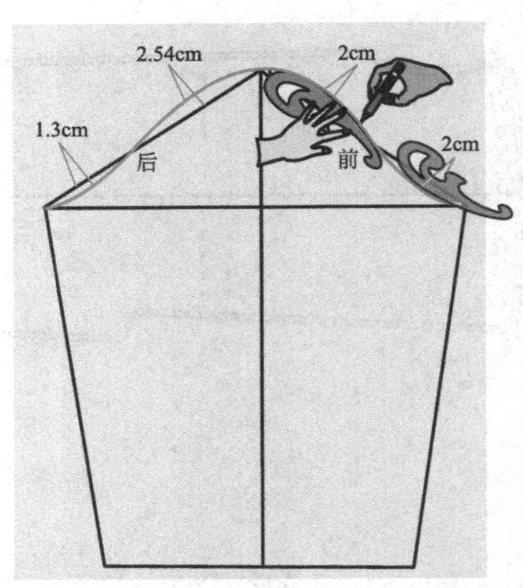

图9-14　用曲线板画前后袖山弧的示意图

（7）画后袖山弧（Back sleeve cap curve）：用曲线板在后袖山斜线上分三等份画弧。上弧略小于三分之二袖山斜线，下弧略大于三分之一袖山斜线。用曲线板在高2.54cm处画弧，下弧约离袖山斜线1.3cm处画弧，如图9-14所示。完成后复核前后袖山弧，若没有达到客户要求的尺寸，要进行调整。因为是落肩袖，所以袖山不需要容量。

（8）画袖侧缝线（Sleeve side seam）：用直尺重画袖侧缝线，把最后确认的袖肥点与袖口两边上下连线，画出袖子侧缝线。

至此袖子的第一步完成了，并收获了平面袖子框架图样，如图9-15所示。

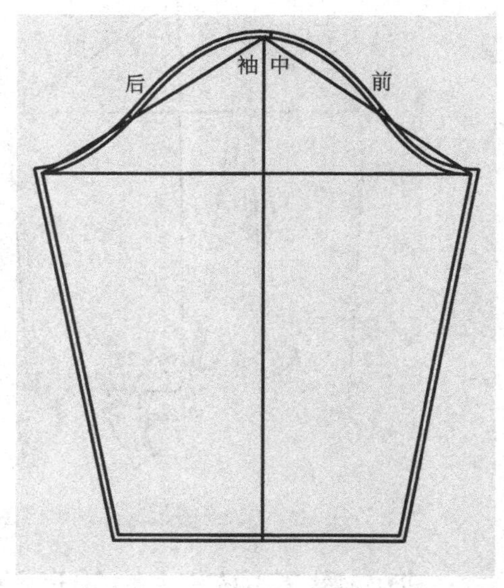

图9-15　一片袖子的平面框架图

2. 把一片袖画成弯形的两片袖

为了使袖片变得更符合人手臂的自然前倾体态，版师决定在刚画成的袖子框架纸样的基础上作些相应的变化，把它分画成弯形（Bending）的两片袖，步骤如下。

（1）首先确定袖山上前后袖的分界点：通常弯形大小两片袖的分界点的位置定在后衣片与后过肩交点处。做法是用皮尺量出后过肩高度起止点由*a*到*b*，如图9-16所示。

（2）画大袖弯辅助线：如图9-16所示，在*b*点用直尺向下方袖中线画一条连接线，在前袖口线往外量5cm后与袖肥点连线，接着连接袖口画成23cm前袖口线，完成了大袖弯走势辅助线的框架。

（3）画小袖弯辅助线：如图9-17所示，小袖弯的弯度应该与大袖弯大致相同。在与大袖弯相隔约10cm的地方画点*c*，再向后袖口外量10cm画小袖口点*d*，接着分别将后袖肥点与*d*点和*b*点与*c*点连线，就完成了小袖弯走势辅助线的框架了。

（4）画前袖弯线：如图9-17所示，是用曲线板借助前袖弯辅助线画出前袖弯线的示意图。

（5）画后袖弯线：如图9-17所示，用曲线板借助后袖弯辅助线来画出后袖弯的示意图，请注意袖弯的弧度需画成离辅助线凹进或突出约1cm。

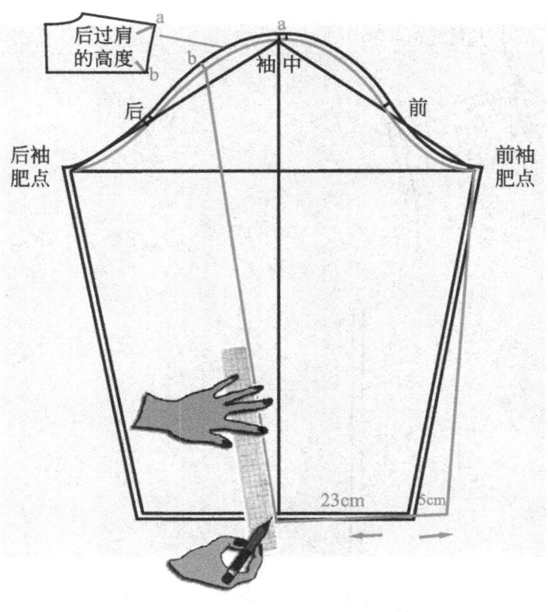

图9-16　大弯袖走势辅助线的画法示意图

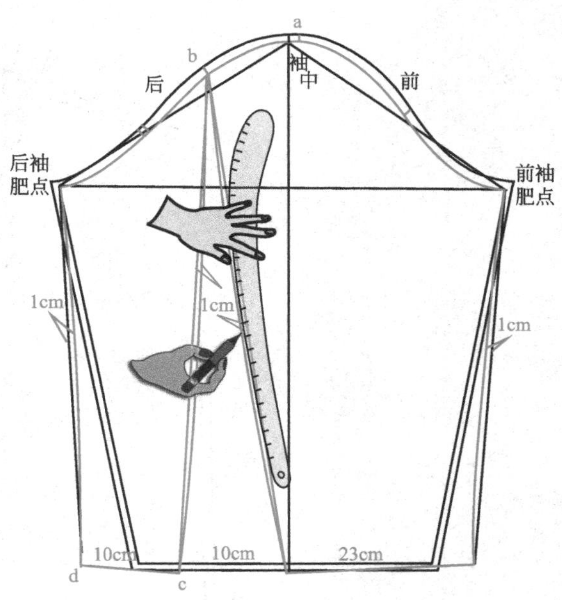

图9-17　利用辅助线画出前后袖弯线的示意图

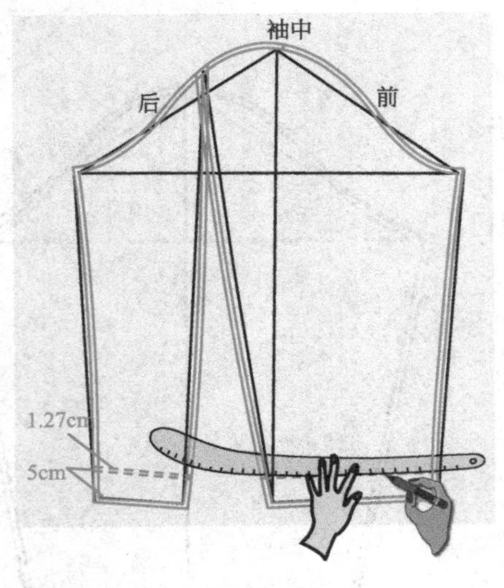

图9-18 大小袖子接近完成的示意图

（6）画前后袖口松紧绑带的位置线（Cuff elastic placement line）：在前袖口线和后袖口线分别上量5cm，加画1.27cm的虚线，以表示前后袖口松紧绑带的位置。

至此，大小弯袖画法的第二步也基本完成了，如图9-18所示。

可以在坯布上留出1.27cm缝份，但裁剪袖子坯布时要剪在缝份以外一些，以便留着后面立裁时万一需要加大袖宽时用。

二、明门襟下拉链结构的计算和画法

版师在打版的过程中时常遇到一些细节交代不太清楚的设计图，遇到这种情况，版师扮演设计者角色的机会就来了。版师要综合考虑结构、工艺、成衣效果和生产过程中的难易等作出合理的设定，使原本不清楚的部分具体化。

例如本款风衣前暗门襟的下面有一拉链的结构，这在设计效果图上既看不见，也摸不着的细部（Details）就成了版师专属的发挥想象力、创作和设计部分。

版师给本款女风衣前暗门襟下设定的结构是一条易开易合密封程度较高的拉链，它是自下而上隐蔽（Hidden）着的，直拉到帽子的开口终止的前中拉链。版师的设定是怎么做呢?

首先用皮尺在纸样上设定和量好该拉链的长度和宽度。选一条颜色相配、塑料材质并且尾部开口的长拉链（One way open-end coiled zipper），它的长度定为102cm，链宽为0.6cm。车缝时假如拉链两边再要留出0.7cm的通道的话，拉链位宽约合计为2cm。小提示：在画前片的纸样时，切记要将前片的拉链部分的尺寸减去，否则三围就会因此而加大2cm。图9-19是前中拉链一直拉到终止点的示意图。

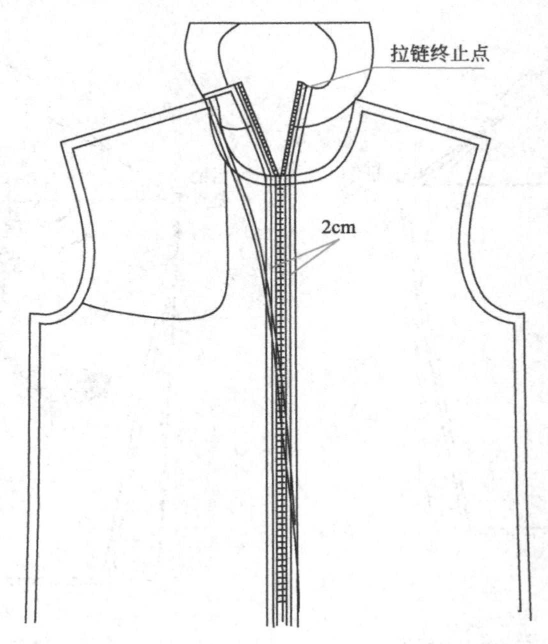

图9-19 前中拉链一直拉到终止点的示意图

第四节　帽子的画法及修改

一、第一步

1.量尺寸

如图9-20所示，量取上和中头围的位置示意。估算它的尺寸分别是60cm和58cm。

接着从左肩颈点到头顶再连接右肩颈点量出帽子外围的尺寸，得出了71cm后参考客户给出的设计图增加了2.5cm的活动量（Ease），于是外围长度变成73.5cm，如图9-21所示。图9-22是帽子后脑围量取方法的示意图。

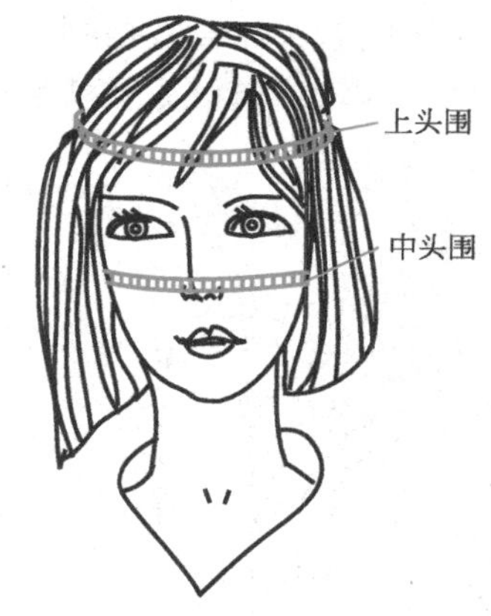

图9-20　帽子上头围和中头围的测量示意图

图9-21　帽子头外围的测量示意图

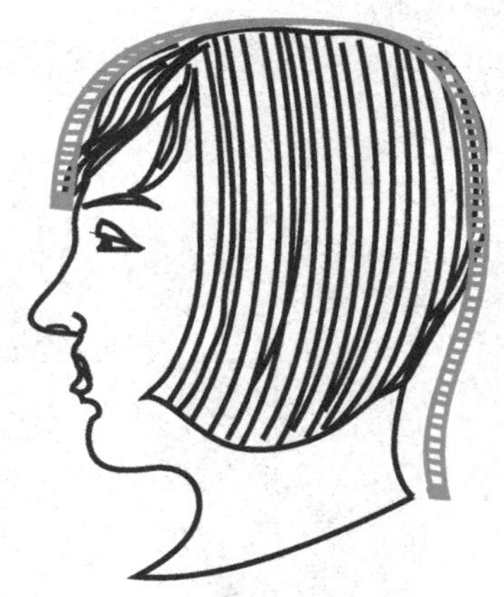

图9-22　帽子后脑围的测量示意图

2.用平裁先画出帽子图形

大部分的板房里都没有现成的头部人台，那怎样立裁帽子呢？解决的办法正是先平裁后立裁，利用人头量出头部的几个尺寸，再结合客户给出的尺寸，通过平面绘图（Drafting）先画出帽子图形，剪出帽形裁片并缝合后，戴到头上观看效果并进行修改。

从图9-1和图9-2中，找出几个有关帽子的尺寸数据。比如从下巴到鼻子的一段是11cm，从肩颈点到窗口顶部是15cm，从后中到帽子中分割线（Seam line）的高度是18cm，后中通道的宽度则可根据图中的比例暂时定为7.6cm，如图9-23所示。有了这些帽子尺寸作为数据，帽子平裁的尺寸准备工作就绪了。

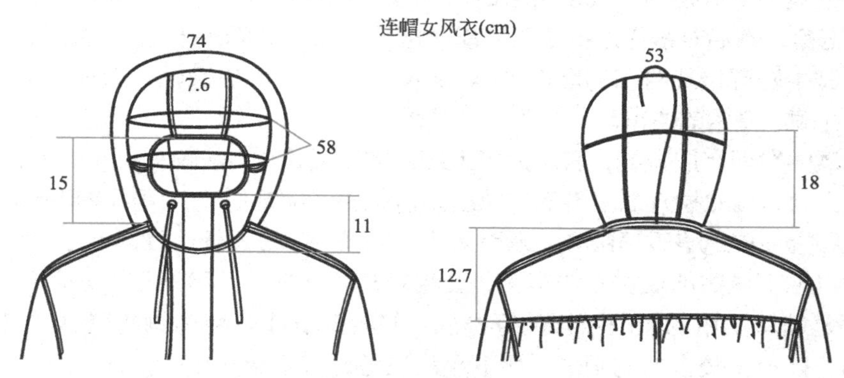

图9-23　女风衣的帽子客户规格尺寸及自量尺寸的综合图

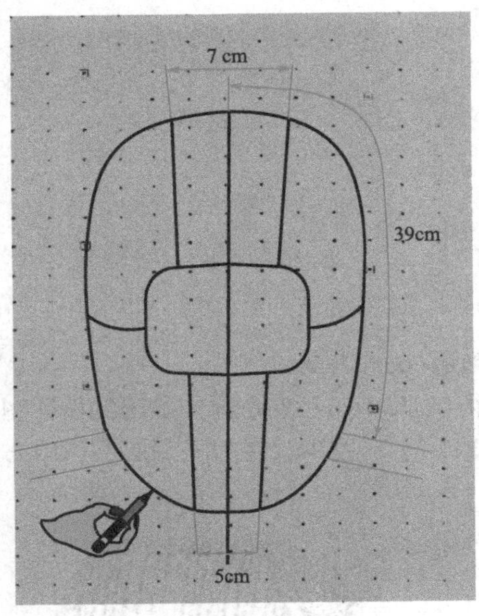

图9-24　先用铅笔勾画帽子头围的外形图

二、第二步

1. 用平面绘图法先画出帽子轮廓图

如图9-24和图9-25所示，利用铅笔按上述的尺寸在纸上先勾画出帽子轮廓的正面和侧面的平面裁剪图，画时要用皮尺量度确认轮廓线的尺寸是否合适，尺寸接近时就可以利用平面图分离各部分纸样了，在这一阶段，不必太担心纸样形状的准确性，因为在接下来的试戴时还要进行多次调整。

2. 将帽子从平面向立体缝合

图9-26是拼接前的帽子坯布平面裁片成形的示意图。帽子裁片的缝份需留2.5cm，裁帽子需要用斜纹坯布裁剪，因为人头是圆的，用斜纹布做出来的帽子包裹在头上的效果比直纹布制作的帽子圆顺服帖得多。裁帽子要裁完整的，因为只有试戴整顶帽子才能看清是否合体。

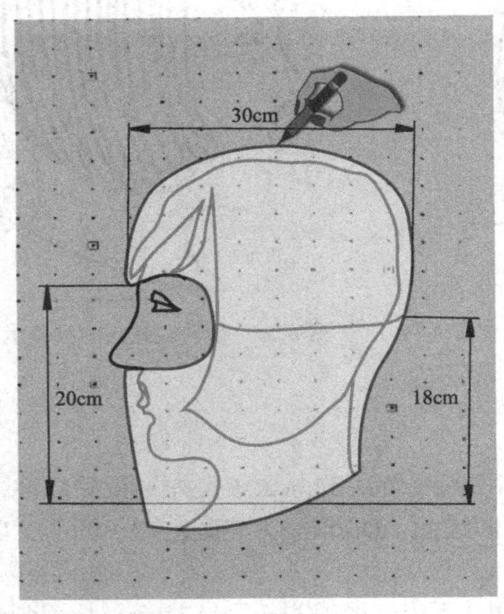

图9-25　用铅笔勾画帽子头围侧面的外形图

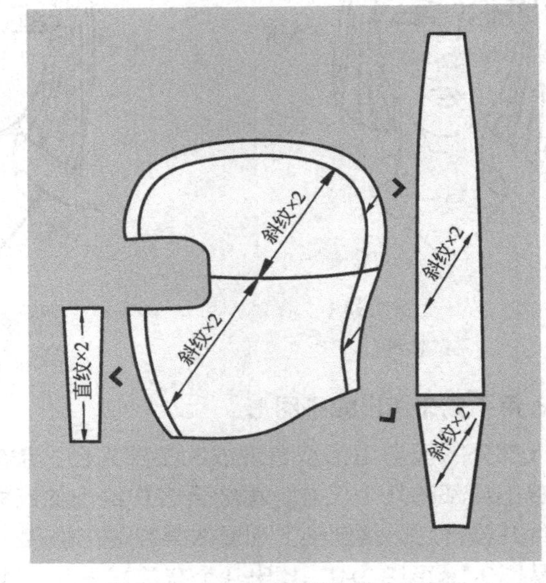

图9-26　帽子坯布裁片成形示意图

3. 帽子的试戴与修改

把帽子用手针或缝纫机缝好后，找位身边的人当模特试戴观看效果，看哪里不合适，用大头针、彩色笔、胶条等做上记号，然后对纸样进行修改后重做帽子试戴，直至满意合适为止。

图9-27展示试戴中发现接缝有布的堆积（Excessive fabric），不够服帖，而窗口上下的不平直或凹进去的地方都是需要补顺或调整的位置。

图9-28展示试戴中发现有抽拉纹，表示太紧太绷，需要放松（Loosening up）或打开，解决的方法是用剪刀剪开放松，当剪口自然拉开时呈现的形状就是该位置实际缺量了，可用补贴布块加胶条填补缺口。图9-29是下巴部位和帽顶接缝略显得松垮，先用大头针把多余的松位逐一别起来之后修改纸样。

试戴时，用相机拍下试戴前后左右的实况，要用眼睛看仔细、用脑子记住，用尺子量，做笔记，用笔做上记号等，都是简单实用的修改纸样的好办法。修改时低洼的结构线要提高，窄了的部位要加宽。反复修改和重试后，得出比较合理的帽形。接下来的任务是开始琢磨帽子的前中开门和窗口里的绳子通道等结构。

4. 弄清帽子的结构

前中开门的结构线务必与前身的前中暗门襟吻合。因为前中的拉链是由下而上直接连到帽口的，只是靠近“窗口”的宽度会相对宽一些，视觉上能与帽前额的分割线对接才会协调美观。

而前面窗口边的拉绳通道（Drawstring case）做起来相对简单，在前窗口的下面垫上一条足够放0.5cm的细绳子（Cord）的通道，即只需要加上窗口四周的贴边（Facing）就行了，当然还要在前门襟口合适的位置打上两个小洞眼（Holes），以留给绳子两端作为进出口用，如图9-30所示。

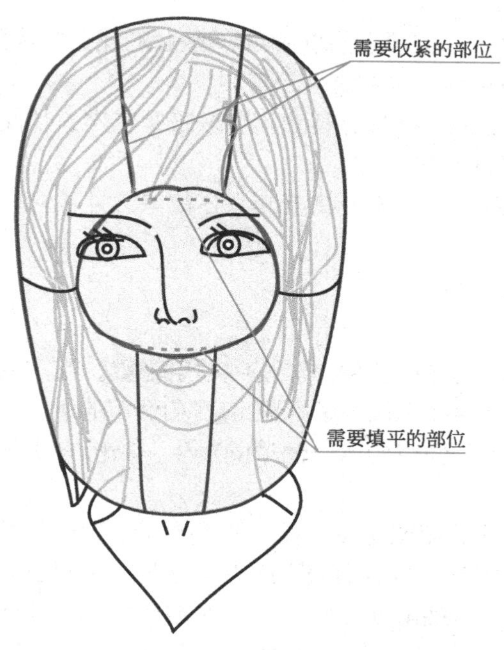

图9-27　帽子试戴发现太松和不平直示意图

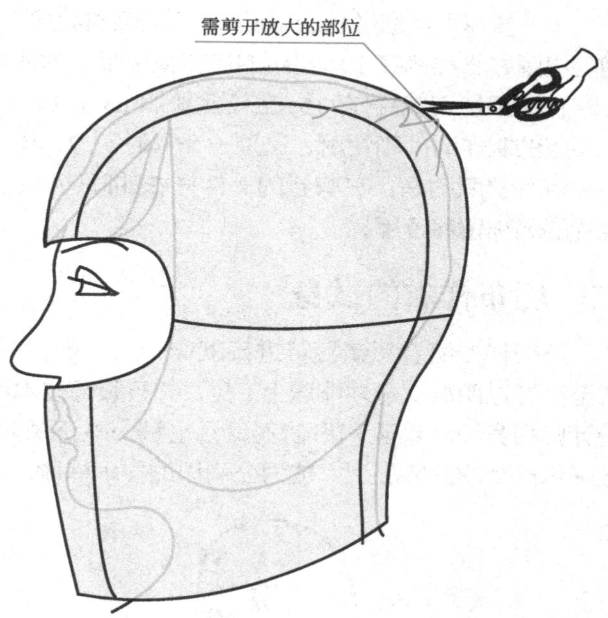

图9-28　侧面帽子的试戴和需剪开位置的示意图

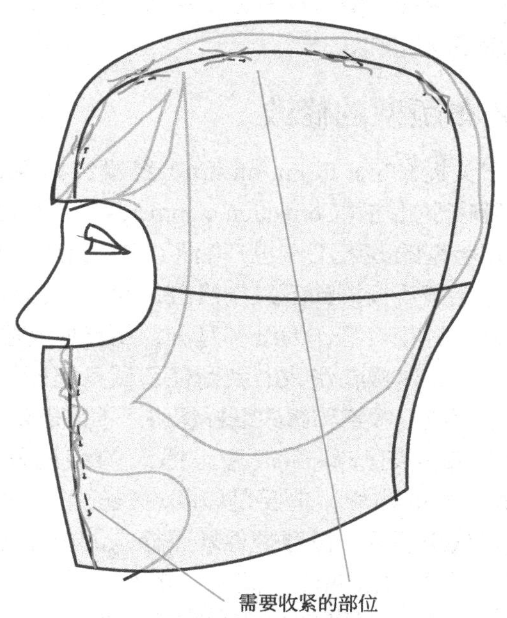

图9-29　侧面帽子的试戴和用针别紧的示意图

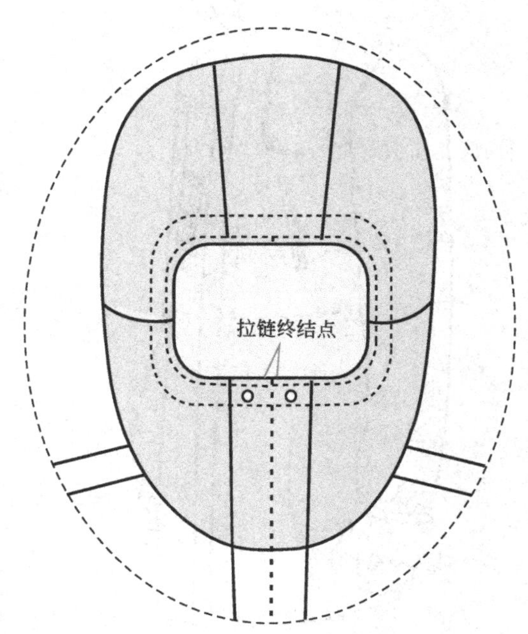

图9-30　帽子内绳子通道裁片成型和前中拉链开门的位置示意图

第五节 试身调整和复制及完成坯布裁片

一、直接用坯布裁片作为版型

下一步是做头版（First sample）。把风衣裁成完整版样衣，我们需要做的是将调整后的坯布衣片烫平，把剪口画好修准修齐；再用新的坯布裁出整件的裁片，后请车缝工将它缝合起来。

直接用坯布裁片作为头板的版型（First pattern），由于省去了描刻、画图和剪纸版等工序，从而节省了头版的制作时间和费用，这是一个省时省力，事半功倍的好方法。

值得提醒的是，在剪新的一件样衣的同时，切记要在坯布底下垫上花点纸一齐裁剪，并将它们写上裁片的名称留着备用。

二、坯布样衣的试身

坯布样衣缝合后请模特进行试穿（Fitting），试穿在美国制衣行业生产流程中举足轻重，正常的新款式至少经过两次试身才能送上T台。如果版师技术不良，就会给公司造成时间的浪费和费用的增加，有的设计师自身设计经验和自信不足，也是一些公司亏本的原因。要避免这一情形的发生，版师有责任努力做好每一个款式的版型，成为公司里的技术栋樑。

通过试穿能对每个部位进行综合的调整和检查，同时要视整体的结构和比例来对立裁的效果进行敲定和改动，包括前面提到的后中腰需要降低2.54cm，后衩（Back vent）降低大约2.5cm，后过肩的两侧要减掉约1.27cm和前肩的盖肩的大小和位置的调整等，都能得到一一考证。图9-31是该女风衣的整件样衣及帽子的人体试身示意图。

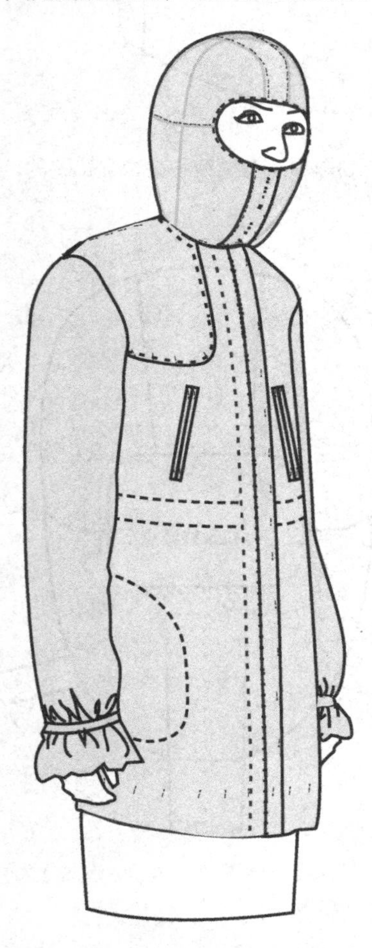

图9-31 女风衣的整件样衣及帽子人体试身示意图

三、坯布版型的修改

坯布头板（First fitting muslin）经模特试身过后，随着试身修改批注（Correction comments）的确定，版师对坯布版型的改版工作也开始了。有经验的版师并不急于把坯布头板拆卸下来作修改，而是取出坯布裁剪时垫裁用的花点纸作为纸样基准，将其根据修改建议进行修改，这样在修改时就留住了试身坯样作为参考，给版师进行调整和修改纸样提供了很好的依据。

接下来要细分局部裁片。把大的结构图转化（画）成小的结构片，主要是借助过线轮的刻画或者临摹的方法来解决。试穿整件坯布样衣的重点是观摩风衣的外轮廓和各部位之间尺寸的大小比例的合理性，而在分离各个细部时，版师要考虑包括小裁片与各个细部结构的关联性以及方便制作和穿用等方面。最后再把修改后的花点纸转变成真正的纸样。图9-32是用花点纸样剪成的连帽女风衣的裁片汇总示意图。

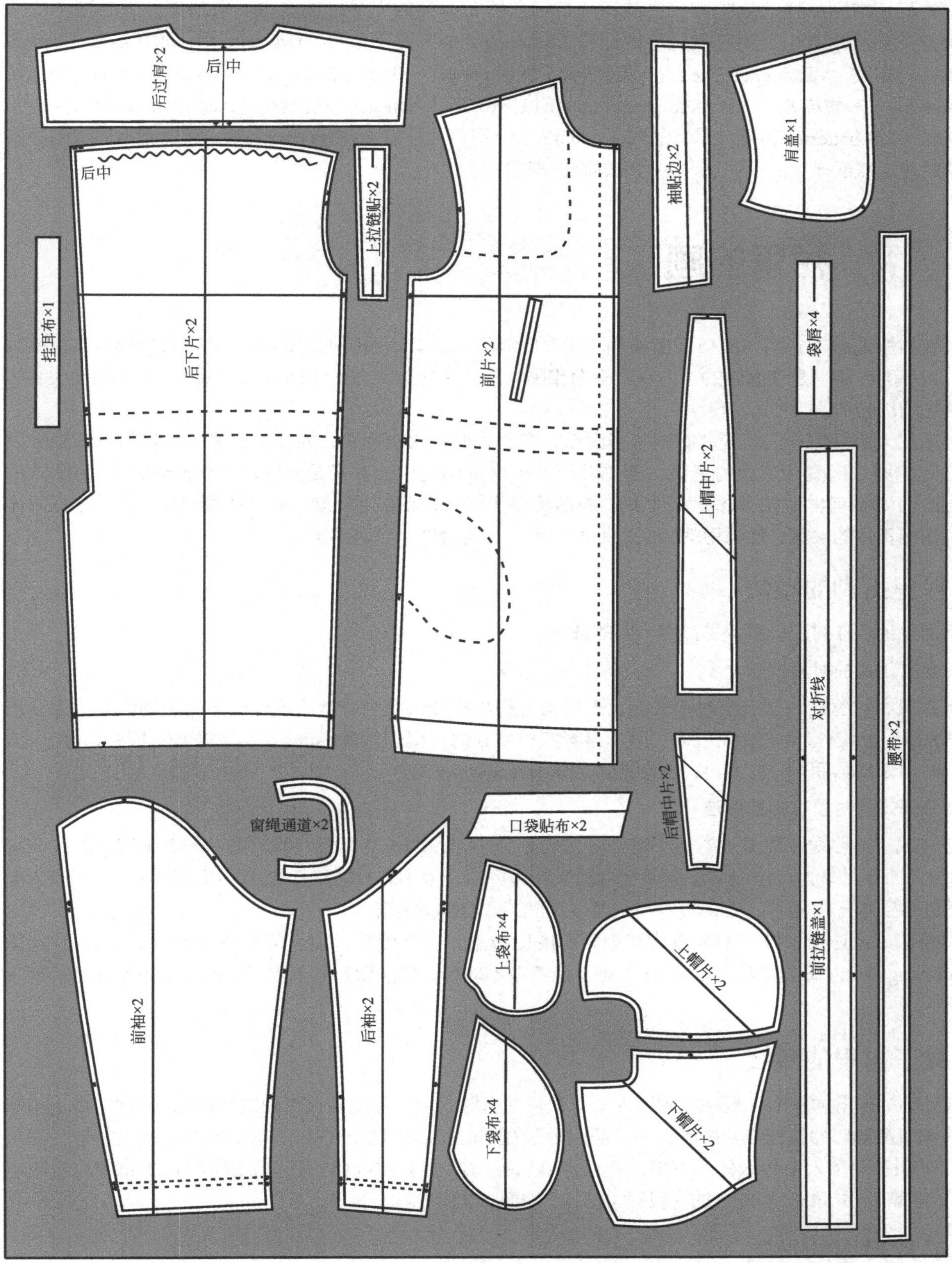

图9-32　用花点纸样剪成的连帽女风衣的裁片汇总示意图

四、从坯布到纸样的复制顺序

有关从坯布到纸样的复制方法在前面几章都已经有详细的表述，在这里不再重复。下面把一些关键步骤按先后顺序列出。用马克笔等做记号（Marking）→干烫平裁片（Dry press）→放花点纸（Pattern paper）→对布纹（Match grain line）→固定两者（Staple both）→用过线轮刻制（Use tracing wheel）→描线形（Drawing）→复核裁片（Double check patterns）→修正（Adjust）→留缝份（Add seam allowance）→剪出纸样（Cut patterns）→打剪口（Make notches）→写裁片信息（Write note）等。将连帽女风衣的面布裁片做成花点纸纸样后，我们进入了衬里的制作程序。

第六节 衬里的画法

风衣衬里的纸样必须在面布版型被确定后方能制作的，普通服装衬里的画法是以面布纸样为基准制作的。衬里的作用一是使服装的"内观"干净和整洁，二是使穿脱方便（Ease of wear），三是提高服装档次和增加附加价值。

衬里的大小并非一成不变，有时等于面布，有时则要略大于面布。衬里的长度则要根据款式设计以及档次等的要求而变化。做衬里前，要先弄清楚衬里折脚的设计要求是分开的（Separate）或封闭式的（Closed），因为两种纸样的做法是不同的。打版师除了把握大小长短尺度之外，还要发挥智慧，根据具体的情况作出具体的决策，使衬里的版型能处理得当，合情合理，尽善尽美。

一、衬里折脚的做法

下面介绍制作衬里折脚两种截然不同的做法。

1. 全封闭式的衬里折脚

这款风衣衬里的做法是全封闭式的，即衬里折脚与衣脚被完全缝合。这样面布内的缝份就免去了进行再次加工，如修剪美化及锁边等工序。穿着宽松款式时衬里因人体活动被拉破的概率并不大，所以该风衣的衬里做成与面布一样大小，里布缝份匀留1cm即可。

2. 分开式的衬里衣脚的做法

分开式（又称为开放式）的做法需要考虑里布折脚的完成长度，最好能遮盖面布的折脚，离面布脚边上2 ~ 2.5cm的地方，所以衬里需要有合适长度和折边。考虑到衬里是开放式，可以被打开，衣服内部缝份的处理要求干净利落，使衣服内观完美，从而给服装整体增值。

小提示：上述两种做法都需考虑衬里下脚的留放量，既不能短，也不能过长。因为短了会吊/挂里（Lining hang up），长了则露（Show up）里，两者皆不理想。如能做到既不露里，也不吊里那就是最理想的了。

二、袖子衬里的做法

在处理袖子的衬里时，要注意到因为袖子裁片在合缝之后，还需要在离袖口约6.4cm的地方缝上用面布做的袖口及袖口抽拉伸缩功能的绑带。所以袖子衬里的长度应截止在袖口的绑带接口处。做袖衬里时，可以先按袖子面布大小将纸样画下来，然后在确认袖口加上了3.2cm的缝份后（包含1.27cm留放量和活动量），把靠近袖口贴下面部分的一段衬里剪掉，如图9-33所示。

三、后片衬里的做法

本款衬里裁剪的重点是在后片衬里。后片上方由于有细缩褶（Gathering pleats）和下中有后开衩

（Back slit），所以在画法上要有所区别，一是后衩衬里要分左右两片，二是后片的缩褶做衬里时可做成比面布略小一些，这样做的好处一是节省用料，二是减少了由于双层缩褶量太多而引起的缝份厚度过大（Too thick）的现象，可谓是一箭双雕吧。

左右后片开衩的画法与普通裙后衩的衬里画法不同。我们首先要理解后衩的结构和车缝法上左右衬里不同之处，所以建议用纸试折叠出后衩（Back vent）和衬里，首先弄清后衩与衬里之间的关系，然后再开始画图。

实际上左右后衬里的轮廓与它们面布的裁法几乎一样。只是右后面布的后衩突出部分需要往里折入，所以衬里就要剪掉重叠的部分，剪开前在拐脚和衩与里的接缝留出2.3cm缝份，它实际上相当于衬里和后衩之间在各留出1cm的缝份的基础上加上0.3cm的衬里翻出的松动量。图9-34是左右后片的衬里的成型示意。请注意衬里的里面是朝上（Facing up），它与面布缝合时要底对底，不要弄反了。概括地说，除了左右后片和大小袖衬里特别处理之外，其他部分的衬里可以按面布裁片的大小裁出。

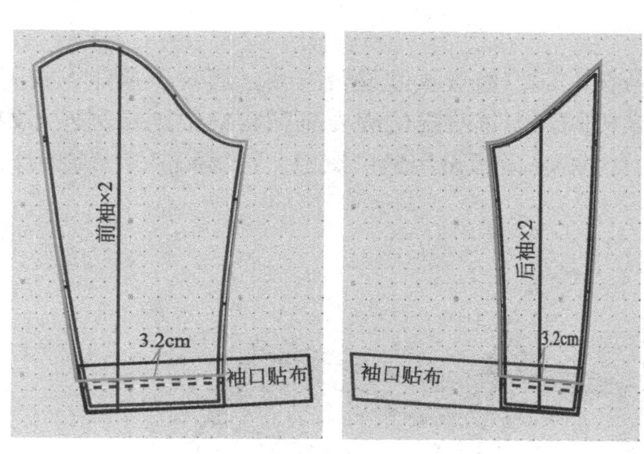

图9-33　衬里坯布裁片成型示意图

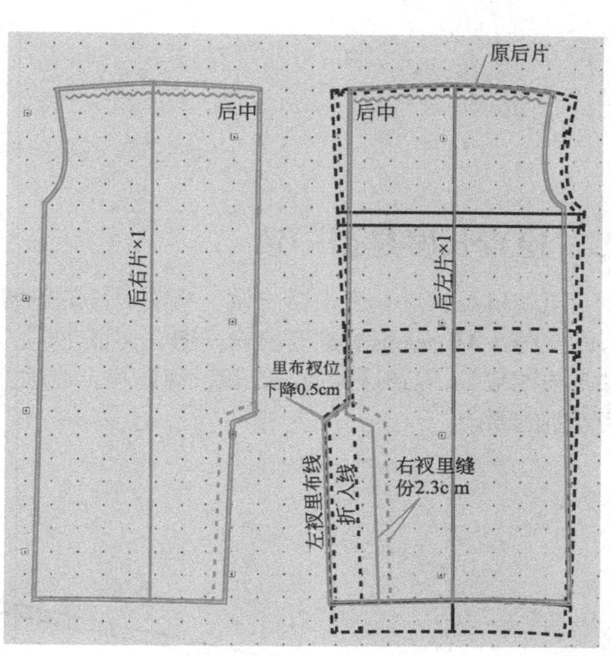

图9-34　左右后片衬里成型的示意图

第七节　纸样的检查和修正

我们在前面的章节里已经多次地强调过在剪出纸样之前，一定要花时间对每一裁片的细节和质量进行再校对和再检查（Double checking）。而这校对、检查以及量度的方法有多种，但重中之重是耐心和细心，一步一步（Step by step）、一片一片（Piece by piece）地彻查，特别是遇到结构复杂（Complicated）的款式，更要戒急勿躁，不厌其烦，从而防止漏检和漏查。下面是风衣纸样校对和检查的案例介绍。

一、检查各衔接点和线

图9-35是检查各衔接点和线（Each connecting point and line）是否畅顺。比如将前片与后片过肩的实线叠合在一起后，检查前肩缝与后肩缝长短是否一致，两边的衔接是否顺畅，即领线和肩宽是否顺畅，

接口处是否重合或凹凸不平（Uneven），领圈前后衔接时是否圆顺。若不顺畅可用曲线板画顺。用剪子修齐或以透明胶带（Invisible tape）补贴，重画调整。

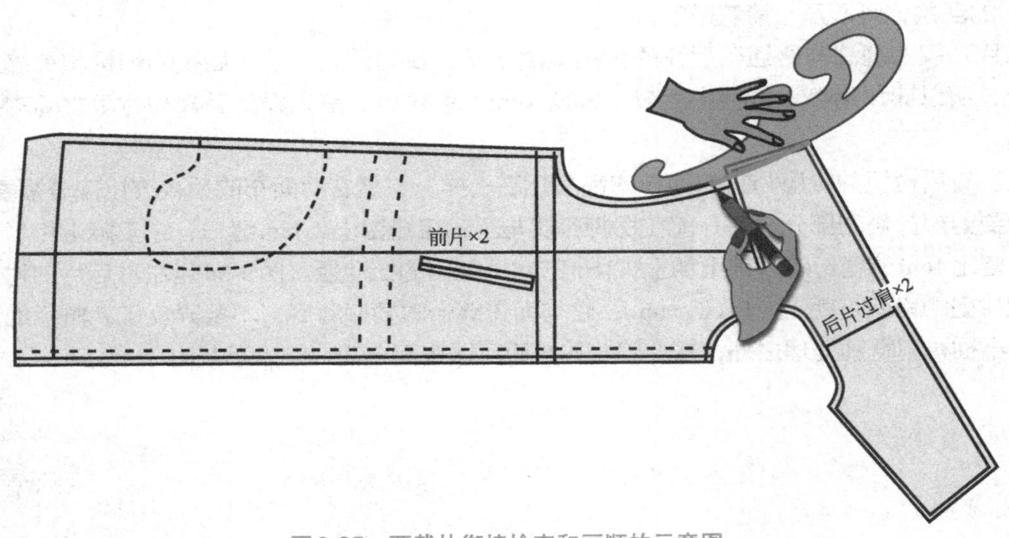

图9-35 两裁片衔接检查和画顺的示意图

二、检查长度是否一致

图9-36是检查长度是否一致。将前后片的侧缝重合在一起，检查长度是否一致。而对于整件衣服所有的接缝（All seams）都要检查一遍，保证它们的长度相同。但某些部位需要预留容缩位则是例外（如袖山与袖窿），遇到这种情况，我们可以写上容缩后的尺寸要求或者是用剪口定位、符号和文字来说明长短差别的原因。

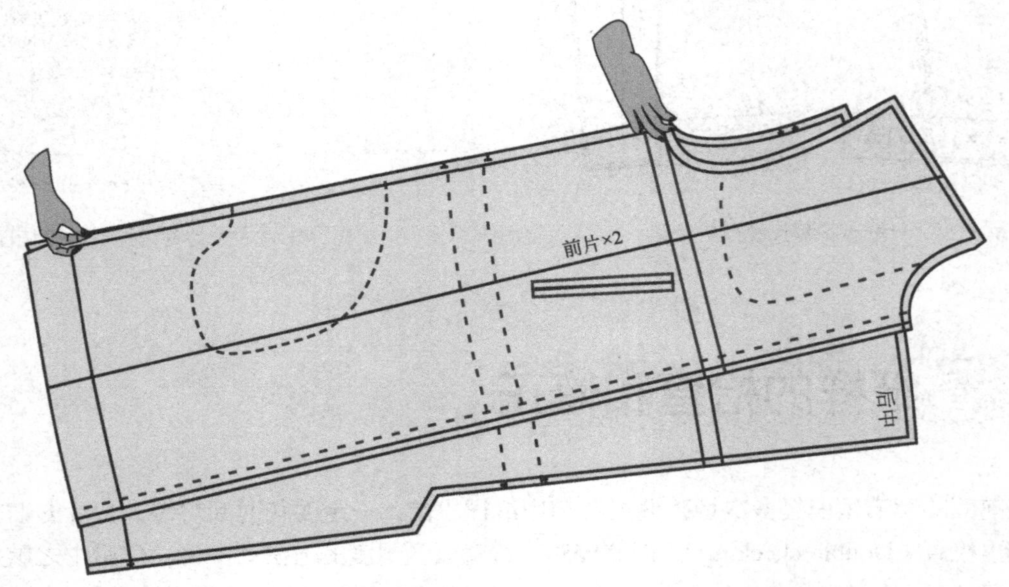

图9-36 查裁片长度是否一致的示意图

图9-37是检查剪口与剪口是否对齐。把前后片的侧缝合拼到一起，先核对长度，再同时打剪口。剪口最好是前后两片合起来同时打，这样打剪口好像麻烦了一些，但准确度最佳。而本款女风衣是用坯布制作成的头版图样，它的剪口可改由尺子和铅笔上下片一起划出。为了使裁剪师傅看得清楚，坯布上的剪口建议画成T字形（T notches）。

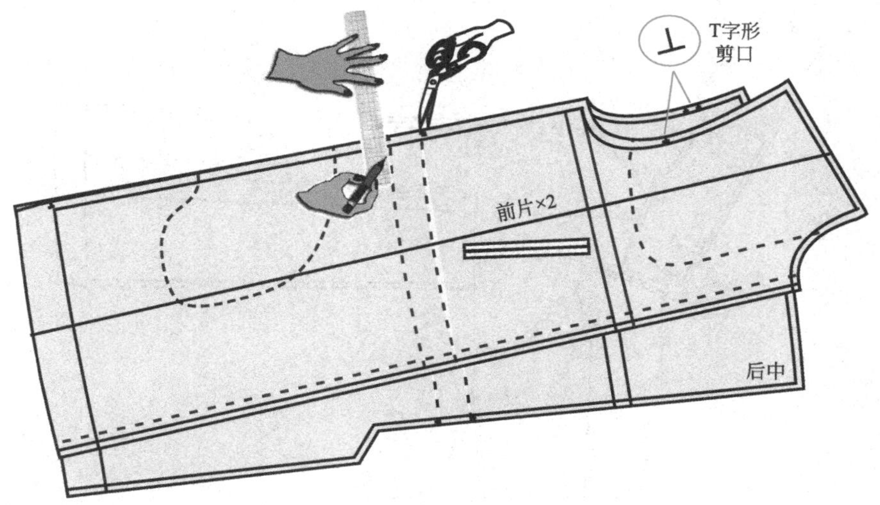

图9-37 检查剪口是否对齐的示意图

三、检查尺寸是否正确

图9-38是检查尺寸是否正确。例如把大小袖平排在一起，用皮尺分别量度一下它们的袖山弧、袖肥、袖口宽等，看是否符合尺寸要求，同时还要环顾其他尺寸，如三围、衣长和帽围等，核对纸样尺寸是否与客方要求一致，如有什么不同？原因在哪？版师要心中有数。

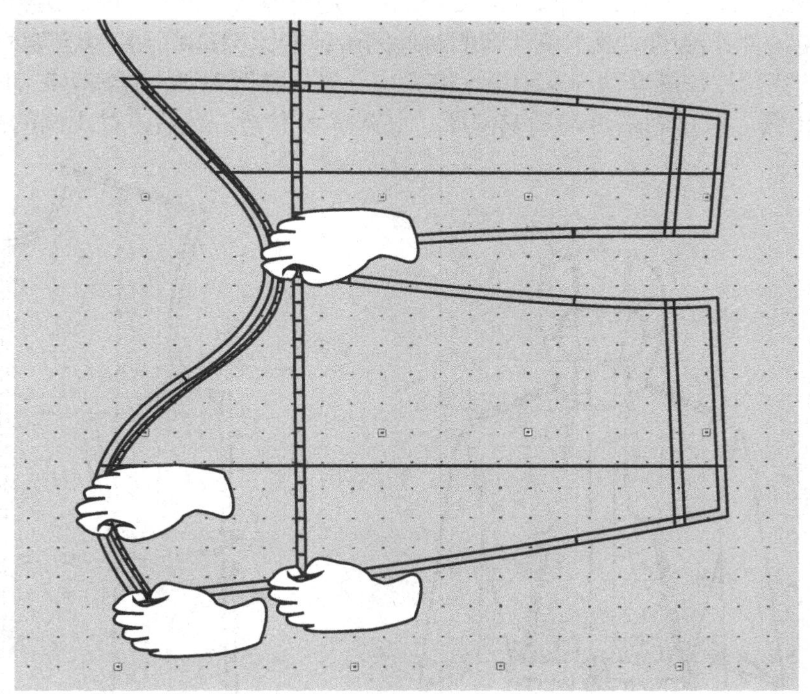

图9-38 检查袖子尺寸的示意图

四、检查各弧长是否相符

图9-39是检查各弧长是否相符。版师还要校对每片裁片的弧长、弧形（Curve shape/Arc shape）等的情况，如袖窿与袖山、领子与领弧、前肩盖与前肩及袖窿等的弧形与弧长是否一致，确认它们相符后，还要打上一些必要的定位剪口，以方便缝纫工们缝纫和缩褶。

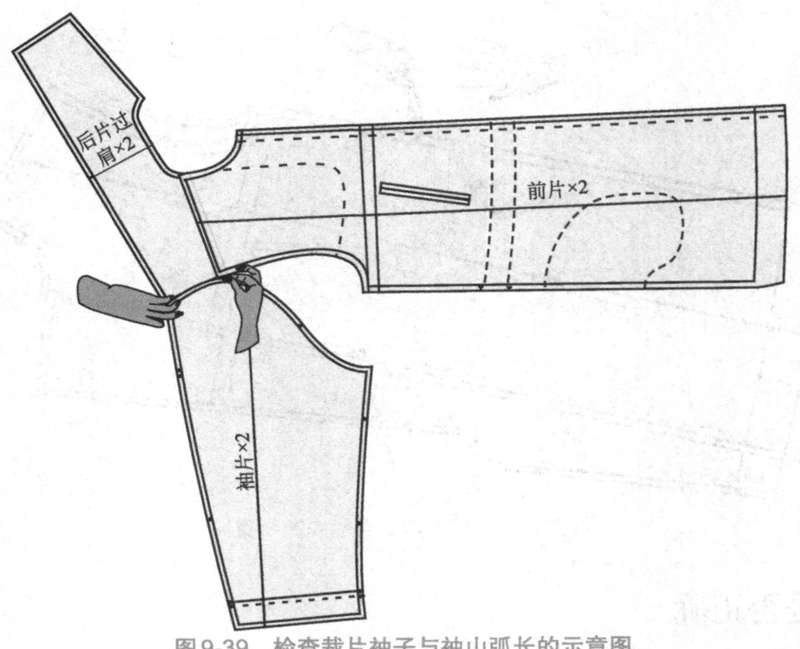

图9-39 检查裁片袖子与袖山弧长的示意图

五、检查各细部比例是否得当

图9-40是检查各细部比例（The proportion of details）是否得当。整件衣服比例协调与平衡（Balance）很重要，它关系到每一件作品的成败。设计师们对他的设计的比例是相当敏感且要求非常高的。一条线的移动，一个细部的变化往往能牵动一款新设计的卖点。具体举例来说，版师可在前片上仔细观察肩盖、袋唇和腰带之间的比例，看它们是否偏高或偏低，太宽或太窄等。当然，对比例的得当的评估和审定，

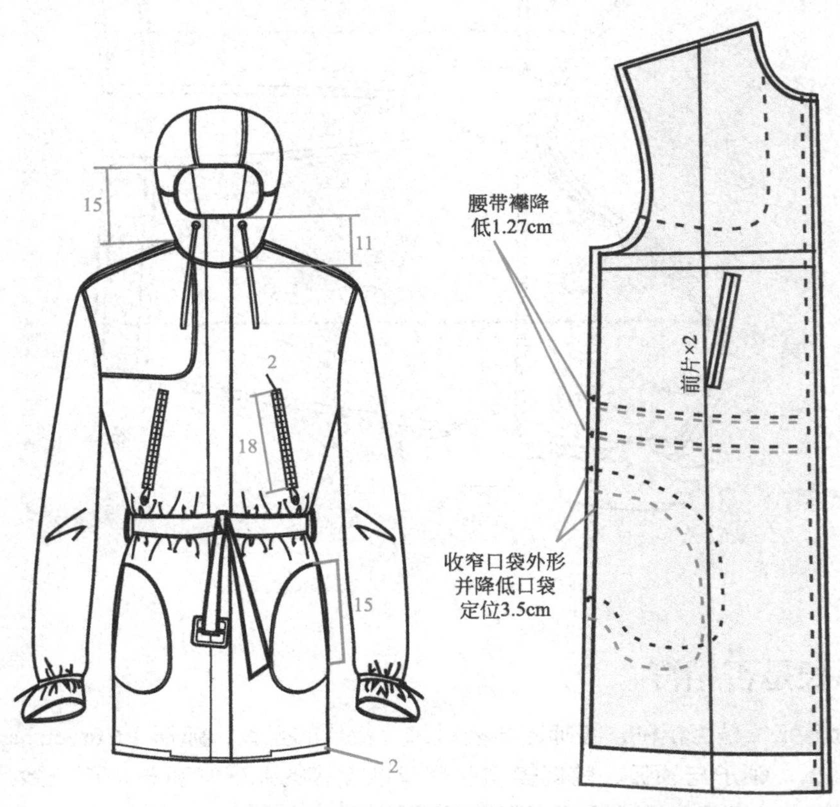

图9-40 检查和修改女风衣裁片细部比例的示意图

是靠版师的专业眼光和经验沉淀。检查时对照设计图和思考着装的束腰效果，就发现了口袋的外形和腰带襻有调整的必要。而且为了将口袋的车缝规范化，在纸样里还要加上口袋外形的实样，成为车缝工的实样车缝指引。

六、检查服装造型是否合体合理

造型分总体和细部两大部分。总体的造型在立裁的过程中已被设计师首肯，但细部的造型的调配平衡和表现就掌握在版型师的手里了。版型的好坏，不但是归功于尺寸和比例，而且纸样中每一段线条的造型和优美流畅都渗透其中。选择什么样的线条来描画人体，线与线之间的调整是否匀称，以及画线条时是否该笔直的笔直，该圆润的圆润等，都会极大地影响到服装造型的最终效果。这就是品牌间版型差异的秘密和要诀。

例如这个款式里 肩线是落肩（Drop shoulder）的造型，在试身和画图过程中我们都没有注意到落肩的造型不应该是一条笔直的肩线，在造型检查中，这一造型疏忽被查出，造型错误因此被纠正，如图9-41所示。

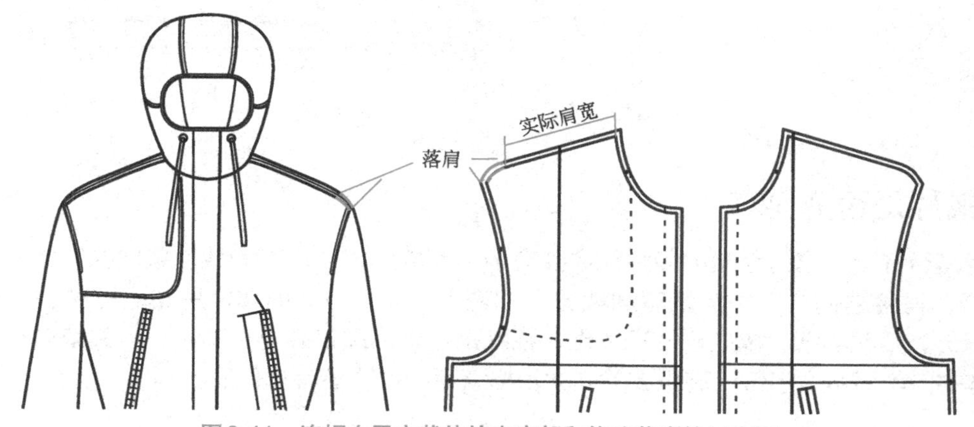

图9-41　连帽女风衣裁片检查肩部和修改落肩的示意图

所谓落肩的部分指的是实际肩宽与袖子的落差。其实它是正常袖子的袖山头顶上的一节与肩线连接后的曲线外观。面布落肩线形修改后，要把所有牵涉到的部位随之修正，具体到本款，受牵连的包括前片衬里的肩线以及袖片袖山的弧长、后片过肩的肩线（Back yoke）等与肩部相接的裁片。相关修改详见本章最后版型总图的改动。

七、检查缝份是否合理

检查缝份（Seam allowace）是否合理，缝份的合理与否能考验出版师的工艺水平。检查所有裁片的缝份尺寸是否合适，如弧线、弯位应以缝份少一点为合适，而大身及拉链位则以缝份多一点为合理，折脚及一些特别的结构如后衩（Back vent）等是否应该有不同分量的缝份。例如在检查本款的后衩结构形状时，版师考虑到在腰带的外力作用下，后衩很有可能会被拉开，在避免后衩被拉开发生的同时，又保留后衩的原设计特性，版师因此而对将后衩下脚做加了大处理，处理效果如图9-42所示。

八、检查制作工艺是否合理

检查制作工艺（Constrution techniques）是否合理。加工及制作工艺是个大课题，它难以用三言两语来说清说透。工艺的合理性几乎关系到整个生产加工的方方面面。有工艺加工的部分都与工艺技术的问题相关联，如材料（Material）、辅料（Accessory）、加工机械（Machinery）、加工技巧（Techniques）和加工经验（Experience）及加工效果等。打版师剪裁版型时所采用的方式或结构，不仅仅影响到设计师创作意图的体现，还直接关系到生产部门执行工序的多寡，难易程度的高低，人工和材料（Labor and material）等成本（Costs）的有效控制。因此，优秀版师的作品往往能在这许许多多的方面取得平衡，并交出最佳方案。

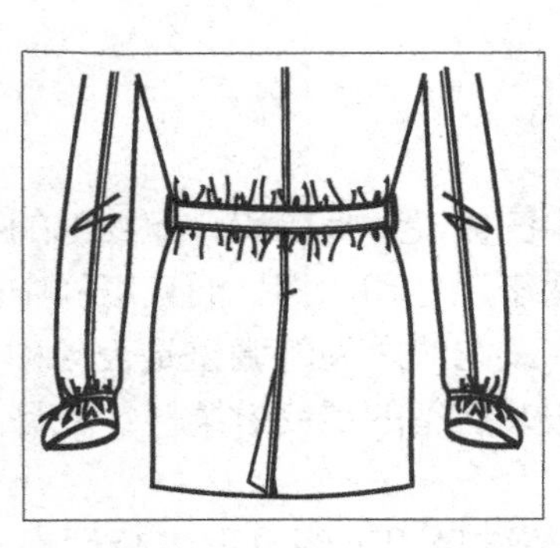

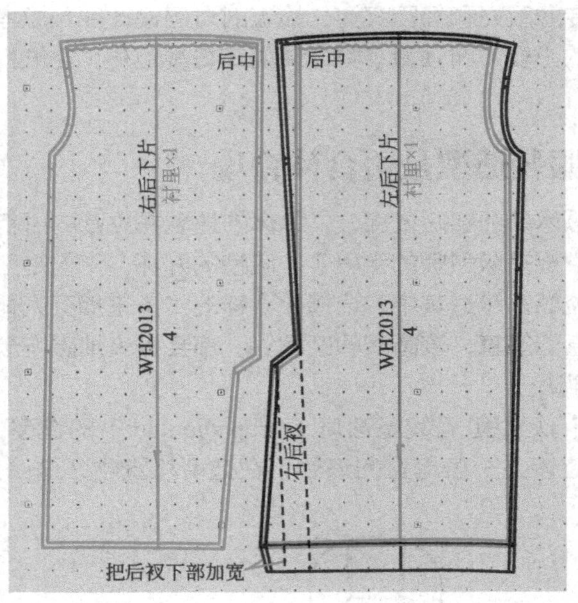

图9-42　将后衩下方加大的效果示意

九、检查裁片是否齐全

检查裁片是否齐全。富有经验的版师往往会有条不紊地把整件衣服的裁片象成衣般地从上到下排好，从外到里叠合，再将它们分门别类地写到裁剪须知表上，即款号、面布、里布、衬布、实样、平面图、车缝说明、缝份、辅料明细。按这样的程序走，裁片是否有错漏就会一目了然。有关裁剪须知表的写法，我们可以从本书的前面各章节每一例服装的同类表格填写中得到参考和借鉴。

十、检查纸样内容是否正确

纸样内容书写必须正确，清晰明了。纸样内容指的是裁片里的信息，它包括了各裁片的名称、码号、数量、款号、片数序号、缝份明细、剪口、布纹箭头、工艺说明、完成尺寸、修改内容备忘、所属季节、年月等。每一个细节都举足轻重，制版师往往能在检查纸样内容的同时，发现做纸样过程中容易被疏忽的漏洞，如风衣腰带襻的位置标注及上袋的拉链的长度文字的标注，车缝下口袋的轮廓明线用的实样标注了吗？前肩盖的衬里配置了没有等。因为设计师的反复修改，生产周期的要求等各种原因，极容易出现错漏，所以，在写裁剪须知表的同时，要对纸样内容一一检查，确保正确无误无漏。

十一、检查效果是否理想

要达到完美的效果，有三关要过，那就是版师自己、设计师和市场销售的关。对于打版师而言，过得了自己的关是第一步。从立裁到样衣的制作过程，版师要层层把关，不断地审查和完善自己的作品直到理想，所以身为版师，独具慧眼十分可贵。有了较高的审美眼光，才能塑造理想的服装效果。

第八节　连帽女风衣的版型

在完成了上述的检查和修正图纸等一系列工序之后，我们写出表9-2的该连帽女风衣的裁剪须知表及下裁通知单就完成了整个裁剪工程的最后一道工序。

表 9-2　连帽女风衣的裁剪须知表

此表需结合下裁通知单的布料资讯才能完整

尺码：	4		打版师：	Celine
款号：	WH2013		季节：	2013年秋
款名：	连帽女风衣		线号：	2

#	面布	数量	烫衬
1	右前片	1	
2	左前片	1	
3	后过肩	2	
4	后下片	2	
5	前袖	2	
6	后袖	2	
7	袖口贴	2	
8	肩盖	1	
9	袋口贴	4	
10	袋唇	4	4
11	上帽片	4	
12	下帽片	4	
13	帽上通道	2	
14	帽后通道	2	
15	前拉链盖	1	1
16	窗口贴	2	
17	腰带	2	2
18	挂耳	1	
	衬里		
8	肩盖	1	
19	前片	2	
20	左后片	1	
21	右后片	1	
22	前袖	2	
23	后袖	2	
24	上袋布	4	
25	下袋布	2	
	定位实样		
26	下袋形实样	1	
27	前片各部位实样	1	

款式平面图

连帽女风衣 (cm)

缝份

缝份
1cm：帽窗前边沿
1.3cm：所有其他的缝份
3.2cm：衣脚折边

数量	辅料	尺码／长度
1	YKK开口拉链	长102cm
2	帽前窗小金属圈	直径0.6cm
1	帽窗前绑带	宽0.4cm，长85cm
2	袖口松紧带	宽0.6cm长×40cm
1	大腰带扣	长5.5cm
2	YKK上袋口拉链	长15cm
4	袖口绑带小金属圈	0.6cm

缝纫说明

A.本款是全里风衣。

B.请按图示的细节在样衣各个部位车上双明线。

C.衣脚折边后缝上宽2cm明线。

D.在袖口的接缝位置上缝上1.3cm的双明线作为绳子通道。

E.其它的制作细节看头板。

图9-43 ~图9-45是连帽女风衣的面布和衬里等头版原型示意图。

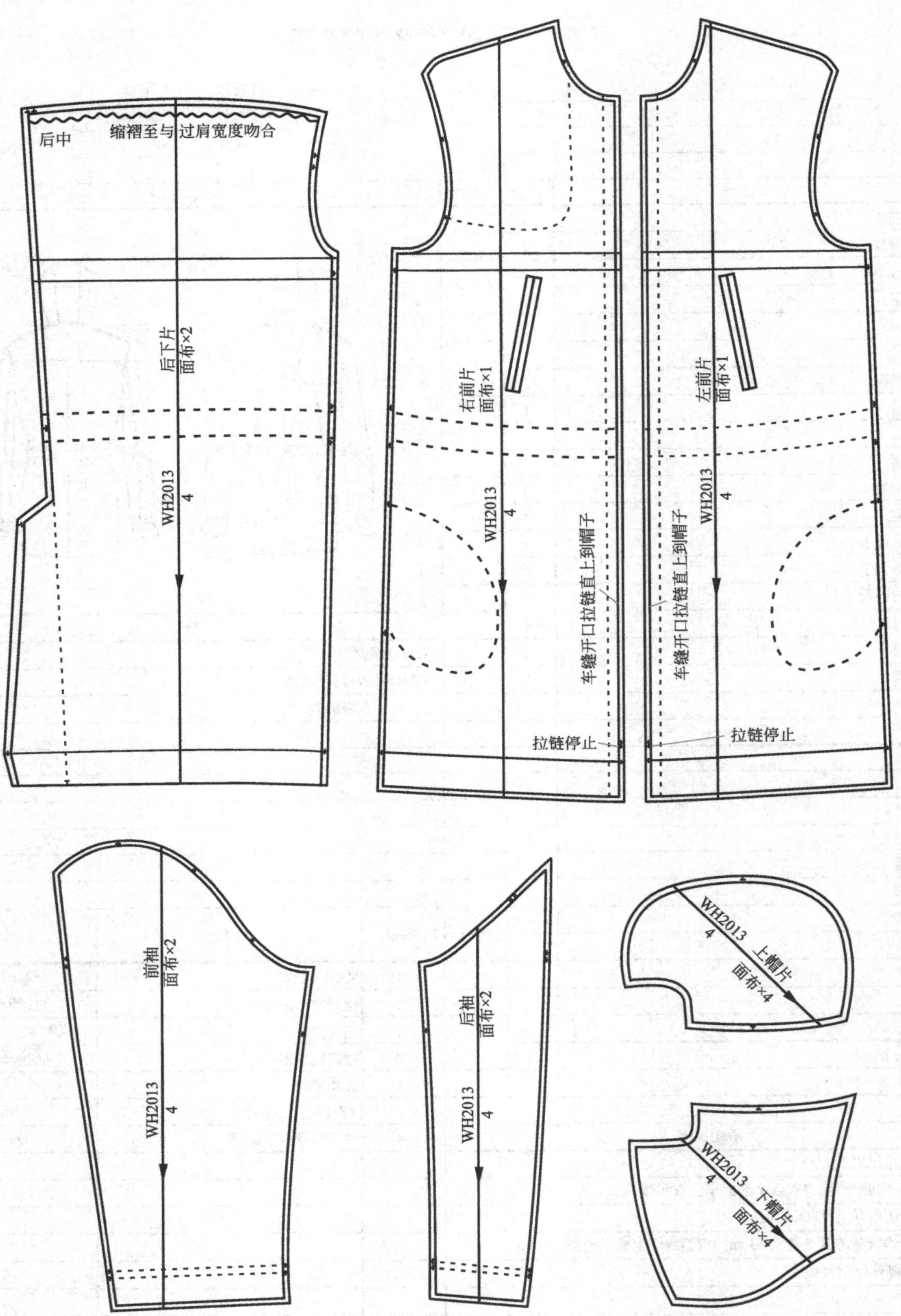

图9-43 连帽女风衣的面布版型示意图

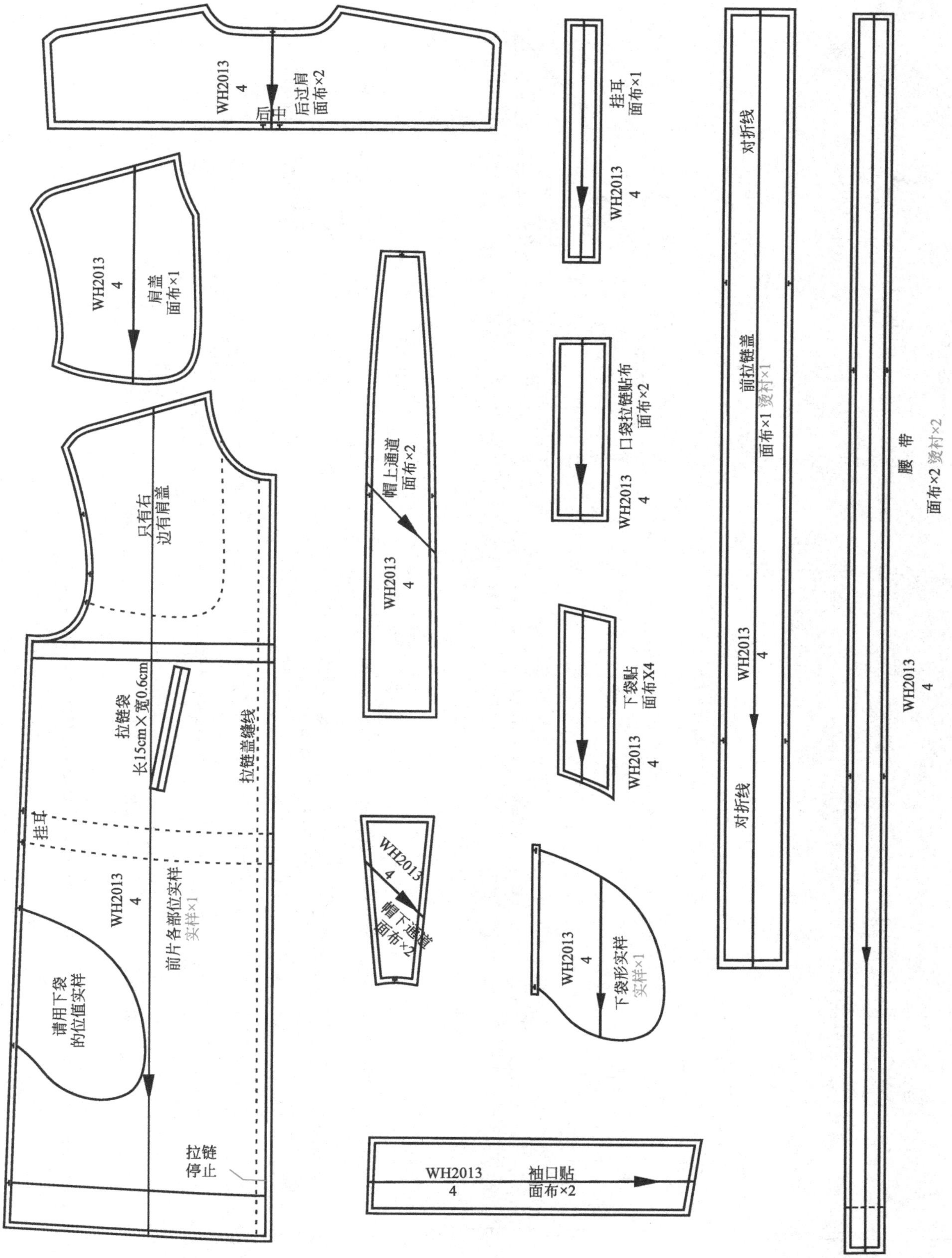

WH2013
4
后过肩
面布×2
后中

WH2013
4
肩盖
面布×1

只有右边有肩盖

拉链袋
长15cm×宽0.6cm

拉链盖缝线

挂耳

WH2013
4
前片各部位实样
实样×1

请用下袋的位值实样

拉链
停止

WH2013
4
帽上通道
面布×2

WH2013
4
帽下通道
面布×2

WH2013
4
挂耳
面布×1

WH2013
4
口袋拉链贴布
面布×2

WH2013
4
下袋贴
面布X4

WH2013
4
下袋形实样
实样×1

WH2013
4
袖口贴
面布×2

对折线
WH2013
4
前拉链盖
面布×1 烫衬×1
对折线

WH2013
4
腰带
面布×2 烫衬×2

图9-44　连帽女风衣面布等的版型示意图

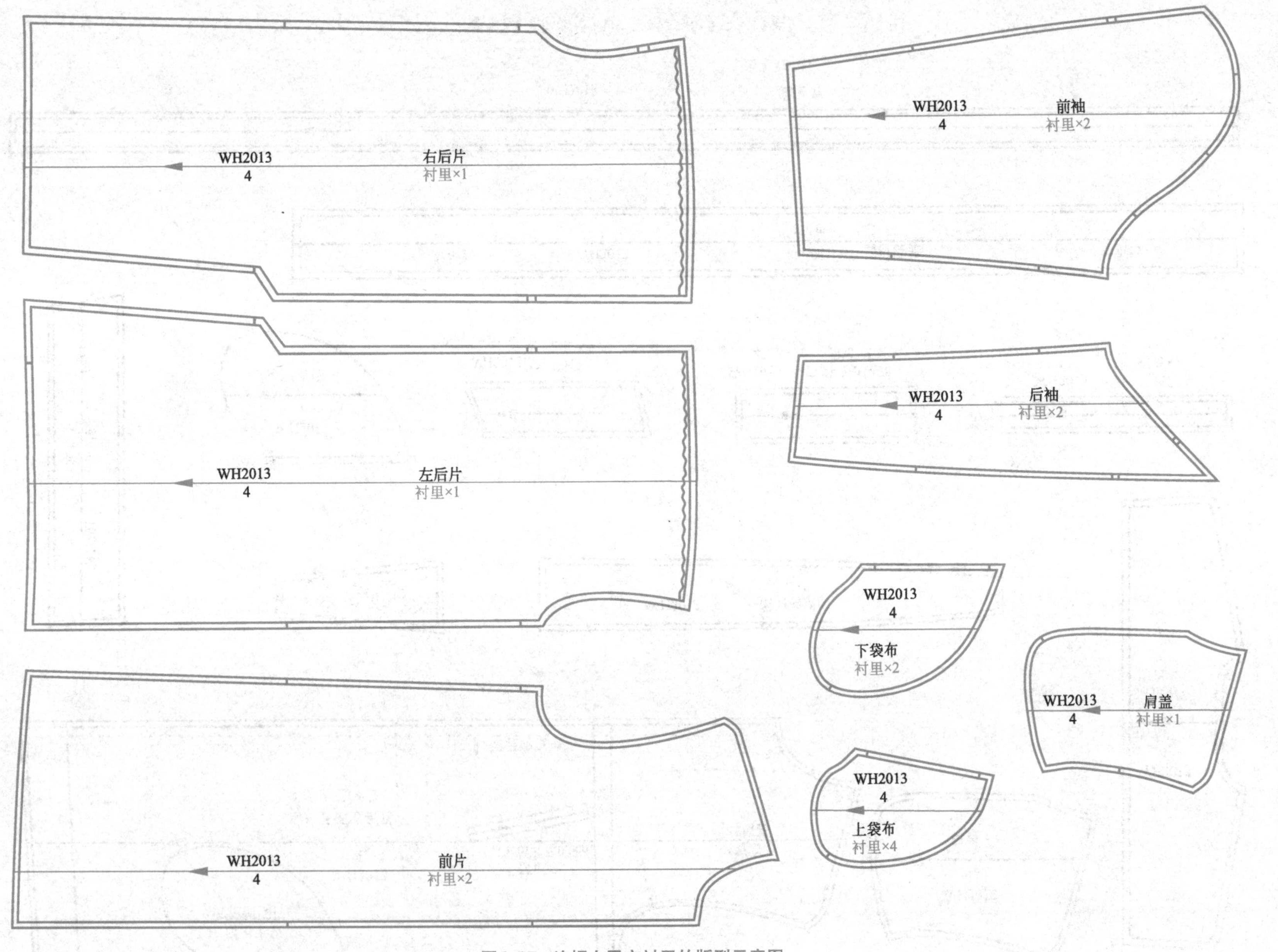

图9-45 连帽女风衣衬里的版型示意图

图9-46是连帽女风衣下裁通知单的示意图。

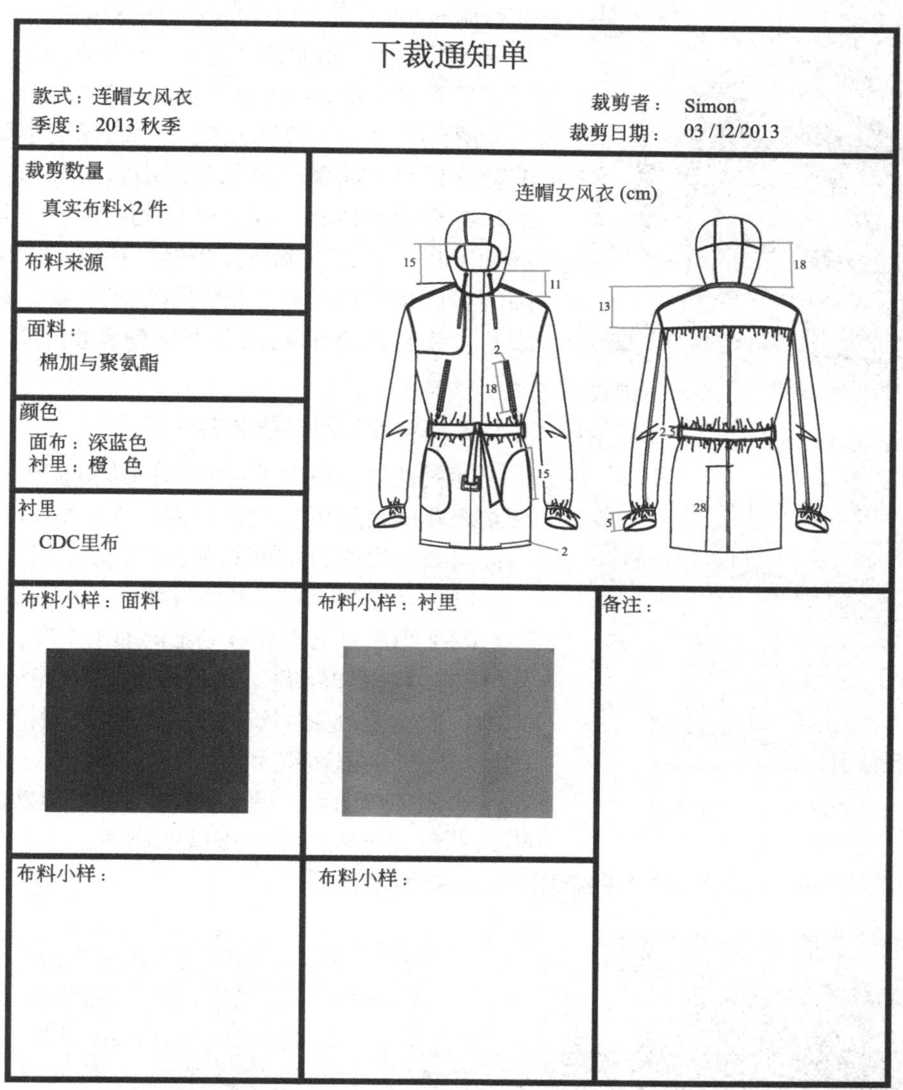

下裁通知单

款式：连帽女风衣
季度：2013 秋季
裁剪者：Simon
裁剪日期：03 /12/2013

裁剪数量
真实布料×2 件

布料来源

面料：
棉加与聚氨酯

颜色
面布：深蓝色
衬里：橙　色

衬里
CDC里布

连帽女风衣 (cm)

布料小样：面料

布料小样：衬里

备注：

布料小样：

布料小样：

图9-46　连帽女风衣的下裁通知单

第九节　直接用坯布做版型方法的其他知识

一、坯布版型的运用

本章讲述的是一个直接利用坯布做版型来裁剪样衣的特殊例子。这样的方法在美国的打版界中虽不常见，但却是纽约的一家世界级名牌公司里做所有款式的第一件样板（First sample）版型的唯一方法。既然能成为唯一的方法，就说明它有实用的价值。接下来我们进一步学习及了解这一方法的运用特点和优点。

1. 立裁后详细标记

如图9-47所示，这是一件晚装的上半身。版师按要求用面料立裁出的款式后，先得到了设计

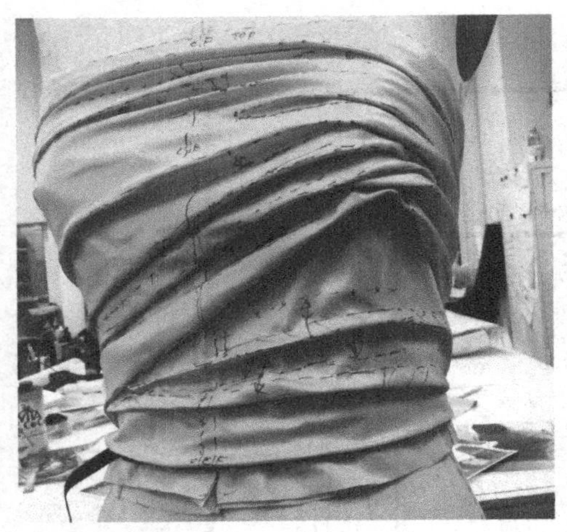

图9-47 当立裁款式被认可后进行了标记的示意图

图9-48 立裁坯布经标记后的效果

师的认可。之后，版师开始对立裁坯壳的轮廓及构造（Construction）进行详细的标记和量画清楚。用不同颜色的笔直接写画在立裁后的坯壳上，标注裁片的不同结构，帮助记忆及描绘出立裁造型的过程和它的成形效果及制作要求。

图9-48是图9-47的立裁坯壳的标记结果。标记时所用的特殊记号、线条、颜色等均由打版师自行决定，达到能使车样板的师傅看得懂，能使他们能够“照着葫芦画瓢”，缝制出相同的衣服就行。当然，在制作之前，车缝样板的师傅要认真仔细地听版师的示范和讲解，在制作的过程中版师要积极地帮助制板师傅调整和塑造款式，相扶相助，共同进退。

2.面料裁片用棉纺坯布重画

面料裁片指的是立裁中有时需要用到的各式布料，而棉纺坯布就是版师常用的米白坯布（Muslin）。所谓必要时将面料裁片用棉纺坯布重画适用于如下情况。

（1）当立裁面料的颜色过深。

（2）当坯壳的表面被描画得很不干净，很凌乱时。

（3）某些如丝绸（Silk）、雪纺（Chiffon）等面料太软太滑，尤其是当它们运用了斜纹立裁时，就要考虑用最软的棉纺坯布来重画和代替原来的版型。

如图9-49所示，是用塔夫绸立裁的款式。图9-50是将塔夫绸转化成棉纺坯布版型的例图。红色等一些偏深颜色因为不方便画出裁片，而改用米白色的棉纺坯布画线就清楚多了。

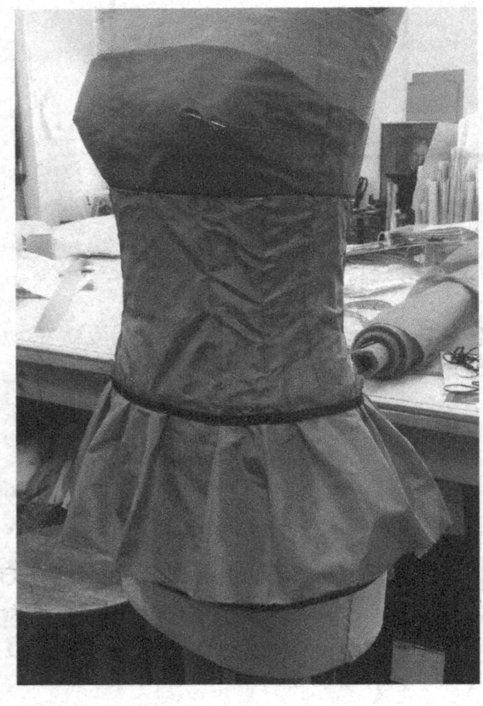

图9-49 用塔夫绸立裁的款式

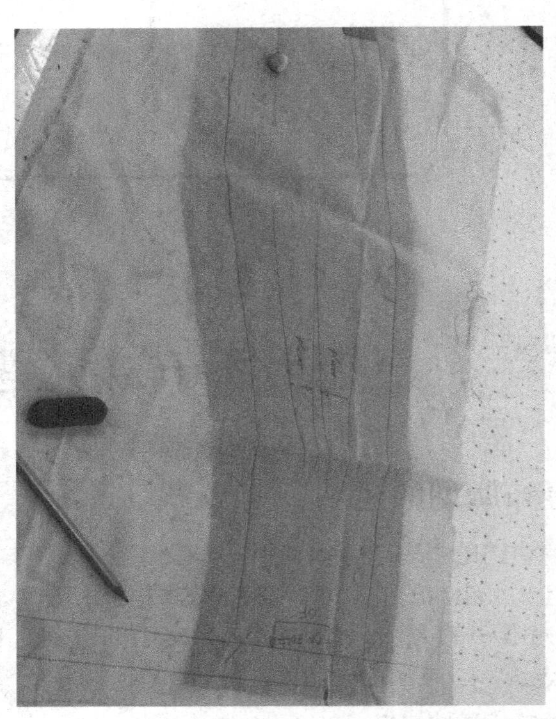

图9-50 将塔夫绸转化成棉纺坯布版型的例图

二、棉纺坯布版型的画法和缝份

1.普通棉纺坯布版型的画法与画普通的纸样相同，都是在对立裁的裁片进行标记并将轮廓描画清楚后，就可以用棉纺坯布代替纸张，画成坯布版型。

而坯布版型缝份的留法就如同普通的纸样缝份一样。

2.只有对一些为试身而准备的坯布版型的缝份要多留一些，比如服装的折脚可以留5 ~ 8cm，后中缝留5cm，侧缝及其他接缝留2.5 ~ 3cm。这些是为了帮助衣服试身时可以用作拆开或放长的处理。如图9-51所示的是某裙子后裁片的坯布版型留缝份的示意。

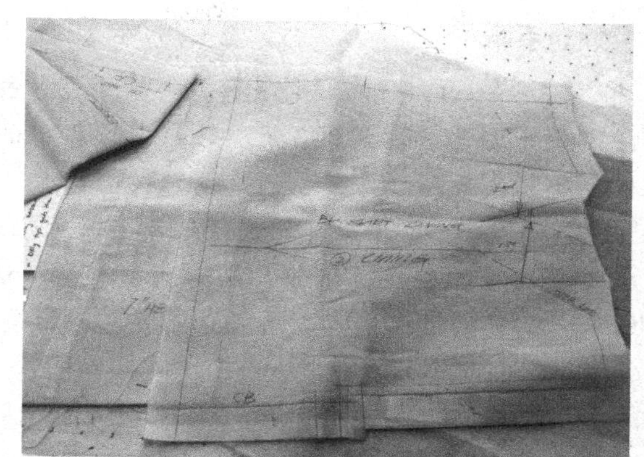

图9-51 裙子后裁片的坯布版型留缝份的示意图

3.对于普通坯布版型建议画T字形剪口，这样在裁板时，裁剪师在看到T字头上的那横杠时，剪刀就会手下留情了。但对于预留试身的大缝份版型，建议画长一字形剪口，但作不剪开的处理。

三、坯布版型的裁剪和缝纫

1.用作立裁和坯布版型的棉纺坯布都必须经过认真的蒸汽整烫（Steam press/Steam ironing），目的是烫平坯布和预先缩水。

2.坯布版型在作为纸样裁剪前，也必须经过认真的无蒸汽干烫（Dry press/Dry ironing），目的是烫平坯布版型和避免再缩水。

3.用坯布版型裁布料前，可用大头针固定好版型与布料，在分开版型与布料裁片之前，裁剪师傅要将版型上的缝份大小和剪口剪好；为了防止版型轮廓线的走形和内部结构的缺失，裁剪师傅可用专用的复写纸和过线轮把它们描刻到裁片上。

4.缝纫师傅在车缝用坯布版型裁布料前，要仔细查看读懂坯布版型的所有结构和细节，认准每道边线的缝份大小，也可用手针和线等将结构和细节标识清楚，也可以将坯布版型放在一旁，一边车缝一边查看，确保缝制的样衣结构和尺寸的精确。

四、坯布版型的优点

坯布版型的运用成倍地减少了立裁的制版时间并且一步到位，不但环保，还能减少纸张和其他制版材料的消耗，版型在需要反复使用时不易损坏和变形，尤其是在样衣的制作过程中，常需要用过线轮将版型的内部细节刻画到裁片上，坯布版型的百“刻”不饶从而保证了制作的质量。此外，坯布版型的优点还在于它可折可收，体积小，一个季度下来，版型集中收藏的占用空间很小。

思考与练习

思考题

1.在这一款风衣的立裁打版中，用的是坯布直接来做“面布版型”，它与前面几章所运用的打版技法有何不同？请仔细思考和比较出用坯布直接做“版型”的特点和要注意的事项和方法。

2.你认同“用立裁的技法来裁剪衣服，比单独用平裁的技法来处理来得合体、合适”的说法吗？假如将“平裁”和“立裁”联合起来相互运用、取长补短，你能想象和展望到属于它们的远大的前程吗？请说说你的看法。

3.复习和重温本节所教的内容，分析其要点和找出疑点。将它们列出，以便继续探讨和研究。

动手题

1.3人一组，每人设计3种不同的帽型，并把它们分别拼接到连衣裙、T恤和外衣的服装上。3人商量评出最有创意和实用的3款。仿照本款风衣的立裁方法进行先立裁，后平裁、试身和试戴后，再改正纸样，反复试改后，将帽子和衣服的版型画出。

2.两人一组，在题1的设计选出一款你们认可的时尚款式，两个人都做同一个款式，练习从立裁到打版的全过程。包括做记号、描刻、画图型、检查、加缝份、写纸样内容、画衬里、写裁剪须知表、写车缝制作工艺的后工序。两人互帮互查，找出完成版型的最佳方案。

第十章
多分割自然边加装饰明线女式皮大衣的按图立裁法

第一节 女式皮大衣的设计综述及立裁前的准备

一、设计综述

图 10-1 多重分割线加装饰明线女式皮大衣的平面效果图

这是一件颇具特色的女式皮大衣（Leather coat）。它手感柔软，是由着色极佳的染色小羊皮（Dyed lambskin）制成。在注重塑造了女性柔美腰形的同时，又巧妙地将设计意念与皮料的运用自然地结合。皮衣全身的大框架是以弯曲的H形结构分割线为主体结构，前后身及袖子都采用了多个横向的弧形分割线，分割出的小皮块构成的重复排列，皮料的自然边（Raw edge）和装饰明线相组合，形成了这一女式皮大衣的特色，也成了它的款式亮点。图10-1是这款女式皮大衣的平面效果图（Flat sketch）。

鉴于动物皮料（Animal leather）的面积大小和长度有限，往往会直接影响成衣裁片的完成长度（Target length）。在没有开始立裁之前，版师需将手上的皮料先检查一遍，如果皮料的面积尺寸不足，就必须及时报告。设计师也许需要改变设计来配合皮料，或者更换皮料。版师立裁皮衣前，对皮料要特别注意，看图对“皮”，若“皮”况有疑，应立即处理。

经过皮料与设计图的比较，版师果然发现了皮料的面积和长度有局限。皮衣的前身最下片的面积或许会太宽、过长；还有面袖（Top sleeve）的长度也有过长之嫌，找到合适的皮料下裁有相当大的难度。通过与设计师沟通，得到的意见是尽可能用现有皮料的长度，假如皮料还是无法满足款式的要求，折中的办法有两种，一是将大衣的前后下片做成为另加脚边的毛边组合，必要时也可将皮衣的长度略为减短（Shorten）。第二是可以设想把大袖两侧的分割线（Separation line）延长以节省皮料的消耗。有了设计师的变通许可，皮料长度不足的问题就迎刃而解了。

要特别指出的是，做皮衣的立裁，不可能采用皮料做立裁坯布。版师需要根据皮料的厚薄和柔软程度来选择厚度与手感与其接近的代用布，而通常适合于做裙子的细薄坯布（Light muslin）就不适用了。反复掂量皮料之后，版师找到了一种与软皮料子手感接近的中等厚度棉坯布（Medium muslin）。

二、立裁前的思考和准备

面对着这款分割线纵横交错的设计，怎么做才能又快又好地塑造出与设计师的构想一致，不但符合人体结构，而且车缝工艺合理的立裁方法呢？这里有两种方法供选择。

1. 按顺序立裁

用款式胶条先把身上各分割线和大框架的布局标出，然后用坯布依序或自后往前或从前到后进行立裁。

2.先整体后局部的立裁

先从大的结构开始着手立裁，再分离（Separating）出局部小结构。

至于袖子，同样是先做普通的大小袖立裁，然后在大袖上再分割出其细节。图10-2是后片的先整体，后局部的图解示意。

对于初学者来说，借助款式胶条先标出皮衣分割大框架的比例，然后按自上而下的顺序立裁，是一种顺理成章且简单易行的方法。但它的缺点是容易着眼细节而偏离了整体。而方法二，先从大的框架着手，后分离细部，它是处理这一结构相对复杂的款式的良好途径。版师决定运用方法二来进行这一款多分割线皮衣的立裁。

首先用目测的方法，借助0.4cm宽的款式胶带，根据设计图结构的布局将分割线的主要框架粘贴到人台上。当手上没有这种切割精细、犹如电工用的绝缘胶布似的专业用款式胶带时也不必担心，可采用另一种替代品。比如用一种很细的编织带也称为细边织带（Braided strap），借助大头针将需要的造型结构“钉”造出来。这个办法虽然没有贴款式胶带布那样快捷，但也不失为能达到目的的好办法，如图10-3是用款式胶带粘贴而成的款式构造示意图。

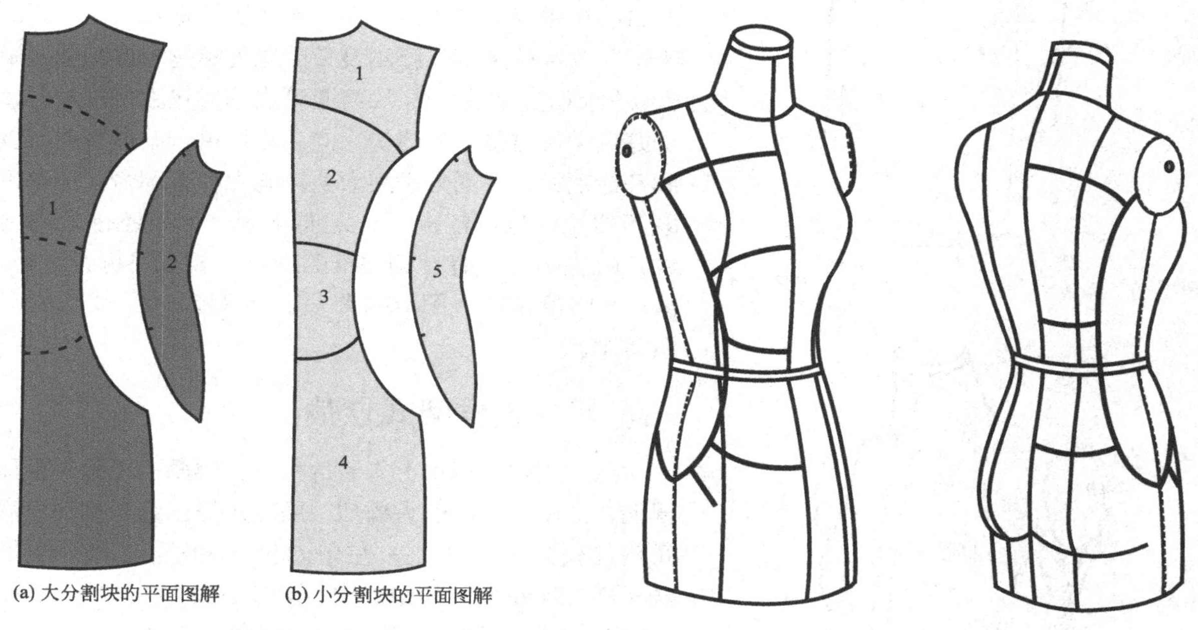

图10-2　女式皮大衣后片的先整体后局部的图解示意图

图10-3　以款式胶带粘贴而成的前后款式构造的示意图

第二节　女式皮大衣各部位立裁步骤

一、后身大框架式立裁

如图10-4所示，从后片动手，把后身想象成一个与后侧片组合而成的大框架。立裁中先整体指的就是忽略一些细节，放眼于大框架和轮廓，然后再把大框架里的各裁片细分（离）出来。这就是被称为先整体后局部的操作方法。这种做法比从上往下逐片地立裁更容易掌控大局，从而达到设计图的效果。这跟绘画中的素描手法相似，首先要把所画对象的大轮廓和分割结构框架勾勒出来，然后再具体描绘每个细部。艺术与技术也如此相同。

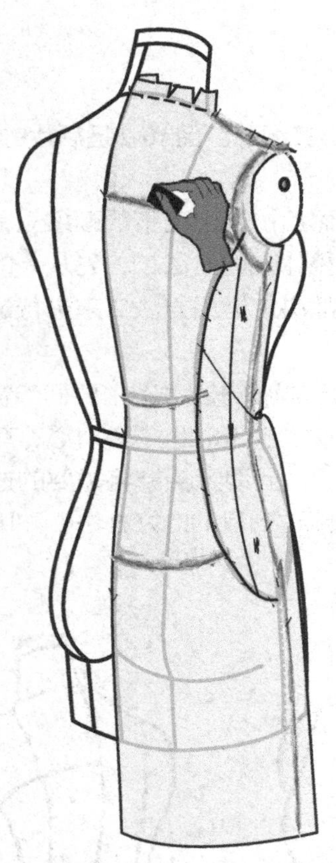
图 10-4 后身大框架式立裁的坯布涂擦示意图

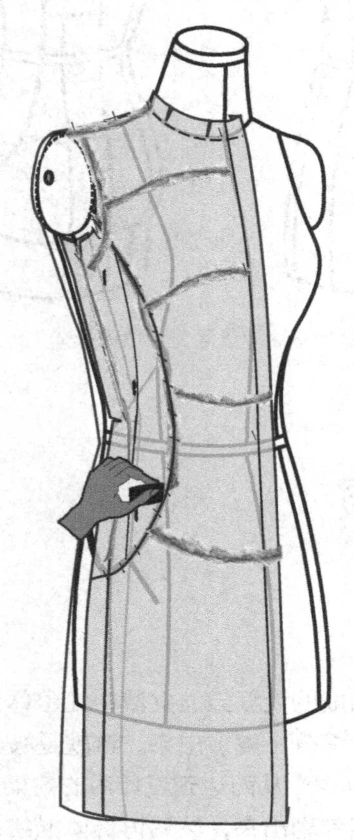
图 10-5 前身大框架式立裁的坯布涂擦示意图

1. 立裁后片

后片用皮尺量出后长和背宽并且各再加上13cm，剪出坯布，在上面画出直纹线，留出2.5cm的后中折位，折好并放到人台后中线的位置。在后中颈点、后腰位、后背和肩颈点等处用大头针定位并插牢。用铅笔点出颈围线并打上一些剪口后修剪领圈的缝份。之后，在肩线位置用大头针固定，再用蜡片涂扫出后片的弧线部分以及肩线和袖窿等的位置，用剪刀修出肩宽并预留2cm的缝份。接着用蜡片补扫清楚后背的中线和侧腰的弧形，并在侧弧型外剪些斜向的剪口，根据弧形的长度需要用大头针上下固定到人台。

2. 立裁后侧片

用皮尺量出后侧片的长和宽各加长10cm，裁出一片斜纹的坯布，在中间画上垂直线和45度角斜纹标记线。将这块斜纹布垂直放到人台上，用大头针做垂直和左右固定。用手指在该片的胸围、腰围及臀围三处拿捏1cm的抛围量并用大头针固定。然后用蜡片将两侧边的形状涂扫出来后，用手折好后中片腰位上的缝份，向后侧片拼合。拼缝时可以从中间开始别针，然后分别用大头针向上和下别合，注意拼缝时既不要拉，也不能扯，一定要平顺。如果坯布之间出现皱纹，就说明坯布有互相拉扯的现象，要立马拆针（Remove pins）调整重别。图10-4是后身大框架式立裁的坯布涂擦示意图。

二、前身大框架式立裁

前片的做法基本上与后片相似，遵循的还是先整体后局部的方法裁出前片的大框架。用皮尺量出前长和前宽后将坯布各加长13cm并剪出，在布边的一侧画上三条长直线，每条相隔2.54cm作为前纽位线、前边沿线和布边线，将布边最外面的2.54cm折好，用指甲刮平后把坯布放上人台。

用刚画的前中纽位线对准人台的前中线（C F），用大头针在前胸部位置、肩高点（H.P.S）和前腰位固定。用铅笔沿着领线作点画出领圈线，接着用剪刀在领圈弧上打些剪口和修出领线，留缝份约1.5cm。

用蜡片将前肩线和前肩宽涂扫出来，留出2cm的缝份，剪好并加针定位。用手拨平和调整前片的上下左右，用剪刀先大概地剪出腰侧弧线形状并留出约2cm的缝份。

用大头针将坯布固定在前腰围附近，然后在弧形周围画打几个剪口使腰部的坯布更服帖身体。用正确的画斜纹布的作图法，即等边三角形（An equilateral triangle）绘图法，剪出一块足够做前侧腰的斜纹坯布，在斜纹布当中画一条垂直线，将这一垂直线作为垂直的标准，用目测将它垂直扎到人台上用大头针固定。用剪刀先剪出腰侧弧线形状的大轮廓并留出约2.5cm的缝份。用大头针在三围的位置捏拿出约0.6cm的抛围量，然后用蜡片涂扫出两边的弧线的实线轮廓，用手将它的缝份折别向前片腰位，当前片基本成型以后就可以进行大身的侧缝的别合了。图10-5是前身大框架式立裁的坯布涂擦示意图。

三、前后身局部裁片的分离

这款皮衣立裁关键的一步是如何在有了前后身大轮廓之后，利用它画出当中的细节。具体可分为两个方法：第一，对比蜡片或划粉涂扫出来的坯布和预先粘贴好的款式胶条的分割线，思考着是否需要进行调整。第二，在前面的涂擦线的基础上，用细小的0.3cm织带或细棉绳子（Thin cotton thread）覆盖在上面，用大头针重新别定，之后根据目测的感觉做一些肯定和推翻，来重新调整各细节的分割比例。

无论方法一还是方法二，共同目的是先明确定位，再重新审视各分割线的比例。比例协调后，版师要后退几步，用远距离观察前面、后面和侧面各线条的比例、布局和圆顺程度；是否需要再作进一步的调整？如前后侧片两片相交的弧线是否对接完美，后有发现后身的比例不如意，经推敲和比较，版师通过把最下面的一条分割线往下稍稍移动而修正了先前的设定和立裁效果之间的距离差。立裁中版师要做通盘（整件皮衣）考虑，确认所有的分割线都与整体协调。

用前和后片的大身裁片为标准，把它进一步分离成坯布小片，然后用大头针重新拼接（Piecing）做成新的效果。

（一）后片大身裁片的分离和别合

1.分离的准备

先将后中片拿下来，用无蒸汽熨斗（No steam iron）将缝份小心干烫平后平铺在桌面上，着手预备大小合适的坯布来临摹后上、中、下片。在坯布上画直纹线，铺在后身的坯布上面，用大头针固定，借助隐约可见的轮廓，用铅笔和尺子来描画出这些裁片的外形。当然，也可以把纸垫在坯布下方，用过线轮和复写纸刻画后描绘出轮廓线。图10-6是后片坯布临摹前的大小坯布片数准备及临摹手法和刻画方法的示意图。

在裁片都临摹完成后，外加2cm缝份，用剪刀修剪这些局部小裁片，记住剪坯布下刀时要剪在离缝份线以外再加0.6cm的位置，这0.6cm的容余量是为应付以后的修改准备的。

2.后片分离后的重新别合

接着，我们着手将新分离出的几块后片重新拼合起来。与以往一样，拼合坯布的操作顺序和方法，是下片盖向上片，后片盖向前片。别合时，可以在桌上先拼合好再移到人台上。也可以一片

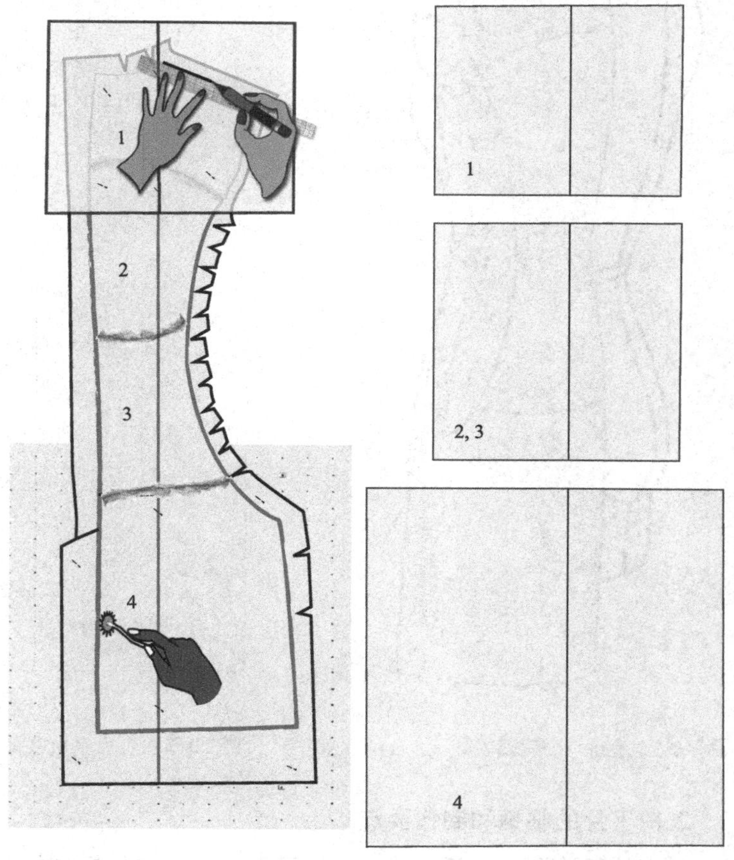

图10-6 后片坯布临摹及刻画方法示意图

一片地直接在人台上别合。无论我们采用的是那一种方法，其检验效果的标准都必须是把它们放到人台上进行检查，即以立体效果的准确性为主要评判标杆。如后衩高（Back vent height）的高度的位置标定，就可以很方便地在人台上重新设定。图10-7是后身各裁片重新别合的坯布效果。

（二）前片的描画、分离和别合

1. 分离的准备

刚才做完了后片，这是先整体后局部的立裁法的初次实践，现在我们来做前片。

将人台转到正面，用目测再检查并判断人台上前中坯布的分割线是否正确，如果需要调整就做必要的调整。前片与后片不同，前片共有五小片，有叠门（Front over lap）、纽扣的位置（Button placement）、口袋及袋口褶子等细节。因此前片的数量比后片多了一些。虽然在对皮料进行裁剪时，对皮料的纹路没有特别的要求，但为了在打版制作时上下几片的布纹能清晰统一，而且方便后续电脑输入以及自动放码的操作，最好是以一条统一的直纹线为标准。

如何对前身的坯布进行细部的分离（Separating）呢？先将固定前片的所有大头针全部摘下，把前中片摆到桌上。准备一块大一点的坯布，在上面先画好直纹线，量取和剪出若干适合临摹各小裁片的坯布后，从上片至下片开始临摹。图10-8是前片直纹线的统一划线和坯布大小的准备及描绘临摹的方法的展示。

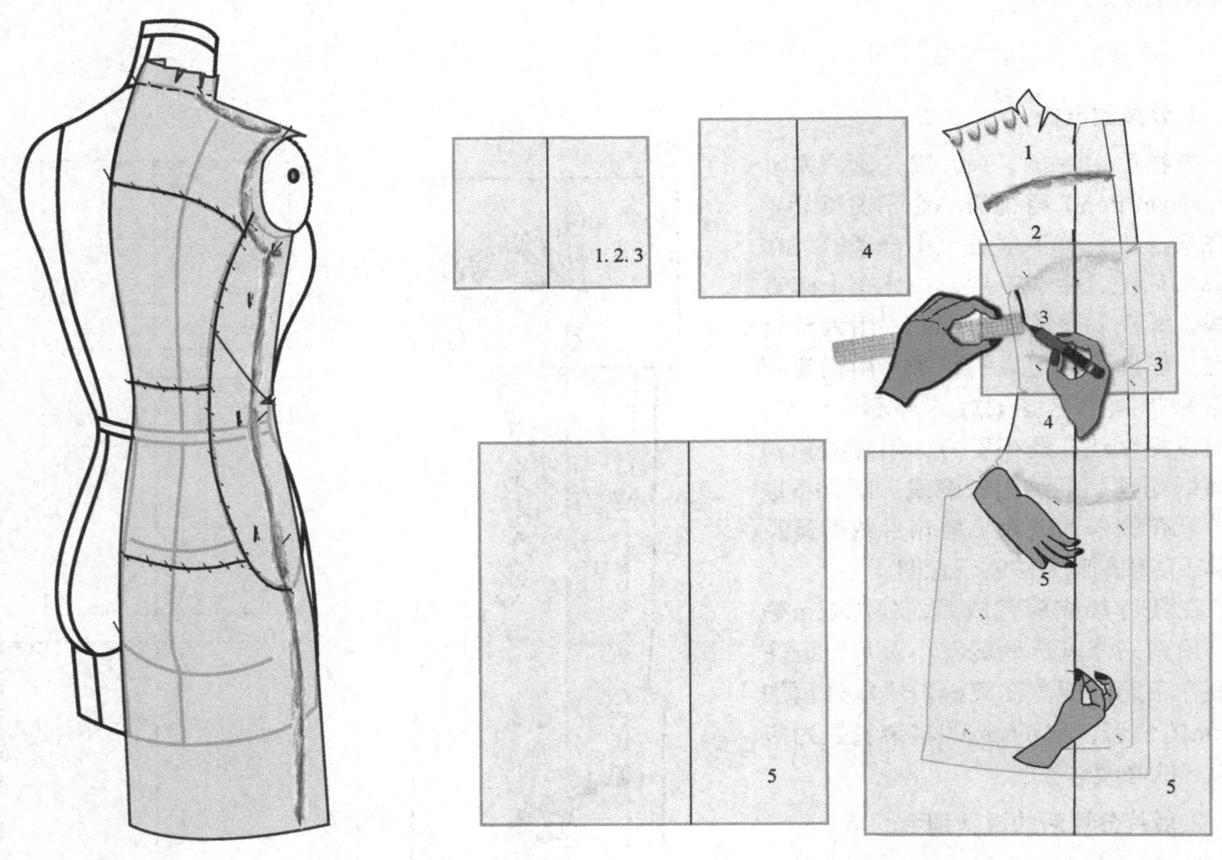

图10-7　把后片各裁片重新别合的示意图　　图10-8　前片直纹线的统一划线和坯布大小的准备及描绘临摹的展示

2. 前下片的临摹和制作要点

前下片的临摹要点是解决袋口褶子的画法，具体操作如下。

首先，用大小合适的坯布盖在前下片坯布的上方，对准之前画好的直纹线，用大头针帮助固定后，沿着那些隐约可见的痕迹临摹出前下片的右上方外轮廓，画到口袋褶时要停顿一下，先画出褶宽为1.25cm的袋口褶子，然后用手折起褶子，用些大头针别好，用高顶的专用图钉（Push pin）按着褶尖后转动坯布，使褶子还原和重叠到原本设定的位置上。再用大头针别好其他部位，最后用笔和尺画出尚未画完的轮廓。如图10-9（a）所示。

然后是继续画完袋口的褶形。用手掀起坯布褶的起头位置，用过线轮和复写纸（Tracing paper）刻出褶子的起点与袋口相接的相交线，接着画出袋口与袋褶的连接部分，如图10-9（b）所示。等画出完整的前下片（Front bottom）时，将褶子打开，见图10-9（c）与制作后身的坯布一样，预留出1.25cm的缝份，下剪时再增加额外的0.6cm以方便之后立裁。

图10-10是前片的各裁片的分离后再拼合效果图。

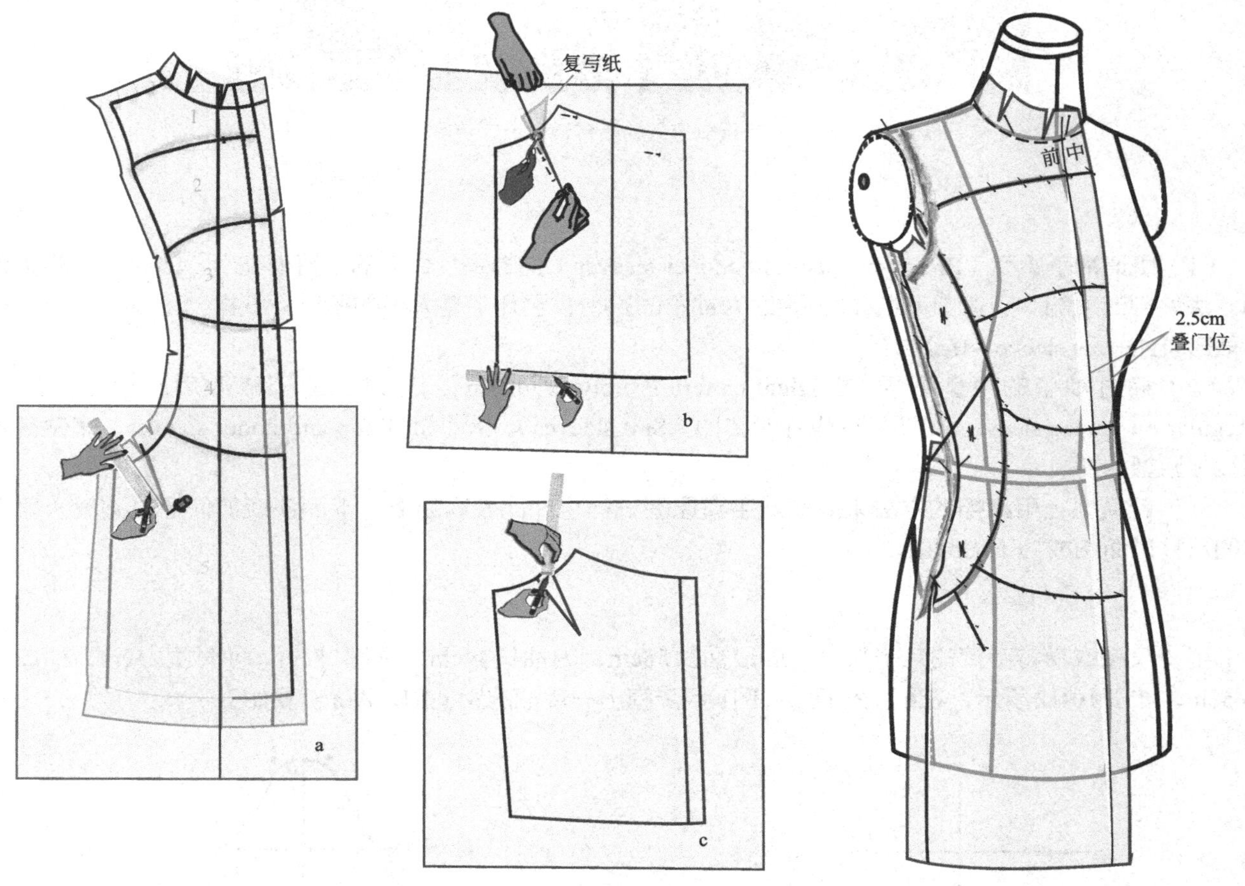

图10-9　女式皮大衣前下片临摹的三个步骤示意图

图10-10　前面裁片分离后再拼合的示意图

四、袖子的立裁步骤

（一）借助袖子的原型

袖子的立裁最好能借助人台上的手臂进行，但是鉴于手臂模型装上人台之后，没有转动的功能，而卸下来的手臂模型却又不方便立裁。解决这一难题的方法是，借助袖子的原型来为袖子的坯布作准备。操作上先将其做成预先画好的近似坯布袖型，用大头针别到衣身后，再套入手臂的模型进行立裁。这实际上只是借用手模型在人台上帮助观其效果以便做调整。图10-11是美国服装行业使用的手臂模型上人台后的正面和背面的外观图。

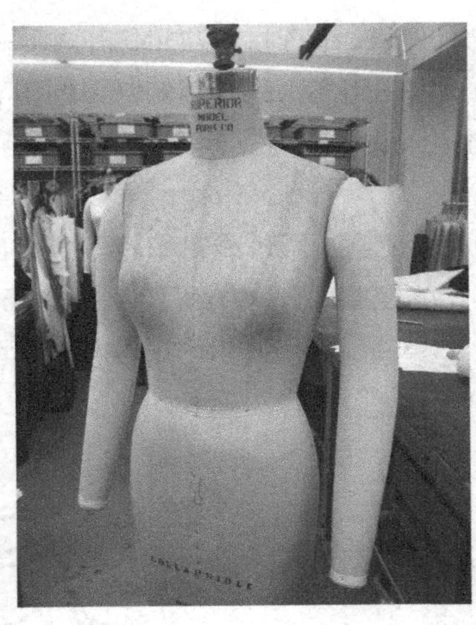
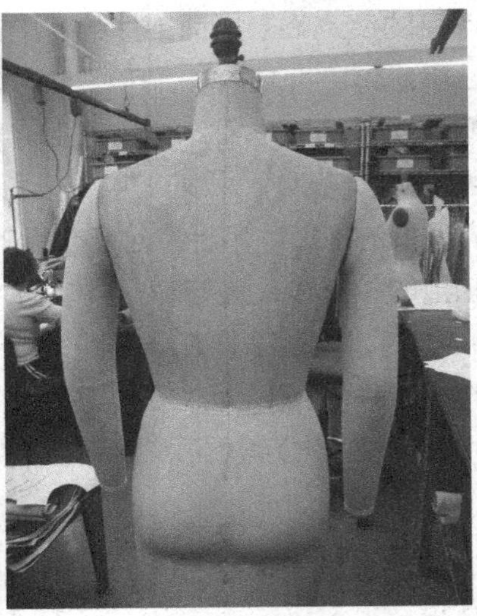

图 10-11　美国服装行业使用的手臂模型上人台后的前后外观

（二）袖子原型

（1）所谓袖子原型（Prototype sleeves / Sloper sleeves）指的是从标准的手臂模型上，以涂擦及测量等的方法复制而成的"手臂原型纸样"，称之为袖子的原型，它几乎是人手的净尺寸纸样，可以直接用于狭窄袖形（Narrow sleeve）的款式。

（2）通过袖子的原型纸样（Original pattern/Prototype pattern），经过加放和修改后成普通一片袖（Regular one piece sleeves）、两片袖也称西装袖（Suit sleeves）、大小袖（Top and under sleeves）来做备用的袖版原型。

从手臂模型上用涂擦的方法来复制成手模原型纸样也许比较容易懂，下面谈谈如何通过测量人体手臂的尺寸进而制成袖子的原型。

（三）袖子原型的画法

用皮尺量取模特手臂的几个尺寸，假设袖长58cm，内袖长44cm，袖肥28cm，袖肘围25cm，袖口宽16.5cm。如图10-12所示，在纸上分图a和图b两步画出一片袖的原型图。图a步骤如下：

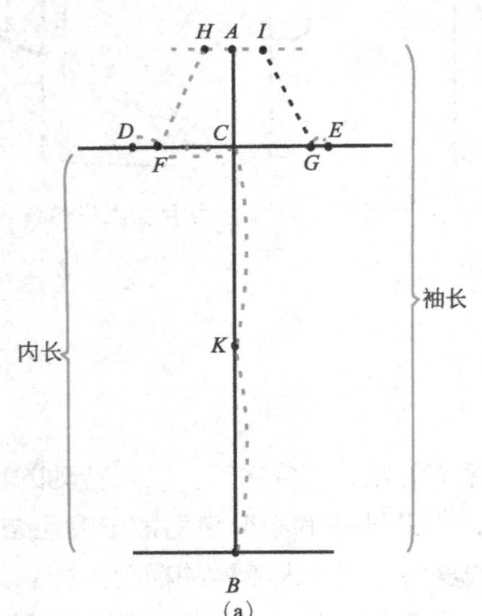

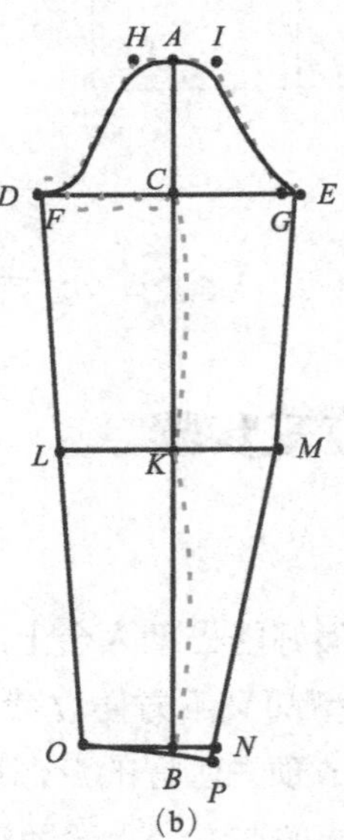

图 10-12　通过测量人手尺寸来画一片袖原型的步骤

（1）画袖长垂直线58cm *A*到*B*。

（2）由*B*向*A*画内袖长44cm得*C*点画一平行线。

（3）在*BC*的中间点画袖肘长得*K*点。

（4）在*C*点画一平行线，平分袖肥围28cm得*D*和*E*。

（5）将*CD*分成四份，取一份画*F*点得*DF*。

（6）取*DF*的一半在*E*点画出*G*点得*EG*。

（7）在*A*点画平行虚线，在*A*两边分别以*DF*的量画出*HA*和*AI*点，后将*HF*和*IG*连成虚线。

图b步骤如下：

（8）在*B*的右边取袖口的三分之一为*N*，在*B*的左边取袖口的三分之二作*O*点。

（9）用曲线板将前袖山*DA*和后袖山*AE*画弧连线。

（10）以*K*为中心点画袖肘长的平行线，由*D*用直尺连*K*线交点为*L*，*E*用直尺连*K*线交点作*M*。

（11）用直尺连线*LO*和*MN*。

（12）在*N*点下延线1cm得*P*点。

（13）用曲线板将新袖口*OP*连线。

至此，人体手臂的原型纸样就基本成型了。从图10-12（b）我们清楚地看到袖子的图形里EMN线明显长于线DLO，即两边的袖长线不一样。还有，袖子不是直的吗？为什么要向前边弯曲？

手臂在自然状态下是呈微弯曲状的。所以在画袖子或袖子的原型纸样时，就应当顺从人体的本相和原形来画，这在利用袖片原型来画西服袖时最为突出。有的设计师还要求在袖片原型的基础上再将袖子画弯一些、袖山还要再画高些。打版师具体操作可以在袖子原型的基础上，将袖肥略加至31 ~ 32cm，袖山高加到16.5 ~ 17.5cm，袖口改变成22 ~ 23cm，袖弯朝前多弯出1.25 ~ 2.5cm。当你运用袖子的原型纸样，加上不同的尺寸来更改后，画出的新图样就会更接近设计师的要求了。

而对于袖长左右不同的解答是，为了要解决人手因弯曲和动作的所需要的空间问题，前辈们便想到了要在袖肘位置加上一个肘褶子的好办法。这个道理就像过去裁缝师常在后肩背上加上一个后肩褶的道理一样，也是为了还给肩胛骨一个活动空间的需要。别看这一小小的褶子，没有它袖子也许显得太笔挺、不够立体，僵直且不自然。所以某些手臂的模型和袖子裁片，在袖肘（Elbow）处打褶或是在袖肘位置做一 些容缩量，都是让袖子既能体现立裁理念，又符合人手自然弯曲和方便劳作等需要的贴心方法。

有了人手臂纸样或坯布的原型后，就可根据它裁制出皮衣袖子。至于袖形（Sleeve shape）、袖山（Sleeve cap）、袖肥（Biceps width /Muscle）、袖口（Sleeve opening）的参数大小，则应根据设计款式的比例、外形、大身袖窿的围度及设计师的要求等而定，可以灵活地利用原型裁剪出丰富多样的袖款的变化。

（四）袖子的转化

从图10-13所展示的是：a.用一片袖原型改画成所需袖子的尺寸的图纸或坯布，b.接着把纸样黏合或缝合成袖子的形状，合缝后设定并画出小袖线，c.是沿小袖线剪出两片袖原型净样（还没加缝份的裁片）的过程。在原袖形上版师可依据自己的设想和需要来决定大小袖的宽窄度和弯度。可用铅笔和尺子量画出你希望的小袖两边的弧线的任意形状，确定后把它画顺，剪出大和小袖片的实样后，另加缝份再重新画出就能得到所要的大小袖了，如图10-14所示。

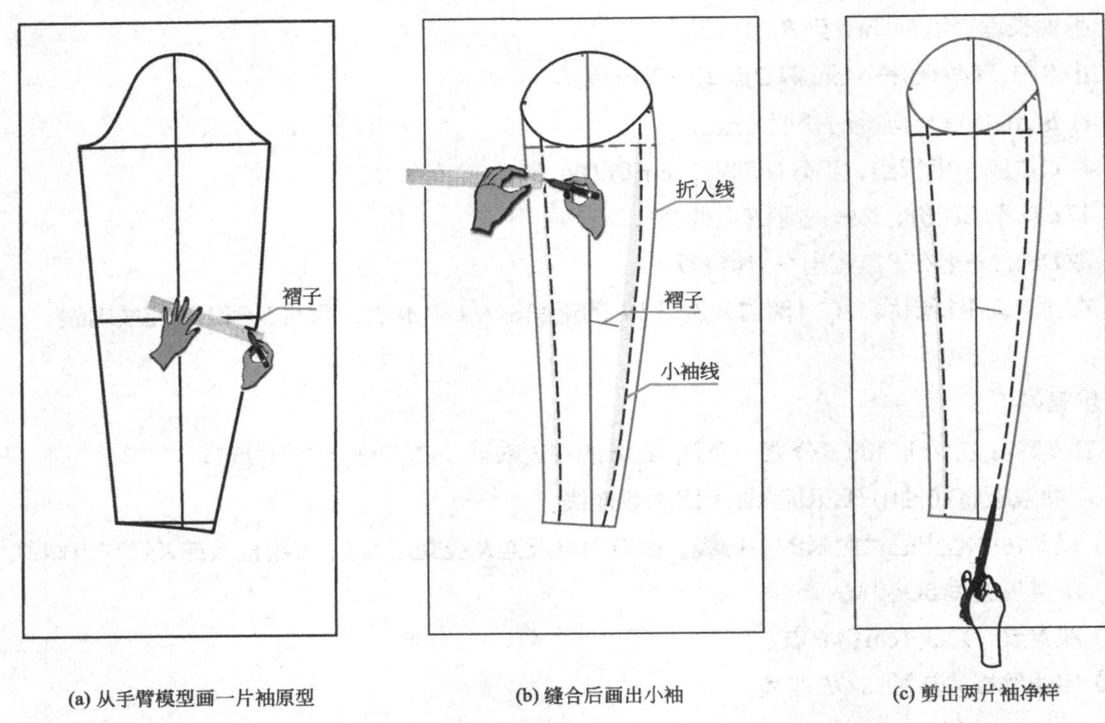

(a) 从手臂模型画一片袖原型　(b) 缝合后画出小袖　(c) 剪出两片袖净样

图10-13　如何用原型袖片来转换成两片袖的示意图

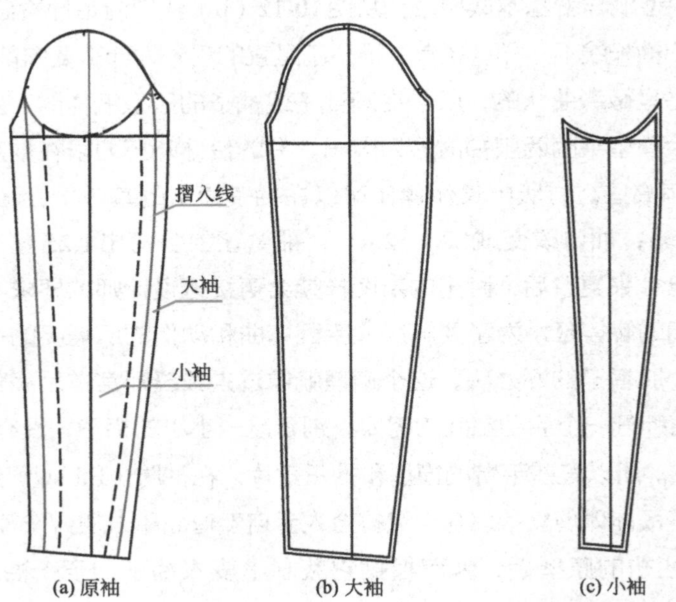

(a) 原袖　(b) 大袖　(c) 小袖

图10-14　袖子从一片袖变成大小袖的过程示意图

本款皮大衣的袖子是由两片西装袖缝制而成的。为了立裁方便，同样采用先整体后局部的方法进行立裁。先根据设计图和新的袖子的原型，按下面的方法把合适皮衣袖窿的新袖子的外形和长度坯布做出来，等上了人台后，在人台上再根据立裁的效果，作各种加减和变化，进而画出袖子下半部的其他局部的结构。

要特别指出的是，在大小袖子成型后，一定要将它与前后身的坯布做一次袖窿与袖山的弧长检查，确认袖子的袖山弧比袖窿的弧长略小一点。因为这件皮衣的设计是袖 子重叠在袖窿的下面车缝（Over lap sewing）的，如图10-15所示。这是一个特殊的例子，袖子的袖山不但不需要按习惯的做法给予一定的容缩位（No ease required）。相反，袖山的弧长还应比袖窿略小约0.3cm。这样一来，袖子就能自然从容地“装”进袖窿的内圈了。

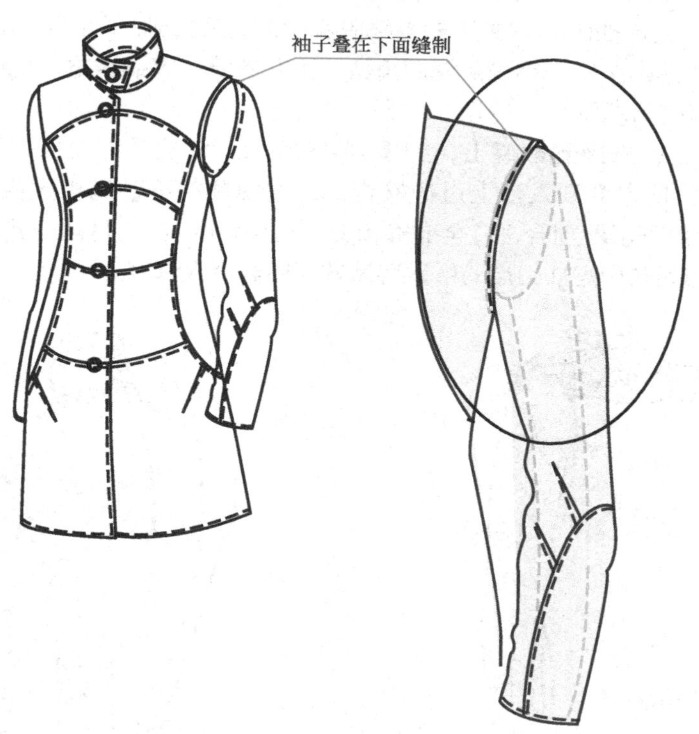

图10-15　袖子重叠在袖窿内圈缝制示意图

（五）检查皮衣的袖子

用什么方法来检查皮衣的袖子与袖窿的大小呢？方法是用皮尺竖着走动测量人台上的皮大衣坯布的袖窿是多大，再用皮尺竖着量袖子原型上的袖山弧长，比较两者之差。假如袖山大了，要把袖山高（Sleeve cap height）略为降低，或者把袖肥略为减小。但如果袖山小了，弧长不够，则把袖山增高或把袖肥加大。但这一切都要在软纸上进行，在调整的同时还要注意看袖型。假如袖管造型要求是狭窄细长型，那么袖肥最好不动或少动，而袖山高要多加了。反之，如果袖子的造型是肥大的，就要少动袖山高，多加袖肥和袖管宽度。最后的结果是袖山的弧长应比袖窿小0.2 ~ 0.3cm。如何改形要根据设计图进行，版师要多与设计师协调，以免裁剪走形。

待袖子的纸样在软纸上调画好之后，就要把大身前后几片纸样用透明胶带拼接起来，如图10-16所示。同样大小袖片也用透明胶带拼接，从袖底中线开始，将合拼起来的袖山弧沿着袖窿边的弧形和弧长移动，以测量袖窿和袖山弧之间的尺寸的差距，确认袖山弧略为小于袖窿弧长，否则袖山皮料车缝时就会产生不美观的皱纹了。

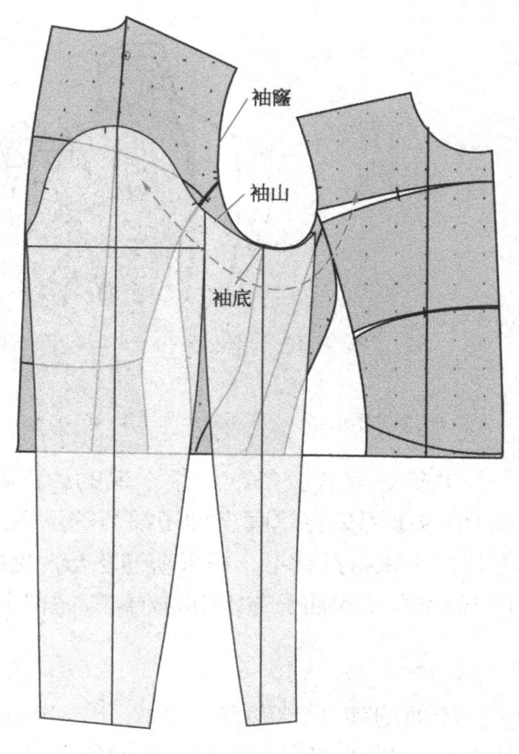

图10-16　袖山与袖窿相互移动测量的示意图

（六）袖子缝合上人台

当袖子纸样完成并剪出坯布后，可用缝纫机缝合。在绱袖前，我们要用手指提起袖头来选择和检测袖山点，用这样的手法来决定袖山的方法是相当简单实用的，假如这一袖子的袖山没有容缩，不方便提检，那我们可以用手针在袖山头做一小段手缝后再做一点儿容缩，等确认之后把缝线拆掉。图10-17是用手提起袖头来选择袖山点的示意图。

接着是把袖子用大头针拼接到袖窿上，如图10-18所示。拼袖子时要保持平静心态，要慢慢小心地进行。袖子别合好后，把它穿到人台上进行检查，如发现袖头不顺畅和不合适，需要做好前后移动（Moving）的记号，进行调整重新别合，直至准确和美观为止。图10-19是袖子装上人台之后的侧面效果，从直观效果上看，袖子的朝向和对袖山点的位置选择效果还算令人满意。

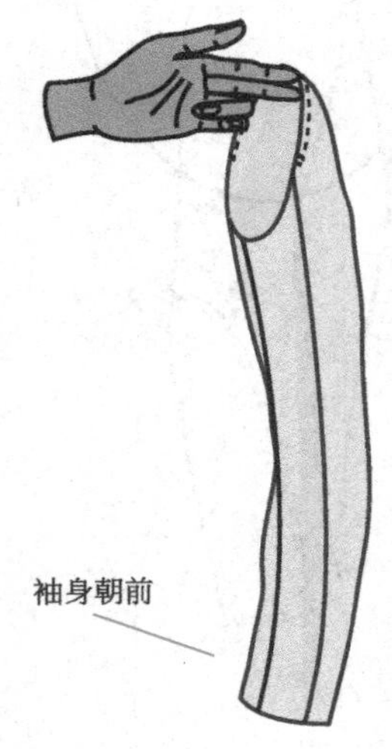

图10-17 用手提起袖头来选择袖山点示意图

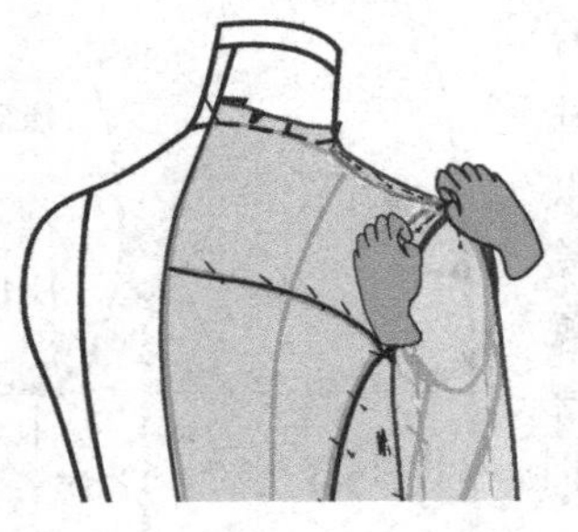

图10-18 拼合袖子时大头针进针的手法示意图

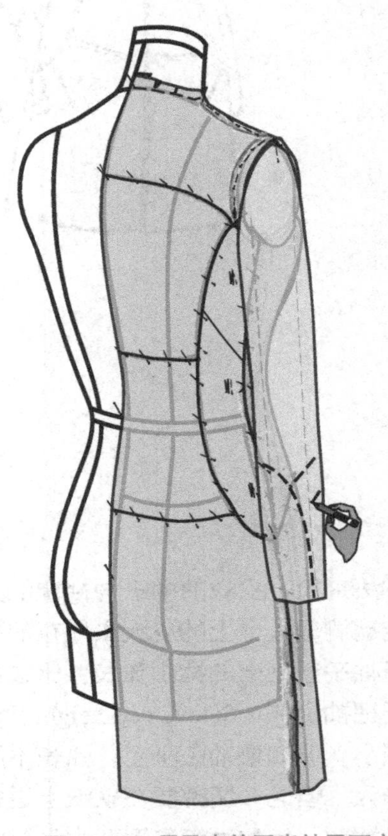

图10-19 用马克笔画出袖子下方细节的示意图

（七）袖子细节描绘和分离

准备好款式胶条或彩色水笔的话，就可以继续下一步了。在袖子上画出袖子下方的结构和细节。图10-19是用马克笔画出袖子细节的示意。再次对照设计图与所画的线条，如果基本一致，就可以将袖子拆卸下来打开铺平。找来新的坯布，另描画出新的结构裁片，留出1cm作缝份，重新别出新做的袖子。图10-20是皮衣袖子的坯布的分离原理和步骤。

（八）新袖重别审查

当新的袖片坯布完成之后，下一步是用大头针重新别出新的袖子，然后将袖子再一次拼到人台上审查效果。图10-21是新的袖子拼接到人台后正面和反面的效果。

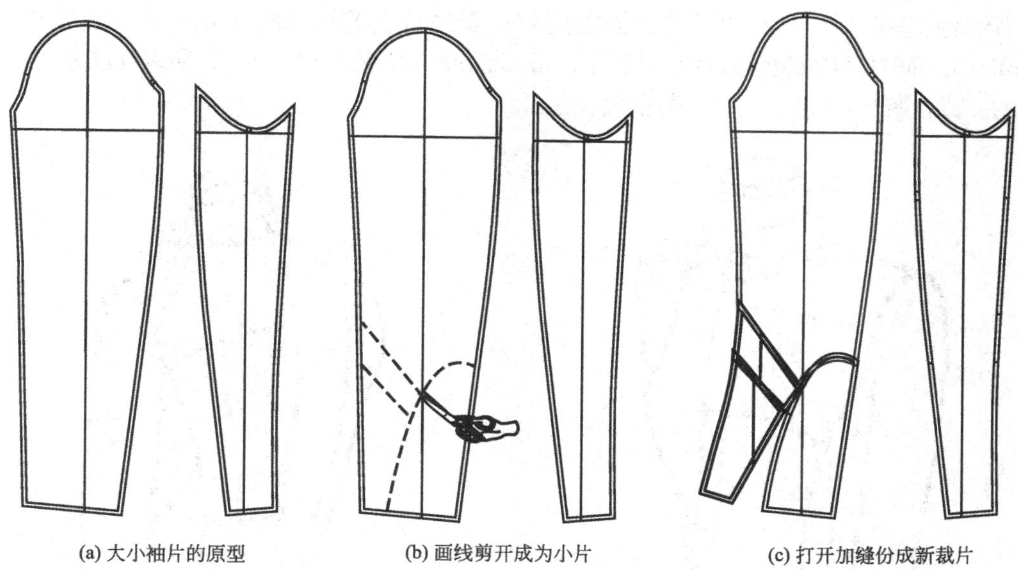

图 10-20　女式皮大衣袖子的坯布的分离原理和步骤的示意图

图 10-21　新袖子完成后拼接到人台上的效果图

五、领子的立裁

本款领子的做法和它的袖子比起来简单多了。准备一块斜纹的坯布，这块布料要比领子的长和高略大些。另外，还可以先在坯布上画出领子的大概形状，至于确切的大小形状要等下一步上了人台再作调整。上人台前，先用剪刀在领子的领底线上打上一些剪口，然后用大头针将领布别到领圈上。

接着，用彩色笔把人台上的领子款式描画出来。要注意它的设计特点是一条站立在脖子上的立领（Standing collar），前中领角相叠而且设有纽门（Buttonhole）及纽扣（Button），所以在前领角定位时要给纽扣留上足够的位置。图10-22是领子的坯布立裁示意图。

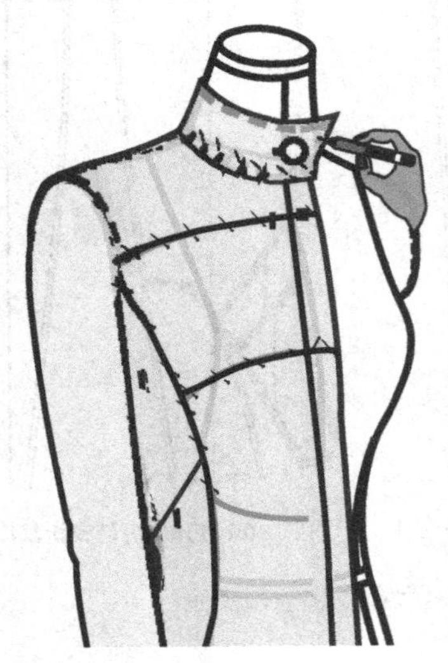

图10-22 领子坯布立裁示意图

第三节 皮衣纸样的标记与检查

一、请设计师对立裁效果做评判

在检查前后身、袖子和领子的立裁效果感觉满意后，就该请设计师对立裁的效果做评判、提意见了。假如设计师与版师的意见一致，那作品就一条过关了。否则反复调整多次直至与设计师达成一致。当然，有时候设计师也会推翻自己的设计，或给自己的设计做单一或多处的改动。但无论如何，作为打版师，其职责是协助和服务设计师实现设计的效果。这里不存在谁对谁错的问题，修改设计是他/她的工作，而版型的跟进（Follow up）又是版师的职责，设计师需要改设计是正当要求，版师接着往下调整就是了。对某些设计师来说，对款式来回改，一改再改是家常便饭，司空见惯的常态，如果来一个换位思考，让版师站到设计师的位置，精益求精，追求心中最完美的作品的心态也会是一样的。版师需要做的，就是充当出色的配角。

二、裁片标记要点

与前面几章一样，坯布样修正后要做的工作就是做标记了。千万别小看做标记这一步，它直接关系到立裁转成平面纸样的准确性和真实性。

现在可用蜡片涂扫或手执马克笔点出裁片的轮廓线。建议使用粗一点的笔而不采用细的，最主要的原因是用细笔所画的线条纤细，可见度低，而坯布纤维吸水性强，笔迹很快干掉造成线条不够清楚，细笔还要来回画多次，费时不省功。与细的马克笔的效果对比起来，粗马克笔标识明显，轻轻一画就能清晰地显示出来，如图10-23所示，可

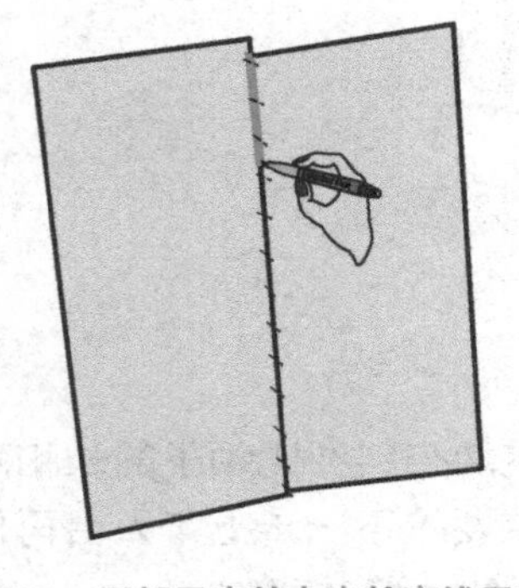

图10-23 用粗马克笔点出轮廓线示意图

以说是又快又好。记号虽然粗一些，但只要在使用过线轮时，刻画在记号的外边沿上，就能保持尺寸的大小不变了。

图10-24和图10-25是该皮衣前后各裁片用过线轮描刻和描画的示意图，其方法是把花点纸放在下面，把坯布与纸的布纹线上下对准，然后用大头针固定，再用过线轮描刻。描刻好后，将坯布挪开，然后用尺和笔依照过线轮的痕迹把图样描画出来。

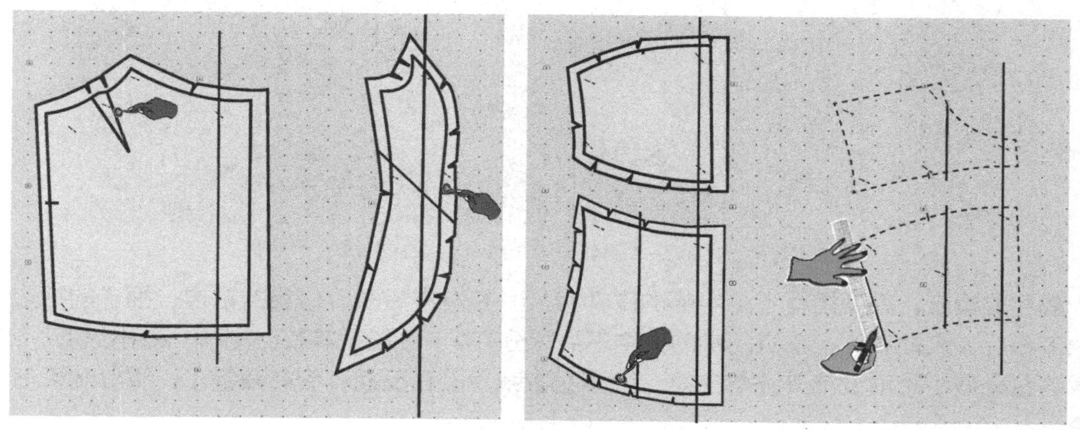

图10-24 女式皮大衣前身各裁片用过线轮描刻和描画的示意图

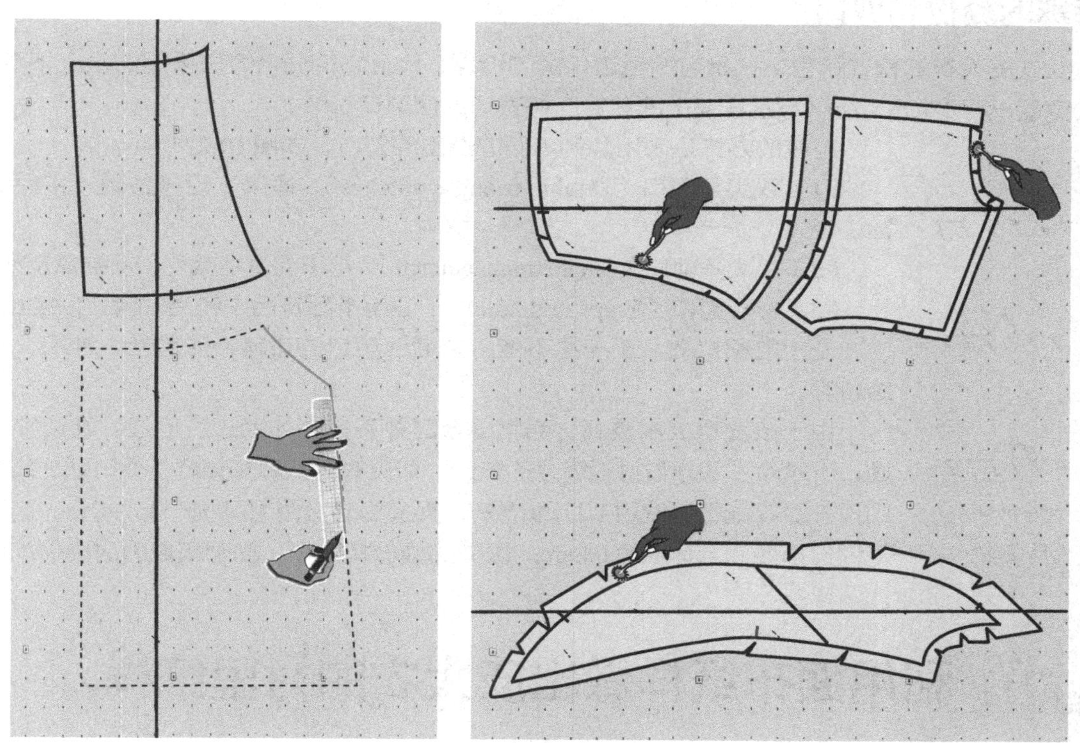

图10-25 女式皮大衣后身各裁片用过线轮描刻和描画的示意图

图10-26是女式皮大衣的前下片（Front bottom）和后下片（Back bottom）裁片纸样的描画示意图。

三、反复检查

将所有的裁片描画好后，仍然要执行检查这一道工序。要进行裁片的线与线、接口与接口、剪口与剪口以及其他细节的对接和检查，并在各轮廓线上添加有利于车缝和容易辨认的剪口，裁片分割得越多，检查所花的时间就越长。

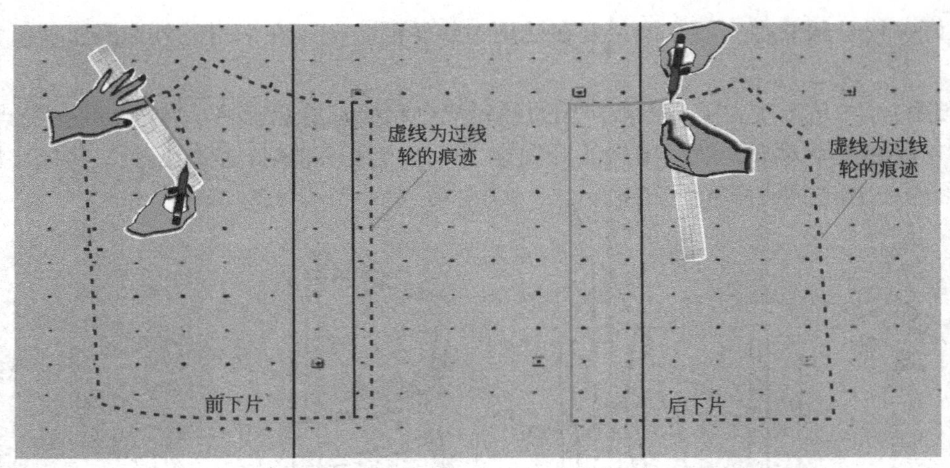

图10-26 女式皮大衣前和后下片裁片纸样的描画示意图

至于裁片的检查，版型里有不少零碎的部件裁片，如左右后衩、口袋的贴边、袖子的贴边、大袖下片、大袖下中片、大袖后片、左右门襟的上中下片（分开2 ~ 3段）等都必须一一做出纸版，不要遗漏。而在剪裁这些分散小片时要格外注意的是，分清左右裁片的正反面，假如裁错了，将导致价值不菲的皮料的浪费。

四、特殊的缝份和剪口

这款女式皮大衣的款式特色之一是它的毛边外露的设计，而且它的缝合方法采用的是上下叠式缝合，其缝份的宽度仅有0.4cm，所以不宜在皮子的裁片上打普通的凹剪口。

双尖角剪口

尖角剪口

梯型剪口

图10-27 不同形状的凸出剪口示意图

对应的办法是采用几种不同的凸出的剪口，如图10-27所示。

（1）双尖角剪口（Double triangle notches）：适用于后身各裁片和后袖窿、后袖山等。

（2）单尖角剪口（Single triangle notch）：用于前身各裁片和前袖窿及前袖山等。

（3）梯形剪口（Trapezoid notch）：适用于后身后中和后袖窿、后袖山等。

凸出的剪口适合于一些不能打普通凹剪口的布料，如蕾丝、针织、皮料和粗纺料等。

由于该皮料成本较高，通常缝合时并不存在如锁边、毛边、卷边等的技术问题，所以除了部分与衬里缝合的缝边，如皮衣的前后衣脚贴、袖口贴、袋贴边及前门襟外沿等缝份可使用1.27cm之外，其余的缝份使用可统一留0.4cm，这样左右上下缝份重叠后合计仅有0.8cm。版型的缝份特别小，描画和裁剪时要倍加细心。

第四节 利用面布纸样做出皮大衣的衬里纸样

衬里是女式皮大衣整套版型的一部分，它的作用除了给衣服增加方便穿脱（Ease of wear and taking off）的功能，更是增加皮衣的档次及美化服装的内涵的重要手段。而它的制作离不开面布纸样的帮助。

一、把前后身软纸样黏合成整片

显然，这款皮衣的面布结构为多裁片组合，但服装衬里的纸样不需要也不应该像面布那样多重分段。所以在还没有开始做衬里纸样之前，要先把前后身小块的软纸样黏合成整片，操作时用透明胶带或大头针将前后身的纸样按缝合的样子和按顺序拼合好。首先把前门襟形状画出来，因为没有前门襟就画不出前片的衬里的大小，借助粘在一起的大前片，画出整片的衬里就方便快捷多了。

二、前门襟的画法

用一张足够画出前后片衬里和门襟的软纸，标出布纹线，铺在组合好的前片上面，画出前片门襟的宽度和形状。此大衣门襟较长，考虑到皮料的长度受限制，门襟也应分段处理，斜切比横切美观。图10-28是前门襟的画法及分段的示意图。

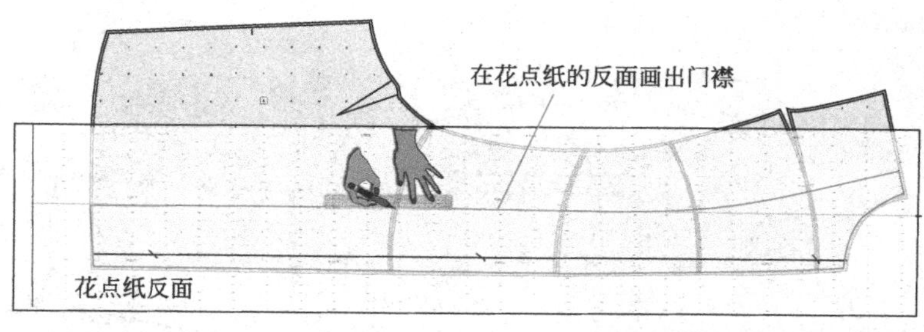

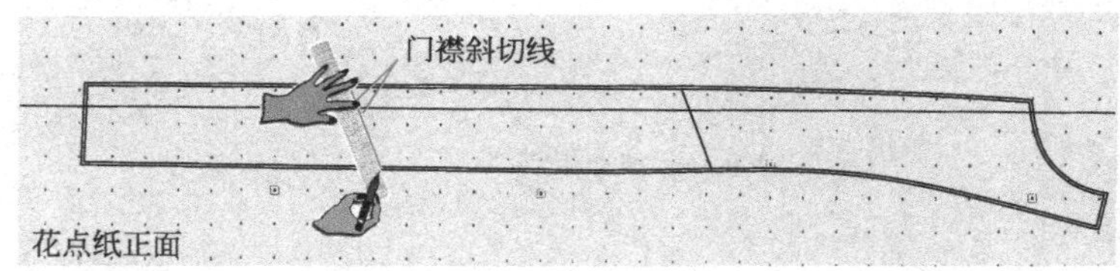

图10-28 女式皮大衣前门襟的画法及分段示意图

三、前后片及侧片衬里纸样的画法

门襟完成后，将前门襟别在前片的正确位置上，然后用过线轮先沿着皮衣的外轮廓线以中慢速度描刻，在前门襟的位置留2.2cm的缝份。图10-29是制作前身衬里纸样的准备和刻画的示意图，图10-30是前片衬里纸样缝份的描刻示意。之后，挪开上面的面布纸样，按过线轮的痕迹，用铅笔和尺子按其实际轮廓线加大0.15cm画出衬里的新轮廓线。前后轮廓线都画好之后，在靠近前袖窿处，可朝前胸高点（Bust point）的位置和方向打一个胸褶，并将前后片的侧缝拼合相互检测一下，在确认长度正确无误后，就可在衬里上另加上1.27cm的缝份，这时前后片的衬里纸样就完成了。图10-31和图10-32是前后衬里纸样加上缝份的示意图。

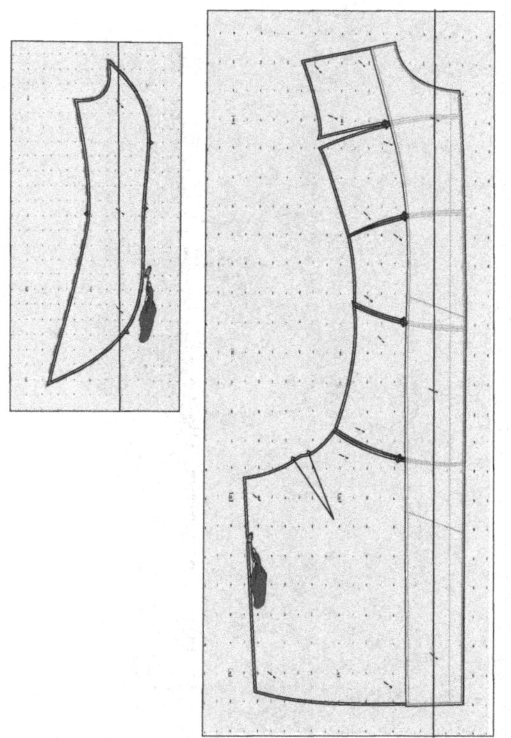

图10-29 制作前身衬里纸样的准备和刻画的示意图

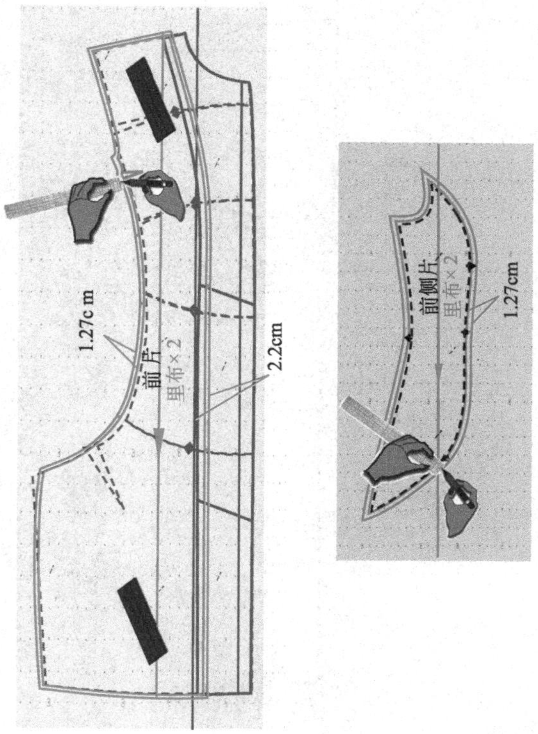

图10-30 前衬里纸样的加缝份示意图

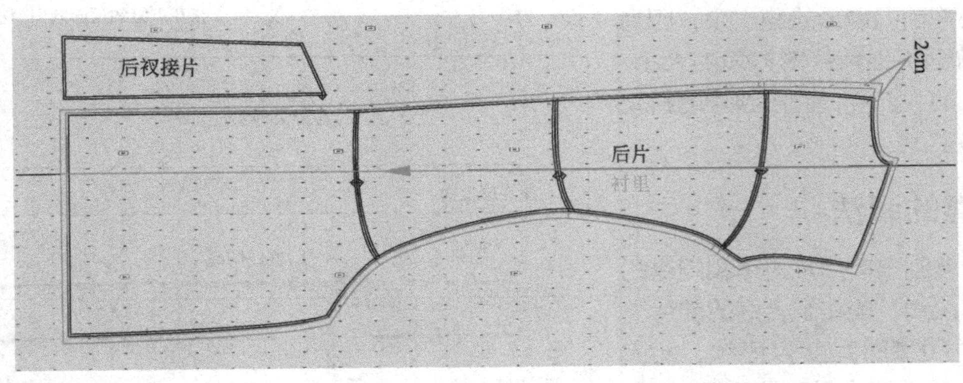

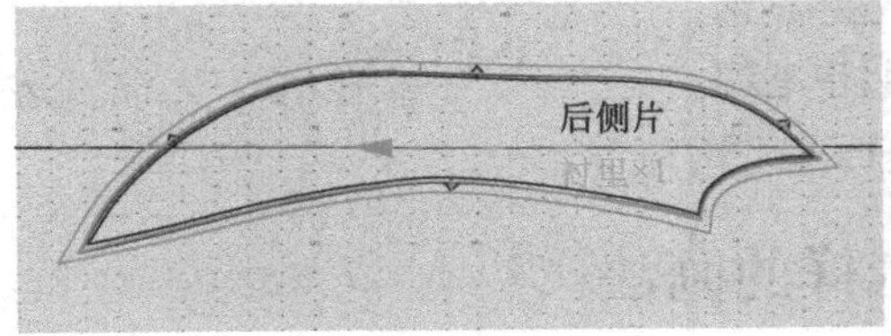

图 10-31 后片衬里纸样的加缝份示意图

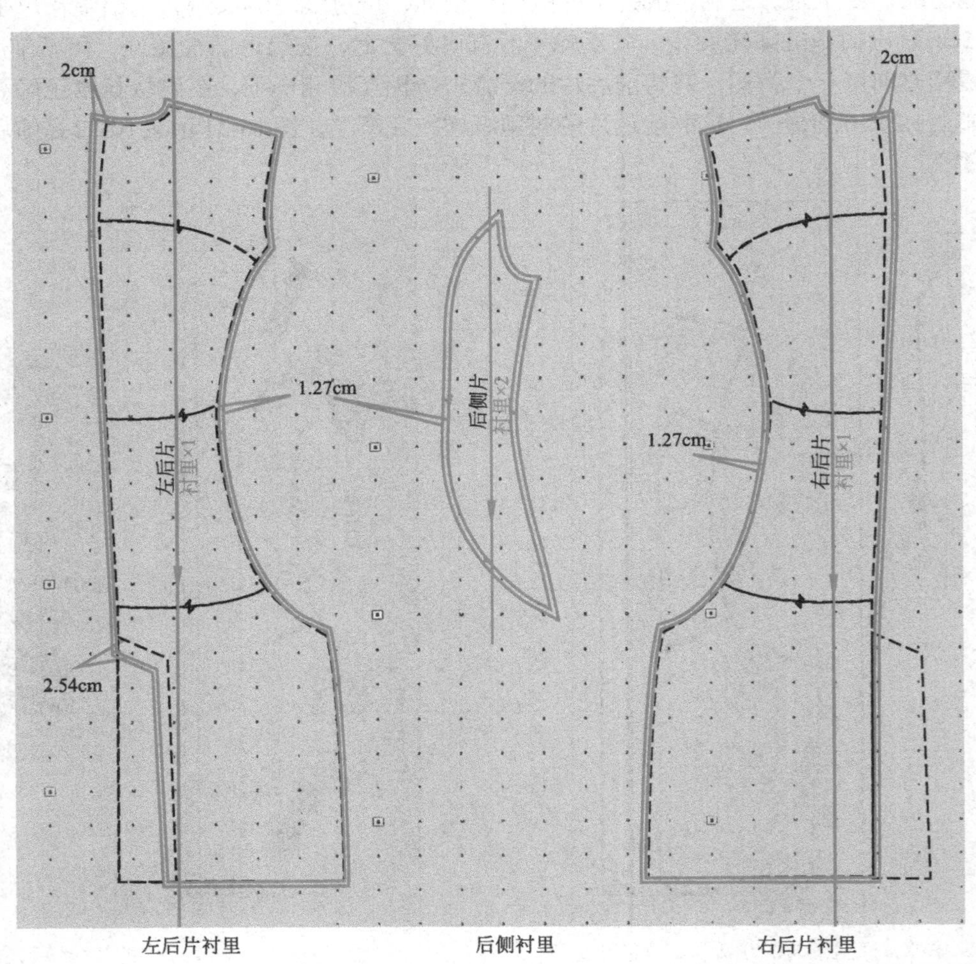

图 10-32 前后片及侧片衬里纸样的画法和加上缝份的示意图

四、袖子的衬里纸样的画法

图10-33是袖子衬里纸样的画法步骤。重要的是它不必用分离后的袖子版型来画，基本上也跟前后身一样，只需借用袖子原版的面布纸样来描绘就足够了。

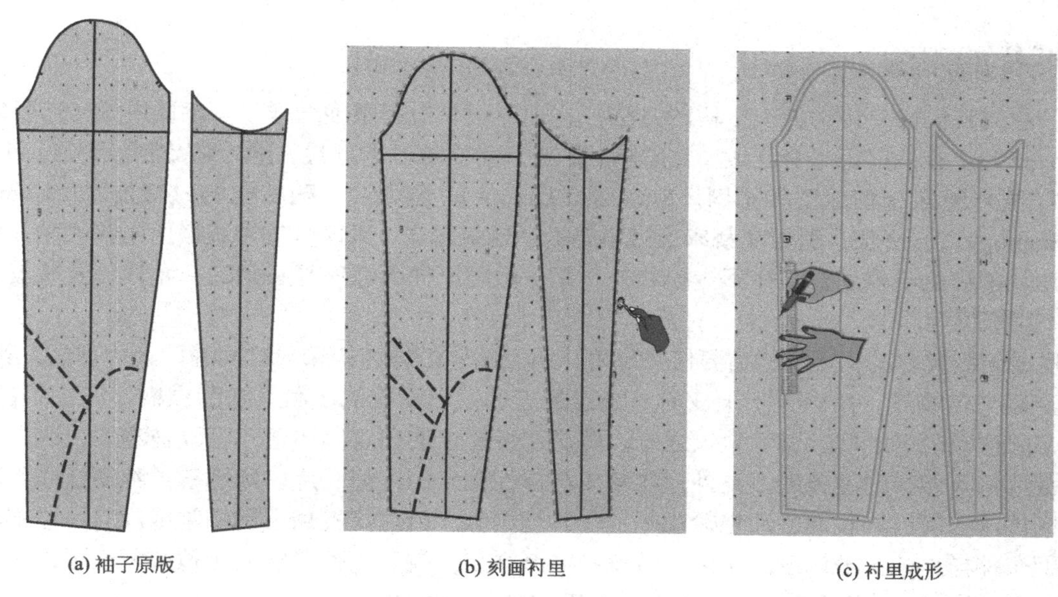

(a) 袖子原版　(b) 刻画衬里　(c) 衬里成形

图10-33　袖子衬里纸样绘制步骤示意图

先用过线轮沿袖子原版的外形加大0.15cm走一遍，用笔和尺子画出轮廓线后，往里量画1.27cm的缝份就完成了。衬里的缝份可按常规做法画。操作熟练的版师甚至可以用剪刀按外轮廓大0.15cm剪出袖片纸样，然后往里头画1.27cm的缝份，从而省去了打版的时间。

五、衬里布口袋和面布口袋贴的画法

这款皮衣的前身下侧有两个斜插袋，口袋布通常是用衬里制作的。它既为减低成本，又为减少厚度，从而很好地保持了成衣的外形。

勾画袋布大小的基本方法是用手张开再画它的大小，然后用尺子画顺袋布的外形。袋子的大小不应过大或太深，大了浪费布，浅了装不下东西而且降低服装的品位。

如图10-34所示，是衬里布中的口袋和口袋贴的画法示意。注意口袋的袋口的两边还要用皮子来做它的袋口贴边（Pocket facing），这是为了防止袋口衬里的外露，别小看这一露，它足以让这女式皮大衣的档次随之而降低。

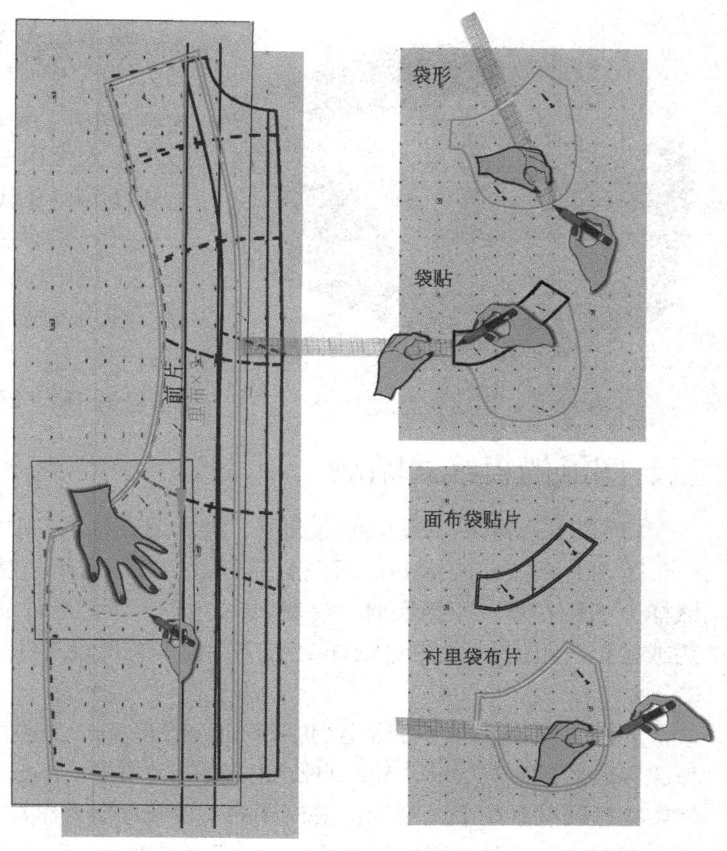

图10-34　女式皮大衣口袋和口袋贴的画法与步骤

第五节 软纸样向硬纸样的转换

一、硬纸样的用法

前面的章节我们总是讨论做软纸样的方法，这回终于有机会做硬纸样了。顺便说说，这硬纸样版型（Oak tag patterns）在从前可是个宝贝，在电脑制版还不那么普及的年代，绝大多数制版都是硬纸样版型。因为硬纸样更方便裁床画版型和排料（Mark and Layout）。但如今，随着电脑打版技术（Computerized pattern technology）的普及，需要在裁床上排料的机会越来越少，大部分的排版都用电脑代替，所以硬纸样也就不如从前那么吃香了，但在不少服装公司里，做硬纸样版型还是必须的，尤其是要做皮衣的样衣版型和生产用版型等。

在转换成硬纸样之前，版师的首要任务是确认所有的软纸样结构和尺寸准确，裁片齐全，剪口不漏，版型上一定画有布纹线。虽然实际上皮料是经过加工的天然动物的皮肤，它的纵横斜向几乎都有拉力，不像梭织布那样有明显的横、直、斜纹之分。可是它纸样上的布纹线还是不可以省略的，这是为日后电脑放码和裁片输入保存时准备的。此外，在裁皮料样板裁片时，要一片一片地裁，将硬纸样用透明胶带粘贴或用压铁压在皮料的正面，沿着轮廓一片一片地剪裁。就是在批量生产切割裁片时，也不能像裁梭织布和针织布那样，成批地切割。所以，做皮衣的纸样时，就要将整套软纸版做成硬纸版，这样才能方便选皮、画皮、裁皮，而且不会弄脏或者划破宝贵的皮质原材料。

二、做硬纸样必备的工具及硬卡纸检查

图10-35　透明胶带和胶条座

要准备好透明胶带、胶条座（Scotch tape holder，图10-35）、订书机（Stapler）、夹子（Clips）及硬卡纸（Oak tag paper / Hard paper）等工具和材料。首先剪出一定长度的硬卡纸，但卡纸不必太大和过长，通常取最长的裁片的长度或是两个短裁片的长度的硬卡纸放到桌上。

另外要着手整理一下手中现有的软纸的纸样，将它们在硬卡纸上排列好，其主要目的是避免浪费，排列时要依照布纹和硬卡纸的直纹方向进行排放（硬卡纸与布一样也是有横直纹的，不能用错方向），经检查并确认无误时，就可按下面的方法把软纸样粘贴到卡纸上了。

三、图纸的直线式贴法

将做好的图纸贴到硬卡纸上面时，需要用直线式的贴法进行。

所谓直线式贴法指的是用先上后下，先左后右的方法来粘贴图纸，这种直线式贴法能很好地照顾到纸样上下和左右的平整服顺。在粘贴前先要用手把纸样底下的空气拨走再粘贴图纸，倘若出现任何的皱褶或拉扯的话，就意味着纸样变形了，此时应马上揭开重贴。只有图纸平整了，才能完美地体现图纸的原形。

此外，从胶条座上截取透明胶带（Invisible tape）时也有考究，不要图快贪长，要一小段一小段地撕，每次每段应控制在5 ~ 7.5cm的长度，胶带过长易粘连，反而不好处理。同时，利用压铁（Weight）和其他重物等帮助固定纸面及用订书机和夹子等帮助固定纸样也有异曲同工之效。

图10-36（a）是用纵横直线式粘贴胶条的方法示意图，图中上下的“+”号表示需纵向对贴，而“–”号表示横向粘贴胶条的操作方式。图10-36（b）是图纸被贴到硬卡纸的完成效果示意图。

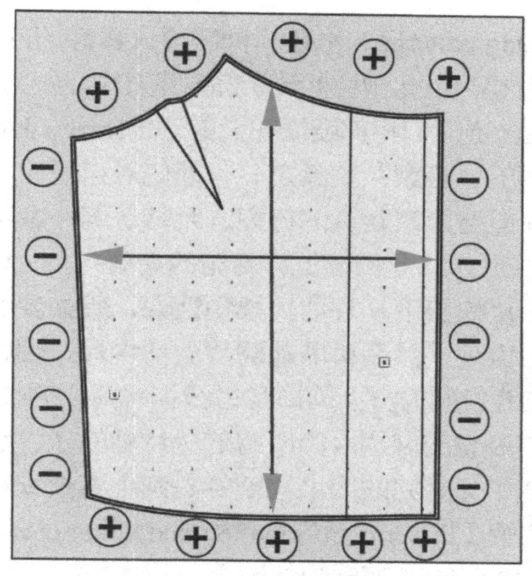

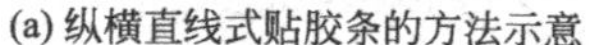

(a) 纵横直线式贴胶条的方法示意

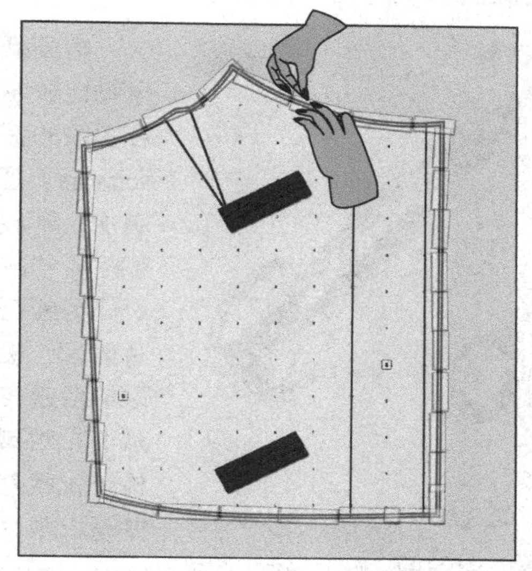

(b) 图纸被贴到硬卡纸上的完成效果

图 10-36　用纵横直线式粘贴胶条的方法和硬卡纸完成粘贴效果的示意图

四、小铁夹子等的妙用

纸样贴好后，下一步是剪纸样了。每剪完一边，要马上用小铁夹子（Small binder clips）固定，每隔 12cm 到 13cm 放一个。因为软纸样一旦脱离了粘条就会卷翘起来，从而导致图纸变动。有了小夹子的帮助，就大大减少图纸变动的可能性。尤其是对需两片合打剪口的纸样，小夹子的作用就更明显了。图 10-37 是订书机和小夹子的用法示意图。

此外，当软纸样都贴好在硬卡纸上后，另一个要领是用订书机钉一下纸样的四周，这是为了保证剪开后纸样的各边不易松动，这也可看作是双重保险吧。为了保持纸样的干净和整洁（Neat and clean），订书钉最好钉在图形的边沿。取出订书钉时，要使用专业的起钉工具。不然，等图纸剪好后，那平滑干净的图纸上就会留下许多钉眼了。

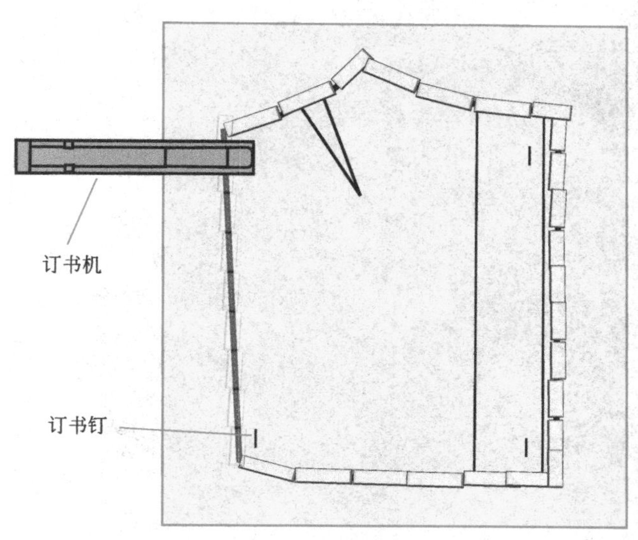

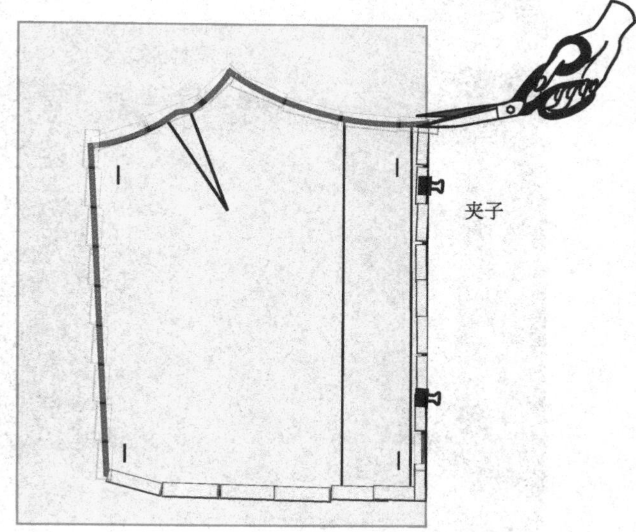

图 10-37　订书机和小夹子的用法示意图

五、剪硬纸样的专用剪刀

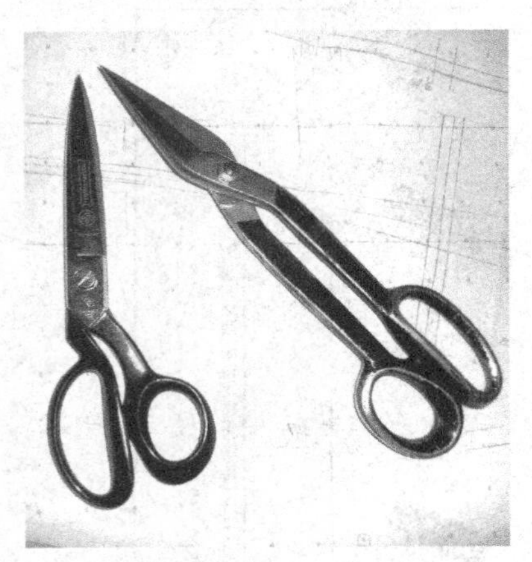
图10-38 剪硬纸样专用的大剪刀示意图

剪硬纸样（Oak tag patterns）也是一种需要认真练习的硬功夫。硬纸比较厚，剪起来比较费劲。如使用普通的剪刀往往费力不讨好。在美国的服装行业里，版师们将剪硬纸的大剪刀（Heavy duty pattern scissors）视为很重要的"看家"工具之一。他们对自己的剪刀爱护有加，不混剪，不外借是大家默认的行规。尤其是老一辈资深版师们就更"吝啬"了。图10-38是剪硬纸样专用的大剪刀。

剪硬纸样时要一片挨着下一片剪。换句话说，假如我们从后中片剪起，接着是剪后侧片，然后再剪前侧片到前中片。因为这样可以给两道将要合拼的缝份同时打上剪口及进行相邻两片的长度检查，从而相对减少裁片漏检查的麻烦。等所有的裁片剪完了，那裁片的检查也就差不多完成了。剪完的图纸需要的是画上直纹线和加箭头并写上裁片的制作注解（Patterns information and comments）以及画上缝份线，还要把一些技术的关键（Key technical points）内容一 一写到硬纸版上。

六、剪卡纸的方法

1.刀法

剪图纸是一道精细活，不但一点儿马虎不得，而且要求剪出的图形不差毫厘。剪图纸的关键是手要稳定，剪纸时剪刀和视线都同时要落在轮廓线的中央，下剪仅用剪刀尖，大剪刀不能脱离桌面，要利用桌子对剪刀的反作用力作为支撑点来帮助剪刀稳步地推进，用另一只手对纸样进行扶持。

剪版既要笔直，又必须正好剪在版型的轮廓线上，外形剪好后还要拿起版型观察，用手摸摸，看看纸版有没有不理想的凹凸起伏，如有要用剪刀修顺，遇到不圆顺的弧形还可以用指甲锉棒打磨一下，确保轮廓及弧形圆顺为止。图10-39是版师正在剪硬纸样。

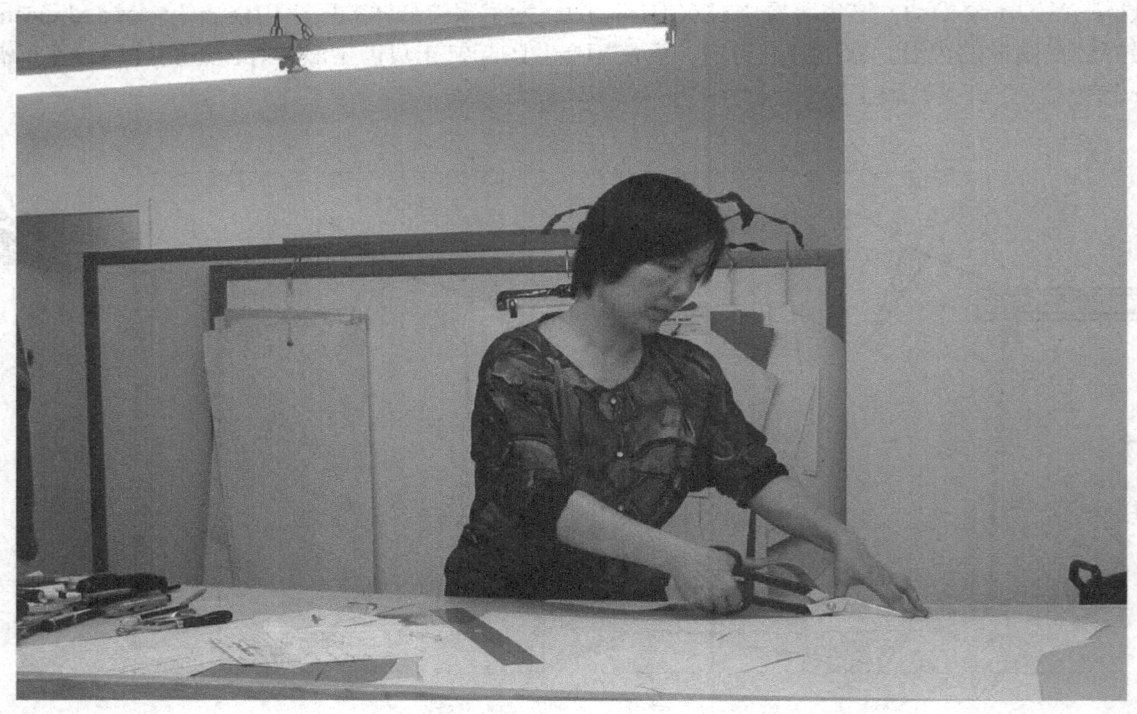
图10-39 版师正在剪硬纸样

2. 合打剪口

剪好图样后，先不要急于打剪口，放在一旁与下一片纸样连起来两片合并在一起才打剪口，只有这样才能有效地保证两片裁片之间剪口的准确性。假如打剪口时一片一片地单独打，之后将两片纸样重叠对比检查时，就会产生剪口总是对不上的现象。

第六节　关注缝纫特点

这款女式皮大衣采用的是以毛边（Raw edge），即未经加工的边沿，以上下叠合缝制为工艺特点，如图10-40所示。每一道缝合线都能产生一条毛边，这毛边的色彩和质感都与皮料的表面外观不同，有着强烈的视觉反差。尤其是本款前后身有多处分割线，毛边的重复和排列也就自然而然地成为了款式的最突出的特点之一，使皮料的这一独特的材质的特殊性展现无遗。

皮料光滑的染色（Dyed）的表面与自然的切面相对粗糙形成不同的效果和视觉对比，加上用粗线缝纫（Thick thread stitching）的装饰明线缝纫（Overlaping top stitching）效果，把所有的分割线烘托得更生动活泼且个性彰显。

考虑到本款设计采用的重叠压明线车法（Overlap top stitching），留出0.4cm的缝份是可以接受的。缝份这么小时就更要求纸样精确和平直，不能有瑕疵。如图10-41所示，也就是说当裁片重叠时，它们的总重叠量为0.8cm。有经验的车板师傅每次遇到重叠缝纫的衣服，为了避免出错，借用划粉轻轻地点一下另一边皮料的表面，尤其是要对上凸剪口（Triangle notch）的位置，然后才小心翼翼地车缝出中间的0.4cm的粗明线。

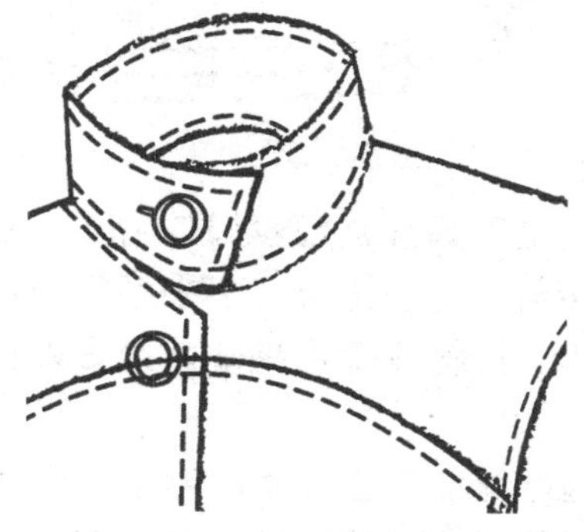

图10-40　女式皮大衣采用自然毛边缝制的局部放大示意图

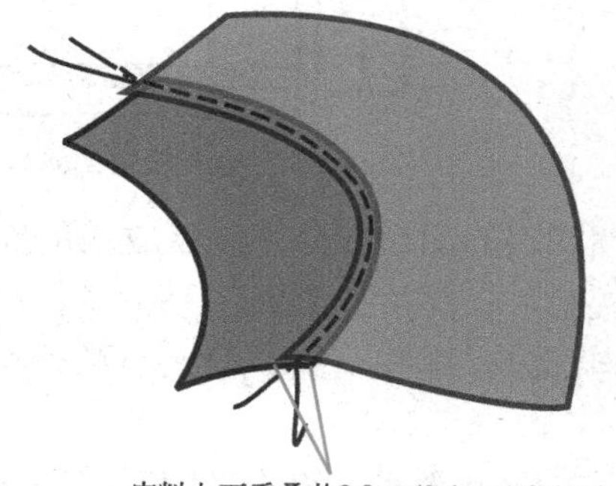

图10-41　皮料上下叠片缝纫的示意图

除此之外，版师要明确标明所有重叠的裁片是由哪一片压缝哪一片，千万不要弄反了。常见的设计，多半是把前片盖向后片，上片盖着下片。可有的设计师偏不，他们费尽心思玩创新，搞新花样。所以，在这里就提醒打版师不要自作主张，遇到非常规的设计，要主动与服装设计师沟通，了解他们的想法。当然，版师也可以提出一些建议，但最后敲定权在设计者手里。

第七节　拼图法与写裁剪须知表

纸样剪好及写好技术要点说明后，就可填写裁剪须知表（Cutter's must）了。为了写好裁剪须知表，版师自然要把所有的裁片和技术内容都过目一遍。如发现有任何遗漏和差错，需及时给予补充和纠正。

写裁剪须知表前，需检查整件皮衣的版型是否齐全。这个程序行之有效的方法是把做好的版型按服装的裁片次序排列好，如同衣服缝合完成的效果一样，我把这种方法称为查衣拼图法（Jigsaw puzzle）。

这种方法能很快地发现裁片的错漏。

如图10-42所示，先排列内层的衬里，再排列外面的皮裁片。例如前片从领子到下身，它包括了口袋布和袋贴和前衣脚贴（Front hem facing）等。如后片也包括领子到后下片和后衩贴边及后衣片折脚贴等。

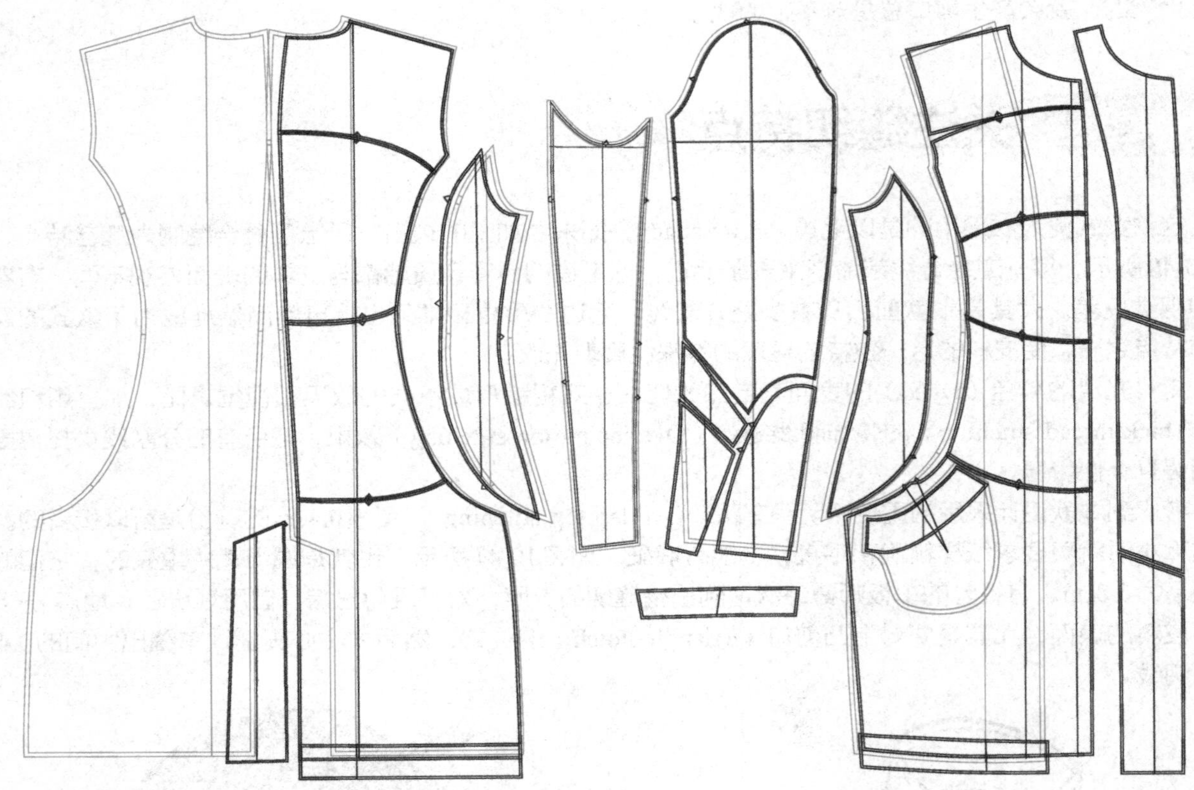

图10-42　将所有裁片排列的示意图（蓝色为衬里裁片，黑色为皮衣裁片）

裁剪须知表的面布部分可以从立裁的起点即后片开始写。这是美国服装行业很常用的写法，后片介绍完了该说前片，前片介绍完了写袖子，袖子往后是零部件。接着是衬里部分，下来是黏合衬部分。再往下是实样部分。那些有关缝份大小及辅料部分，它包括了花边、饰物等等也是裁剪须知表包括的内容之一。

做头板实际上是把服装的设想变成现实的实际操作过程。包括缝制工艺技术的难易、对将来的生产成本的考虑、对衣服结构造型、设计比例的审定等，都有待头板的试制过程中想出办法和找到答案。假如头板出来的效果不尽人意，打版师有责任设法做出如何改变版型和工艺技术的决定。有道是众人添柴火焰高，聪明的办法是多与车缝师傅及设计师一起商量，集思广益，找到改善的蹊径。

为了找出合适的车缝效果和理想的外观，我们经常做出几种不同车法的小样或铺设不同的黏合衬，或提供不同的工艺方式供设计师选择，这些都是相当实用的捷径。当头板经过试身（Fitting）之后，打版师还要跟踪，并按照试身意见（Fittings comments）来进行纸样的修改，等修改完成后，下一步就是做较完善的第二样板（Second sample）了。

第二样板也通过了试身（Second fitting）和再次修改后，就有望成为生产前板（Pre production sample）简称为“PP Sample”。这时，版师和技术部门需要填写的是工艺明细表，也称技术规格明细表（Technical spec sheet）。在上面要详细地把皮衣的车缝方法、技术、辅料和规格等，用图文并茂的方法详细地描述清楚。尤其是当今很多的样板和订单都需要寄到海外制作（Oversea manufacturing），这个技术规格明细表就显得举足轻重了。如果不能清楚详尽地陈述，一旦有任何疑问，一来一回的查询和等待就耽误了宝贵的投产时间且徒增成本。

图10-43和图10-44是这款女式皮大衣的版型总图示意图。

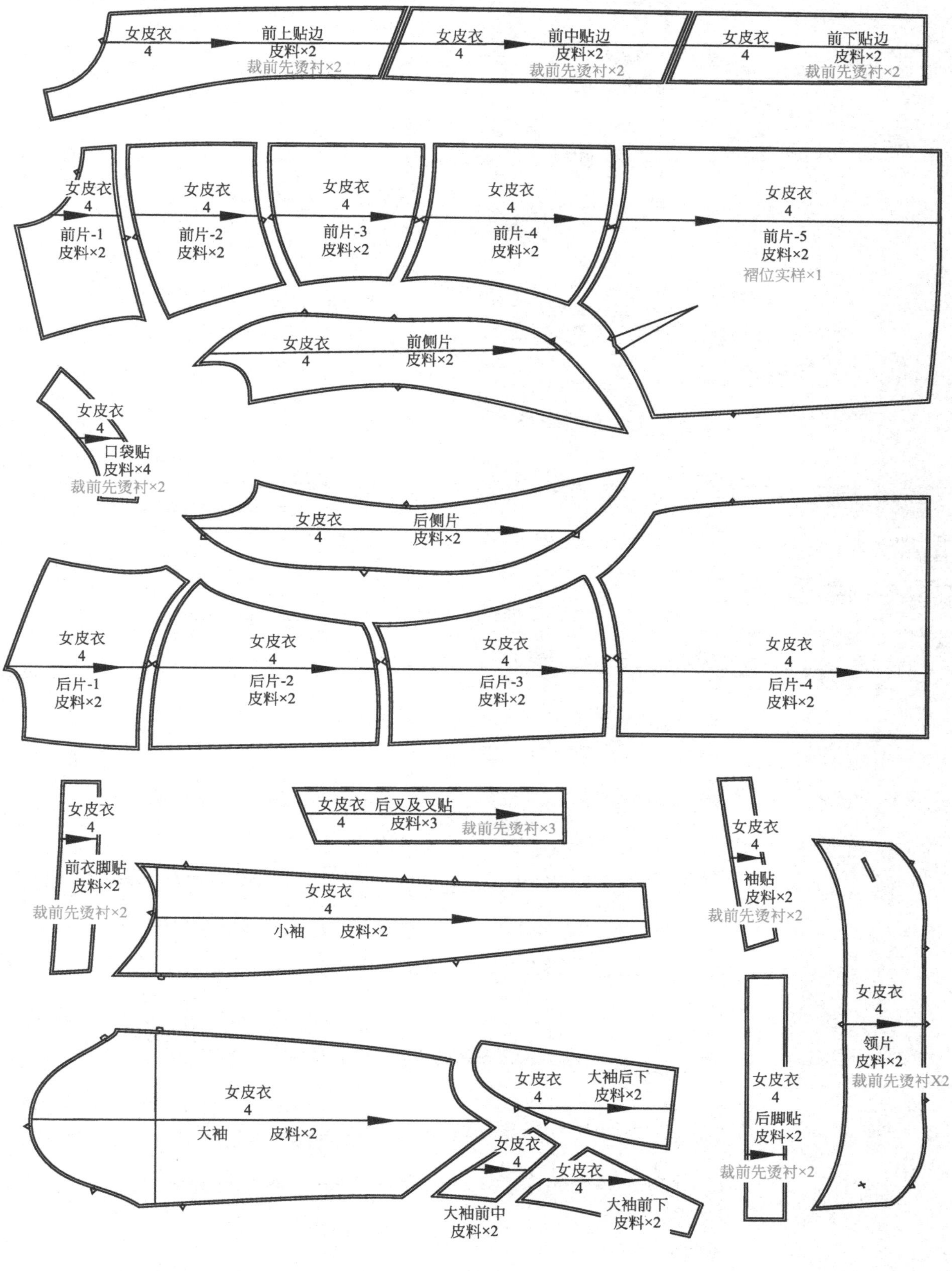

女皮衣 4 前上贴边 皮料×2 裁前先烫衬×2

女皮衣 4 前中贴边 皮料×2 裁前先烫衬×2

女皮衣 4 前下贴边 皮料×2 裁前先烫衬×2

女皮衣 4 前片-1 皮料×2

女皮衣 4 前片-2 皮料×2

女皮衣 4 前片-3 皮料×2

女皮衣 4 前片-4 皮料×2

女皮衣 4 前片-5 皮料×2 褶位实样×1

女皮衣 4 前侧片 皮料×2

女皮衣 4 口袋贴 皮料×4 裁前先烫衬×2

女皮衣 4 后侧片 皮料×2

女皮衣 4 后片-1 皮料×2

女皮衣 4 后片-2 皮料×2

女皮衣 4 后片-3 皮料×2

女皮衣 4 后片-4 皮料×2

女皮衣 4 前衣脚贴 皮料×2 裁前先烫衬×2

女皮衣 后叉及叉贴 4 皮料×3 裁前先烫衬×3

女皮衣 4 小袖 皮料×2

女皮衣 4 袖贴 皮料×2 裁前先烫衬×2

女皮衣 4 领片 皮料×2 裁前先烫衬X2

女皮衣 4 大袖 皮料×2

女皮衣 4 大袖后下 皮料×2

女皮衣 4 大袖前中 皮料×2

女皮衣 4 大袖前下 皮料×2

女皮衣 4 后脚贴 皮料×2 裁前先烫衬×2

图10-43　女式皮大衣的版型示意图

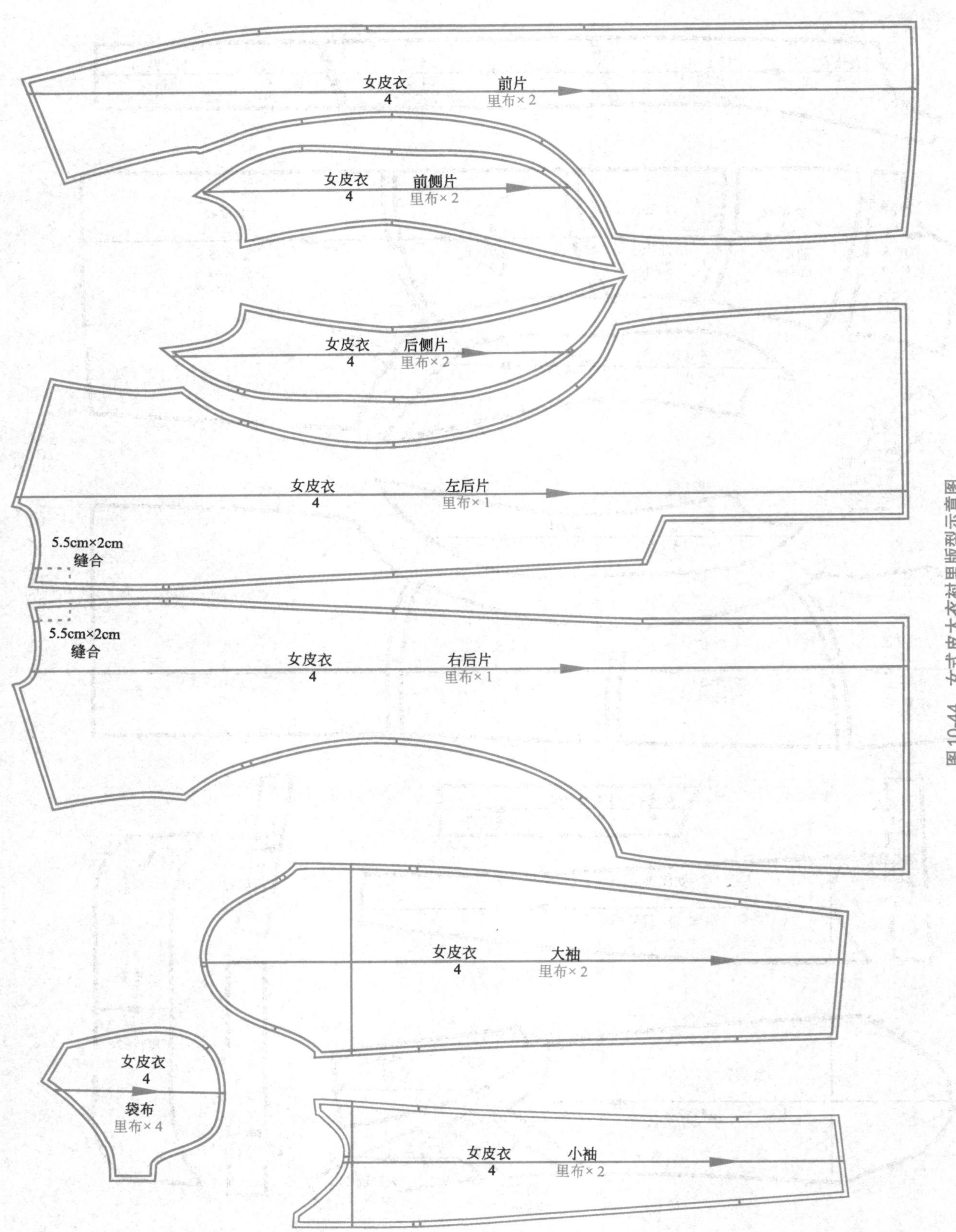

图10-44 女式皮大衣衬里版型示意图

下表是这款女式皮大衣的裁剪须知表（Cutter's must）。

女式皮大衣裁剪须知表

此表需结合下裁通知单的布料资讯才能完整

尺码：4
款号：LF09-001
款名：女式皮大衣

打版师：Celine
季节：2009年秋
线号：2

#	面布	数量	先烫衬
1	前上贴边	2	2
2	前中贴边	2	2
3	前下贴边	2	2
4	前片－1	2	
5	前片－2	2	
6	前片－3	2	
7	前片－4	2	
8	前片－5	2	
9	前侧片	2	
10	后侧片	2	
11	后片－1	2	
12	后片－2	2	
13	后片－3	2	
14	后片－4	2	
15	后衩及前衩	3	3
16	口袋贴	4	2
17	前衣脚贴	2	2
18	后衣脚贴	2	2
19	小袖	2	
20	大袖	2	
21	大袖前中	2	
22	大袖前下	2	
23	大袖后下	2	
24	袖贴	2	2
25	领片	2	2
	衬里		
26	前片	2	
27	前侧片	2	
28	后侧片	2	
29	左后片	1	
30	右后片	1	
31	袋布	4	
	定位实样		
8	前片-5（褶位实样）	1	

款式平面图

缝份
自然边：所有的面布裁片都是自然边，表面缝份是0.4cm
1.27cm：皮子的各贴边与里布相连的缝边，里布的缝边

数量	辅料	尺码／长度
5	仿木纽	36L

缝纫说明
1.裁片#1，#2，#3，#15，#16，#17，#18，#24，和#25 裁剪之前要用柔软的粘合衬整烫定型。
2.按设计图要求，缝合时将皮料的自然边上下重叠并缝装饰粗明线， 要确保上下重叠后缝份宽为0.8cm。
3.本款为全里皮衣。衬里缝份合缝后熨烫平服并烫向后中。衣脚贴边皮料 和里布为全封闭需确保有2cm的预放量。
4.请与打版师商量纽门的做法，并先做出小样给设计师敲定。

图10-45是这款女式皮大衣的下裁通知单（Cut ticket）。

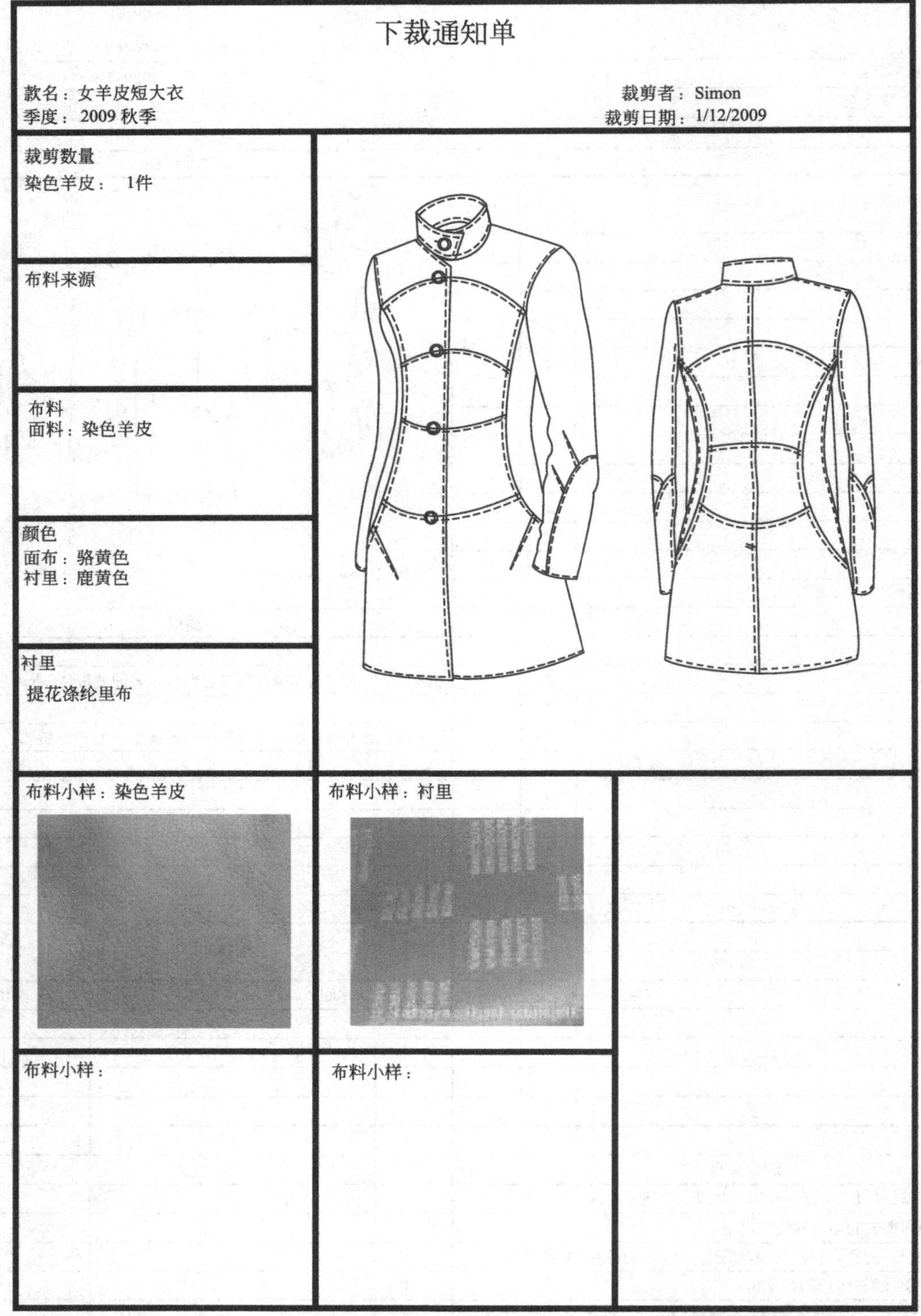

下裁通知单

款名：女羊皮短大衣　　　　裁剪者：Simon
季度：2009 秋季　　　　裁剪日期：1/12/2009

裁剪数量 染色羊皮：　1件		
布料来源		
布料 面料：染色羊皮		
颜色 面布：骆黄色 衬里：鹿黄色		
衬里 提花涤纶里布		
布料小样：染色羊皮	布料小样：衬里	
布料小样：	布料小样：	

图10-45　女式皮大衣下裁通知单

第八节　更多关于皮衣制作和制版的知识

一、选皮

选皮料时可通过动物的头和尾（Head and tail）来辨别皮纹的方向，必须关注每块皮料的大小、好坏（Quality）、平滑度（Smoothness）、色差（Color difference）、厚薄（Thickness）等质量的方方面面。染了色的皮料很容易产生色差，选料时要认真查看表面质量、色差及厚薄，裁衣之前要对皮料进行组选。将皮料左右对称性（Symmetry）地排列组合，尽可能选择前后身和袖子的皮色相同。有疵点（Defects）的料子用银笔做上记号，皮料有皱纹的地方应安排在折脚、门襟下片、小袖、口袋贴边等不那么显眼的部位。

二、缝份

由于皮料的成本较高，而且缝合时不存在锁边、包边的问题，所以缝份的设定可节省些。除了折脚和袖口贴边要另加一些需要的缝份之外，其余的缝份可以留成0.3cm、0.4cm、0.6 cm 或 1cm等。虽然可以少留，但它们不是一成不变的，也要视乎于不同的设计，不同加工工艺，不同的时尚潮流的需要而定。

三、裁剪

板房在裁皮装样板裁片（Sample cutting pieces）时，应尽可能做竖向裁剪，须把动物皮的头部朝上尾部朝下。因为横向裁剪往往影响大身的垂直感。美国服装行业里部分板房的做法是将硬纸样用透明胶带（Scotch tape）粘贴在皮料的正面，或者是用压铁将纸样压定在皮料上，下面垫上牛皮纸（Craft paper）来一片一片地裁剪。老式的做法是将硬纸版型铺在皮料的正面，用爽身粉（White powder）在皮料上面撒粉，后根据白粉留下的痕迹剪出皮片。

其实在批量生产皮装时，也不能像裁梭织布和针织布那样成批地裁切。只能用刻刀在玻璃板上逐片刻裁或用剪刀单裁。所以为了方便裁刻，就应将软纸版做成硬纸版（当然还可以用其他的材料如薄纤维板、薄塑料板等），确保方便裁切和裁准，且不能弄脏皮料。

四、缝制

车缝皮料前，必须对整件衣服的裁片进行验片，确保各裁片没有回缩、损坏、剪口齐全等。车缝皮料的时候要设法用磁旁规（Magnetic seam guide）和垫纸板等来辅助控制缝份的规整和完美，如图10-46所示。因为皮料不可以缝了再拆，缝错了，有了针孔，就是次品，不可再缝，没有修改余地及空间。此外，为了减少皮料与缝纫机间的打滑，缝制皮料时要将机上原有的铁压脚换成塑料压脚（Plastic foot），也称缝制皮装特氟龙不粘压脚（Non-stick teflon presser foot），锥子和镊子是缝制皮料的好帮手。

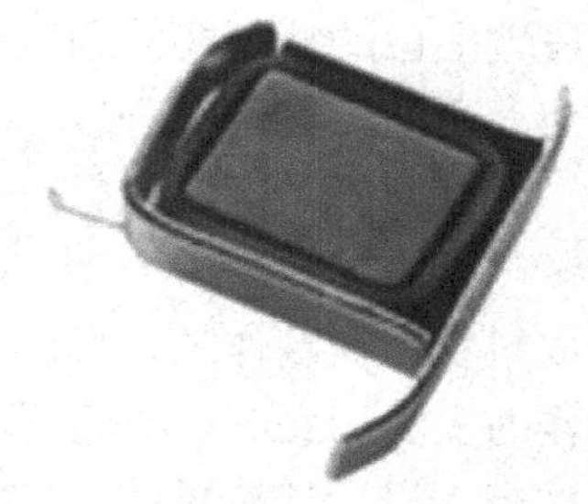

图10-46　车缝用磁旁规的示意图

五、缝制皮装用线

缝制皮装可用普通缝纫线和高强线（特多龙线）。高强线为三股线，其特点是线质柔滑，拉力强度大，耐磨性强。无伸缩，不脱色。车缝针迹以每3cm里8 ~ 9针为宜，车针可选用较大的型号，可考虑选用14号~ 18号。

六、开缝和整烫

皮料缝份的开缝不宜直接熨烫。常用的方法是使用专用的胶水粘，再辅以小木锤轻轻地进行敲打开缝，使其缝份固定到两边。成衣整烫时，温度控制为120摄氏度以下，需要格外小心，避免让熨斗直接烫到皮面，建议先用一些裁剩的碎皮先做实验，用坯布（Muslin）或者绸子（Silk）等隔垫着熨烫，并使用专用的烫包和烫凳助烫。这个道理就如对待人类的皮肤一样，一旦烫伤、烧伤就会留下疤痕，就不能成为正品。

七、袖山制版容缩量

皮装在制版时，为了避免在弧形和曲线的部位的容缩明显，所以在计算加放量时，天然皮料的容缩量（Ease）不能容缩过多，如皮衣的西装袖（Tailord sleeves）或一片袖子容缩量仅可给1.2 ~ 1.9cm（而纺织面料的袖子的可容缩可为3.8 ~ 4.2cm）。否则就会出现容量过多的状况，袖子的袖山就会不光滑，皱皱巴巴的就不好看了。总之，皮料在制版时袖山容量要少，必要时可用边角皮料试制，找到袖山容缩量的最佳数据。

八、做硬纸版

当今已经是电脑时代了，工厂里的硬纸版制作在早些年就升级成电脑切版。具体的做法是把头板纸样用数码读图仪或数码扫描仪将纸样传送进电脑里，根据试身的情况进行修改后，再进行排版放码，之后根据需要用电脑切版机切割出硬纸版。

九、烫黏合衬

皮装与其他服装制作一样需要黏合衬的支撑，如领子、门襟、袖口、前胸、腰带、袋贴等。为了不弄脏皮面，建议做纸样时将黏合衬的纸样四周减小0.2cm，这样在皮片送进烫衬机时就能有效地防止黏合衬黏胶外溢而弄脏皮料，造成不必要的成本增加。然而，本章的这款多分割线自然边加装饰明线的女式皮大衣，用的是另一种烫黏合衬的工艺，叫“Block fuse”，即先将皮料整块烫好了黏合衬，然后再裁成裁片。但假如试烫衬后在制作时发现“衬”颜色外露，那就应将先烫后裁工艺改成减小一圈工艺的了。

十、褶位的缝制

皮装褶位的缝制要使用实样定位，褶位缝制后可在里面把褶子从中间剪开，但要注意不要剪得离褶尖顶点太近，接着在褶子的两边用手指拨翻缝份，在皮衣褶边垫上硬纸板，用小木锤轻轻地将缝份敲平。

十一、粗裁与精裁

皮料衣服在制作的过程中，几经熨烫加热，皮衣会产生收缩或伸长。所以，为了预防高档定做皮衣在制作时发生的变形，我们可以考虑把皮料先进行粗裁，这方法的原理就是把皮料按版型四周预留2.5cm左右剪出，进行加热烫缩，皮料完全冷却后，再将纸版回放到皮料上精裁，此方法可供高级定制皮装时参考。

十二、剪口

皮料版型的剪口常用的有3种，倘若缝份许可，做样板时可用普通的凹剪口和凹三角（Recessed triangle）剪口。

某些皮衣的剪口虽然需要，但不可以剪。纸版上的剪口仅仅是留给车板师傅用画粉等点位用的。可当皮衣的缝份太小时，剪口只能做成凸三角形了，缝合完成最后由车工剪掉修平。

十三、粘皮料用的黏合剂

粘皮料用的是聚氨酯胶水（Polyurethane glue），它是黏合固定皮料缝份的好帮手。而另一种由聚氨酯制成的粘条，名称为SL-281双面（Double face）胶水粘条可用于不同的缝份，如袖山和衣服前沿弧形的牵拉和定位等等。如图10-47所示。

图10-47　用了双面胶水粘条的皮衣袖子示意图

思考与练习

思考题

1.按设计图立裁法的立裁方式与“借鉴立裁法”的区别在哪里？这两种方法要分别注意哪些方面？

2.立裁皮装时要关注些什么？皮料的纸样与其他的布料有什么不同？车缝的注意点是什么？

动手题

1.除了重叠法的缝份之外，试着创作3种不同的缝制小样供设计师参考，并做出小样。

2.按书中的皮衣款式设计出类似的系列，在同学中选出3个大家认可的款式，几个学员一组，立裁同一款式，但每组采用不同的缝份和缝法。剪裁出坯布，车缝出坯布样衣。把每组样衣展示出来并相互评比，取长补短，共探技艺。

后记：
我的美国打版师之路

2016年是我在美国继续我的时装事业的第17年。17年前，我放下了国内已成规模的服装事业移民美国，为了延续自己喜爱的职业，向西方学习，我选择了落脚于纽约这堪称世界“四大时装圣地”之一的宝地，并很快成为了一名服装打版师助理。

与众多的美国移民相比，我是个幸运儿。所谓幸运，是我依然能用自己在中国所学知识与工作经验在美国立足谋生。与在中国有所不同的是，在这里我遇到了很多困难。首先是语言和文字的障碍，我听不懂设计师的要求，看不明白设计图上写的是什么，甚至没有能力填写工作申请表，无法与面试官交谈。其次是尺寸的计量方法不同，在国内服装打版用的全是平面计算法，而美国的服装打版百分之九十五用的是立体裁剪，然后才向平面打版转换。早在20世纪80年代初的大学时期，我曾向日本的立裁大师石藏荣子先生学习过立体裁剪，了解了立裁的基础知识。可是由于没有实践机会，所学的知识内容几乎全还给大师了。在美国如果没有熟练和扎实的立体裁剪功夫，想保住现有的职位和有效地完成每天的工作量是不可能的。而另一种困难是只有设身处地生活在异国他乡的人才能感受到的“异族鄙视”、“寂寞难耐”和“孤独无助”。就像新移民们常常形容自己那样：我们犹如在美国洋插队员集哑巴、聋子和瞎子于一身，那种艰难和不易，那漫漫长路之困惑是可想而知的。

面对种种困难，我并没有灰心和气馁。我把它看成是不同的挑战和激励自己再学习的新动力。我对自己说：红霞，路是人走出来的，你别无选择，只有努力向前而决不能停步，更不能后退。不懂英文？学呀！不熟立裁？补课呀！不清楚厘米与英寸的换算吗？练习呀！种族歧视吗？随它去吧！等有朝一日我强壮起来时，要让他们仰视我！孤独寂寞吗？那就充实自我，让寂寞走不出来！

在美国的头十年里，我已经数不清自己上过多少英语课程了，从双语班、低级班到高级班，从业余班到全日班，从不间断，风雨无阻。记得刚到美国那年，朋友就介绍我去面试一份工作，老板是一位裤子设计师。当看到我展示的平面裁剪图时，她很看好，当场表示让我上班。可好景不长，在她解释自己的设计和要求时，我只能张着嘴，却欲说不能。真是生自己的气，哪怕使出了浑身解数，试图理解和确定她的意图，可就是不明白。她只能重复地解说，后来她着急了，不耐烦了，生气了。我只好装着自己已经明白，开始画图，可是画出来的图形却不是她想要的。我知道，这是语言障碍造成的。很快，我失去了这份工作，让我羞愧得不好意思拿那几天的工资。我对自己说：你一定要加油，一定要学好英语。

不懂英文这一哑巴亏可是让我多次碰壁。记得有一次，我到一家时装公司面试，对方让我写一下自己的履历并填写申请表格。我拿着中英翻译辞典，坐在一旁一个字一个字地查，一个字一个字地拼，好不容易等我把表填写好了，一个多小时已经过去了。下面发生的事情就可想而知了。

半年之后，我凭着几句半生不熟的英文，终于找到了一家在纽约颇有名气的、以做晚装和裙子为主的Nicole Miller时装公司。我的面试很顺利，他们喜欢我设计师的背景和经验。结果是当场定为录用，第二天就上班。可刚到美国不久的我，不仅英文表达不顺畅，而且立裁的手艺半生不熟，一知半解。有一些款式我毫无困难，一次通过；可有的款式却无法胜任，在人台上做了多次，却怎么也摆弄不出设计师要的效果。我一个技术生疏，语言笨拙的外国人，在这样一家有名气的公司任职，心中的不安和忧虑无时不在。几个月后，我终于自觉力不从心，下定决心辞退了工作，回到了语言学校和美国纽约时装技术学院进修时装立裁和生产立裁的课程。我想，与其一知半解，不如踏踏实实，从头学起。

经过了整整半年的埋头学习，我的口语和写作能力都得到了一定程度的提高，而且立裁的技能也日益见长。随着自信心的恢复，我开始寻找新的工作。

我的努力终于得到回报。经过一位好友的介绍，我有机会在纽约中国城内的一家由美中双方合办的公司面试。这个职位的获得给我日后的版型技艺的突破奠定了良好的契机。想知道这从天上掉下来的馅饼是什么吗？我简直是幸运极了，这是一个并非一般人能争取得到的机会：我通过了考试，被应征成为了著名意大利籍资深版型师Mr. Umberto的助手。别看我仅是一名助手，那可是非常好的机会。你听说过多少导演的助理，几年后成为导演的传说吗？这就是未来的我。

Mr. Umberto是一位从20世纪60年代就在美国从事立裁打版和设计师工作的老行家。交谈起来，我才知道，他同时是一名造诣极深的画家、摄影师、时装设计师及版型老师（曾任教于纽约时装技术学院）。他从12岁开始入行做洋装，后只身闯到美国。早年曾任巴黎著名品牌迪奥驻纽约公司的首席打版师。他收我为徒之时，他的美国版型经验已经达到40年了。而更值得一提的是，还有我师傅的老师，也就是我的“师爷”Mr. Lou。师爷也是一位意大利高级版型师，他的版型经验超越我的师傅，在美国的工作经验近50年。认真、仔细、准确、干净、漂亮，极富艺术眼光。Mr.Lou是一位很热爱自己工作的老人，他与我的师傅共事超过了几十年。公司十分尊重和爱惜他们。

这真是一个可遇不可求的学习机会。在两位版型“长老”之间我犹如海绵一样，自由而尽情地吸收和实操了四年半之久。

回想当初，曾集“设计师、版师、讲师以及企业家”于一身的我，自认为与师傅有相同背景，在美国学习技术期间却是那么的“低能”。师傅一开始并不喜欢我，他是一位严师，很传统，很扎实、认真、讲究，是从不马虎了事的敬业者。每当他看到我拿着尺子和铅笔在纸上画线时，他是一百个不满意。而我将近20年在中国时装业里积累眼光、造型以及我的版型经验和工艺，在师傅眼里可谓是“很不怎么样的中国式做法”。他是一点都不认可我的“过去”，执意要重塑一个“全新”的我。他手把手地教我，纠正我的坏习惯和手势，一点一滴地从他的经验库里把他的经验和财富移交给我。而我就像一年级的学生，从最基础学起，一笔、一划、一针、一线、一方领、一只袖、一个口袋、一粒纽扣，一片过肩、一只皮带扣、一步一步地在坯布与人体模型和做版型的纸之间刻画、修改和摆弄。师傅为了确保我的基本功熟练和版型正确不误，在开始的两年时间里，他反复地让我做的仅是各种款式的里布和缝份添加的工作，而款式的总造型和比例分配，细部的塑造和结构的设计全由他亲自确定和制作。而在一旁帮忙的我，就设法从旁学习了解他的思路和方法，然后每天做笔记，在自己不明白时或下一次做相似的款式时提出问题。当老人家心情很好时回答问题直截了当；而有时却回答说：“你做多了就会明白的，你就好好做吧！”

为了营造一个良好的师徒关系，我尽力地做好工作，少出差错，在师傅需要东西之前尽早地做好准备，让他顺心工作。工作之外，我关心他的身体和生活，他不舒服时，我给他寻医买药。他需要生活用品，我给他备齐，他结交中国朋友有语言上困难时，我给他翻译，帮他买字典，我还把过去我的设计，我的绘图，我的发布会，我写的文章，我的讲义以及我每天做的工作笔记给他看，让他了解过去的我和现在的我，有同事告诉我，你的师傅从前也带过几个徒弟，但时间都不长，而你是最长的一个。而我心里很明白，如果我的学徒时间不长，我就很难学到师傅的职业精华。他用了40年积累出来的经验，我是不可能用4个月就学到的，至少4年吧，这也是我给自己定出的短期目标。

为了达到预期的目标，我埋头苦学了整整4年。渐渐地我的技艺有了长进，立裁的功夫也得心应手了很多，加上我并没有停止在美国纽约时装学院（FIT）的学习。我除了学习打版、时装立裁、生产立裁、放码技术、生产用料、裁床排板，还上电脑打版、电脑画图、服装专业用语等课程。一天，当师傅知道我还在FIT上学，他笑着问：你为什么还要去那学？难道你跟着我学还不够吗？这可是付学费也学不到的知识，学校的课能给你什么？我也在那教过，简直是浪费时间！我也笑了，我说，师傅，当然是您的技术强，我在FIT学的是其他课程。

为了配合着自己的学业，我还经常在家里练习，坚持每一季到第5大道、第7大道和麦德逊大道去看时装潮流，把这些历史性的设计从橱窗中拍下来，回家还一张张放大学习和研究其长处和不足，时常为看到别人的版型亮点和精彩工艺细部而激动不已。集世界时装设计之精髓的纽约，是我再充电，再提高自己的创造能力和技术境界的艺术殿堂，是取之不尽，用之不竭的资源。

在自己暗地努力学习技艺的同时，对身边需要帮助的同学和同事，我尽自己所能给予帮助，包括专业的、技术的、语言的以及生活上的。

纽约从前有一家名叫Chinese American Planning Council（中美华人策划促进协会，简称CPC）。这家由华人承办的协会主要是致力于帮助华人新移民在美国社会立足，解决他们各个方面的困难。这家协会有一个重要的团队是承包职业培训，包括服装制版和样板制作、电脑、文员、酒店服务及护理等。刚下飞机，就有朋友告诉我，你是做服装的，快去CPC报名学习吧。于是在2001年初，我很荣幸地进入了CPC，完成了脱产4个月的中英文的有关样板制作和纸样方面的初级课程。他们讲授的面试技巧和如何应对英语面试和考试的课程很有用。几个月的学习对我大有帮助，这才有了之前所述的进入Nicole Miller 工作的暂短经历，也是因为这个CPC的启蒙，为我后来到FIT学习专业课提供了英文方面的顺利过渡和帮助。

从CPC出来，无论我走到哪，做什么工作，我都没有中断与CPC的联系。我经常想方设法帮助CPC的新同学找工作，鼓励他们不要被眼前的困难吓倒，继续提高，加把劲学英语，早日踏入美国社会。

还是回到我与师傅的故事吧。大约过了2年之后，公司在中国设厂，师傅被派往中国指导和传授打版经验，而留在纽约的我自然有了独当一面的机会。我开始独立工作，从看设计图到在人体模型上立裁，然后让技术主管和师爷帮忙指导和修正，而我自己也十分珍惜这个等待已久的机会。小心翼翼，认认真真，就像完成考试题似地完成每个款式，力求做到神似，型似，比例似。在开始阶段有时也会考虑不周，尤其是制作工艺方面。幸好师爷这时伸出友谊之手，在很多细节的处理上把关，特别是怎样在初板制作时就考虑到方便生产和便于穿着、行走和动作。怎样的工艺才有利于外观和设计要求的体现，如铺纱在什么部位和什么纹向，什么地方的里布要多留一些，加长些，缩短些，什么身体的部位在制作时要放些牵条，什么部位一定要比下面的一片要大一些，弧形怎样才合理，不同部位的模特尺寸标准是多少等。日积月累，我的制版经验逐渐丰富起来。

后来在唐人街工作了4年多的我进入七大道（Fashion Avenue）公司工作才知道这里的世界是多么的“精彩”。几年来，为了积累更多的工作经验，我选择了身兼多职的工作形式（Freelance jobs）。我先后曾为来自好莱坞的明星孪生姐妹（Mary-Kate Olsen and Ashley Olsen）的公司打版，为美国著名黑人歌星Stevia Wonder的太太Kai Millard所开的时装公司打版，同时为来自澳大利亚的时装设计师，来自韩国的晚装设计师，来自挪威的皮革设计师，来自阿根廷的时装设计师，来自意大利的中年女装设计师，来自法国的少女时装设计师，来自英国的著名的设计师Peter工作……我的服务对象来自世界各地。

今天，我迎来更多的是设计师们赞叹的美言，欣赏的目光，叫绝的喝彩，满意的笑容以及邀请的电话。我先后在多家美国服装公司工作，包括Oscar de la Renta、Parsons school of design MFA（帕森斯学校研究生毕业设计版型辅导老师）、J Mandel、Tory Buch、3.1 Philip Lam、Ralph Lauren、Pamela Roland、Donna Morgan、Erin Featherstone、Kai Millard、Lafayette 148、Nicole Miller等任立裁打版师。

也许是曾经办学、授课和为人师表，也许是看到很多美国版型制作的优点，也许是一个海外华侨老想着要为曾经培养自己的祖国做点什么，也许是很想为这些年来的学习和实践做一番总结和记录，我一直有着将美国的打版经验写成一本书的愿望。17年国内，17年美国的两地时装设计和打版经验，促使我分享这本融汇中西服装文化、技术及工艺的著作。这是一本实用易懂，集指导性、技术性、启发性、教育性、典型性、普及性的图书，适合于国内服装行业从业者，服装院校师生及服装爱好者们学习参考。

感恩我的良师Mr. Umberto及Mr. Lou的教导和传授。感谢我的丈夫Mr. John Anderson多年来对我事业的理解和全力支持。感谢我的家人和好朋友们Rachel Chen、Mei Yang、Ming Yang and Fei Tong Lu的帮忙和指点。感恩我的前老板Mr. Shun Yen Siu & Deirdre Quinn给了我师从两位意大利名师和在Lafayette 148公司工作学习的机会，没有那长达4年多的学徒期，就根本不会成就今天的我。

陈红霞

2016年9月1日于纽约

图为笔者与她的两位恩师Mr.Lou（中）Mr.Umberto（右）合影